“十四五”高等职业教育城市轨道交通供配电技术专业系列教材

编审委员会

“十四五”高等职业教育城市轨道交通供配电技术专业系列教材

电机与电器

方　彦◎主　编
葛　雯　赵飞燕◎副主编

中国铁道出版社有限公司
CHINA RAILWAY PUBLISHING HOUSE CO., LTD.

内 容 简 介

本书依据高等职业学校城市轨道交通供配电技术专业教学标准及“1+X”相关职业证书的要求编写。全书分变压器和电机、控制电器、保护电器和电气控制四个模块，共九个项目。全书主要包括变压器的认知、电机的认知、开关与熔断器的运用、接触器的运用、低压断路器的运用、漏电保护器的运用、电涌保护器的运用、继电器的运用和电气控制电路等内容。

本书适合作为高等职业教育城市轨道交通供配电技术、供用电技术、铁道供电技术等专业的教材，也可作为轨道交通行业的岗位培训用书，还可供轨道交通行业运营管理人员参考学习。

图书在版编目(CIP)数据

电机与电器 / 方彦主编. -- 北京 : 中国铁道出版社有限公司, 2024. 9. --(“十四五”高等职业教育城市轨道交通供配电技术专业系列教材). -- ISBN 978-7-113-31433-0

Ⅰ. TM3;TM5

中国国家版本馆 CIP 数据核字第 20247M2H45 号

书　　名：**电机与电器**
作　　者：方　彦

策　　划：侯　驰　　　　　　编辑部电话：(010)83527746
责任编辑：张家畅　绳　超
封面设计：高博越
责任校对：苗　丹
责任印制：樊启鹏

出版发行：中国铁道出版社有限公司(100054,北京市西城区右安门西街8号)
网　　址：https://www.tdpress.com/51eds/
印　　刷：北京联兴盛业印刷股份有限公司
版　　次：2024年9月第1版　2024年9月第1次印刷
开　　本：787 mm×1 092 mm　1/16　印张：19.75　字数：478千
书　　号：ISBN 978-7-113-31433-0
定　　价：65.00元

前言

本书依据高等职业学校城市轨道交通供配电技术专业教学标准及“1 + X”相关职业证书的要求进行编写。

本书对应的课程是一门专业基础课，具有“四始”的鲜明特点：是学生接触专业课程的开始，是学生学习专业技能的开始，是培养学生专业素养的开始，是渗透专业课程思政的开始。“千里之行始于足下”“兴趣是最好的老师”，激发兴趣、营造环境、学有所用、打好基础，强化学生工程伦理观念，培育学生工匠精神、劳模精神、科技报国的家国情怀，是这门课程的使命。

本书还具有以下几个特点：

（1）教材编写团队体现校企合作。职业院校、合作企业、普通高校三方合作组建编写团队，分析岗位工作任务、细化课程“三点”（知识点、技能点、素养点）、明确课程教学目标，确保教材内容对接岗位需求；及时将“三新”（新技术、新规范、新标准）纳入教材内容，确保教材的适用性、科学性和创新性。

（2）教材编写体例体现职教特点。依照“1 + X”变配电运维证书中岗位工作要求，根据电机电器工作场景和作用的不同设计教材内容。采用模块-项目-任务式体例进行编写，按照学习目标、任务导入、知识链接、任务分组、任务准备、任务实施、任务评价、课后拓展、巩固练习等环节编写教材，确保知识技能素养的完整性。

（3）教材编写目标体现学以致用。模块按照控制对象的不同以变压器和电机、控制电器、保护电器、电气控制的顺序分类；项目对应模块，按照从简单结构到复杂结构的顺序设计内容，每个项目以任务为载体；任务按照从生活场景到工作场景、从易到难进行设计，每个任务提出学习目标，选用工程运用案例，从而解决专业基础知识与工程运用相结合问题，解决学习内容与实际工程运用脱节的问题。

（4）教材内容资源体现立体化。本书配有大量的微课视频、PPT、动画等，学生可用手机扫码观看，让知识更直观，让学习更轻松。

（5）教材在知识传授和技能培养中融入价值引领。课程思政目标从“个人素养、职业素养和理想信念”三个层面进行培养，并将新技术、中华优秀传统文化、习惯养成和社会责任感以不同的方式呈现在教材中，教材设计有课后拓展环节，让课程思政润物无声。

本书由西安铁路职业技术学院方彦任主编；由西安铁路职业技术学院葛雯、赵飞燕任副主编；西安铁路职业技术学院袁博、吴晓凤、王锦，中国铁路西安局集团有限公司西安供电段傅鹏参与编写。具体分工如下：葛雯负责编写项目二的任务一、任务二、任务三和项目三；赵飞燕负责编写项目一，项目二的任务四；袁博负责编写项目八；方彦负责编写项目四，项目九的任务一、任务二；吴晓凤负责编写项目五；王锦负责编写项目六、项目七；傅鹏负责编写项目九的任务三、任务四。最后由方彦统稿。

本书的二维码资源内容由西安铁路职业技术学院葛雯、吴晓凤、闫泊、卢帆、胡怡提供。

本书在编写过程中，西安铁路职业技术学院丁万霞提供了相关技术资料，西安铁路职业技术学院李桥提供了技术支持，西安理工大学苏岩、西安市轨道交通集团有限公司等有关技术人员也提供了大量的资料，在此表示衷心感谢。

由于编者水平有限，书中难免有不足之处，恳请广大读者批评指正。

编 者

2024 年 2 月

目　录

模块一
变压器和电机

项目一　变　压　器

项目描述

变压器是利用电磁感应原理,将某一数值的交变电压变换为同频率的另一数值的交变电压的静止电气设备。通过本项目的学习,可掌握各种变压器的结构、工作原理、作用、技术参数,掌握变压器的联结组别以及实际应用。

本项目任务有:

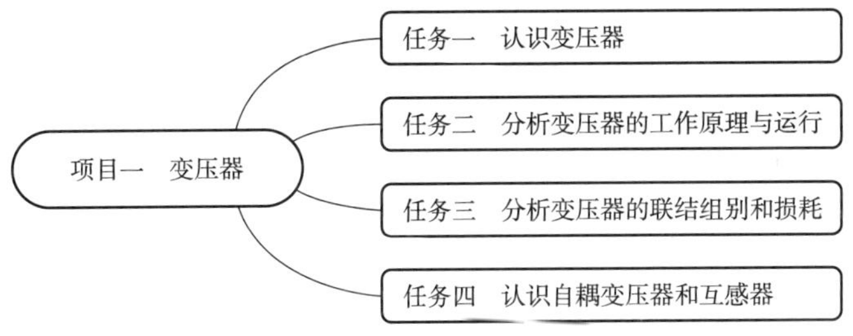

任务一　认识变压器

学习目标

知识目标	技能目标	素质目标
(1)了解变压器的作用及分类; (2)掌握变压器的结构组成及其作用; (3)掌握变压器的技术参数; (4)了解变压器的应用	(1)能正确掌握各种变压器的作用及分类; (2)能正确掌握变压器的结构及各组成部分的作用; (3)能分析变压器的技术参数; (4)能认知变压器的应用	(1)具备对专业知识的认知和兴趣; (2)具备对专业知识求真务实、严谨细致的学习态度; (3)具备良好的沟通能力和优秀的团队协作精神

任务导入

在生活和工作中，我们在城市道路两侧隔一定距离就可见到安装在电杆上的变压器，如图 1-1-1 所示；或者是安置在人行道旁空地上像铁柜或房屋的箱式变压器，如图 1-1-2 所示；再者是牵引变电所配置的高铁用牵引变压器，如图 1-1-3 所示。变压器是电力系统中最重要的电气设备之一，猜想一下这些变压器是怎样变换电能的？每台变压器上的铭牌的含义是什么？通过学习，了解生活和工作中遇到的各种变压器，并完成相关的任务。

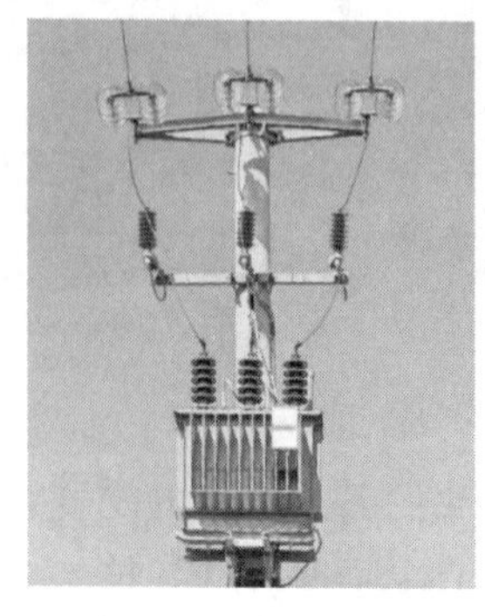

图 1-1-1　电杆上的变压器

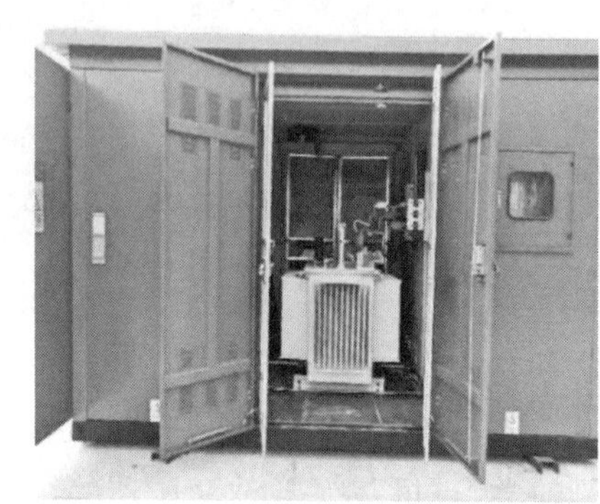

图 1-1-2　箱式变压器

图 1-1-3　高铁用牵引变压器

知识链接

变压器在电路中起着电压变换、电流变换、阻抗变换、隔离和稳压等作用，其外形如图 1-1-4 所示。

图 1-1-4　电力变压器外形

一、变压器的分类

变压器的应用范围十分广泛，种类繁多，但主要有以下几种：

1. 按用途分类

（1）电力变压器

电力变压器主要用来传输和分配电能，是所有变压器中用途最广、生产量最大的一种变压器。

当远距离输送一定的电功率时，电压越低则电流越大，消耗在输电线路上的电阻损耗越大。若要减小输电线电阻以输送大电流，就要采用大截面的输电线而消耗较多的导体材料。所以，为了减小输电线路上的电阻损耗和节约导体材料，目前电力系统的输电线路都采用高压输电。

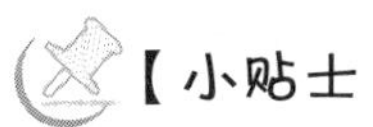

【小贴士】

由于受到绝缘水平的限制,发电厂同步发电机一般输出的额定电压为 10.5 kV,而一般高压输电线路的额定电压为 110 kV、220 kV、330 kV 等,这就需要用升压变压器将电压升高后再送入输电线路;当电能经过高压输电线路传输到用电区域后,必须用降压变压器把输电线路上的高电压降下来,才能供给所使用的动力用电设备和照明用电设备。

(2)仪用变压器

仪用变压器包括电流互感器和电压互感器,主要是在测量系统中使用。它们能够把大电流变换成小电流,或把高电压变换成低电压,从而隔离大电流或高电压,以便于安全地进行测量工作。

(3)自耦变压器

容量较大的异步电动机降压起动时常用自耦变压器实现降压。在变压器、异步电动机等的实验过程中,经常要使用自耦变压器,它可以很方便地调节输出电压。

(4)特种变压器

特种变压器包括电解用的整流变压器、焊接用的电焊变压器以及供无线电通信用的特殊变压器等。

2. 按相数分类

按相数分主要有两类:

(1)单相变压器

单相变压器用于单相交流电系统。一次绕组和二次绕组均为单相绕组,如图 1-1-5 所示。其结构简单、体积小、损耗低,适宜在负荷密度较小的低压配电网中使用,在美国、日本等发达国家,单相变压器供电已成为居民供电的主要方式。

图 1-1-5 单相变压器

(2)三相变压器

三相变压器用于三相交流电系统。一次绕组和二次绕组均为三相绕组,三相变压器是三个同容量的单相变压器的组合,它有三个铁芯柱,每个铁芯柱都绕着同一相的两个线圈,一个是高压线圈,另一个是低压线圈,如图 1-1-6 所示。

3. 按结构分类

变压器按结构分,主要有心式变压器和壳式变压器两类,如图 1-1-7 所示。

心式变压器:其结构特点是绕组包围铁芯,电力变压器都采用心式结构。

壳式变压器:其结构特点是铁芯包围绕组,电子设备中的小变压器一般采用这种结构。该结构的变压器机械强度高,铁芯散热比较容易。

4. 按冷却方式分类

根据变压器的冷却方式,变压器可分为干式变压器和油浸式变压器。

干式变压器以空气作为冷却介质,又分为开启式、封闭式和浇注式。

油浸式变压器依靠油作为冷却介质，还可进一步分为油浸自冷、油浸风冷、油浸水冷、强迫油循环风冷或水冷等。

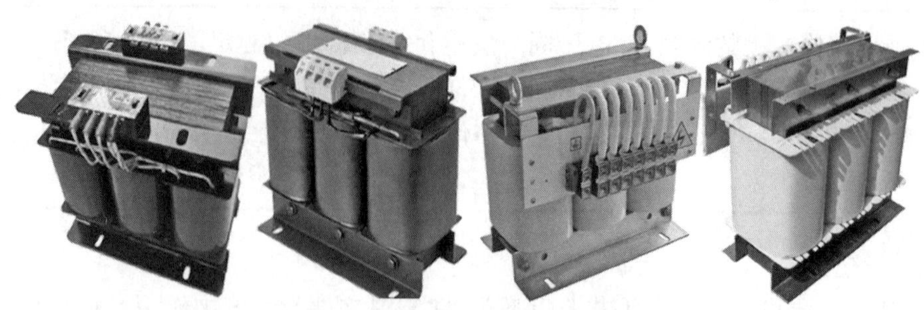

图 1-1-6　三相变压器

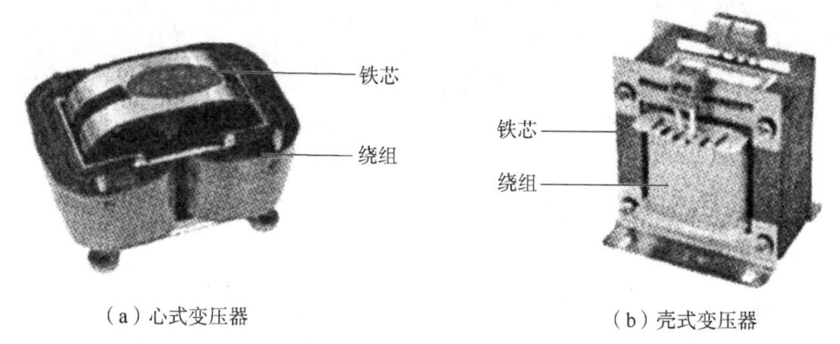

（a）心式变压器　　（b）壳式变压器

图 1-1-7　变压器按结构分类

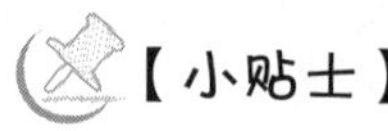【小贴士】

干式变压器和油浸式变压器应用场合非常多。虽然变压器的种类很多，但各种变压器运行时的基本物理过程及分析变压器运行性能的基本方法大体上都是一样的。

二、变压器的基本结构

变压器主要由铁芯、绕组和油箱组成。下面以油浸式电力变压器为例进行介绍。

1. 铁芯

铁芯既是变压器的磁路，又作为变压器的机械骨架。铁芯由铁芯柱和铁轭两部分组成，铁芯柱上套装变压器绕组，铁轭起连接铁芯柱使磁路闭合的作用。为了减小磁滞损耗及涡流损耗，铁芯常采用冷轧硅钢片叠装而成。硅钢片的两面均有绝缘层，起绝缘作用。

2. 绕组

绕组是变压器的电路部分，用来传输电能，一般分为高压绕组和低压绕组。接在较高电压上的绕组称为高压绕组；接在较低电压上的绕组称为低压绕组。从能量的变换传递角度来说，接在电源上，从电源吸收电能的绕组称为一次绕组（又称原边绕组或初级绕组）；与负载连接，给负载输送电能的绕组称为二次绕组（又称副边绕组或次级绕组）。

【小贴士】

> 绕组一般是用绝缘的铜线绕制而成。高压绕组匝数多、导线横截面小;低压绕组匝数少、导线横截面大。为了保证变压器能够安全可靠地运行以及有足够的使用寿命,对绕组的电气性能、耐热性能和机械强度都有一定的要求。

绕组是按照一定规律连接起来的若干个线圈的组合。根据高压绕组和低压绕组相互位置的不同,绕组可分为同心式和交叠式两种,如图 1-1-8 所示。

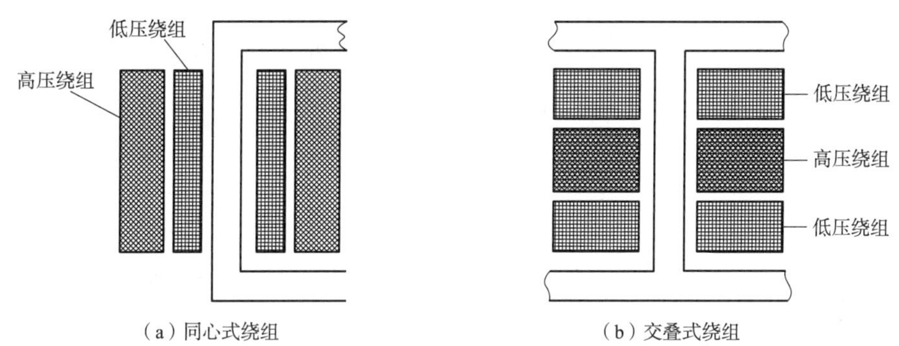

(a)同心式绕组　　(b)交叠式绕组

图 1-1-8　绕组形式

同心式绕组是将高压绕组和低压绕组同心地套装在铁芯柱上。为了绝缘方便,低压绕组靠着铁芯,高压绕组则套装在低压绕组的外面,两个绕组之间留有油道。油道有两个作用:一是作为绕组间的绝缘间隙;二是散热,使油从油道中流过冷却绕组。

在单相变压器中,高、低压绕组均分为两部分,分别套装在两铁芯柱上,这两部分可以串联或并联;在三相变压器中属于同一相的高、低压绕组全部套装在同一铁芯柱上。同心式绕组的结构简单、制造方便,心式变压器一般都采用这种结构。

交叠式绕组是将高压绕组和低压绕组分成若干线饼,沿着铁芯柱交替排列而构成。为了便于绝缘,在最上层和最下层靠近铁轭处安放低压绕组。高压绕组与低压绕组之间留有油道以便于散热。交叠式绕组的机械强度好、接线方便,壳式变压器一般采用这种结构。

3. 油箱

高、低压绕组套装在铁芯上总称为器身,器身放在油箱中,油箱中充以变压器油。充油的目的是:提高绕组的绝缘强度,因为油的绝缘性能比空气好;便于散热,因为通过油受热后的对流作用,可以将绕组及铁芯的热量带到油箱壁,再由油箱壁散发到空气中。

油箱就是油浸式变压器的外壳。变压器在运行中,绕组和铁芯会产生热量,为了迅速将热量散发到周围空气中,可采用增加散热面积的方法。变压器油箱的结构类型主要有平板式、管式等。对容量较大的变压器,采用在油箱壁的外侧装有散热管的管式油箱来增加散热面积。当油受热膨胀时,箱内的热油上升到油箱的上部,经散热管冷却后的油下降到油箱的底部,形成自然循环,把热量散发到周围空气中。对大容量变压器,还可采用强迫冷却的方法。

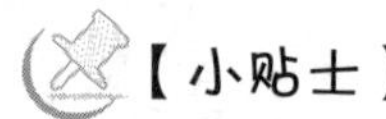

【小贴士】

变压器油是从石油中提炼出来的优质矿物油。在油浸式变压器中，变压器油既是一种绝缘介质，又是一种冷却介质。因此，对变压器油的要求是：介质绝缘强度高、黏度低、闪点高、凝固点低、酸值低、灰粉等杂质及水分少。变压器油中只要含少量水分和杂质就会使绝缘强度大为降低（含 0.004% 水分时，绝缘强度降低约 50%）。此外，变压器油在较高温度下长期与空气中的氧接触时会逐渐老化；在油中生成不传热的悬浮物，堵塞油道，并使酸值增加，绝缘强度降低，这对变压器的安全运行是十分不利的。

为了减缓变压器油受潮或老化的程度，使油能较长久地保持良好状态，在 TBQ 系列主变压器上专门设置了下列几种保护装置：

（1）储油柜（油枕）

储油柜安装在箱盖的上方。储油柜的功能为减小变压器油与空气接触的面积，减缓变压器油的老化过程；当油箱中变压器油受热膨胀时，多余的那部分变压器油进入并储存在储油柜里，应使变压器油不溢出储油柜；当油箱中的变压器油变冷收缩时，这时储油柜中的变压器油通过油管和蝶阀进入油箱，并把油箱填满，使油箱在任何时候都充满变压器油。对储油柜要求：在高温（+40 ℃）并在变压器持续运行时，油不溢出储油柜；在低温（−25 ℃）且变压器不工作时，储油柜中应有油。

（2）油位表

储油柜侧壁上有玻璃管油位表，玻璃管中有一个空心的红色玻璃球，用以指示油位。

（3）吸湿器

吸湿器安装于储油柜与大气之间，当储油柜内的油面上升时，柜内油位上部空间的部分空气经过吸湿器排向大气；当储油柜内的油面下降时，柜内油位上部空间的空气压力下降，大气中的空气经吸湿器吸湿后进入储油柜，以减小大气中的水分对变压器油的影响。

【小贴士】

TBQ 系列主变压器均采用吊式吸湿器，其主体为一玻璃管，内盛 1.5 kg 用氯化钴浸渍过的变色硅胶作为吸湿剂，其下部罩内有变压器油作空气杂质过滤剂。空气经罩与座之间的间隙进出，使空气干净。变色硅胶在干燥时呈蓝色，吸收潮气后呈粉红色。当玻璃管内有 2/3 的硅胶呈粉红色时，硅胶就应进行干燥处理或更换。

（4）信号温度计

信号温度计是用来测量和监视主变压器的上层油温的。TBQ 系列主变压器上装有一只 WTZ-288 型信号温度计（TBQ 型采用两只 Pt100 电阻温度计），当油温达到温度计限值指针位置时，触点接通电路并发出警告信号。

(5)油流继电器

油流继电器装在油联管中,用来监视变压器油循环状态是否正常。当前油泵正常运行时,油流继电器的常开触点闭合,可显示油循环正常信号。另外,还可观察玻璃面板内的指针摆动位置,判断油循环是否正常。油流继电器外壳的材质为铝质。

【小贴士】

油流继电器的动作原理是动板置于油联管内,当油联管内的油流达到一定值时,动板被冲动,使传动轴旋转。其上的磁钢(永久磁铁)带动隔着薄壁的另一块磁钢(永久磁铁)转动。于是常闭触点打开,常开触点闭合,发出正常工作的信号。同时,指针直观地偏转55°,显示油流正常。如果油流减少到一定程度,动板借弹簧作用返回,带动指针回零,同时常闭触点闭合,常开触点打开,表示油流异常。

(6)压力释放阀

压力释放阀装在油箱壁上。变压器在运行中,因外电路或变压器内部有故障,出现很大的短路电流时,过高的热量使变压器油迅速汽化,变压器内部压力升高。在压力升高到70 kPa时,压力释放阀口在2 ms内迅速打开,气体和油沿管路排出来。当恢复正常时,阀口关闭。

4. 冷却系统

主变压器运行中产生的所有损耗将转变为热能,使各部件的温度升高。当主变压器温升超过规定的限值时,将使绝缘损坏,直接影响主变压器的使用寿命(20~30年)。因此,主变压器必须具有相应的散热能力。

【小贴士】

TBQ系列主变压器在保证内部散热能力良好的同时,其外部冷却采用了强迫导向油循环风冷式冷却系统,该系统分油路和风路两部分。

冷却系统的油路:热油从油箱上部出油口抽出进入潜油泵的进油口,经冷却器冷却后,打入油箱底部,冷油先冷却主变压器的铁芯、绕组,然后冷却平波电抗器的绕组、铁芯。此后冷油进入上油箱,在冷却四台滤波电抗器后进入潜油泵的进油口,如此反复循环。

冷却系统的风路:冷却柜上部安装有通风机。冷却风从车体侧墙(或车顶)吸入后,先进入冷却柜内的铝冷却器,然后进入通风机,最后从车底排出。

5. 绝缘和引线装置

油浸式变压器的内部绝缘分为主绝缘和纵绝缘两类,主绝缘是指绕组(或引线)对地及对其他绕组(或引线)之间的绝缘;纵绝缘则指同一绕组不同部位之间的绝缘。绝缘结构尺寸,特别是主绝缘尺寸将直接影响变压器的质量和外形尺寸,以及阻抗电压、损耗等性能数据。

【小贴士】

对于同心式绕组的主绝缘广泛采用油隔板绝缘结构。TBQ 系列主变压器的绕组与心柱、不同绕组之间的隔板为 4 ~5 mm 厚的酚醛纸筒,绕组均匀绕在酚醛纸筒上,并且绕组与油箱、铁芯以及不同绕组之间必须有足够的绝缘距离(油隙)。绕组不同部位间的纵绝缘由垫块、撑条构成的轴向、径向油道组成。主变压器的器身绝缘结构除了要保证足够的绝缘强度外,还应满足绕组散热的要求。

绕组引线均用裸铜排制成,引线与绕组出头的焊接采用电阻焊接。由于铜是加速变压器油氧化的催化剂,故引线表面要覆盖一层绝缘漆作保护层。所有绕组引线均通过引线支架固定在器身上。

主变压器各绕组的引线从油箱内引至油箱外时,必须采用出线装置,以便使带电的导线与接地的油箱绝缘。TBQ 系列主变压器的出线装置多数采用复合瓷绝缘套管、风扇吹冷变压器等以提高散热效果。

三、变压器的技术参数

图 1-1-9 所示为一台电力变压器的铭牌,上面标注着变压器的型号和额定值等。

1. 型号

型号是用来表示变压器的特征和性能的,一般由两部分组成:前一部分用汉语拼音字母表示;后一部分由数字组成。前者表示特性和性能,后者表示额定值。例如 S. 200/10,S 表示三相,200 表示额定容量为 200 kV · A,10 表示高压绕组的额定电压为 10 kV。

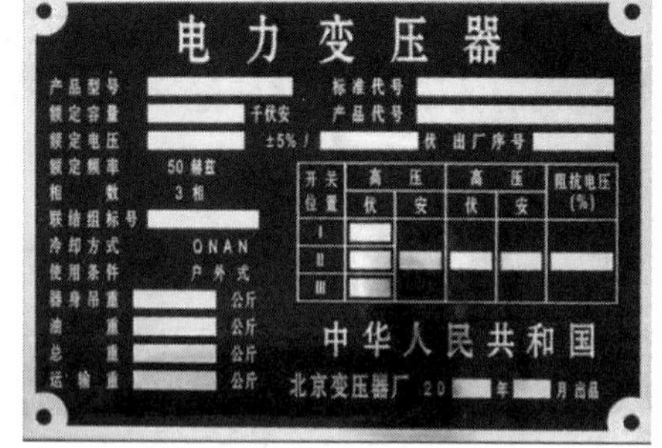

图 1-1-9　电力变压器的铭牌

2. 额定值

额定值是制造工厂对变压器正常工作时所做的使用规定。设计变压器时,根据所选用的导体截面、铁芯尺寸、绝缘材料以及冷却方式等条件,确定变压器正常运行时的有关数值,例如,它能流过多大电流及能承受多高的电压等。这些在正常运行时所承担的电流和电压等数值,就被规定为额定值。各个量都处在额定值时的状态称为额定运行。额定运行可以使变压器安全、经济地工作并保证一定的使用寿命。

变压器的额定值主要有:

(1)额定电压

在额定运行时规定加在一次绕组的端电压,称为一次绕组的额定电压,以 U_{1N}表示;当变压器空载时,一次绕组加以额定电压后,在二次绕组上测量到的电压,称为二次绕组的额定电压,以 U_{2N}表示。因此二次绕组的额定电压是指它的空载电压。

【小贴士】

在三相变压器中，额定电压都是指线电压。额定电压的单位是 V 或 kV。

(2)额定电流

在额定运行时，一次绕组、二次绕组所能承担的电流，分别称为一次绕组、二次绕组的额定电流，并分别用 I_{1N} 和 I_{2N} 表示。在三相变压器中，额定电流都是指线电流。额定电流的单位是 A。

(3)额定容量

一次绕组或二次绕组额定电流与额定电压的乘积称为额定容量，以 S_N 表示，它是在铭牌上所标注的额定运行状态下，变压器输出的视在功率。它的单位以 kV · A 表示。对于三相变压器来说，额定容量是指三相的总容量。

对于单相变压器：

$$S_N = I_{1N}U_{1N} = I_{2N}U_{2N} \tag{1-1-1}$$

对于三相变压器：

$$S_N = \sqrt{3}I_{1N}U_{1N} = \sqrt{3}I_{2N}U_{2N} \tag{1-1-2}$$

(4)额定频率

额定频率用 f_N 表示。我国规定的标准工业频率为 50 Hz，美国、日本等国家和地区也有采用 60 Hz 的。

(5)阻抗电压

阻抗电压又称短路电压。它表示在额定电流时变压器短路阻抗压降的大小。通常用它与额定电压 U_{1N} 的百分比来表示。

【小贴士】

额定值还包括额定状态下变压器的效率、温升等数据。铭牌上还标注着变压器的制造厂名、出厂序号、制造年月、标准代号、相数、联结组标号、冷却方式、接线图等。

变压器不仅对电力系统中电能的传输、分配和安全使用具有重要意义，而且广泛应用于电气控制、电子技术、测试技术及焊接技术等领域，如图 1-1-10 所示。

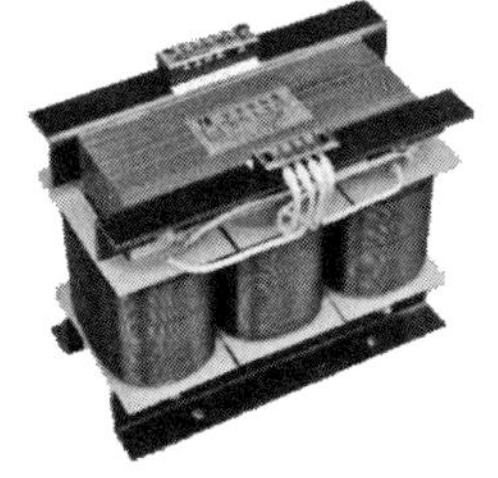

(a) 控制变压器

(b) 电子变压器

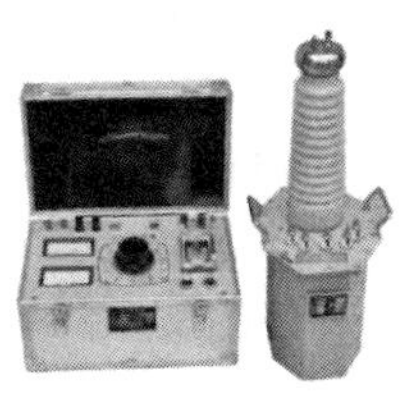

(c) 测试变压器

(d) 焊接变压器

图 1-1-10 其他变压器

任务分组

小组信息表见表 1-1-1。

表 1-1-1　小组信息表

小组信息	班级			日期		
	小组名称			组长		
	分工					
	成员					

任务准备

小组成员沟通讨论工作计划，依照任务导入，查找资料，分工协作，准备完成任务。

任务实施

一、引导问题

(1) 变压器的铭牌数据有____。

(2) 常见变压器有____类型。

(3) 变压器的主要部件有____。

二、技能训练

(1) 对照图 1-1-11 所示的干式电力变压器铭牌，通过查阅资料，回答干式电力变压器铭牌上各字母及数字代表的含义。

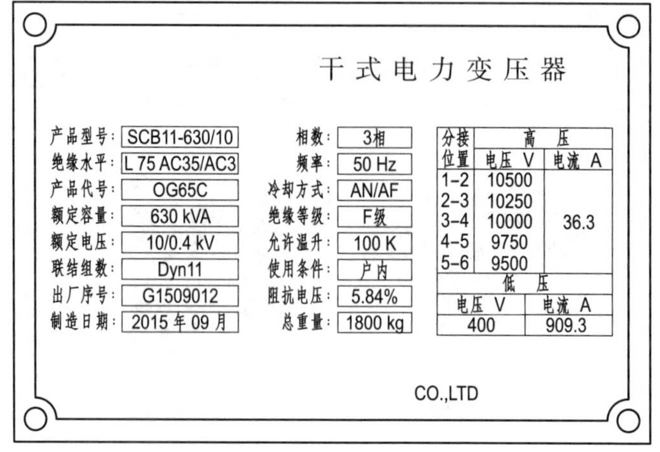

图 1-1-11　干式电力变压器铭牌

(2)通过查阅资料,结合图 1-1-1 ~ 图 1-1-4、图 1-1-10,在表 1-1-2 中完成常见变压器作用、类型等的填写。

表 1-1-2 常见变压器

序号	图号	作用	类型	主要组成部分	应用场合
1					
2					
3					
4					
5					

(3)在图 1-1-12 括号中填写变压器各组成部分名称。

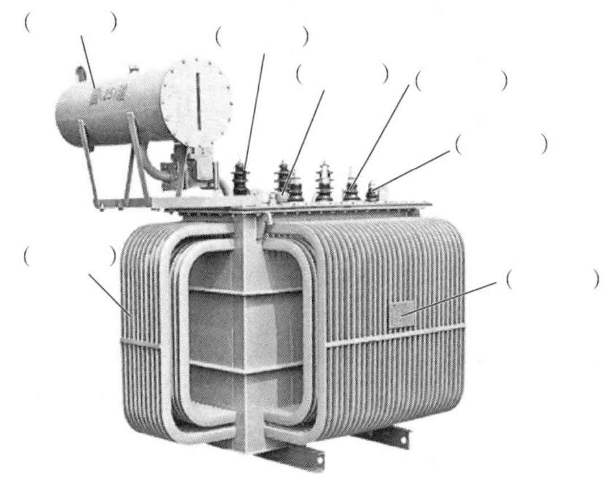

图 1-1-12 变压器外部组成

任务评价

小组成员各自完成自我评价,组长完成小组评价,教师完成教师评价,见表 1-1-3。整理实训设备和仪表,做好 5S 管理工作。

表 1-1-3 任务评价表

序号	评价内容	自我评价	小组评价	教师评价	分值分配
1	态度是否端正,工作是否认真				15
2	知识链接内容是否完全掌握				20
3	是否完成任务				30
4	能否与他人团结协作				10
5	能否积极回答问题				15
6	是否做好 5S 管理工作				10
7	合计				100
8	加分 + 增值评价				
9	总分				

评分说明：

(1)总分 = 自我评价 ×20% + 小组评价 ×20% + 教师评价 ×60% + 加分。

(2)加分项为奖励在完成任务中正能量突出的同学，如帮助同学、劳动积极等，由教师酌情给分，分值范围在 1 ~ 10 分之间。增值评价是与前一次任务完成情况比较，由组长和教师共同完成，也可由学生自己提出，分值范围在 1 ~ 5 分之间。

课后拓展

电学之父法拉第

法拉第是英国物理学家、化学家，也是著名的自学成才的科学家。他出生于一个贫苦铁匠家庭，仅上过小学。他做出了关于电学力场的关键性突破，改变了人类文明。他一生致力于科学研究，他不喜欢说教，稳步笃行，他的热情让他的科学事业突飞猛进，将人类的文明带入新时代。

法拉第发现了电磁感应现象、电磁旋转、声波振动、电解分离、静电感应、力线和场，为建立完整电磁理论奠定了坚实的基础；发明了电动机、发电机、变压器……被称为“电学之父”。

巩固练习

一、填空题

(1)变压器可以变换(　　　)、(　　　)和(　　　)。

(2)变压器的核心部分是(　　　)和(　　　)，统称为变压器的(　　　)。

二、判断题

(1)变压器可以变换直流电和交流电。(　　　)

(2)变压器可以变换电源的频率。(　　　)

(3)变压器的铁芯可以选用薄铜片或铝片制作。(　　　)

三、选择题

(1)配电变压器将电压降为用户所需的电压等级是(　　　)。

A. 27.5 kV　　B. 10 kV　　C. 380 V/220 V

(2)变压器铁芯的材料是(　　　)。

A. 铜　　B. 铝　　C. 硅钢片

(3)变压器绕组的材料通常是(　　　)。

A. 铜或铝　　B. 金或银

(4)变压器铁芯的作用是(　　　)。

A. 导电　　B. 导磁

(5)如果将电压比 220 V/36 V 的变压器接在 220 V 的直流电源上，则变压器将(　　　)。

A. 输出 DC 36 V　　B. 输出 AC 36 V

C. 没有电压输出，一、二次绕组将过热而烧坏

(6)某台变压器的电压比为 380 V/36 V,则它能把交流 380 V 降为 36 V,也可以将交流 36 V 升为 380 V(　　)。

A. 正确　　B. 错误　　C. 无法判断

(7)变压器油的作用是(　　)。

A. 传导电流　　B. 润滑剂

C. 减小噪声　　D. 散热和绝缘

任务二　分析变压器的工作原理与运行

学习目标

知识目标	技能目标	素质目标
(1)掌握单相变压器的工作原理; (2)了解变压器的空载运行过程; (3)了解变压器的负载运行特性	(1)能正确分析单相变压器的基本原理; (2)能正确认知变压器的空载运行过程; (3)能正确认知变压器的负载运行特性	(1)具备对专业知识的认知和兴趣; (2)具备对专业知识求真务实、严谨细致的学习态度; (3)具备良好的沟通能力和优秀的团队协作精神

任务导入

生活中使用的计算机、手机、空调等设备,想一想它们的电压大小相同吗?说一说这些电压是如何变换的?结合所学电学知识,查阅资料说一说你了解到了哪些电学基本定则?

知识链接

单相变压器是一种一次绕组和二次绕组均为单相绕组的变压器,一次绕组为交流输入端,二次绕组为交流输出端。单相变压器具有结构简单、体积小、损耗低等优点,适宜在负荷较小的低压配电线路中使用。

一、单相变压器的工作原理

单相变压器是利用电磁感应原理进行工作的。单相变压器的结构是在一个闭合铁芯上套有两个绕组,其工作原理如图 1-2-1 所示。这两个绕组具有不同的匝数且互相绝缘,两绕组间只有磁的耦合而没有电的联系。其中,接于电源侧的绕组称为一次绕组或原绕组,一次绕组各量用下标“1”表示;用于接负载的绕组称为二次绕组或副绕组,二次绕组各量用下标“2”表示。一次绕组加上交流电压后,两

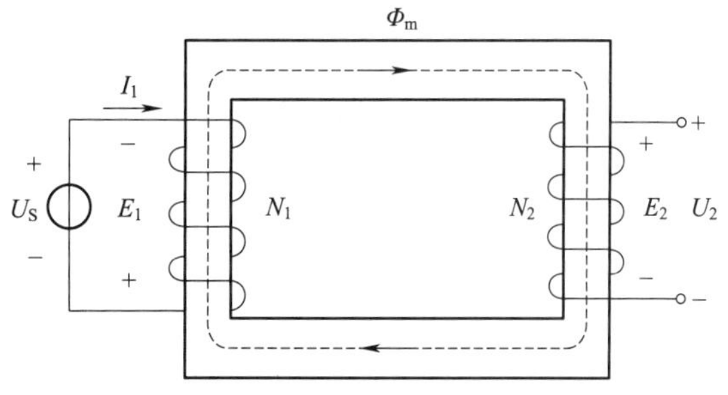

图 1-2-1　单相变压器的工作原理

个绕组中感应出同频率的电动势 e_1 和 e_2。

$$e_1 = -N_1\frac{\mathrm{d}\Phi_0}{\mathrm{d}t} \tag{1-2-1}$$

$$e_2 = -N_2\frac{\mathrm{d}\Phi_0}{\mathrm{d}t} \tag{1-2-2}$$

若把负载接在二次绕组上,则在电动势 e_2 的作用下,有电流流过负载,实现了电能的传递。理论分析和实践都表明,一、二次绕组感应电动势的大小(近似于各自电压 U_1、U_2)与绕组匝数成正比,故只要改变绕组一、二次的匝数,就可达到改变电压的目的,这就是单相变压器的基本工作原理。

二、变压器的空载运行

变压器的一次绕组接在额定电压的交流电源上,而二次绕组开路时的运行状态称为空载运行。变压器空载运行如图 1-2-2 所示。

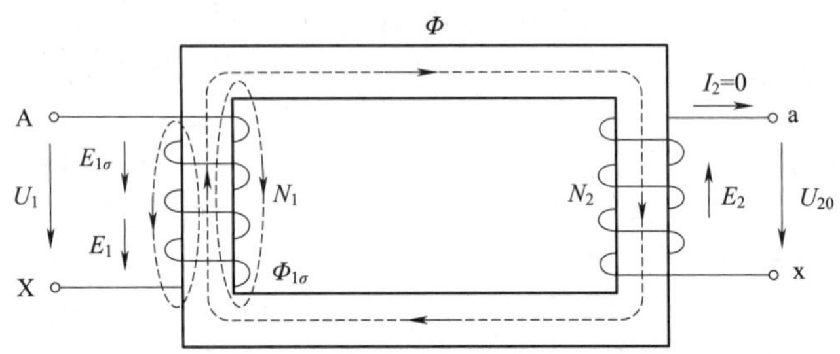

图 1-2-2 变压器空载运行

1. 空载运行时的物理状况

由于变压器中电压、电流、磁通及电动势的大小和方向都随时间做周期性变化,为了能正确表明各量之间的关系,需要规定它们的正方向:

①同一条支路中,电压 u 的正方向与电流 i 的正方向一致。

②电流 i 与其磁动势所建立的磁通 Φ,二者的正方向符合右手螺旋定则。

③由磁通 Φ 产生的感应电动势 e,其正方向与产生该磁通的电流 i 的正方向一致,则有 $e = -N\frac{\mathrm{d}\Phi}{\mathrm{d}t}$。

【小贴士】

> 当一次绕组加上交流电源电压 u_1 时,一次绕组中就有电流产生,由于变压器为空载运行,此时称一次绕组中的电流为空载电流 i_0。由 i_0 产生空载磁动势 $F_0 = N_1 i_0$,并建立空载时的磁场。由于铁芯的磁导率比空气(或油)的磁导率大得多,所以绝大部分磁通通过铁芯闭合,同时交链一、二次绕组,并产生感应电动势 e_1 和 e_2。

如果二次绕组与负载接通,则在电动势作用下向负载输出电功率,所以这部分磁通起着传递能量的媒介作用,因此称为主磁通 Φ_m;另有一小部分磁通(约为主磁通的 0.25%)主要经非磁性材料(空气或变压器油等)形成闭路,只与一次绕组交链,不参与能量传递,称为一次绕组的漏磁通$\Phi_{1\sigma}$,它在一次绕组中产生漏磁电动势$e_{1\sigma}$。

2. 主磁通和漏磁通的区别

①主磁通磁路由铁磁材料组成,具有饱和特性,Φ_0 与i_0 成非线性关系;而漏磁通磁路由非铁磁材料组成,磁路不饱和,$\Phi_{1\sigma}$与i_0 成线性关系。

②铁芯的磁导率较大,磁阻小,所以总磁通的绝大部分通过铁芯而闭合构成主磁通,故主磁通远大于漏磁通,一般主磁通可占总磁通的 99% 以上。

③主磁通在二次绕组中感应电动势,起了传递能量的媒介作用;而漏磁通仅在一次绕组中感应漏磁电动势,只引起漏抗压降。

3. 感应电动势和漏磁电动势

(1)主磁通感应的电动势

设主磁通按正弦规律变化,即 $\Phi_0=\Phi_m\sin\omega t$,按照图 1-2-1 中参考方向的规定,一、二次绕组感应电动势瞬时值为

$$e_1=-N_1\frac{d\Phi_0}{dt}=-N_1\omega\Phi_m\cos\omega t=2\pi f_1N_1\Phi_m\sin(\omega t-90°)=E_{1m}\sin(\omega t-90°) \quad (1\text{-}2\text{-}3)$$

$$e_2=-N_2\frac{d\Phi_0}{dt}=-N_2\omega\Phi_m\cos\omega t=2\pi f_1N_2\Phi_m\sin(\omega t-90°)=E_{2m}\sin(\omega t-90°) \quad (1\text{-}2\text{-}4)$$

其对应的有效值分别为

$$E_1=\frac{E_{1m}}{\sqrt{2}}=\frac{\omega N_1\Phi_m}{\sqrt{2}}=\frac{2\pi N_1\Phi_m}{\sqrt{2}}=4.44f_1N_1\Phi_m \quad (1\text{-}2\text{-}5)$$

$$E_2=\frac{E_{2m}}{\sqrt{2}}=\frac{\omega N_2\Phi_m}{\sqrt{2}}=\frac{2\pi N_2\Phi_m}{\sqrt{2}}=4.44f_1N_2\Phi_m \quad (1\text{-}2\text{-}6)$$

其对应的相量表达式为

$$\dot{E}_1=-4.44f_1N_1\dot{\Phi}_m \quad (1\text{-}2\text{-}7)$$

$$\dot{E}_2=-4.44f_1N_2\dot{\Phi}_m \quad (1\text{-}2\text{-}8)$$

由此可见,一、二次感应电动势的大小与电源频率、绕组匝数及主磁通最大值成正比,且在相位上滞后主磁通 90°。

(2)漏磁电动势

变压器一次绕组的漏磁通 $\Phi_{1\sigma}$也将在一次绕组中感应产生一个漏磁电动势 $e_{1\sigma}$。根据前面的分析,同样可得出

$$\dot{E}_{1\sigma}=-j\sqrt{2}\pi f_1N_1\dot{\Phi}_{1\sigma}=-j4.44f_1N_1\dot{\Phi}_{1\sigma} \quad (1\text{-}2\text{-}9)$$

从物理意义上讲,漏电抗反映了漏磁通对电路的电磁效应。由于漏磁通的主要路径是非铁磁物质,磁路不会饱和,漏磁路是线性的,漏磁路的磁导率是常数,因此对已制成的变压器的漏电感$L_{1\sigma}$为一常数,当频率f_1 一定时,漏电抗也是常数,即$X_1=\omega_1L_{1\sigma}$。

(3)空载运行时的电动势和电压比

变压器空载运行的电磁关系如图 1-2-3 所示。

变压器一、二次绕组的电平衡方程式为

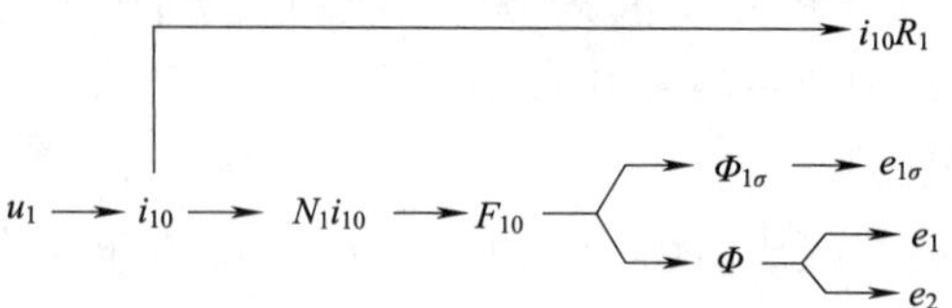

图 1-2-3　变压器空载运行的电磁关系

$$\begin{cases} u_1 = -e_1 = +N_1\dfrac{\mathrm{d}\Phi}{\mathrm{d}t} \\ u_2 = -e_2 = +N_2\dfrac{\mathrm{d}\Phi}{\mathrm{d}t} \end{cases} \tag{1-2-10}$$

若不计漏磁通，按图 1-2-3 所规定的各量正方向，由基尔霍夫电压定律可列出一、二次绕组的电压平衡方程式为

$$u_1 = i_0R_1 - e_1 = i_0R_1 + N_1\frac{\mathrm{d}\Phi}{\mathrm{d}t} \tag{1-2-11}$$

$$u_{20} = e_2 = -N_2\frac{\mathrm{d}\Phi}{\mathrm{d}t} \tag{1-2-12}$$

式中，R_1 为一次绕组的电阻；u_{20}为二次侧空载电压，即开路电压，一般i_0 R_1 很小，忽略不计时 $\dot{U}_1 \approx -\dot{E}_1$，则

$$\frac{U_1}{U_2} = \frac{E_1}{E_2} = \frac{N_1}{N_2} = K \tag{1-2-13}$$

调节一、二次侧匝数即可达到变压目的。

三、变压器的负载运行

1. 负载运行时的物理状况

变压器的一次绕组加上电源电压u_1，二次绕组接上负载阻抗Z_L，如图 1-2-4 所示，即变压器投入了负载运行。

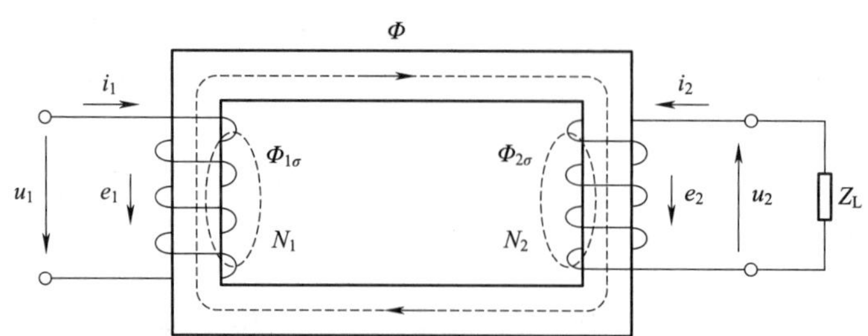

图 1-2-4　变压器负载运行示意图

变压器空载运行时一次绕组由空载电流i_0 建立了空载时的主磁通。当二次绕组接上负载阻抗Z_L时，在 e_2 的作用下，二次绕组流过负载电流i_2，并产生二次绕组磁动势$F_2 = N_2i_2$。根据楞次定律，该磁动势力图削弱空载时的主磁通引起 e_1 的减小。由于电源电压u_1 不变，所以 e_1 的减小会导致一次电流的增加，即由空载电流i_0 变为负载时电流i_1，其增加的磁动势用以抵消

$N_2 i_2$ 对空载主磁通的去磁影响,使负载时的主磁通基本回升至原来空载时的数值,使得电磁关系达到新的平衡。因此,负载时的主磁通由一、二次绕组的磁动势共同建立。

【小贴士】

> 变压器负载运行时,通过电磁感应关系,将一、二次绕组电流紧密地联系在一起,i_2 的增加或减小必然同时引起i_1 的增加或减小;相应地,二次绕组输出功率的增加或减小,必然同时引起一次绕组输入功率的增加或减小,这就达到了变压器通过电磁感应传递能量的目的。

2. 负载运行的基本方程式

(1)磁动势平衡方程式

变压器负载运行时,一次电流由空载时的i_0 变为负载时的i_1,由于Z_1 较小,因此一次绕组漏阻抗压降$I_1 Z_1$ 也仅为(3%~5%)U_{1N},当忽略不计时,有$U_1 \approx E_1$,故当电源电压U_1 和频率f_1 不变时,产生E_1 的主磁通 Φ_m也应基本不变,即从空载到负载的稳定状态,主磁通基本不变。所以,负载时建立主磁通所需的合成磁动势$F_1 + F_2$ 与空载时所需的磁动势F_0 也应基本不变,即有磁动势平衡方程

$$\dot{F}_0 = \dot{F}_1 + \dot{F}_2 \tag{1-2-14}$$

$$N_1 \dot{I}_0 = N_1 \dot{I}_1 + N_2 \dot{I}_2 \tag{1-2-15}$$

将上式两边除以 N_1 并移项,便得

$$\dot{I}_1 = \dot{I}_0 + \left(-\frac{N_2}{N_1}\dot{I}_2\right) = \dot{I}_0 - \frac{\dot{I}_2}{K} = \dot{I}_0 + \dot{I}_{1L} \tag{1-2-16}$$

上式表明,负载时一次电流 $\dot{I}_1$ 由两个分量组成:一个是励磁电流 $\dot{I}_0$,用于建立主磁通 Φ_m,另一个是供给负载的负载电流分量 $\dot{I}_{1L} = -\frac{\dot{I}_2}{K}$用以抵消二次绕组磁动势的去磁作用,保持主磁通基本不变。由于变压器励磁电流 $\dot{I}_0$很小,为方便分析问题,常忽略不计,则式(1-2-16)可近似表示为 $\dot{I}_1 \approx -\frac{\dot{I}_2}{K}$,表明 $\dot{I}_1$ 与 $\dot{I}_2$相位上相差接近 180°,考虑数值关系时,有

$$\frac{I_1}{I_2} \approx \frac{N_2}{N_1} = \frac{1}{K} \tag{1-2-17}$$

(2)电动势平衡方程式

根据前面的分析可知,负载电流I_2 通过二次绕组时也产生漏磁通 $\Phi_{2\sigma}$,相应地产生漏磁电动势 $e_{2\sigma}$。类似 $e_{1\sigma}$的计算,$e_{2\sigma}$也可用漏抗压降的形式来表示,即 $\dot{E}_{2\sigma} = -j\dot{I}_2 X_2$。

参照图 1-2-1 所示的正方向规定,根据基尔霍夫电压定律,变压器在负载时的一、二次绕组的电动势平衡方程式为

$$\dot{U}_1 = -\dot{E}_1 + \dot{I}_1 Z_1 \tag{1-2-18}$$

$$\dot{U}_2 = \dot{E}_2 - \dot{I}_2 Z_2 \tag{1-2-19}$$

综上所述,可得到变压器负载运行时的基本方程式

$$\begin{cases} N_1\dot{I}_0 = N_1\dot{I}_1 + N_2\dot{I}_2 \\ \dot{U}_1 = -\dot{E}_1 + \dot{I}_1 Z_1 \\ \dot{U}_2 = \dot{E}_2 - \dot{I}_2 Z_2 = \dot{I}_2 Z_L \\ \dot{E}_1 = -\dot{I}_0 Z_m \\ E_1 = K E_2 \end{cases} \tag{1-2-20}$$

式中,Z_m 表示磁阻抗。

任务分组

小组信息表见表 1-2-1。

表 1-2-1　小组信息表

小组信息	班级			日期		
	小组名称			组长		
	分工					
	成员					

任务准备

小组成员沟通讨论工作计划,依照任务导入,查找资料,分工协作,准备完成任务。

任务实施

一、引导问题

(1)变压器的工作原理是____________________。

(2)变压器空载运行时的电磁关系式是____________________。

(3)变压器负载运行时的电磁关系式是____________________。

二、技能训练

(1)通过分析图 1-2-5,简述灯泡发光的过程。

灯泡发光过程____________________

____________________。

(2)请补充完整下面变压器空载运行电磁关系流程图,如图 1-2-6 所示。

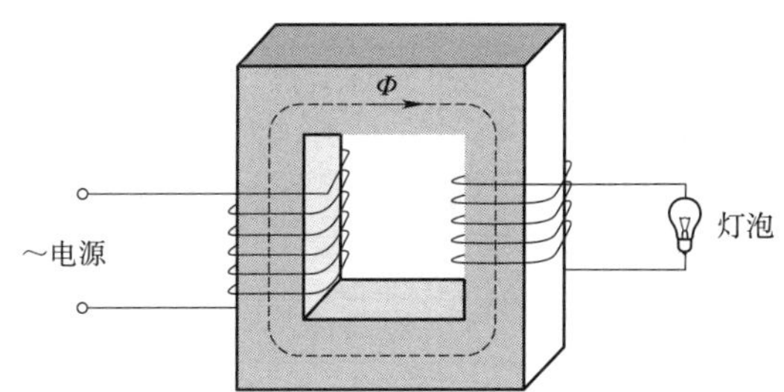

图 1-2-5　变压器原理示意图

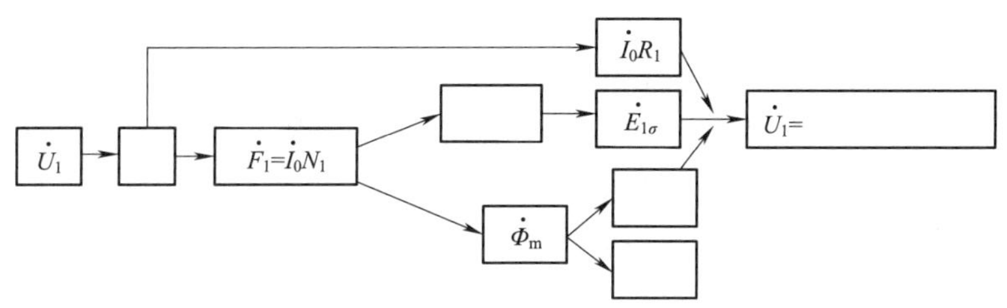

图 1-2-6　变压器空载运行电磁关系流程图

(3)请补充完整下面变压器负载运行电磁关系流程图,如图 1-2-7 所示。

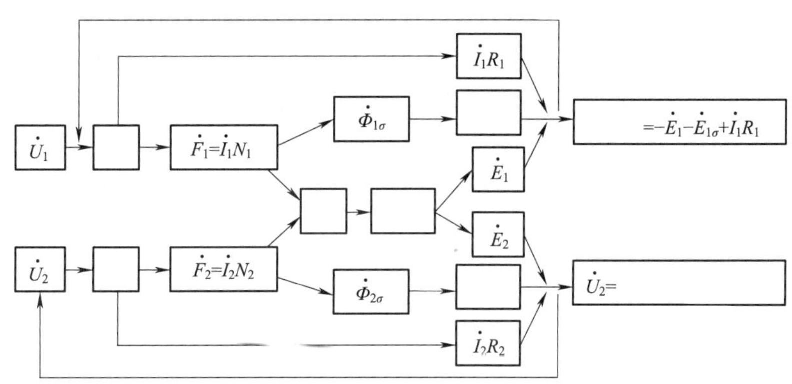

图 1-2-7　变压器负载运行电磁关系流程图

任务评价

小组成员各自完成自我评价,组长完成小组评价,教师完成教师评价,见表 1-2-2。整理实训设备和仪表,做好 5S 管理工作。

表 1-2-2　任务评价表

序号	评价内容	自我评价	小组评价	教师评价	分值分配
1	态度是否端正,工作是否认真				15
2	知识链接内容是否完全掌握				20
3	是否完成任务				30

续表

序号	评价内容	自我评价	小组评价	教师评价	分值分配
4	能否与他人团结协作				10
5	能否积极回答问题				15
6	是否做好5S管理工作				10
7	合计				100
8	加分+增值评价				
9	总分				

评分说明：

(1)总分=自我评价×20%+小组评价×20%+教师评价×60%+加分。

(2)加分项为奖励在完成任务中正能量突出的同学，如帮助同学、劳动积极等，由教师酌情给分，分值范围在1~10分之间。增值评价是与前一次任务完成情况比较，由组长和教师共同完成，也可由学生自己提出，分值范围在1~5分之间。

课后拓展

攀科技高峰、写变电传奇——龚筱琦

龚筱琦是中国工会十八大代表，全国五一劳动奖章获得者，特变电工衡阳变压器有限公司的首席设计师，主要工作是将电力设备转化为可以设计的图纸，从而生产出国家和用户需要的“大国重器”。她21年扎根技术一线，专注输变电高端装备的自主研发，主持和参与研制了20多项国家重点项目工程，创造多项世界第一，为推进重大装备国产化做出了积极贡献。

拥有12项发明、实用新型专利，发表核心期刊论文13篇，主持中国电力企业联合会标准2项、国家标准1项，主持和负责10项新产品被国家科学技术委员会联合会评定为国际领先、国际先进水平……成绩斐然，但龚筱琦仍奋斗在一线，续写着她的“传奇”。

巩固练习

一、判断题

(1)感应电流可以用右手螺旋定则来判定。(　　)

(2)感应电动势可以用右手螺旋定则来判定。(　　)

(3)导体在磁场中运动的方向可以用左手定则来判定。(　　)

(4)变压器可以变换交、直流电压。(　　)

二、选择题

(1)变压器可以将(　　)电压进行升降。

A. 直流　　B. 交流　　C. 交、直流

(2)升压变压器的匝数比(　　)。

A. 大于1　　B. 小于1　　C. 等于1

(3)变压器一次绕组有电流,二次侧(　　　)。

A. 可能有电流　　　B. 一定有电流

(4)变压器的原理叙述正确的是(　　　)。

A. 动电生磁,动磁生电　　　B. 动磁生电,动电生磁

(5)改变变压器一、二次绕组的匝数,不能达到改变变压器(　　　)的目的。

A. 电压　　　B. 电流　　　C. 频率

(6)希望变压器的空载电流(　　　)。

A. 越小越好　　　B. 越大越好　　　C. 无法判断

任务三　分析变压器的联结组别和损耗

学习目标

知识目标	技能目标	素质目标
(1)认识变压器绕组的同名端; (2)掌握单相变压器的联结组别; (3)掌握三相变压器的联结组别; (4)了解变压器的损耗	(1)能正确识别变压器的同名端; (2)能正确识别单相变压器联结组别; (3)能正确识别三相变压器联结组别; (4)能认知变压器损耗	(1)具备对专业知识的认知和兴趣; (2)具备对专业知识求真务实、严谨细致的学习态度; (3)具备良好的沟通能力和优秀的团队协作精神

任务导入

(1)查资料想一想生活中哪些地方用到了三相电,这些三相电是怎样得来的?电力网输送和分配的三相交流电是怎样得到的?

(2)观察变压器的铭牌,思考一下 Dyn11 与 Yyn0 有什么不同的含义?

知识链接

变压器的同一相高、低压绕组都是绕在同一铁芯柱上,并被同一主磁通链绕,当主磁通交变时,在高、低压绕组中感应的电动势之间存在一定的极性关系。要正确连接变压器的绕组就必须确定其极性关系,即变压器的联结组别。

一、变压器绕组的同名端

在任何瞬间,变压器的一、二次绕组电动势极性相同的两个对应的端点,称为同名端或同极性端,通常用标记“·”或“*”表示。

在使用变压器或其他磁耦合线圈时,经常会遇到两个绕组或者线圈同名端的正确连接问题。当接法正确时,两个绕组所产生的磁通方向相同,磁通在铁芯中互相叠加;当接法错误,则两个绕组所产生的磁通方向相反,它们在铁芯中互相抵消,使铁芯中的合成磁通为零,在每个

绕组中也就没有感应电动势产生,相当于短路状态,会把变压器烧毁。因此,同名端的判定是相当重要的,其判定方法如下:

1. 对两个绕向已知的绕组

当电流从两个同极性端流入(或流出)时,铁芯中所产生的磁通方向是一致的。如图 1-3-1 所示,1 端和 3 端为同名端,电流从这两个端点流入时,它们在铁芯中产生的磁通方向是相同。同理,可判断图 1-3-1 中的另外两个端子:2 端和 4 端,则 2 端和 4 端也为同名端。

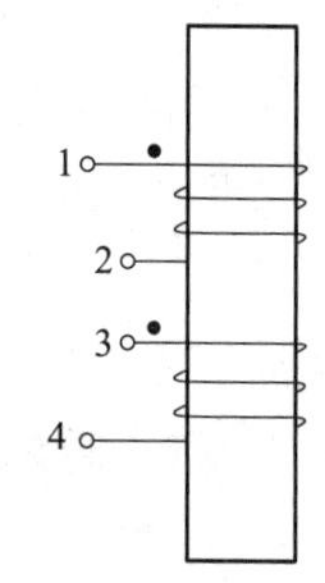

图 1-3-1 绕向已知的绕组

2. 对一台已经制成的变压器

当一台已经制成的变压器无法从外部观察其绕组的绕向,此时无法辨认其同名端,可用实验的方法进行测定。测定的方法有交流法和直流法两种。

(1)交流法

将一、二次绕组各取一个接线端连接在一起,如图 1-3-2 中的 2 和 4,并在一个绕组上(图 1-3-2 中为 N_1 绕组)加一个较低的交流电压 u_{12},再用交流电压表分别测量 u_{12}、u_{13}、u_{34} 各值,如果测量结果为 $u_{13}=u_{12}-u_{34}$,则说明 N_1、N_2 绕组为反极性串联,故 1 和 3 为同名端。如果 $u_{13}=u_{12}+u_{34}$,则 1 和 4 为同名端。

(2)直流法

用 1.5 V 或 3 V 的直流电源,按图 1-3-3 所示连接,直流电源接在高压绕组上,而直流毫伏表接在低压绕组两端。当开关 S 合上的一瞬间,如直流毫伏表指针向正方向摆动,则接直流电源正极的端子与接直流毫伏表正极的端子为同名端。

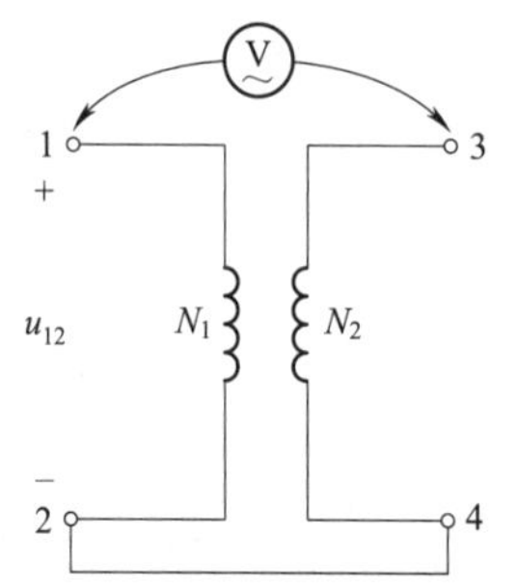

图 1-3-2 交流法测定同名端

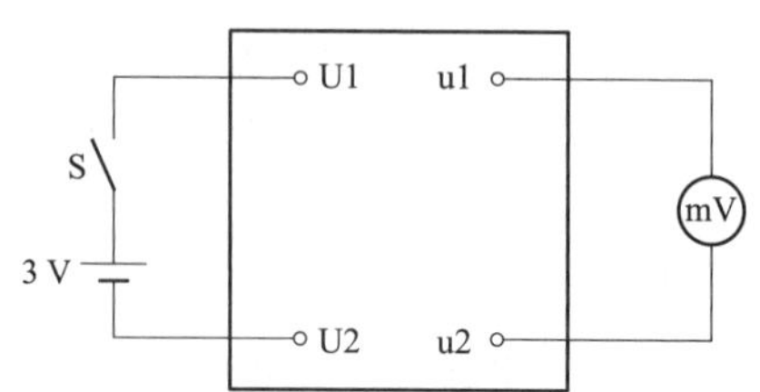

图 1-3-3 直流法测定同名端

二、单相变压器的联结组别

国家标准规定:单相变压器的高压绕组出线端,以大写字母 A、X 标志,而低压绕组的出线端则以小写字母 a、x 标志,其中 A、a 表示绕组的首端,X、x 表示绕组的末端。

把绕组的出线端分为首端和末端并标上字母的这种标志方法,有两种标法:一种是把变压器高、低压绕组的同名端标为首端,如图 1-3-4(a)、(d)所示;另一种是把变压器高、低压绕组的非同名端标为首端,如图 1-3-4(b)、(c)所示。

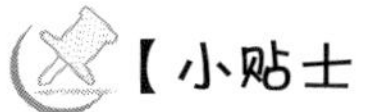

【小贴士】

规定用首端指向末端的电动势$\dot{E}_{AX}$和$\dot{E}_{ax}$来比较两个绕组感应电动势的相位关系，为了简单，用$\dot{E}_A$表示$\dot{E}_{AX}$，用$\dot{E}_a$表示$\dot{E}_{ax}$。从图 1-3-4 中四种情况可见，一次绕组和二次绕组的感应电动势$\dot{E}_A$和$\dot{E}_a$可以同相也可以反相，这取决于它们的绕向及如何标志首末端。如果把一次绕组和二次绕组的同名端标为首端，则$\dot{E}_A$和$\dot{E}_a$同相；如果把一次绕组和二次绕组的非同名端标为首端，则$\dot{E}_A$和$\dot{E}_a$反相。

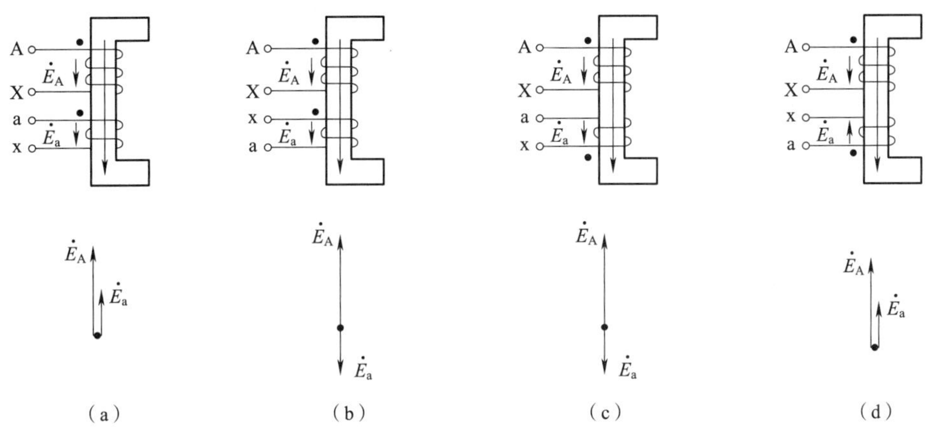

图 1-3-4 高、低压绕组相电动势相位关系的标志方法

变压器的联结组别用时钟表示法来确定，即把高压绕组电动势$\dot{E}_A$当作时钟面上的长针并指向 12 点，把低压绕组电动势$\dot{E}_a$当作时钟面上的短针，短针指向钟面上的哪个数字，该数字就为变压器联结组别的标号。例如，图 1-3-4(a)、(d)所示的单相变压器联结组别的标号是“0”($\dot{E}_A$和$\dot{E}_a$都指向 12 点，其相位差是零)，用 I，I0 表示；图 1-3-4(b)、(c)所示的单相变压器联结组别的标号是“6”($\dot{E}_A$指向 12 点，$\dot{E}_a$指向 6 点，相位差是 $6\times30°=180°$)，用 Ii6 表示。其中 Ii0 表示高、低压绕组都是单相，后面的数字表示高、低压绕组电动势相位关系。对单相变压器而言，只有相电动势相位关系，所以单相变压器的联结组别只有 Ii0 和 Ii6 两种。

三、三相变压器的联结组别

三相变压器实际上是由三个相同容量的单相变压器组合而成的。在三相变压器中，不论是高压绕组，还是低压绕组，均采用星形联结(高压绕组用 Y 表示，低压绕组用 y 表示)及三角形联结(高压绕组用 D 表示，低压绕组用 d 表示)两种方法。联结组别是指三相变压器高、低压绕组的连接方式。

三相变压器的一次绕组线电压与二次绕组线电压之间的相位关系是不同的，这就是所谓的三相变压器的联结组别。三相变压器联结组别不仅与绕组的绕向和首末端的标记有关，而且还与三相绕组的连接方式有关。

【小贴士】

> 理论与实践证明，无论怎样连接，一、二次绕组线电动势的相位差总是30°的整数倍。因此，国际上规定标志三相变压器一、二次绕组线电动势关系用时钟表示法，即规定一次绕组线电动势$\dot{E}_{UV}$为长针，永远指向钟面上的12点，二次绕组线电动势$\dot{E}_{uv}$为短针，它指向钟面上的哪个数字，该数字则为该三相变压器联结组别的组别号。

目前我国配电用三相电力变压器常用联结组别为Y/yn0和Y/d11。高压绕组中性线用N表示，低压绕组中性线用n表示。如图1-3-5所示，联结组别中的数字表示变压器一次绕组线电压和二次绕组线电压之间的相位关系。0表示同相位，11表示相位差330°。

(1) Y/yn0联结组别(见图1-3-5)

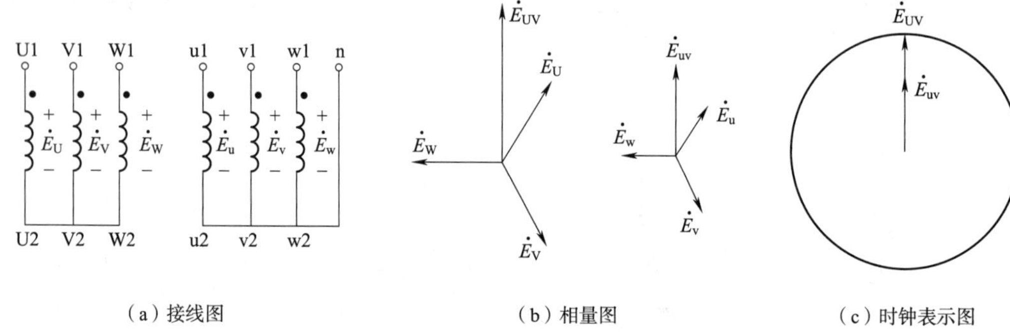

(a) 接线图　(b) 相量图　(c) 时钟表示图

图1-3-5　Y/yn0联结组别

(2) Y/d11联结组别(见图1-3-6)

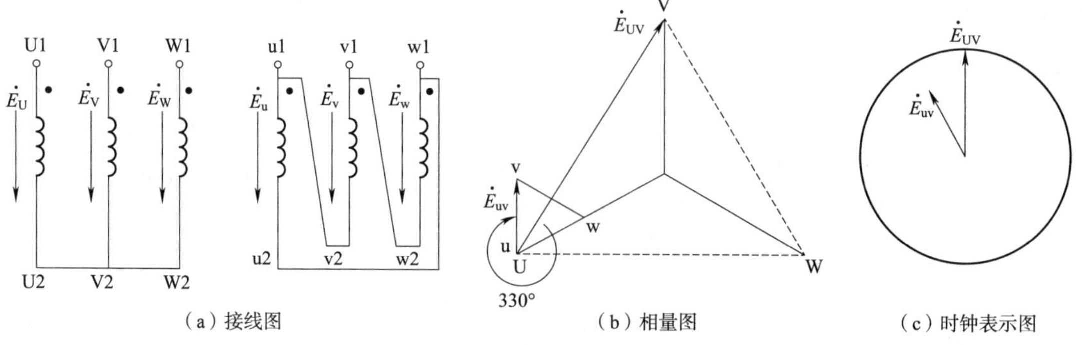

(a) 接线图　(b) 相量图　(c) 时钟表示图

图1-3-6　Y/d11联结组别

四、变压器的损耗

变压器在传递能量过程中会产生损耗，其损耗包括一、二次绕组的铜损耗和铁损耗。

1. 铜损耗

变压器的绕组都有一定的电阻，当电流流过绕组时就要产生绕组损耗，称为铜损耗，即铜耗p_{Cu}。铜耗的大小取决于负载电流和绕组电阻的大小，因而是随负载的变化而变化，故称为可变损耗。

2. 铁损耗

由于铁芯中的磁通是交变的，所以在铁芯中要产生磁滞损耗和涡流损耗，统称为铁芯损耗，即铁耗p_{Fe}。铁耗的大小与硅钢片材料的性质、磁通密度的最大值、硅钢片厚度及交变频率等有关。在其他因素不变的情况下，铁耗近似与电源电压U_1成正比，因此当电源电压U_1一定时，铁耗基本上可认为是恒定的，故称为不变损耗，它与负载电流的大小和性质无关。

由于变压器空载时空载电流I_0很小，因此空载时的绕组损耗很小，可以忽略不计，所以空载损耗主要是铁芯损耗，即$P_0 = p_{Fe}$。

3. 变压器的效率特性

在实际应用中要正确、合理地使用变压器，须了解其运行时的工作特性及性能指标。

表明变压器运行性能的主要指标有电压变化率和效率特性。电压变化率是变压器供电的质量指标，效率是变压器运行时的经济指标。变压器的输出电压随负载电流变化的关系即为外特性，效率随负载变化的关系即为效率特性。

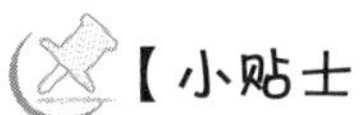
【小贴士】

> 基本铜损耗是指电流流过绕组时所产生的直流电阻损耗。杂散铜损耗主要是指漏磁场引起电流集肤效应，使绕组的有效电阻增大所增加的铜损耗，以及漏磁场在结构部件中所引起的涡流损耗等。

$$P_1 = P_2 + p_{Cu} + p_{Fe} = P_2 + \sum p \tag{1-3-1}$$

式中，P_1为变压器的输入有功功率；P_2为输出功率；$\sum p$为总损耗功率。

$$P_2 = P_1 - \sum p \tag{1-3-2}$$

所以

$$\eta = \frac{P_2}{P_1} = \frac{P_2}{P_2 + \sum p} = \frac{P_1 - \sum p}{P_1} = 1 - \frac{\sum p}{P_1} \tag{1-3-3}$$

因变压器无转动部分，一般效率都很高，大多数在95%以上。大型变压器可达99%。变压器的效率一般用间接法测量，即测出各种损耗，再计算效率。

任务分组

小组信息表见表1-3-1。

表 1-3-1　小组信息表

小组信息	班级			日期		
	小组名称			组长		
	分工					
	成员					

任务准备

小组成员沟通讨论工作计划，依照任务导入，查找资料，分工协作，准备完成任务。

任务实施

一、引导问题

(1)变压器的同名端是指______________________________。

(2)变压器联结组别是指______________________________。

(3)变压器绕组连接方式有______________和______________。

(4)变压器的联结组别常用______________方法表示。

(5)我国配电用三相电力变压器常用联结组别有______________。

二、技能训练

(1)通过自主学习，完成表 1-3-2。

表 1-3-2　变压器的常用联结组别

联结组别	Y/yn0	D/yn11
字母含义		
数字含义		
应用		
电磁平衡关系		

(2)在方框中绘制接线图。

Y/yn0	D/yn11

任务评价

小组成员各自完成自我评价,组长完成小组评价,教师完成教师评价,见表1-3-3。整理实训设备和仪表,做好5S管理工作。

表1-3-3 任务评价表

序号	评价内容	自我评价	小组评价	教师评价	分值分配
1	态度是否端正,工作是否认真				15
2	知识链接内容是否完全掌握				20
3	是否完成任务				30
4	能否与他人团结协作				10
5	能否积极回答问题				15
6	是否做好5S管理工作				10
7	合计				100
8	加分+增值评价				
9	总分				

评分说明:

(1)总分=自我评价×20%+小组评价×20%+教师评价×60%+加分。

(2)加分项为奖励在完成任务中正能量突出的同学,如帮助同学、劳动积极等,由教师酌情给分,分值范围在1~10分之间。增值评价是与前一次任务完成情况比较,由组长和教师共同完成,也可由学生自己提出,分值范围在1~5分之间。

课后拓展

倾其一生、研究创新——朱英浩

朱英浩出生于上海市,1952年从交通大学毕业后进入沈阳变压器厂工作,长期从事变压器、互感器新技术、新产品的研究与开发。他不仅是变压器制造专家、中国工程院院士,而且是沈阳工业大学电气工程学院教授、博士生导师。朱英浩不断拚搏奋斗,累积知识,不停地推动变压器进步。他始终坚定信念,人生为一件大事而来,而属于他的这一件,即为研究变压器,倾其一生。

巩固练习

一、填空题

变压器绕组连接方式有(　　　)和(　　　)。

二、判断题

(1)变压器的一、二次绕组电势极性相同的两个对应的端点称为同名端。(　　)

(2)变压器连接错误会把变压器烧坏。(　　)

(3)变压器的铁损耗是指铁芯损耗。(　　)

(4)变压器的联结组别就是它的连接方式。(　　)

三、选择题

(1)当主磁通交变时,在高、低压绕组中感应的电动势之间(　　)一定的极性关系。

A. 存在　　B. 不存在　　C. 无法判断

(2)变压器的效率是(　　)。

A. P_1/P_2　　B. P_2/P_1

(3)变压器是静止设备,(　　)机械损耗存在。

A. 有　　B. 没有

(4)改变变压器一、二次绕组的同名端,达到改变变压器(　　)的目的。

A. 电压　　B. 电流　　C. 相位

(5)某台变压器的联结组别是 Y/yn6,则表示绕组线电压之间的相位差是(　　)。

A. 60°　　B. 180°　　C. 无法判断

(6)某台变压器的联结组别是 Y/yn6,则表示高、低压绕组连接方式分别是(　　)。

A. 星形联结、三角形联结　　B. 星形联结、星形联结

(7)某台变压器的联结组别是 Y/yn0,n 表示(　　)。

A. 高压绕组有中性线　　B. 低压绕组有中性线

任务四　认知自耦变压器和互感器

学习目标

知识目标	技能目标	素质目标
(1)掌握自耦变压器的结构和工作原理; (2)了解互感器的作用和特点; (3)掌握自耦变压器及互感器的应用	(1)能正确分析自耦变压器的基本原理; (2)会分析互感器的运行特点; (3)能正确认知自耦变压器及互感器的应用	(1)具备对专业知识的认知和兴趣; (2)具备对专业知识求真务实、严谨细致的学习态度; (3)具备良好的沟通能力和优秀的团队协作精神

任务导入

①请观察变压器示意图,如图 1-4-1 所示,比较两种变压器的不同之处。

②高电压、大电流的直接监测比较危险,那么用什么办法可以化险为夷呢?

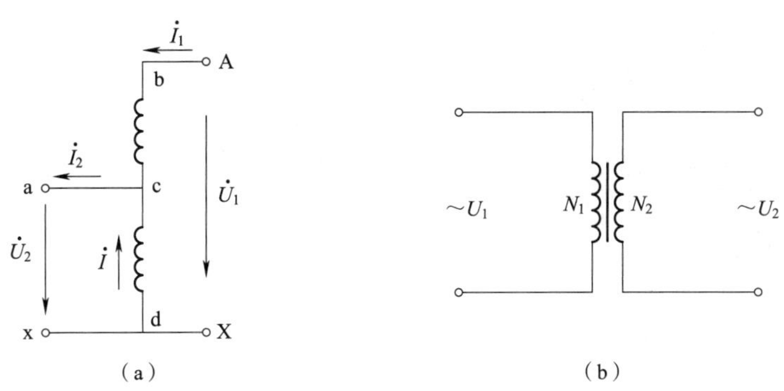

图 1-4-1　变压器示意图

知识链接

随着工业的不断发展，除了前面介绍的普通变压器外，相应地出现了适用于各种用途的特殊变压器，虽然种类和规格很多，但是其基本原理与普通双绕组变压器相同或相似，下面主要介绍常用的自耦变压器和互感器。

一、自耦变压器

前面叙述的变压器，其一、二次绕组是分开绕制的，它们虽装在同一铁芯上，但相互之间是绝缘的，即一、二次绕组之间只有磁的耦合，而没有电的直接联系。这种变压器称为双绕组变压器。如果把一、二次绕组合二为一，使二次绕组成为一次绕组的一部分，这种只有一个绕组的变压器称为自耦变压器，如图 1-4-2 所示。

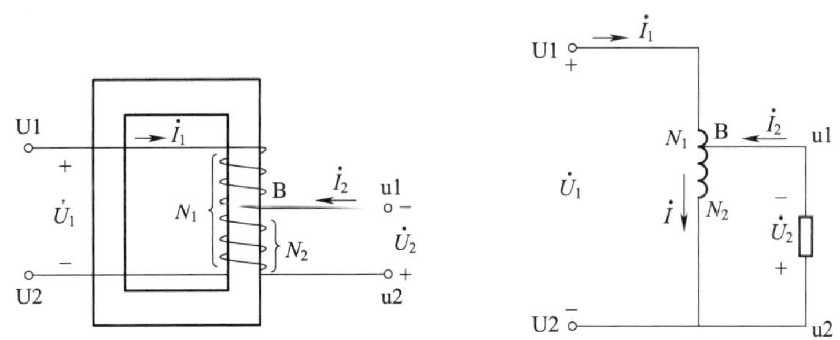

图 1-4-2　自耦变压器工作原理

自耦变压器的一、二次绕组之间除了有磁的耦合外，还有电的直接联系。自耦变压器可节省铜和铁的消耗量，从而减小变压器的体积、质量，降低制造成本，且有利于大型变压器的运输和安装。在高压输电系统中，自耦变压器主要用来连接两个电压等级相近的电力网，作联络变压器之用。在实验室，常用具有滑动触点的自耦调压器获得可任意调节的交流电压。此外，自耦变压器还常用作异步电动机的起动补偿器，对电动机进行降压起动。

如果把自耦变压器的抽头做成滑动触点，就可构成输出电压可调的自耦变压器。为了使滑动接触可靠，这种自耦变压器的铁芯做成圆环形，其上均匀分布绕组，滑动触点由电刷构成，由于其输出电压可调，因此称为自耦调压器，其外形和原理电路如图 1-4-3 所示。

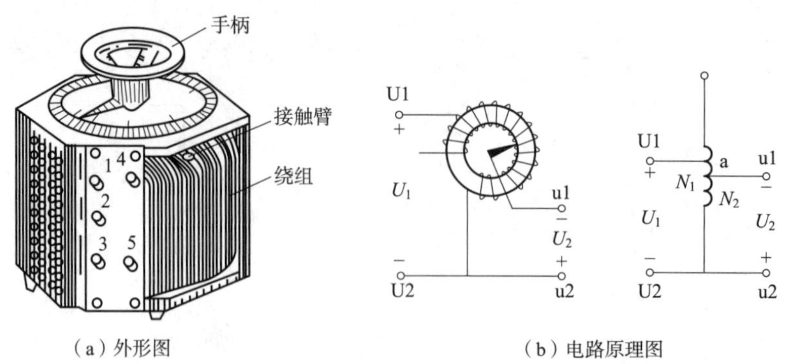

（a）外形图　　（b）电路原理图

图 1-4-3　自耦调压器外形和原理电路

【小贴士】

自耦变压器的一次绕组匝数 N_1 固定不变，并与电源相连，一次绕组的另一端点 U2 和滑动触点 a 之间的绕组 N_2 就作为二次绕组。当滑动触点 a 移动时，输出电压 U_2 随之改变，这种调压器的输出电压 U_2 可低于一次绕组电压 U_1，也可稍高于一次绕组电压。

实验室中常用的单相调压器，一次绕组输入电压 $U_1=220$ V，二次绕组输出电压 $U_2=0\sim250$ V，在使用时，要注意：

①一、二次绕组的公共端 U2 或 u2 接中性线（零线），U1 端接电源相线（火线），u1 端和 u2 端作为输出。

②自耦调压器在接电源之前，必须把手柄转到零位，使输出电压为零，以后再慢慢顺时针转动手柄，使输出电压逐步上升。

自耦变压器有单相自耦变压器和三相自耦变压器。

二、互感器

电工仪表中的交流电流表一般可直接用来测量 5 ~ 10 A 以下的电流；交流电压表可直接用于测量 450 V 以下的电压。实践中往往需要测量几百、几千安的大电流及几千、几万伏的高电压，此时必须加接互感器。

互感器是作为测量用的专用设备，分电流互感器和电压互感器两种，它们的工作原理与变压器相同。使用互感器的目的：一是为了测量人员的安全，使测量回路与高压电网相互隔离；二是扩大测量仪表（电流表及电压表）的测量范围。互感器除用于交流电流及交流电压的测量外，还用于各种继电保护装置的测量系统。

1. 电流互感器

在电工测量中用来按比例变换交流电流的仪器称为电流互感器。电流互感器的基本结构形式及工作原理与单相变压器相似，它也有两个绕组：一次绕组串联在被测的交流电路中，流过的是被测电流 I_1，它一般只有一匝或几匝，用粗导线绕制；二次绕组匝数较多，与交流电流表（或瓦时计、功率表）相接，如图 1-4-4 所示。

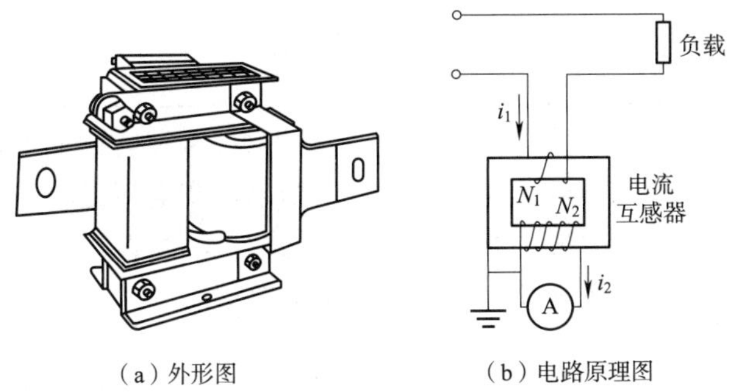

（a）外形图　　（b）电路原理图

图 1-4-4　电流互感器

由变压器工作原理可得

$$\frac{I_1}{I_2}=\frac{N_2}{N_1}=K_I$$

$$I_1=K_I I_2$$

K_I称为电流互感器的额定电流比，标在电流互感器的铭牌上，只要读出接在电流互感器二次线圈一侧电流表的读数，那么一次电路的待测电流就很容易从上式中得到。一般二次电流表用量程为 5 A 的仪表。只要改变接入的电流互感器的变流比，就可测量大小不同的一次电流。

使用电流互感器时必须注意以下事项：

①电流互感器的二次绕组绝对不允许开路。因为二次绕组开路时，电流互感器处于空载运行状态，此时一次绕组流过的电流（被测电流）全部为励磁电流，使铁芯中的磁通急剧增大，一方面使铁芯损耗急剧增加，造成铁芯过热，烧损绕组；另一方面将在二次绕组感应出很高的电压，可能使绝缘击穿，并危及测量人员和设备的安全。

②电流互感器的铁芯及二次绕组一端必须可靠接地，如图 1-4-4（b）所示，以防止绝缘击穿后，电力系统的高压危及工作人员及设备的安全。

利用互感器原理制造的便携式钳形电流表如图 1-4-5 所示。它的闭合铁芯可以张开，将被测导线嵌入铁芯窗口中，被测导线相当于电流互感器的一次绕组，铁芯上绕二次绕组，与测量仪表相连，可直接读出被测电流的数值。其优点是测量线路电流时不必断开电路，使用方便。

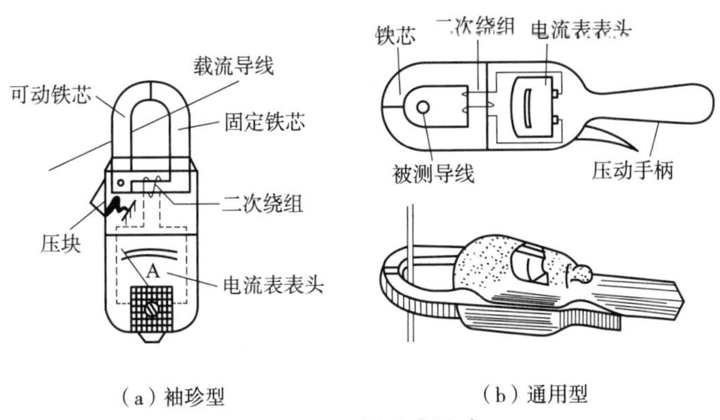

（a）袖珍型　　（b）通用型

图 1-4-5　钳形电流表

【小贴士】

使用钳形电流表时应注意使被测导线处于窗口中央,否则会增加测量误差;不知电流大小时,应将选挡开关置于大量程上,以防损坏表针;如果被测电流过小,可将被测导线在钳口内多绕几圈,然后将读数除以所绕匝数;使用时还要注意安全,保持与带电部分的安全距离,如被测导线的电压较高时,还应戴绝缘手套和使用绝缘垫。

与变压器一样,$I_1 = K_I I_2$ 仅是一个近似计算公式,即用电流互感器进行电流测量时存在一定的误差,根据误差的大小,电流互感器分下列各级:0.2、0.5、1.0、3.0、10.0。如0.5级的电流互感器表示在额定电流时,测量误差最大不超过±0.5%。电流互感器精确度等级越高,测量误差越小,但价格越高。

2. 电压互感器

在电工测量中用来按比例变换交流电压的仪器称为电压互感器。电压互感器的基本结构形式及工作原理与单相变压器很相似。一次绕组(一次线圈)匝数为 N_1,与待测电路并联;二次绕组(二次线圈)匝数为 N_2,与电压表并联,如图1-4-6所示。

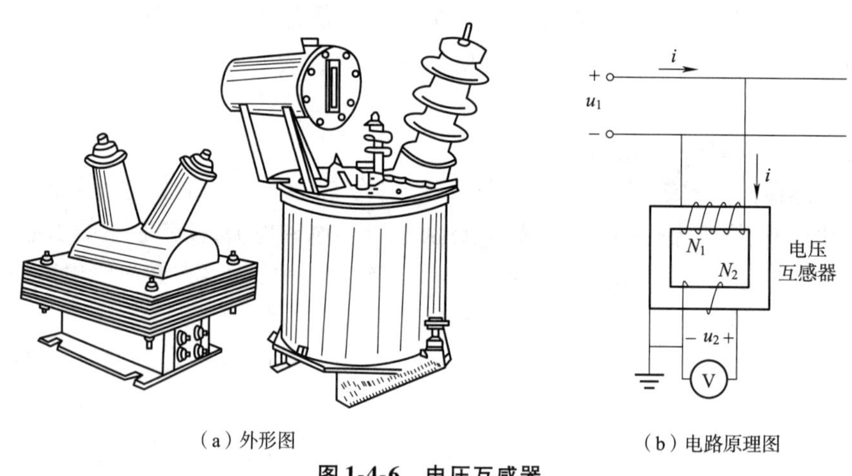

(a)外形图　　(b)电路原理图

图1-4-6　电压互感器

电压互感器的一次电压有效值为 U_1,二次电压有效值为 U_2,电压互感器实际上是一台降压变压器,其变压比 K_u 为

$$K_u = \frac{U_1}{U_2} = \frac{N_1}{N_2}$$

【小贴士】

K_u 常标在电压互感器的铭牌上,只要读出二次侧电压表的读数,一次电路的电压即可由上式得出。一般二次侧电压表均用量程为100 V的仪表。只要改变接入的电压互感器的变压比,就可测量高低不同的电压。在实际应用中,与电压互感器配套使用的电压表已换算成一次电压,其标度尺即按一次电压分度,这样可以直接读数,不必再进行换算。例如按100 V制造,但与额定电压比10 000/100 V的电压互感器配套使用的电压表,其标度尺即接10 000 V分度。

使用电压互感器时必须注意以下事项：

①电压互感器的二次绕组在使用时绝不允许短路。如二次绕组短路，将产生很大的短路电流，导致电压互感器烧坏。

②电压互感器的铁芯及二次绕组的一端必须可靠接地，如图 1-4-6(b)所示，以保证工作人员及设备的安全。

③电压互感器有一定的额定容量，使用时二次绕组回路不宜接入过多的仪表，以免影响电压互感器的测量精度。

任务分组

小组信息表见表 1-4-1。

表 1-4-1 小组信息表

<table>
<tr><td rowspan="4">小组信息</td><td>班级</td><td colspan="2"></td><td>日期</td><td colspan="2"></td></tr>
<tr><td>小组名称</td><td colspan="2"></td><td>组长</td><td colspan="2"></td></tr>
<tr><td>分工</td><td></td><td></td><td></td><td></td><td></td></tr>
<tr><td>成员</td><td></td><td></td><td></td><td></td><td></td></tr>
</table>

任务准备

小组成员沟通讨论工作计划，依照任务导入，查找资料，分工协作，准备完成任务。

任务实施

一、引导问题

(1)双绕组变压器是指____。

(2)自耦变压器是指____。

(3)互感器是作为__________用的专用设备，分______互感器和______互感器两种。

(4)电流互感器是指____。

(5)电压互感器是指____。

二、技能训练

(1)通过自主学习，完成表 1-4-2。

表 1-4-2 变压器的特点分析

变压器	双绕组变压器	自耦变压器
结构		
参数		
原理		
应用		

(2)在方框中描述电压互感器和电流互感器在使用中的注意事项。

电压互感器	电流互感器

任务评价

小组成员各自完成自我评价,组长完成小组评价,教师完成教师评价,见表1-4-3。

表1-4-3 任务评价表

序号	评价内容	自我评价	小组评价	教师评价	分值分配
1	态度是否端正,工作是否认真				15
2	知识链接内容是否完全掌握				20
3	是否完成任务				30
4	能否与他人团结协作				10
5	能否积极回答问题				15
6	是否做好5S管理工作				10
7	合计				100
8	加分+增值评价				
9	总分				

评分说明:

(1)总分=自我评价×20%+小组评价×20%+教师评价×60%+加分。

(2)加分项为奖励在完成任务中正能量突出的同学,如帮助同学、劳动积极等,由教师酌情给分,分值范围在1~10分之间。增值评价是与前一次任务完成情况比较,由组长和教师共同完成,也可由学生自己提出,分值范围在1~5分之间。

课后拓展

自行车的前世今生——德莱斯

当今社会,自行车像潮水一样遍及世界各地,进入家家户户。发明自行车的是德国的一个看林人,名叫德莱斯(1785—1851)。德莱斯原是一个看林人,每天都要从一片林子走到另一片林子,多年走路的辛苦,激起了他想发明一种交通工具的欲望。他想:如果人能坐在轮子上,那不就走得更快了吗!就这样,德莱斯开始设计和制造自行车。他用两个木轮、一个鞍座、一个安在前轮上起控制作用的车把,制成了一辆轮车。人坐在车上,用双脚蹬地驱动木轮运动。

就这样,世界上第一辆自行车问世了。德莱斯还发明了绞肉机、打字机等,都能减轻劳动强度。以前铁路工人在铁轨上利用人力推进的小车,也是德莱斯发明的,所以称它为"德莱斯"。

巩固练习

一、填空题

互感器可分为(　　　)和(　　　)。

二、判断题

(1)双绕组变压器一、二次绕组没有电的直接连接。(　　　)
(2)自耦变压器一、二次绕组有电的直接连接。(　　　)
(3)仪用互感器是作为测量用的专用设备。(　　　)
(4)自耦变压器仅用于降压变压器。(　　　)

三、选择题

(1)电流互感器二次侧相当于(　　　)状态。
A. 断路　　B. 短路　　C. 开路
(2)电压互感器二次侧相当于(　　　)状态。
A. 短路　　B. 开路
(3)自耦变压器的体积比双绕组变压器的体积(　　　)。
A. 大　　B. 小　　C. 与变压器的容量有关系
(4)电流互感器的二次侧在使用时绝对不允许(　　　)。
A. 开路　　B. 短路　　C. 无法判断
(5)电压互感器的二次侧在使用时绝对不允许(　　　)。
A. 开路　　B. 短路　　C. 无法判断
(6)电压互感器的二次侧在使用时必须接(　　　)。
A. FU　　B. KM　　C. QS

项目二　电　　机

项目描述

电动机是把电能转换为机械能的一种设备。按使用电源不同分为直流电动机和交流电动机。通过本项目的学习，掌握电动机的结构、工作原理，具备常见故障的处理能力，能对电动机进行拆装及检修。

本项目任务有：

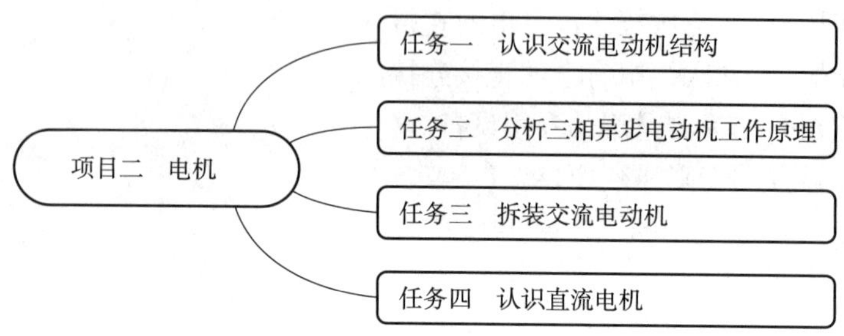

任务一　认识交流电动机结构

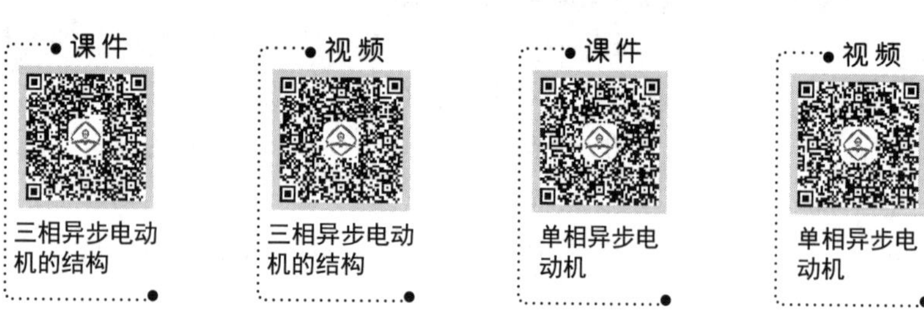

学习目标

知识目标	技能目标	素质目标
(1)掌握三相异步电动机的结构； (2)掌握单相异步电动机的结构； (3)掌握三相异步电动机各部件的作用； (4)了解单相异步电动机和三相异步电动机结构的区别	(1)能识别三相异步电动机各部件的名称； (2)能识别单相异步电动机各部件的名称； (3)能说出三相异步电动机各部件的作用； (4)能说出单相异步电动机各部件的作用	(1)具备对专业知识的认知和兴趣； (2)具备对专业知识求真务实、严谨细致的学习态度； (3)提高观察的精细度和全面性

任务导入

交流电动机作为一种利用交流电源产生旋转磁场来驱动旋转机械的动力源，具有转速高、结构简单、维护方便等优点，广泛应用于发电厂、输电线路、变压器和电缆等领域。它将电能转换为机械能，从而驱动各种类型的机械，如水泵、风力发电机和太阳能光伏板等。交流电动机在交通工具中的应用也非常广泛，例如电动汽车、轻轨列车、高铁、地铁、电梯等。这些交通工具使用交流电动机作为动力源，能够提供高效、环保和节能的出行体验。

知识链接

一、三相异步电动机的结构

异步电动机主要由定子和转子两大部分组成，它是利用电磁感应原理实现将电能转换为机械能。定子相当于变压器的一次侧，转子相当于变压器的二次侧。转子装在定子腔内，定子和转子之间存在较小的空气隙，称为气隙。

1. 定子

异步电动机定子的主要作用是建立旋转磁场。定子是电动机中静止不动的部分，主要由定子铁芯、定子绕组、机座、端盖等组成。

(1)定子铁芯

定子铁芯固定在机座内，是电动机主磁路的一部分。为了减少交变磁场中铁芯产生的涡流损耗和磁滞损耗，铁芯通常由厚 0.35～0.5 mm 表面涂有绝缘漆的硅钢片冲制、叠压而成。一般大容量电动机定子硅钢片采用扇形冲片。图 2-1-1 所示为三相异步电动机定子铁芯及定子冲片。

当定子铁芯较长时，为了增加散热面，在轴向长度上每隔 3～6 cm 留有径向通风沟。为了嵌放定子绕组，在定子铁芯内圆冲出许多形状相同的槽。常用的定子铁芯槽形有：半闭口槽、半开口槽、开口槽三种，如图 2-1-2 所示。其中半闭口槽由于电动机的效率和功率因数较高，但绕组嵌线和绝缘都较困难，一般用于小型低压电动机中；半开口槽可嵌放成形绕组，一般用于大型、中型低压电动机；开口槽用以嵌放成形绕组，绝缘方法简便，主要用于 3 kV 以上的高压电动机中。

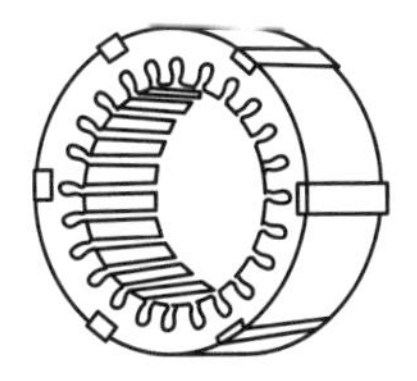
(a) 叠装好的定子铁芯

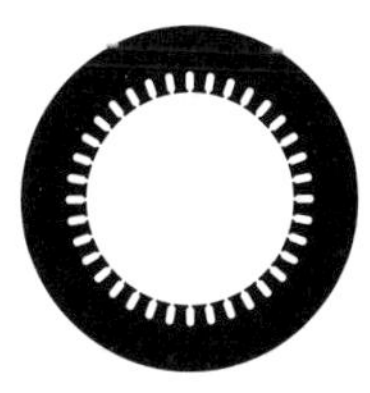
(b) 定子冲片

图 2-1-1　三相异步电动机定子铁芯及定子冲片

(a) 半闭口槽

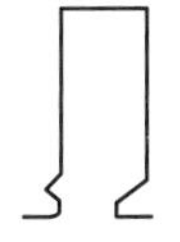
(b) 半开口槽

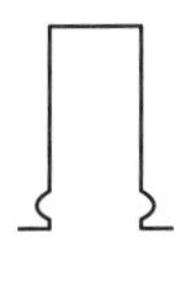
(c) 开口槽

图 2-1-2　三相异步电动机的定子铁芯槽形

(2)定子绕组

定子绕组是电动机的电路部分，其主要作用是通过电流产生旋转磁场，以实现机电能量的转换。为满足异步电动机的运行要求，三相定子绕组 U1U2、V1V2、W1W2，每相绕组的形状、尺寸、匝数都相同，每个绕组又由若干线圈连接而成，线圈是由带有绝缘的铜导线或铝导线绕制的。小型异步电动机采用高强度漆包圆线，大型异步电动机采用矩形截面成形线圈。

三相定子绕组在空间按相位差120°的电角度对称嵌入定子铁芯内圆槽，当给电动机通入三相交流电时，定子绕组中产生旋转磁场，如图2-1-3所示。三相定子绕组的连接方式有：星形联结、三角形联结。三相绕组的六个出线端子都引至接线盒上，首端分别为U1、V1、W1，末端分别为U2、V2、W2，如图2-1-4所示。有的电动机用AX、BY、CZ表示三相绕组，其中A、B、C表示绕组的首端，X、Y、Z表示绕组的末端。

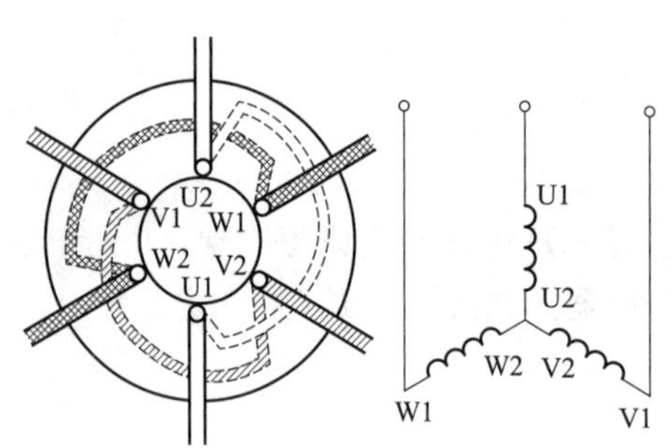

图2-1-3　三相异步电动机的定子绕组

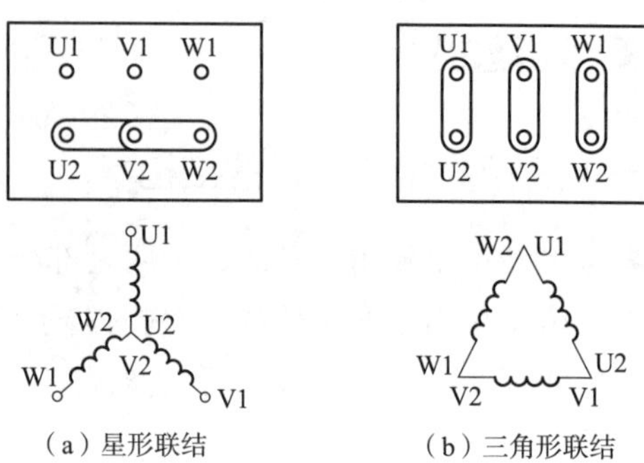

图2-1-4　三相定子绕组的联结

三相定子绕组之间及绕组与定子铁芯槽间均垫以绝缘材料，定子绕组在槽内嵌放完毕后再用胶木槽楔紧固。常用的绝缘材料有聚酯薄膜青壳纸、聚酯薄膜、聚酯薄膜玻璃漆布箔、聚四氟乙烯薄膜。

（3）机座

机座的主要作用是固定和支撑定子铁芯，因此要求其有足够的机械强度和刚度，能够承受运输和运行中的各种作用力。中、小型电动机通常采用铸铁机座，为增加散热面，在机座外表面有散热筋。大容量电动机采用钢板焊接机座。为满足通风散热要求，机座内表面和定子铁芯隔开适当的距离以形成空腔，作为冷却空气的通道。三相异步电动机机座的外形如图2-1-5所示。

图2-1-5　三相异步电动机机座的外形

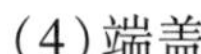

（4）端盖

定子机座两端装有端盖，端盖由铸铁或钢板制成。有的端盖中央还装有轴承，轴承用来支撑转子。

2. 转子

三相异步电动机转子主要是利用旋转磁场感应产生转子电流，从而产生电磁转矩。转子是电动机旋转部分，主要由转子铁芯、转子绕组、转轴和风扇等组成。

（1）转子铁芯

转子铁芯也是电动机主磁路的一部分，通常是由0.5 mm厚的硅钢片叠压成圆柱体套装在转轴上，转子铁芯表面均匀分布的槽内嵌放有转子绕组。

（2）转子绕组

转子绕组是转子的电路部分，其作用是产生感应电动势及电流，并形成电磁转矩而使电动机旋转。转子绕组分为鼠笼式和绕线式两种。

①鼠笼式转子绕组。鼠笼式转子绕组电动机称为笼型异步电动机,其结构较简单。它是由嵌在转子铁芯槽内的铜条或铝条组成,两端分别与两个端环相连成一个整体,形成一个自身闭合的短接回路。如不考虑铁芯,仅由转子导条和端环构成的转子绕组外形像一个松鼠的笼子,故称鼠笼式转子绕组。为了节约用铜,一般中、小型笼型异步电动机的导条、端环和端环外的风扇由铝液铸成一体,大型笼型异步电动机用铜条和铜端环焊接而成,鼠笼式转子绕组外形图如图 2-1-6 所示。

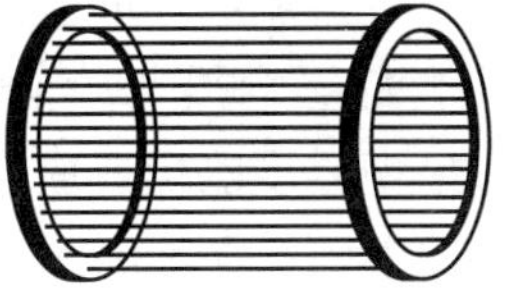

(a)铜条转子绕组

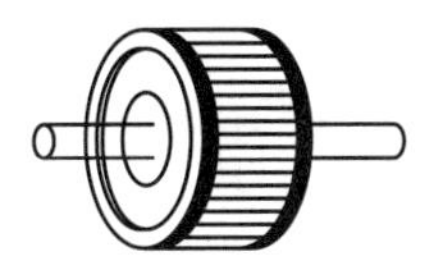

(b)铜条转子

图 2-1-6 鼠笼式转子绕组外形图

由于鼠笼式转子导条的两端分别被两个端环短路,形成一个闭合的绕组,并且此绕组在结构上是对称的。因此,鼠笼式转子绕组实质上是一个对称的多相绕组。

②绕线式转子绕组。绕线式转子绕组电动机称为绕线转子异步电动机。绕线式转子绕组是指转子铁芯槽内放置三相对称绕组,它和定子绕组相似,其极数、相数设计和定子相等。绕线式转子绕组一般接为星形,转子三相绕组末端接在一起,始端分别引至轴上的三个互相绝缘的铜质滑环上,再经过电刷接在转子回路的可调电阻上,其接线如图 2-1-7 所示。

【小贴士】

调节该可调电阻的电阻值可达到调节电动机转速的目的。而笼型异步电动机转子绕组由于被本身的端环直接短路,故转子电流无法按需要进行调节。有的绕线转子异步电动机还装有电刷短路装置,在电动机起动完毕且不需要调节转速时,把电刷提起并同时将三个滑环短路,以减小电刷的磨损和摩擦损耗。

与笼型异步电动机相比,绕线转子异步电动机存在结构复杂、维修较麻烦、造价高等缺点。因此,对起动性能要求较高和需要调速的场合才选用绕线转子异步电动机。

(a)外形图

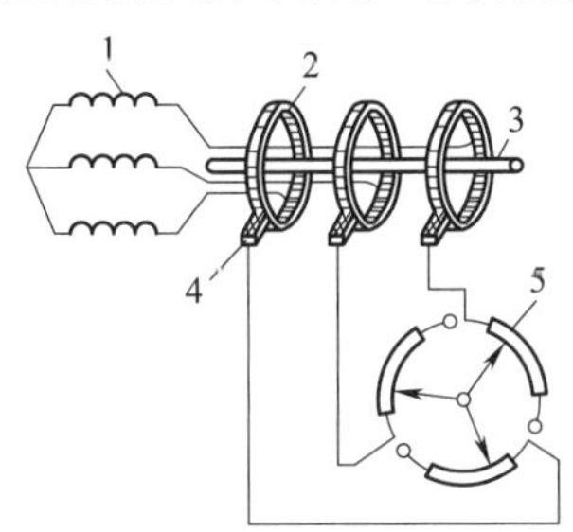

(b)转子接线图

图 2-1-7 绕线式转子绕组结构示意图

1—绕组;2—滑环;3—轴;4—电刷;5—可调电阻

(3)转轴

转子的转轴用强度和刚度较高的中碳钢加工而成,它一方面是为了支撑和固定转子铁芯,另一方面起着传递功率的作用。

(4)风扇

风扇用于冷却电动机。

3. 气隙

异步电机的气隙比同容量直流电机的气隙小得多,在中、小型异步电动机中,一般为0.2～1.5 mm。气隙大小对电机性能影响很大,气隙越大,则为建立磁场所需励磁电流就越大,从而降低电机的功率因数。如果把异步电机看成变压器,显然,气隙越小则定子和转子之间的相互感应(即耦合)作用就越好。因此,应尽量让气隙小一些,但也不能太小,否则会使加工和装配困难,运转时定子与转子铁芯相碰。

二、单相异步电动机结构

单相异步电动机是指用单相交流电源供电的异步电动机,其具有结构简单、成本低、噪声小、运行可靠等优点,因此,广泛应用在家用电器、医疗器械、电动工具、自动控制系统等领域。与同容量的三相异步电动机比较,单相异步电动机体积较大,运行性能也较差。因此,一般只制成小容量的电动机,其功率一般不超过 750 W。

单相异步电动机在结构上与三相鼠笼式异步电动机类似,也是由定子和转子两大部分组成,其转子是普通的鼠笼式转子。单相异步电动机通常在定子上装两个分布绕组,一个称为工作绕组(主绕组);另一个称为起动绕组(辅绕组),起动绕组是由于起动的需要,为产生起动转矩,且一般只在起动时接入。这两个绕组在空间错开 90°电角度,为了能产生旋转磁场,在起动绕组中还串联了一个电容器,其结构如图 2-1-8 所示。

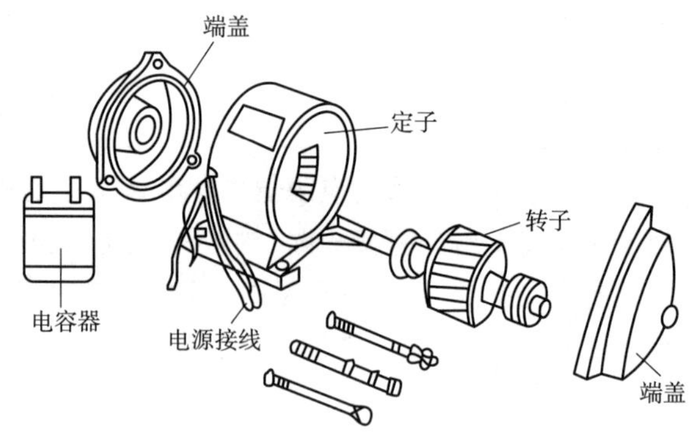

图 2-1-8　单相异步电动机结构图

根据两个定子绕组的分布及供电情况的不同,单相异步电动机可以产生不同的起动和运行性能。单相异步电动机类型有:单相电阻分相起动异步电动机、单相电容运转异步电动机、单相电容分相起动异步电动机、单相电容起动与运转异步电动机、单相罩极式异步电动机等。

任务分组

小组信息表见表 2-1-1。

表 2-1-1　小组信息表

<table>
<tr><td rowspan="4">小组信息</td><td>班级</td><td colspan="2"></td><td>日期</td><td colspan="2"></td></tr>
<tr><td>小组名称</td><td colspan="2"></td><td>组长</td><td colspan="2"></td></tr>
<tr><td>分工</td><td></td><td></td><td></td><td></td><td></td></tr>
<tr><td>成员</td><td></td><td></td><td></td><td></td><td></td></tr>
</table>

任务准备

小组成员沟通讨论工作计划，依照任务导入，查找资料，分工协作，准备完成任务。

任务实施

一、引导问题

(1)交流电动机是一种利用________________产生________________来驱动旋转机械的动力源。

(2)异步电动机分为________相和__________相异步电动机。

(3)根据转子绕组不同，三相异步电动机分为______________和______________。

(4)异步电动机定子的主要作用是____。

(5)异步电动机转子的主要作用是____。

二、技能训练

(1)根据前文所学，了解我们身边的电机。

(2)连连看。请为下列部件找到它们的功能。

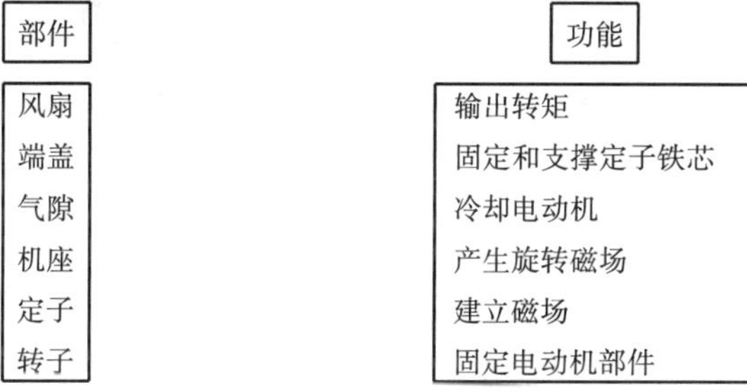

(3)将图 2-1-9 补充完整。

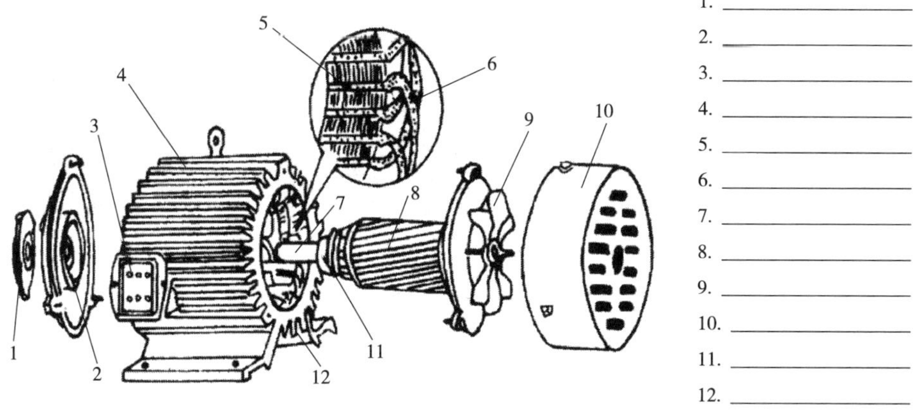

图 2-1-9 三相异步电动机结构图

(4)在虚拟仿真软件上完成三相异步电动机的装配。

(5)通过自主学习填写表 2-1-2 和表 2-1-3。

表 2-1-2　单相异步电动机与三相异步电动机结构对比

电动机类型	定子		转子	
	绕组	铁芯	绕组	铁芯
三相异步电动机				
单相异步电动机				

表 2-1-3　笼型三相异步电动机与绕线转子三相异步电动机的对比

电动机类型	异	同
笼型三相异步电动机		
绕线转子三相异步电动机		

(6)细节在于观察,成功在于积累。你用心观察过你身边的电动机吗？请为图 2-1-10 所示电器进行分类。

三相异步电动机的是:____。

单相异步电动机的是:____。

(a)冰箱

(b)抽油机及驱动电机

(c)锅炉电动给水泵及驱动电机

(d)电风扇

(e)空调

(f)离心注水泵及电机

(g)输油泵及驱动电机

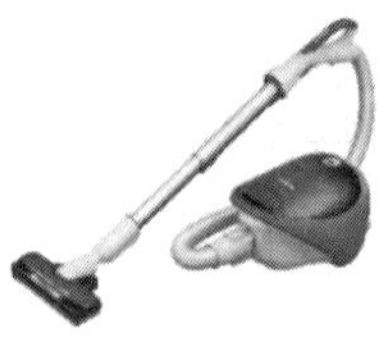
(h)吸尘器

(i)引风机及驱动电机

(j)洗衣机

图 2-1-10　电器图

任务评价

小组成员各自完成自我评价,组长完成小组评价,教师完成教师评价,见表 2-1-4。

表 2-1-4 任务评价表

序号	评价内容	自我评价	小组评价	教师评价	分值分配
1	态度是否端正,工作是否认真				15
2	知识链接内容是否完全掌握				20
3	是否完成任务				30
4	能否与他人团结协作				10
5	能否积极回答问题				15
6	是否做好 5S 管理工作				10
7	合计				100
8	加分 + 增值评价				
9	总分				

评分说明:

(1)总分 = 自我评价 ×20% + 小组评价 ×20% + 教师评价 ×60% + 加分。

(2)加分项为奖励在完成任务中正能量突出的同学,如帮助同学、劳动积极等,由教师酌情给分,分值范围在 1 ~10 分之间。增值评价是与前一次任务完成情况比较,由组长和教师共同完成,也可由学生自己提出,分值范围在 1 ~5 分之间。

课后拓展

拿下中国高铁海外“第一单”——夏健

夏健,中共党员,中国铁路设计集团有限公司海外事业部高级工程师,雅万高铁项目总体设计负责人,曾获火车头奖章、天津市五一劳动奖章等荣誉,多次被评为设计集团先进生产者标兵、优秀共产党员标兵,并入选设计集团技术专家团队。

迎着赤道炽烈的阳光,将近 40 摄氏度高温下,机械轰鸣声、车辆鸣笛声、建材交织碰撞声此起彼伏,一个忙碌的身影穿行其间,仔细察看正在施工的 2 号桥无砟轨道,不时询问轨道板自密实混凝土灌注质量……这是夏健在印度尼西亚雅万高铁建设现场 1 500 多天里平常的一天。

自 2015 年起,中国铁路设计集团有限公司高级工程师夏健带领团队扎根印尼,参与了雅万高铁项目投标、设计和施工配合等工作,见证了雅万高铁从蓝图变为现实的全过程。

在中国高铁海外“第一单”建设现场,他拼搏奋斗,书写奇迹,也收获荣誉。“我想我是幸运的,作为一名青年技术人员,能够将 7 年青春挥洒在‘一带一路’建设上,亲身参与并见证雅万高铁由蓝图变为现实,心里有说不尽的自豪。”夏健意气风发,“希望乘着高质量共建‘一带一路’的东风,更多国家可以共享中国高铁发展成果。”

巩固练习

一、填空题

(1)单相异步电动机起动绕组和主绕组上的电流在相位上相差(　　　)。
(2)三相异步电动机主要由(　　　)和(　　　)两部分组成。
(3)三相异步电动机的转子有(　　　)式和(　　　)式两种形式。
(4)三相异步电动机的三相定子绕组是定子的(　　　)部分,空间位置相差120°电角度。
(5)电动机是将(　　　)能转换为(　　　)能的设备。

二、选择题

(1)三相异步电动机工作时,与电源直接相连接的是(　　　)。
A. 定子铁芯　　B. 转子铁芯
C. 转子绕组　　D. 定子绕组
(2)下面是三相异步电动机的磁路组成,其中不包括(　　　)。
A. 定子铁芯　　B. 转子铁芯
C. 机座　　D. 气隙
(3)单相异步电动机在起动绕组上串联电容器,其目的是(　　　)。
A. 提高功率因数
B. 提高电动机过载能力
C. 使起动绕组获得与励磁绕组相位差接近90°的电流。
D. 提高起动绕组电压
(4)国产小功率笼型三相异步电动机的转子绕组结构最广泛采用的是(　　　)。
A. 铜条　　B. 铸铝　　C. 绕线式　　D. 深槽式
(5)绕线转子异步电动机的转子绕组与外电路连接需要通过(　　　)。
A. 电刷与换向器　　B. 电刷与滑环　　C. 换向器　　D. 变阻器

任务二　分析三相异步电动机工作原理

学习目标

知识目标	技能目标	素质目标
（1）掌握旋转磁场产生的原理； （2）了解磁极对数的概念及同步转速与磁极对数、频率的关系； （3）掌握电动机反转的原理； （4）了解转差率的概念； （5）掌握三相异步电动机的工作原理	（1）能讲述旋转磁场产生的原因； （2）会计算同步转速、磁极对数、频率和转差率； （3）能分析出三相异步电动机“异步”的原因； （4）能讲述三相异步电动机的工作原理	（1）具备对专业知识的认知和兴趣； （2）具备对专业知识求真务实、严谨细致的学习态度； （3）具备较强的逻辑思维能力和推理能力

任务导入

在家庭生活中，三相异步电动机能够驱动洗衣机的转筒进行洗涤、漂洗等工作，提高洗衣效率；在工业生产中，三相异步电动机可以将电能转化为机械能，驱动水泵进行输送、提升等工作。那么，三相异步电动机是如何驱动负载转起来的呢？

知识链接

一、三相异步电动机的转动原理

图 2-2-1 所示为三相异步电动机原理图。

基本工作原理如下：

1. 电生磁

当三相异步电动机定子绕组 U1U2、V1V2、W1W2 通入三相对称电流时，在气隙中便产生圆形旋转磁场，这个磁场的转速称为同步转速，它与 f_1 及 p 的关系为

$$n_1=\frac{60f_1}{p}$$

式中，f_1 为电网的频率，Hz；p 为电动机的磁极对数；n_1 为转速，r/min。

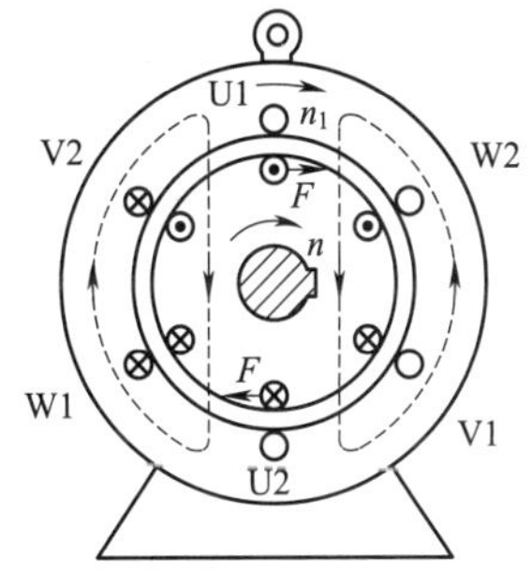

图 2-2-1　三相异步电动机原理图

2. 磁生电

由于旋转磁场与转子绕组存在着相对运动，旋转磁场切割转子绕组，在转子绕组中产生感应电动势。由于转子绕组自成闭合回路，所以该电动势将在转子绕组中形成电流。转子绕组感应电动势的方向由右手定则确定，若略去转子阻抗，则感应电动势的方向即是感应电流的方向。

3. 电磁力

转子绕组中的感应电流与旋转磁场相作用，在转子上产生电磁力，电磁力的方向按左手定则判定。该电磁力在转子轴上形成电磁转矩，使异步电动机以转速 n 旋转。如果电动机转轴上带有机械负载，则机械负载随着电动机的旋转而旋转，从而将定子绕组输入的三相交流电能

转化为轴端输出的机械能。

综合以上分析可知,三相异步电动机转动的基本工作原理是三相对称绕组中通入三相对称电流产生圆形旋转磁场;转子导体切割旋转磁场感应电动势和电流;转子载流导体在磁场中受到电磁力的作用,从而形成电磁转矩,使转子旋转。

【小贴士】

异步电动机旋转磁场的方向取决于异步电动机三相电流的相序,因此,三相异步电动机的转向与电流的相序一致。要改变转向,只需改变电流的相序即可,即任意对调电动机的两根电源线,便可使电动机反转。

二、转差率

从转动原理分析可知,异步电动机转子转动的方向虽与旋转磁场转动方向相同,但转子的转速 n 不能达到同步转速 n_1,即 $n<n_1$。这是因为,二者如果相等,转子与旋转磁场就不存在相对运动,转子绕组中也就不再感应出电动势和电流,转子不会受到电磁转矩的作用,当然不可能继续转动。由此可见,异步电动机转子的转速 n 总是和同步转速 n_1 存在一定的差异,“异步”也从这里得名。n 和 n_1 的差异是异步电动机产生电磁转矩的必要条件。

同步转速 n_1 与转子的转速 n 之差称为转差,通常将转差 (n_1-n) 与旋转磁场的转速 n_1 的比值称为异步电动机的转差率,用 s 表示,即

$$s=\frac{n_1-n}{n_1}$$

由上式可知,当转子尚未转动时(如起动瞬间),$n=0$,此时 $s=1$;当转子转速接近同步转速(空载运行)时,$n\approx n_1$ 时,$s\approx 0$,因此,异步电动机正常运行时 s 值的范围是 $0<s<1$。由于异步电动机额定转速 n_N 与旋转磁场的转速 n_1 接近,故一般额定转差率 s_N 在 0.01~0.06 之间。转差率是分析异步电动机运行性能的一个重要物理量,通过转差率 s 的大小和正负可确定异步电动机的运行状态。

三、异步电机的运行状态

由前面分析可知,只要异步电机转子的转速与旋转磁场的转速存在差异,转子绕组中就会感应出电动势和电流,从而产生电磁转矩。因此异步电机也就可能有三种状态:电动机运行、发电机运行和电磁制动运行,如图 2-2-2 所示。

1. 电动机运行状态

从异步电机工作原理的分析可知,当转子的转速小于同步转速且与旋转磁场转向相同时($n<n_1$,$0<s<1$),异步电机为电动机运行状态。这时,转子的感应电流与旋转磁场相互作用,在转子上产生电磁力作用,如图 2-2-2(b)所示。图中 N、S 表示旋转磁场的等效磁极;转子导体中的“×”和“·”表示转子感应电动势及电流的有功分量;f 表示转子受到的电磁力。

由分析判断可知:电磁转矩与转子转向相同,该电磁转矩为驱动性质,电机便在此电磁转矩作用下克服制动的负载转矩做功,向负载输出机械功率。也就是说,定子把从电网吸收的电

功率转换为机械功率,从而输送给转轴上的负载。

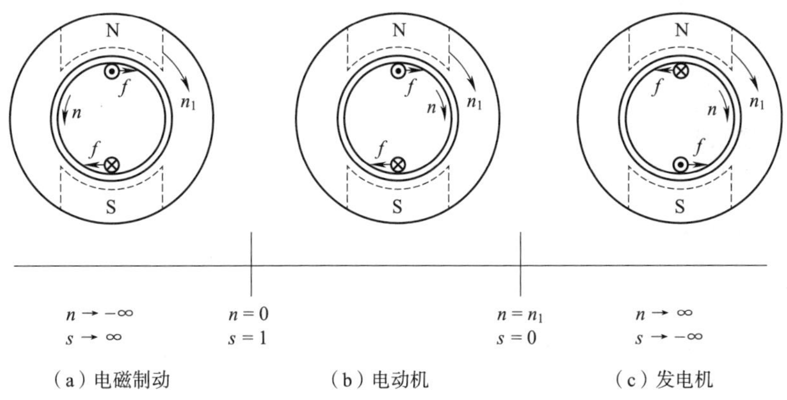

(a)电磁制动　(b)电动机　(c)发电机

图 2-2-2　异步电机的三种运行状态

2. 发电机运行状态

当原动机驱动异步电机,使其转子的转速 n 超过旋转磁场的转速 n_1 且两者同方向($n > n_1$,$-\infty < s < 0$)时,定子绕组产生的旋转磁场切割转子绕组,产生的转子电流与电动机状态时反向。旋转磁场与该转子电流相互作用,将产生制动性质的电磁力和电磁转矩,如图 2-2-2(c)所示。若要维持转子转速 n 大于 n_1 时,原动机必须向异步电机输入机械功率,以克服电磁转矩做功。从而将输入的机械功率转化为定子侧的电功率输送给电网,此时,异步电机运行于发电机状态。故异步电机运行状态是可逆的,既可以作发电机运行,又可作电动机运行。

3. 电磁制动运行状态

当异步电机定子绕组产生旋转磁场的同时,一个外施转矩驱动转子以转速 n 逆着旋转磁场的方向旋转($n < 0$,$1 < s < \infty$),这时旋转磁场切割转子绕组的方向与电动机的状态相同,产生的电磁力和电磁转矩与电动机状态也相同,但此时电磁转矩对外加转矩是制动性质的,如图 2-2-2(a)所示。这种由电磁感应产生的制动作用称为电磁制动运行状态,此时一方面定子绕组从电网吸收电功率,另一方面也驱动转子反转的外加转矩克服电磁转矩做功,向电机输入机械功率。从两方面输入的功率转变为电机内部的损耗,再转化为热能消耗掉。

任务分组

小组信息表见表 2-2-1。

表 2-2-1　小组信息表

<table>
<tr><td rowspan="4">小组信息</td><td>班级</td><td colspan="2"></td><td>日期</td><td colspan="2"></td></tr>
<tr><td>小组名称</td><td colspan="2"></td><td>组长</td><td colspan="2"></td></tr>
<tr><td>分工</td><td></td><td></td><td></td><td></td><td></td></tr>
<tr><td>成员</td><td></td><td></td><td></td><td></td><td></td></tr>
</table>

任务准备

小组成员沟通讨论工作计划,依照任务导入,查找资料,分工协作,准备完成任务。

任务实施

一、引导问题

(1)正弦函数三要素是指____。

(2)三相交流电的正序是____。

(3)右手定则是指____。

二、技能训练

(1)给定子三相绕组通入图2-2-3所示的三相交流电,请根据 $\omega t=0$ 时刻的示例图(见图2-2-4),分别画出 $\omega t=60°$ 和 $\omega t=90°$ 时的电流方向。

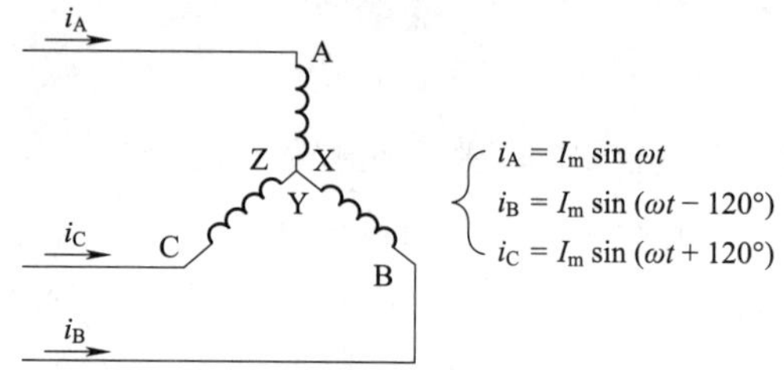

图2-2-3 定子三相绕组三相交流电

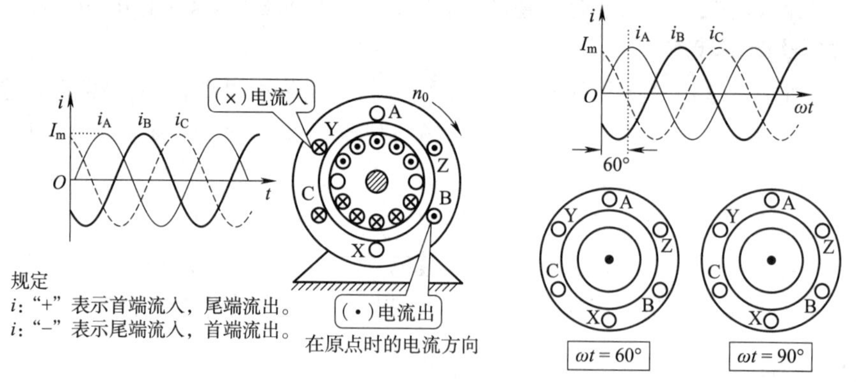

图2-2-4 技能训练(1)图示

(2)请根据图2-2-5,依据右手定则分别画出 $\omega t=60°$ 和 $\omega t=90°$ 时的合成磁场方向。

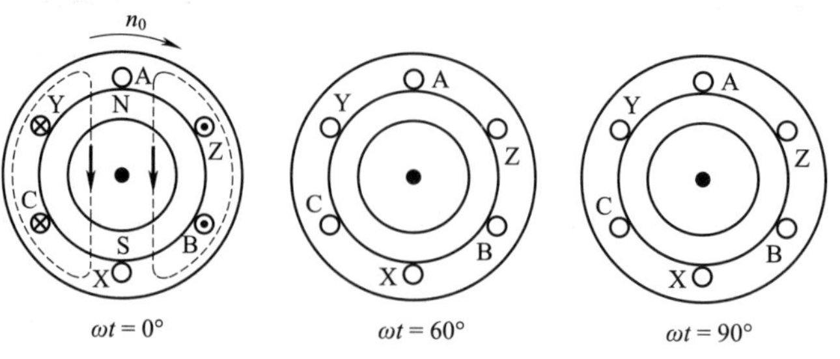

图2-2-5 技能训练(2)图示

按以上分析可以发现,三相电流产生的合成磁场是一个(　　　)磁场,即一个电流周期,(　　　)磁场在空间内转过(　　　)。

(3)若定子每相绕组由两个线圈串联,绕组的始端之间互差60°,请画出图2-2-6所示电路的电流方向及合成磁场的方向。

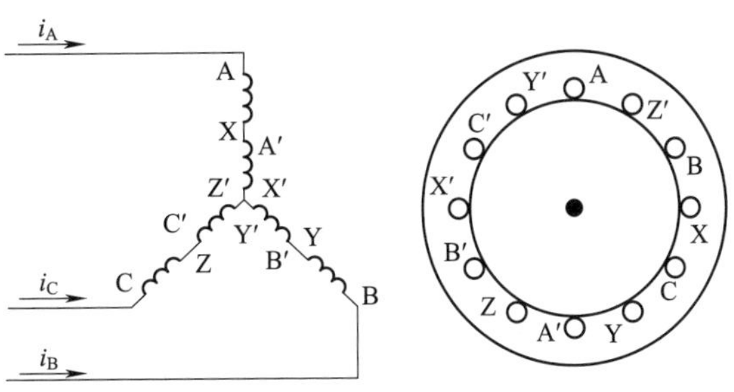

图 2-2-6　技能训练(3)图示

按以上分析可以发现,若定子每相绕组由两个线圈串联,将形成(　　　)对磁极的旋转磁场。因此可以判断:旋转磁场的磁极对数与(　　　)有关。

(4)如图2-2-7所示,可以推断出旋转磁场的转速与(　　　)有关,并填写表2-2-2。

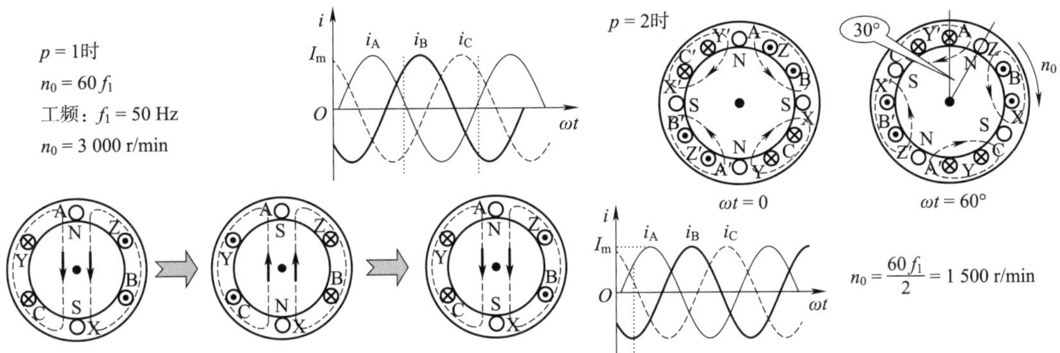

图 2-2-7　技能训练(4)图示

表 2-2-2　同步转速与磁极对数的关系表

磁极对数	每个电流周期 磁场转过的空间角度	同步转速 ($f_1 = 50$ Hz)
$p = 1$		
$p = 2$		
$p = 3$		
$p = 4$		

(5)异步电动机绕组所通电流如图2-2-8所示,请根据电流的正弦波形画出$\omega t = 0$和$\omega t = 60°$时的合成磁场方向。

对比技能训练的第(1)题,找出电动机三相绕组所通电流的区别是:________________。

对比技能训练的第(2)题,找出合成磁场的方向:________________。

因此,可以推断出旋转磁场的旋转方向取决于:________________。

那么,如果想要旋转磁场反转,可以采取的措施是:________________。

(6)通过所学知识,写出三相异步电动机"异步"的由来,并分析写出如果$n = n_0$会怎么样?

"异步"的由来是:________________。

$n = n_0$,则________________。

i_A
A
X
Y
Z
i_B
B
C
i_C
i
I_m
i_A i_B i_C
O
ωt
Y A Z C B X
ωt = 0
Y A Z C B X
ωt = 60

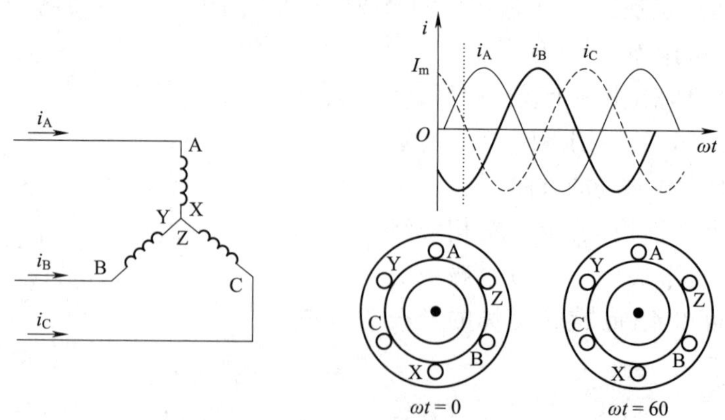

图 2-2-8　技能训练(5)图示

(7)通过所学知识,写出让电动机实现反转的方法。

____。

(8)当三相绕组通入三相交流电时,将图 2-2-9 补充完整。

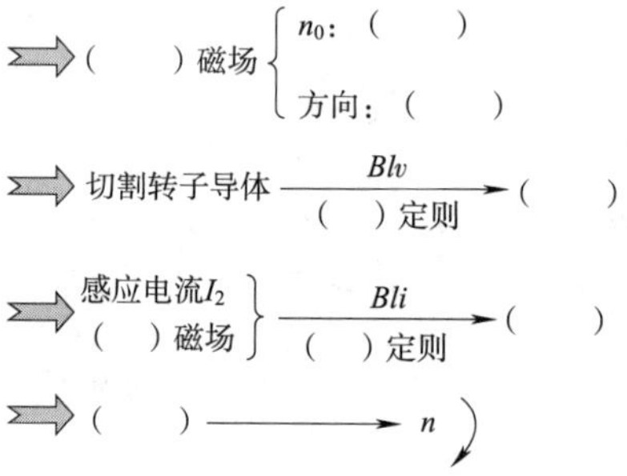

(　　)磁场
n_0:(　　)
方向:(　　)
切割转子导体
Blv
(　　)定则
(　　)
感应电流I_2
(　　)磁场
Bli
(　　)定则
(　　)
(　　)
n

图 2-2-9　三相异步电动机工作原理逻辑图

任务评价

小组成员各自完成自我评价,组长完成小组评价,教师完成教师评价,见表 2-2-3。

表 2-2-3　任务评价表

序号	评价内容	自我评价	小组评价	教师评价	分值分配
1	态度是否端正,工作是否认真				15
2	知识链接内容是否完全掌握				20
3	是否完成任务				30
4	能否与他人团结协作				10
5	能否积极回答问题				15
6	是否做好 5S 管理工作				10
7	合计				100
8	加分 + 增值评价				
9	总分				

评分说明：

(1)总分 = 自我评价 ×20% + 小组评价 ×20% + 教师评价 ×60% + 加分。

(2)加分项为奖励在完成任务中正能量突出的同学，如帮助同学、劳动积极等，由教师酌情给分，分值范围在 1 ~10 分之间。增值评价是与前一次任务完成情况比较，由组长和教师共同完成，也可由学生自己提出，分值范围在 1 ~5 分之间。

课后拓展

中国地铁 50 年致敬人物

中国地铁自 1969 年在北京正式建成通车，自此之后我国就开始不断筹划地下铁道的建设，为居民提供了更加便利和经济的出行方式。中国地铁经过了数十年的快速发展，不管是从技术上还是里程上，都处于世界较领先的位置。中国轨道交通能有如今的成绩，少不了中国地铁人的辛勤耕耘。下面为读者整理了在中国地铁发展史上做出了重大贡献的人物。

施仲衡毕业于唐山铁道学院、苏联莫斯科铁道运输工程学院，中国工程院院士，城市轨道交通专家，中国城市轨道交通协会顾问兼专家委员会主任。施仲衡被称为“中国地铁奠基人”，他是新中国第一个留苏学地铁专业的人，参与了我国首条地铁的建设，职业生涯创造了中国地铁的多个“第一”，其培养的博士、博士后研究生现都成为我国城市轨道交通领域的栋梁之材。

谢仁德，1936 年毕业于杭州之江大学土木工程系，教授级高级工程师，享受国务院“政府特殊津贴”专家。谢仁德是我国地铁设计的奠基人之一，曾任北京地下铁道工程局设计处总工程师，主持了我国第一条地下铁道——北京地下铁道一期工程研究及设计工作。谢仁德为我国地铁事业的发展做出了开创性的杰出贡献。

巩固练习

一、填空题

(1)三相异步电动机旋转磁场的转速称为(　　　)，它与电源频率和(　　　)有关。

(2)一台三相四极异步电动机，如果电源的频率 $f_1 = 50$ Hz，则定子旋转磁场每秒在空间转过(　　　)转。

(3)在额定工作情况下的三相异步电动机，已知其转速为 960 r/min，电动机的同步转速为(　　　)、磁极对数为(　　　)对，转差率为 0.04。

二、选择题

(1)异步电动机旋转磁场的转向与(　　　)有关。

A. 电源频率　　B. 转子转速　　C. 电源相序

(2)三相异步电动机形成旋转磁场的条件是(　　　)。

A. 在三相绕组中通以任意的三相电流

B. 在三相对称绕组中通以三个相等的电流

C. 在三相对称绕组中通以三相对称的正弦交流电流

(3)三相异步电动机处于正常工作状态时,其转差率一定为(　　)。

A. $s>1$　　B. $s=0$　　C. $0<s<1$　　D. $s<0$

(4)三相异步电动机的定子绕组通入三相对称交流电后,在气隙中产生(　　)。

A. 旋转磁场　　B. 脉动磁场　　C. 恒定磁场　　D. 永久磁场

(5)旋转磁场的转速与磁极对数有关。以四极电机为例,交流电变化一个周期时,其磁场在空间旋转了(　　)。

A. 2 周　　B. 4 周　　C. 0.5 周　　D. 0.25 周

(6)一台磁极对数为 3 的三相异步电动机,其转差率为 3%,则此时的转速为(　　)r/min。

A. 2 910　　B. 1 455　　C. 970

(7)某三相异步电动机的额定转速为 735 r/min,相对应的转差率为(　　)。

A. 0.265　　B. 0.02　　C. 0.51　　D. 0.183

任务三　拆装三相异步电动机

课件

三相异步电动机的拆卸与装配

视频

三相异步电动机的拆卸与装配

学习目标

知识目标	技能目标	素质目标
(1)掌握三相异步电动机的内部结构和工作原理; (2)熟练掌握电动机绕组拆卸、绕组绕制及电动机装配方法; (3)掌握电动机绕组端子确定、绝缘电阻测试的方法; (4)掌握万用表、兆欧表的使用方法	(1)能正确识别三相异步电动机各部件的名称及作用; (2)能规范对电动机绕组进行拆卸、绕制及装配; (3)能熟练使用万用表和兆欧表; (4)能对装配完的电动机进行绕组导通及绝缘测试	(1)具备对专业知识的认知和兴趣; (2)具备较强的动手能力和精益求精的工匠精神; (3)具备良好的心理素质和克服困难的能力

任务导入

对三相异步电动机进行定期保养、维护和检修时,首先需要按照标准顺序对三相异步电动机进行拆装。要是拆装方法不当,就会造成局部部件损坏,引发新的故障。因此,正确拆装三相异步电动机是确保维修质量的前提。请根据三相异步电动机拆装步骤,对三相异步电动机进行拆装,并在装配后进行检测并填写相关表格。

知识链接

一、电动机的拆装过程

1. 电动机的拆卸

在拆卸前,应准备好各种工具,做好拆卸前记录和检查工作,在线头、端盖、刷握等处做好标记,以便于修复后的装配。

拆卸步骤:(由外到内顺序进行拆卸)

①拆除电动机的所有引线。

②拆卸带轮或联轴器,先将带轮或联轴器上的固定螺钉或销子松脱或取下,再用专用工具"拉马"转动丝杠,把带轮或联轴器慢慢拉出。

③拆卸风扇或风扇罩。拆卸带轮后,就可把风扇罩卸下来。然后取下风扇上定位螺栓,用锤子轻敲风扇四周,旋卸下来或从轴上顺槽拔出,卸下风扇。

④拆卸轴承盖和端盖。一般小型电动机都只拆风扇一侧的端盖。

⑤抽出转子。对于鼠笼式转子,直接从定子腔中抽出即可。

2. 定子绕组的绕制及嵌放

(1)绕制线圈

①做绕线模。绕模是由芯板和上下夹板组成的。定子线圈是在绕线模上绕制而成的。

②线圈绕制。小型三相异步电动机采用的散嵌式线圈都是在绕线机上利用线模绕制的,如图 2-3-1 所示。

③绕线前准备:

a. 仔细检查电磁线牌号、规格、绝缘厚度公差是否符合规定。

b. 检查绕线机运行情况是否良好,要放好绕线模,调好计圈器。

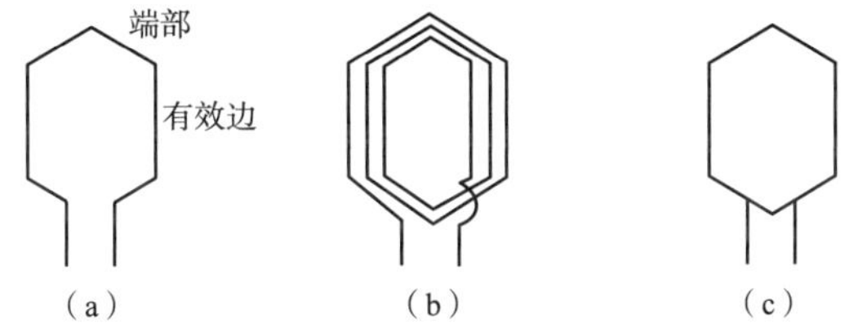

图 2-3-1 线圈示意图

④绕线过程:

a. 在绕线模上放好卡紧布带,将引线排在右手边,然后由右边向左边开始绕线。

b. 用毛毡浸石蜡的压板将电磁线夹紧,绕线时拉力要适当,导线排列要整齐,避免交叉混乱,匝数要准确。同时,必须保护导线的绝缘不受损坏。

c. 检查线圈尺寸、匝数,两个直线边用布带扎紧,以免松散。

(2)嵌线

线圈绕完以后,开始嵌线工作。嵌线就是根据绕组设计要求把一个个线圈嵌放进定子槽内,组成整个绕组。所以,嵌线工序是整个嵌制绕组中最重要的一环。

嵌线工艺流程:准备绝缘材料→放置槽绝缘→嵌线→封槽口→端部整形。

①绝缘的选用。电动机的绝缘是决定电动机使用寿命的重要因素,因此必须正确地选用和放置绝缘材料。

异步电动机定子绕组绝缘分为槽绝缘、相绝缘(层间绝缘这里不需要)。

a. 槽绝缘用于槽内，是绕组与铁芯之间的绝缘。

b. 相绝缘又称端部绝缘，用于绕组端部两个绕组之间的绝缘。

c. 层间绝缘是用于双层绕组上下之间的绝缘。

绝缘材料是根据电动机的绝缘等级和电压等级来选择主绝缘材料，并配以适当的补强材料，以保护主绝缘材料不受机械损伤。常用的补强材料有青壳纸，主绝缘材料有聚酯薄膜、漆布等。选用绝缘材料时，主绝缘材料和引出线、套管、绑线、浸渍漆等应为同一绝缘等级，彼此配套使用。

②槽绝缘的裁剪与放置。根据电动机的绝缘等级，选择好合适的绝缘材料后，再根据具体需要对绝缘材料进行剪裁和放置。

槽绝缘的长度根据电动机容量而定。太长了，增加线圈直线部分的长度，既浪费绝缘材料和导线，又易造成端盖损伤导线的故障；太短了，绕组与铁芯的安全距离不够，使得端部相绝缘很难与槽绝缘衔接，造成嵌放端部相绝缘的困难。

考虑到定子槽两端绝缘最容易损坏，一般将伸出铁芯槽外部分的绝缘材料尺寸加倍折回，使槽外部分成双层，以增强槽口绝缘。槽绝缘纸的裁剪尺寸如图 2-3-2 所示。

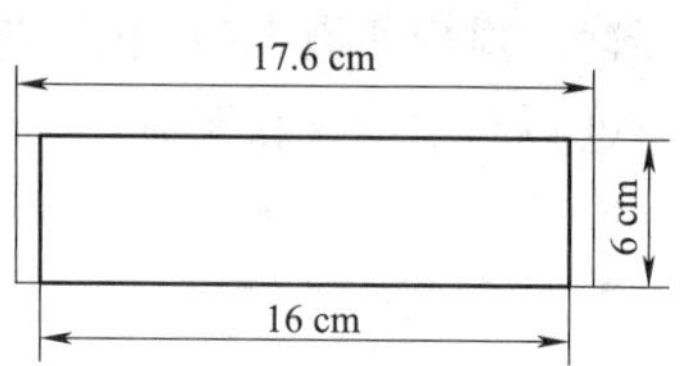

图 2-3-2　槽绝缘纸的裁剪尺寸

③嵌线工具。在嵌线过程中，必须有专用工具，才能保证嵌线质量，提高工作效率。常用的工具有：榧（木榧和小铁锤）、划线板（理线板）、压线板、剪刀、夹咀钳等。理线板的用途有两种：一是嵌线圈时把导线划进铁芯槽；二是用来整理已嵌进槽中的导线。理线板可用毛竹或层压塑料板在砂轮上自己磨削制作。一般长为 15 ~ 20 cm，宽为 1.0 ~ 1.5 cm，厚约 3 mm。头端略尖，一端稍薄些，如刺刀形，表面须光滑。

④嵌线工艺。嵌线工艺的关键是保证绕组的位置和次序正确、绝缘良好。为使线圈按照正确的位置和次序嵌入定子槽内，嵌线前须弄清楚电机的磁极对数、线圈节距、绕组型式和接线方法等，并检查槽绝缘放置是否合格，槽内是否清洁，要防止铁屑、油污、灰尘等物粘在绝缘材料和导线上，以保证嵌线质量。

a. 为了防止嵌线时线圈发生错乱，习惯上把电动机空壳定子有出线孔一侧放在右手侧。嵌线时，也应注意使所有线圈的引出线从定子腔的出线孔一侧引出。

b. 嵌线时，以出线盒为基准来确定第一槽位置。嵌线前先用右手把要嵌的线圈一条边捏扁，线圈边捏扁后放到槽口的槽绝缘中间，左手捏住线圈朝里插入槽内，应在槽口临时衬两张薄膜绝缘纸，以保护导线绝缘不被槽口擦伤，进槽后，取出薄膜绝缘纸，如果线圈边捏得好，一次就可以把大部分导线拉入槽内，剩下少数导线可用理线板划入槽内。

【小贴士】

导线进槽应按线圈的绕制顺序，不要使导线交叉错乱，槽内部分必须整齐且平行，否则影响全部导线的嵌入，而且会造成导线间相擦而损伤绝缘。嵌线时，还要注意槽内绝缘是否偏移到一侧，防止露出的铁芯与导线相碰，造成绕组通地故障。

c. 嵌好一个线圈的一条线圈边后,另一条线圈边暂行吊起来在下面垫一张纸,以免线圈边与铁壳相碰而擦伤绝缘。嵌好以后,再依次嵌入其他绕组,直到嵌完为止。在实际嵌线过程中,把最初安放的两个线圈称为起始线圈,要求隔槽放置。当嵌绕组的另一边时,称为覆槽。嵌线前,将绕组分三等份放好,依次为 U、W、V 三相。

3. 封槽口

嵌线完毕后,把高出槽口的绝缘材料齐槽口剪平,把线压实,穿入盖槽纸,从一端把槽楔打入。

槽楔作用:用来压住槽内导线,防止绝缘和导线松动。

槽楔材料:一般用竹制成,也可用玻璃层布板制作。竹槽楔应十分干燥并用变压器油煮透。

槽楔长度一般比槽绝缘短 2 ~ 3 mm,其端面呈梯形,厚度为 3 mm 左右,两端的棱角应该去掉。同槽绝缘接触的一面要光滑,以免在槽楔插入槽内时损坏槽绝缘,盖槽纸尺寸如图 2-3-3 所示。

4. 放绕组端部隔相绝缘

相间绝缘是使不同相的相邻两组线圈端部相互绝缘。为保证三相绕组间的绝缘,在线圈组(极相组)间必须隔一层隔相纸。一般用 0. 25 mm 厚的薄膜青壳纸。隔相纸的形状、尺寸根据线圈端部的形状大小而言,一般单层绕组隔相纸的形状近半圆环的一半。隔相纸形状如图 2-3-4 所示。

图 2-3-3 盖槽纸尺寸 **图 2-3-4 隔相纸形状**

隔相纸垫好后,最好测量一次每相线圈或极相组的对地绝缘电阻,以及各相邻两组线圈间的绝缘电阻,以便及时发现故障隐患,避免将来拆检的麻烦。新嵌绕组的对地绝缘电阻一般应在 100 MΩ 以上,最小不得低于 50 MΩ。

5. 后端部整形

(1)前端部用三个螺钉支撑(不损伤绝缘)

(2)拆除布袋

(3)后端部整形步骤

①用橡皮锤将端部向外敲打,成为喇叭状。喇叭口均匀,不妨碍转子安装。

②插入隔相纸。

喇叭口的大小要合适,口过小,影响通风散热,放入转子也困难;口过大,使端部与机壳太近,影响绝缘。喇叭口打成后要检查一下相间绝缘,若在敲打中,绝缘破裂或位移,应予补修。

(4)捆扎后端部

①捆扎带隔槽捆扎。

②捆扎带整理平整、展开,分布均匀,与线圈基本垂直。

6. 前端部接线

①前端部整形同上。

②按尾尾相接、首首相接的原则进行顺时针接线,最后留出六根引线接在出线盒的接线板上。其中线头的连接采用绞接法,即直接把导线绞接在一起。要注意如下几点:

a. 将引线在绕组端部排列整齐。

b. 套好绝缘套管后,与端部绕组一起包扎。小型电机的全部接线可布置在端部绕组的外侧。

c. 在布置引线位置时,要考虑出线口位置。

③转子安放、加装端盖、装机。

二、兆欧表使用及应用

1. 兆欧表简介

(1)用途

测量大电阻和绝缘电阻。

(2)仪表介绍

有三个接线端,“L”——线路,“E”——接地,“G”——保护环。

(3)测量前仪表检查

开路实验:“L”和“E”端断开,摇动手柄到额定转速,指针应在“∞”的位置。

短路实验:“L”和“E”端短接,缓慢摇动手柄,指针应在“0”的位置。

(4)使用方法

测量时被测电阻两端分别与“L”和“E”端相连,平衡转动手柄,使转速保持在 120 r/min,通常在 1 min 后读取数据。

(5)使用注意点

①测量前必须将被测设备表面处理干净,同时切断电源,并接地短路放电,以保证人身和设备的安全,获得正确的测量结果。

②测量时,兆欧表应放置平衡,并远离带电导体和磁场,以免影响测量的准确度。

③在兆欧表停止转动和被测设备放电以后,才可用手拆除测量连线。

用万用表的电阻挡测量,也可判断绕组是否接地(接地时电阻很小或为零),但难以测出具体的绝缘电阻值。

2. 应用

(1)三相异步电动机各绕组对地的绝缘电阻检查

检查方法:使用兆欧表,将“E”端接在不涂漆的机壳上,“L”端依次接在各相绕组的引出端,平衡转动手柄,使转速保持在 120 r/min,分别测其阻值应不得小于 0.5 MΩ。

(2)三相异步电动机使用前检查三相绕组之间的绝缘电阻

检查方法:使用兆欧表,将“L”和“E”端分别接在两相绕组的引出端,平衡转动手柄,使转速保持在 120 r/min,测其阻值不得小于 0.5 MΩ。

任务分组

小组信息表见表 2-3-1。

表 2-3-1 小组信息表

小组信息	班级			日期		
	小组名称			组长		
	分工					
	成员					

任务准备

小组成员沟通讨论工作计划,依照任务导入,查找资料,分工协作,准备完成任务。根据任务要求,领取本任务需要用到的电气设备及相关材料、仪表。

任务实施

一、引导问题

(1)电动机的拆卸步骤是______________________________。

(2)小型三相异步电动机采用的散嵌式线圈都是______________________。

(3)绕线前准备:仔细检查________牌号、规格、绝缘厚度公差是否符合规定;检查绕线机运行情况是否良好,要放好______________模,调好______________________。

(4)嵌线工艺流程是____。

(5)封槽口是指______________________________________。

(6)相间绝缘是指在线圈组(极相组)间必须隔一层____________隔相纸。

(7)后端部整形是指____。

(8)前端部接线是指____。

(9)兆欧表的作用是____。

(10)兆欧表有______个接线端,分别是______________________________。

二、技能训练

(1)扫描本任务二维码,观看电动机拆装标准化视频。

(2)拆卸电动机,注意拆装标准件的规范,观察对应部件名称、定子绕组的连接形式、前后端部的形状、引线连接形式、绝缘材料的放置等,获取定子绕组的相关参数,并进行计算后填写表 2-3-2。

表 2-3-2　定子绕组参数

观察		计算	
槽数 Z		极距 τ	
线圈节距 y		每极每相槽数 q	
磁极对数 p		槽距角 α	

(3)绕线。

(4)嵌线。在嵌线前请填写表 2-3-3,并在下框中绘制三相绕组展开图。

表 2-3-3　定子槽分配表

相序	U1	W2	V1	U2	W1	V2
N1　S1						
N2　S2						

(5)封槽口。

(6)放绕组端部隔相绝缘。

(7)后端部整形。

(8)前端部接线。

(9)机械检查:

①所有紧固螺钉是否拧紧。

②用手转动出轴,转子转动是否灵活,无扫膛、无松动;轴承是否有杂声等。

(10)电气性能检查:

①直流电阻三相平衡。

②测量绕组的绝缘电阻。检测三相绕组每相对地的绝缘电阻和相间绝缘电阻,其阻值不得小于 0.5 MΩ。

(11)在表 2-3-4 中完成电动机参数的填写。

表 2-3-4　电动机参数

<table>
<tr><td>电动机型号</td><td colspan="5"></td></tr>
<tr><td>铭牌额定值</td><td colspan="5">电压____V,电流____A,转速____r/min,功率____kW,接法__________ 。</td></tr>
<tr><td rowspan="4">实际检测</td><td colspan="2">三相电源电压</td><td colspan="3"></td></tr>
<tr><td colspan="2">三相绕组电阻</td><td colspan="3"></td></tr>
<tr><td rowspan="2">绝缘电阻</td><td>对地绝缘</td><td></td><td></td><td></td></tr>
<tr><td>相间绝缘</td><td></td><td></td><td></td></tr>
</table>

(12)组内检查装配过程并回顾实作流程,填写表2-3-5完成自我检查。

表2-3-5 自我检查

序号	检查内容	检查结果	备注
1	电动机的拆卸顺序是否正确		
2	是否用金属物捋线并损坏绝缘漆		
3	嵌线前是否用万用表检测线圈的导通情况		
4	嵌线时是否是按相序一相一相进行		
5	是否按照绕组展开图进行每相线圈的连接		
6	每相绕组嵌入后是否及时进行了导通测试		
7	前端部和后端部的绑扎是否是喇叭口形状		

任务评价

小组成员各自完成自我评价,组长完成小组评价,教师完成教师评价,见表2-3-6。整理实训设备和仪表,做好5S管理工作。

表2-3-6 任务评价表

序号	评价内容	自我评价	小组评价	教师评价	分值分配
1	是否遵守安全操作规范				10
2	态度是否端正,工作是否认真				10
3	知识链接内容是否完全掌握				10
4	是否完成任务导入				10
5	查找资料是否完备				5
6	是否完成任务				25
7	能否与他人团结协作				10
8	能否积极回答问题				10
9	是否做好5S管理工作				10
10	合计				100
11	加分+增值评价				
12	总分				

评分说明:

(1)总分=自我评价×20%+小组评价×20%+教师评价×60%+加分。

(2)加分项为奖励在完成任务中正能量突出的同学,如帮助同学、劳动积极等,由教师酌情给分,分值范围在1~10分之间。增值评价是与前一次任务完成情况比较,由组长和教师共同完成,也可由学生自己提出,分值范围在1~5分之间。

课后拓展

产业报国、交通强国，做新时代的奋斗者——郭锐

我国工人阶级和广大劳动群众在实现中国梦伟大进程中拼搏奋斗、争创一流、勇攀高峰，为决胜全面建成小康社会、决战脱贫攻坚发挥了主力军作用，用智慧和汗水营造了劳动光荣、知识崇高、人才宝贵、创造伟大的社会风尚，谱写了“中国梦·劳动美”的新篇章。

从业25年来，郭锐一直扎根轨道交通装备制造一线，长期从事高速动车组、城轨地铁列车的核心部件——转向架的装配制造，是该领域的“大国工匠”。依托精湛的操作技艺、持续的技术攻关和创新突破，他攻克制约高速动车组转向架装配制造的多项“微米”级难题，成功掌握转向架制造关键技术，独创10多项行业绝招绝技，完成60多项技术创新成果，获得国家授权专利19项，为高铁列车的高品质制造做出了突出贡献。

巩固练习

判断题

(1)极距是指每个磁极跨过的槽数或角度。(　　)

(2)三相24槽4极电动机的极距为6槽。(　　)

(3)兆欧表又称摇表。(　　)

(4)电动机拆卸前，应该在端盖启口处做标记。(　　)

(5)三相电动机除了做相地绝缘测试外，还应该测相间绝缘。(　　)

(6)对于难以取出的线圈，可以用加热法将旧线圈加热到一定温度，再取出。(　　)

(7)在用兆欧表测绝缘电阻时，应该摇动手柄持续1 min以上再读数。(　　)

(8)定子绕组展开图的绘制步骤有画槽标号、分极性、标电流方向、分相带、分别连接各相绕组。(　　)

(9)在测电动机绝缘时，E端接绕组，L端接外壳。(　　)

(10)绕组故障主要表现为断线、短路、接地等。(　　)

任务四　认识直流电机

学习目标

知识目标	技能目标	素质目标
(1)掌握直流电机的作用及特点； (2)分析直流电机的工作原理及结构； (3)掌握直流电机的励磁方式及应用； (4)了解直流电机的运行特点	(1)能识别直流电机各部件的名称； (2)能识别直流电机各部件的作用； (3)能说出直流电机的各种励磁方式； (4)会认知直流电机的起动、调速与制动特点	(1)具备对专业知识的认知和兴趣； (2)具备对专业知识求真务实、严谨细致的学习态度； (3)具备良好的沟通能力和优秀的团队协作精神

任务导入

想一想，生活中我们用到的电动牙刷、手持风扇都有哪些共同的特点？

结合电动牙刷、手持风扇的应用场景，说一说它们是怎样动起来的，它们的电源和空调、洗衣机的电源相同吗？

知识链接

直流电机是应用电磁感应原理进行能量转换的，它是将电能和机械能相互转换的旋转电机之一。与交流电机相比较，直流电机结构复杂、运行维护困难、成本高。但直流电机具有宽广的调速范围、较强的过载能力和较大的起动转矩等突出优点，仍广泛应用于对起动和调速要求较高的生产机械中，如电力机车、内燃机车、工矿机车、城市电车等的拖动电机。

一、直流电机的工作原理

直流电机是直流发电机和直流电动机的总称。直流电机具有可逆性，既可作直流发电机使用，也可作直流电动机使用。作直流发电机使用时，将机械能转换成直流电能输出；作直流电动机使用时，则将直流电能转换成机械能输出。

1. 直流发电机的模型结构

直流发电机的物理模型如图 2-4-1 所示。图中 N、S 为固定不动主磁极，主磁极可以采用永久磁铁，也可以采用电磁铁。在电磁铁的励磁线圈上通以方向不变的直流电流，便形成一定极性的磁极。线圈 abcd 是固定在可旋转导磁圆柱体上的线圈，线圈连同导磁圆柱体是直流电机可转动部分，称为电机转子（又称电枢）。线圈的首末端 a、d 连接到两个相互绝缘并可以随线圈一同转动的导电片上，该导电片称为换向片。转子线圈与外电路的连接是通过放置在换向片上固定不动的电刷进行的。在定子与转子间有间隙存在，称为空气隙，简称气隙。

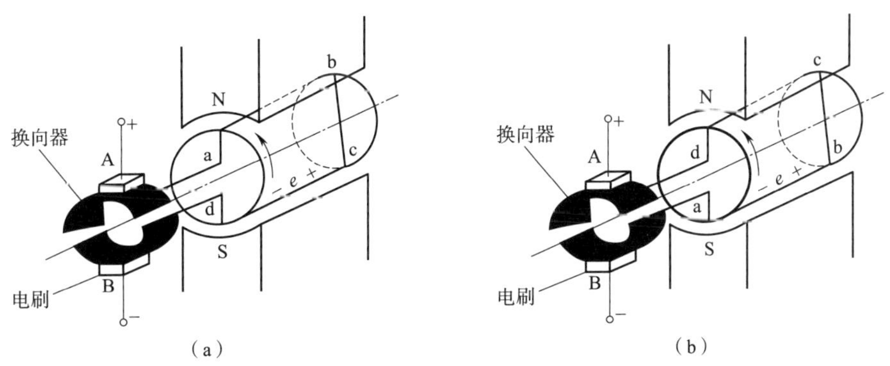

图 2-4-1 直流发电机的物理模型

2. 直流发电机的工作原理

在直流发电机的模型中，当原动机拖动转子以一定的转速逆时针旋转时，根据电磁感应定律可知，在线圈 abcd 中将产生感应电动势。

导体中感应电动势的方向可用左手定则确定。在逆时针旋转情况下，如图 2-4-1(a)所示，导体ab在N极下，感应电动势的极性为a点高电位，b点低电位；导体cd在S极下，感应电动势的极性为c点高电位，d点低电位。此时，电刷A的极性为正，电刷B的极性为负。

当线圈旋转180°后，如图2-4-1(b)所示，导体ab在S极下，导体cd则在N极下。此时，导体中的感应电动势方向发生改变，由于原来与电刷A接触的换向片已经与电刷B接触，而与电刷B接触的换向片换到与电刷A接触，因此电刷A的极性仍为正，电刷B的极性仍为负。从图2-4-1(b)中可以看出，和电刷A接触的导体总是位于N极下，和电刷B接触的导体总是位于S极下，因此电刷A的极性总为正，而电刷B的极性总为负，在电刷两端可获得直流电动势。

【小贴士】

由以上分析可知，在电枢线圈内部为一交变电势，但电刷两端引出的电势方向始终不变，为一单方向的直流电势。

3. 直流电动机的工作原理

把直流电源接到电刷A、B上，电刷A接电源的正极，电刷B接电源的负极，电枢线圈中将有电流流过，如图2-4-2(a)所示。

在图2-4-2(a)中，线圈的ab边位于N极下，线圈的cd边位于S极下，载流导体在磁场中受到电磁力的作用，其受力方向由左手定则确定。导体ab受力方向为从右向左，导体cd受力方向为从左到右。导体所受电磁力对轴产生一转矩，这种由于电磁作用产生的转矩称为电磁转矩，电磁转矩的方向为逆时针。当电磁转矩大于阻力矩时，线圈按逆时针方向旋转。当电枢旋转到图2-4-2(b)所示位置时，位于N极下的导体ab转到S极下，导体ab受力方向为从左向右；而位于S极下的导体cd转到N极下，导体cd受力方向为从右向左，该转矩的方向仍为逆时针方向，线圈在此转矩作用下继续按逆时针方向旋转。

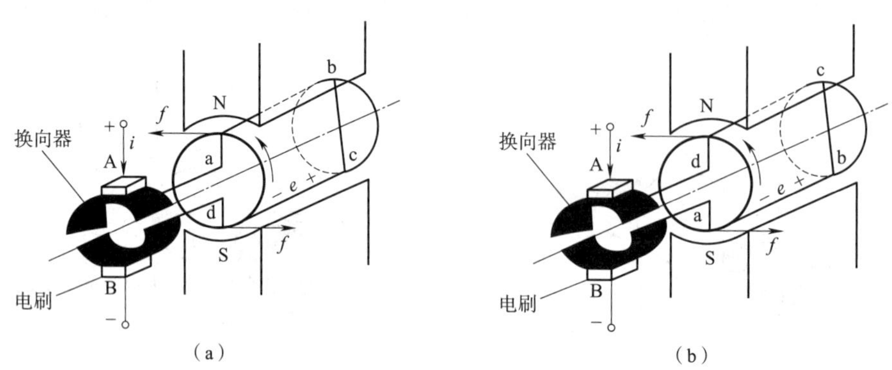

图2-4-2　直流电动机的模型

【小贴士】

由以上分析可知，在电枢线圈中流通的电流为交变的，但N极下的导体受力方向和S极下导体受力的方向并未发生变化，电动机在此方向不变的转矩作用下转动。

图 2-4-2 为直流电机的简单模型,实际直流电机的电枢是根据具体应用情况需要有多个线圈。线圈分布于电枢铁芯表面的不同位置上,并按照一定的规定连接起来,构成电机的电枢绕组。磁极也是根据需要,N、S 极交替放置的。

4. 电机的可逆原理

任何一台电机既可作发电机运行,也可作电动机运行,这一性质称为电机的可逆原理。直流电机也具有可逆性,当输入机械转矩将机械能转换成电能时,电机作发电机运行;当输入直流电流产生电磁转矩,将电能转换成机械能时,电机作电动机运行。例如,电力机车在牵引工况时,牵引电机作电动机运行,产生牵引力;在制动工况时,牵引电机作发电机运行,将机车和列车的动能转换成电能,产生制动力对机车进行电气制动。

二、直流电机的结构

直流电动机和直流发电机的结构基本相同,都具有旋转部分和静止部分。旋转部分称为转子,静止部分称为定子,在定子和转子之间存在着空气隙。小型直流电动机的结构如图 2-4-3 所示,其剖面结构如图 2-4-4 所示。

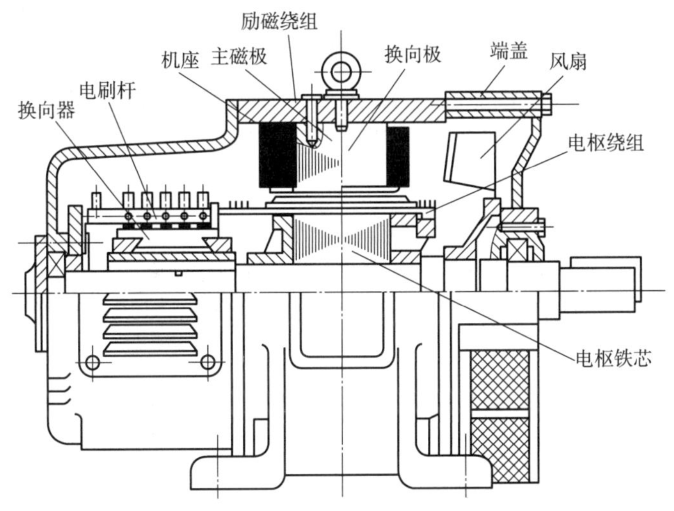

图 2-4-3 小型直流电动机的结构

1. 定子部分

定子在电磁方面是产生磁场和构成磁路,在机械方面是整个电机的支撑。定子由主磁极、机座、换向极、电刷装置、端盖等组成。

(1)主磁极

主磁极简称主极,其作用是产生主磁场。主磁极由主磁极铁芯和励磁绕组构成,其结构如图 2-4-5(a)所示。为了减小涡流损耗,主磁极铁芯采用 1.0 ~ 1.5 mm 厚的低碳钢板冲制而成,再用铆钉把冲片铆紧成一个整体。小型电机的励磁

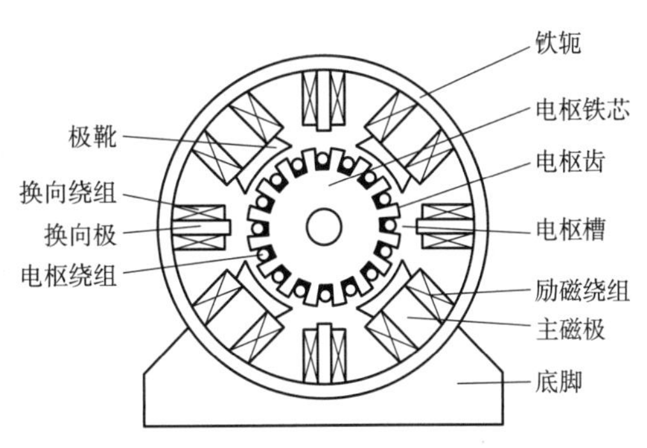

图 2-4-4 小型直流电动机的剖面结构

绕组是用绝缘铜线(或铝线)绕制而成,大中型电机励磁绕组用扁铜线绕制,并进行绝缘处理,然后套在主磁极铁芯外面。整个主磁极用螺钉固定在机座内壁。

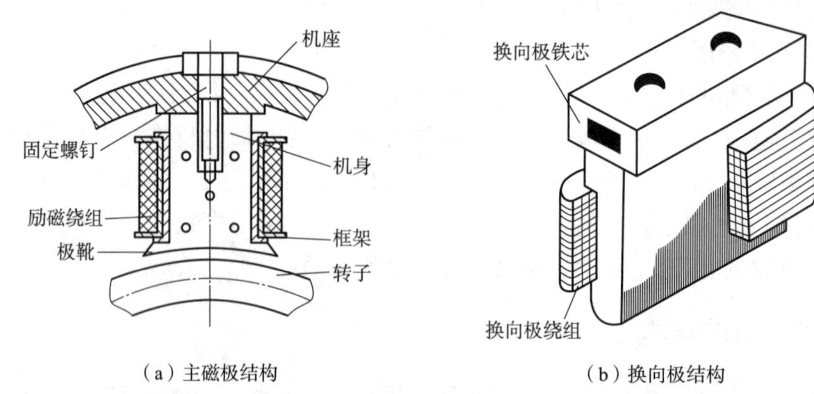

(a) 主磁极结构　　(b) 换向极结构

图 2-4-5　直流电机主磁极和换向极结构

(2)机座

直流电机的机座有两种形式:一种为整体机座,另一种为叠片机座。整体机座是用导磁效果较好的铸钢材料制成的,该种机座能同时起到导磁和机械支撑作用。叠片机座是用薄钢板冲片叠压成定子铁轭,再把定子铁轭固定在一个专起支撑作用的机座里,这样定子铁轭和机座是分开的,机座只起支撑作用,可用普通钢板制成。叠片机座主要用于主磁通变化较快、调速范围较高的场合。

(3)换向极

换向极又称附加极,其结构如图 2-4-5(b)所示,换向极安装在相邻的两个主磁极之间,用螺钉固定在机座上。换向极用来改善直流电机的换向,一般电机容量超过 1kW 时均应安装换向极。

换向极是由换向极铁芯和换向极线圈组成的。换向极铁芯大多采用整块钢加工而成,但在脉流牵引电机中,为了更好地改善电机换向,换向极铁芯也采用厚 1 ~ 1.5 mm 厚钢板或硅钢片叠成。换向极线圈采用圆铜线或扁铜线绕制而成,经绝缘处理后套在换向极铁芯上,所有的换向极线圈串联后称为换向绕组,换向绕组与电枢绕组串联。换向极数目一般与主极数目相同,但在功率很小的直流电机中,只装主极数一半的换向极或不装换向极。

(4)电刷装置

电刷装置的作用是通过电刷和旋转的换向器表面的滑动接触,把转动的电枢绕组与外电路连接起来。电刷装置一般由电刷、压紧弹簧、铜辫、电刷盒、刷握、刷杆、刷杆座和汇流条组成,电刷装置结构如图 2-4-6 所示。

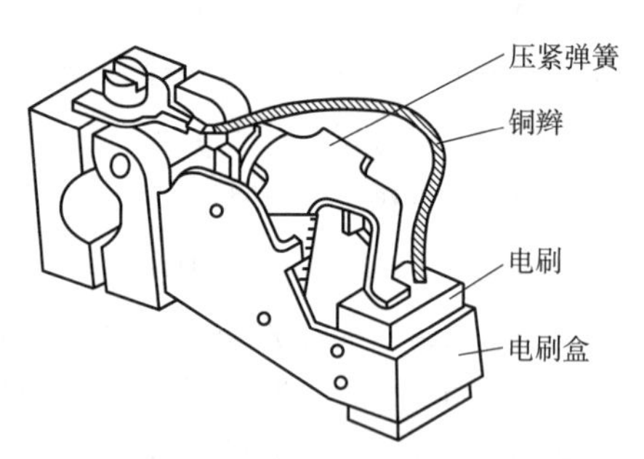

图 2-4-6　电刷装置结构

电刷是用石墨制成的导电块,放在刷握内,用弹簧以一定的压力将它压在换向器的表面上。刷握用螺钉夹紧在刷杆上,刷杆装在一个可以转动的刷杆座上,成为一个整体部件。刷杆与刷杆座之间应绝缘,以免正、负电刷短路。

(5)端盖

电机中的端盖主要起支撑作用。端盖固定在机座上,在它的上面放置轴承支撑直流电机的转轴,使直流电机能够旋转。

2. 转子部分

转子又称电枢,是电机的转动部分,其作用是产生感应电动势和电磁转矩,从而实现能量的转换。转子由电枢铁芯、电枢绕组、换向器、转轴等组成。

(1)电枢铁芯

电枢铁芯的作用是通过磁通和嵌放电枢绕组。图 2-4-7 所示为小型直流电机的电枢冲片形状和电枢铁芯装配图。电枢冲片上冲有放置电枢绕组的电枢槽、轴孔和通风孔。

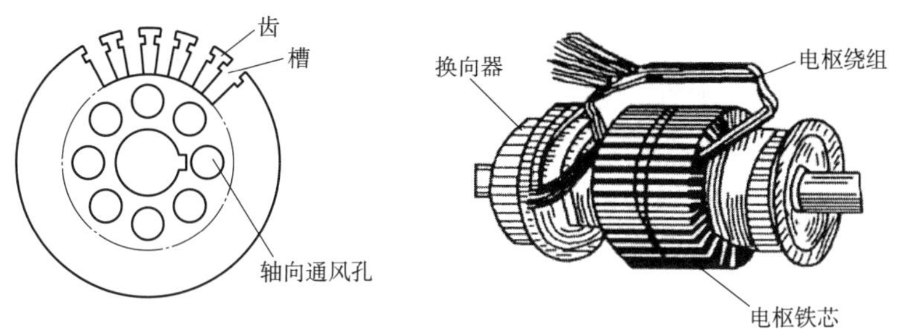

图 2-4-7 电枢冲片形状和电枢铁芯装配图

为减小电机旋转时,铁芯中的磁通方向发生变化,从而引起的磁滞损耗和涡流损耗。电枢铁芯用 0. 35 mm 或 0. 5 mm 厚的硅钢片叠成,叠片两面涂有绝缘漆。铁芯叠片沿轴向叠装,中小型电机的电枢铁芯通常直接压装在轴上;在大型电机中,由于转子直径较大,电枢铁芯压装在套于轴上的转子支架上。

(2)电枢绕组

电枢绕组的作用是产生感应电动势和通过电流产生电磁转矩,实现机电能量转换。它是直流电机的主要电路部分。

电机的每一个线圈称为一个元件,多个元件有规律地连接起来形成电枢绕组。电枢绕组放置在电枢铁芯的槽内,其直线部分在电机运转时产生感应电动势,称为元件的有效部分;把有效部分连接起来的部分称为端接部分,端接部分仅起连接作用,在电机运行过程中不产生感应电动势。

电枢绕组用圆铜线或矩形截面铜导线制成,铜线的截面积决定于线圈中通过电流的大小。为了防止线圈在离心力作用下甩出,在槽口处用槽楔将线圈边封在槽内,线圈伸出槽外的端接部分,用热固性无纬玻璃丝带或非磁性钢丝扎紧。槽楔可用竹片或酚醛玻璃布板制成。

电枢绕组根据连接规律的不同,绕组可分为单叠绕组、单波绕组、复叠绕组、复波绕组及混合绕组等几种。下面介绍绕组的基本知识。

①元件。线圈是构成绕组的基本单元,又称绕组元件(线圈单元),元件分为单匝和多匝绕组两种。每一个元件不管是单匝还是多匝,均引出两根线与换向片相连,其中一端称为首端,另一端称为末端。

直流电机的电枢绕组放置在电枢铁芯上的槽内，采用双层绕组，沿槽深方向每槽有两个元件边，为了避免线圈互相交叠，每一元件有一个有效边放在槽的上层，称为上层边；另一有效边放在另一槽的下层，称为下层边。与上层边相连的出线端称为始端，与下层边相连的出线端称为末端。图 2-4-8 所示为线圈元件边在槽内的放置情况。

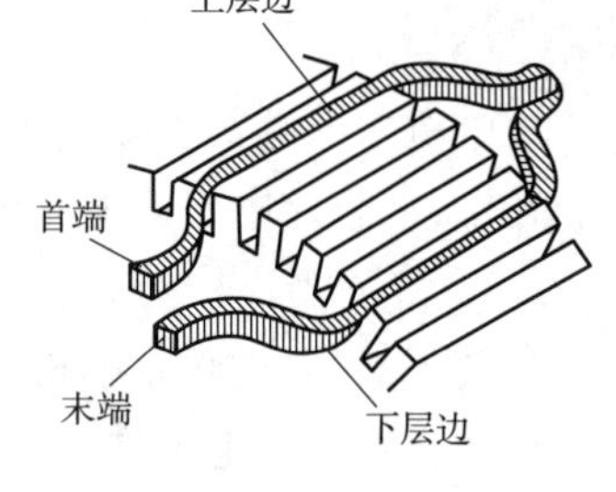

图 2-4-8　线圈元件边在槽内的放置情况

②极距。相邻两个主磁极轴线沿电枢表面之间的距离称为极距，用 τ 表示。可用式(2-4-1)计算，即

$$\tau = \frac{\pi D}{2p} \tag{2-4-1}$$

式中　D——电枢外径；

p——主磁极对数。

③叠绕组和波绕组。叠绕组是指串联的两个元件总是后一个元件端接部分紧贴在前一个元件端接部分，整个绕组成折叠式进行。交直型电力机车采用单叠绕组。波绕组是指把相隔约为一对极距的同极性磁场下的相应元件串联起来，像波浪似地前进。直流电机的绕组如图 2-4-9 所示。

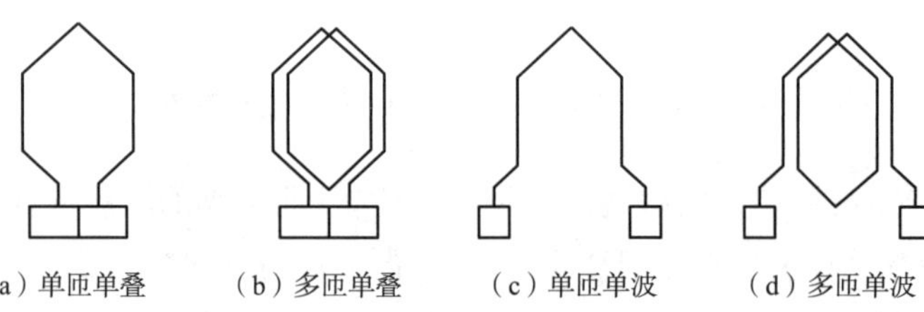

图 2-4-9　直流电机的绕组

(3) 换向器

换向器又称整流子。对于发电机，换向器的作用是把电枢绕组中的交变电动势转变为直流电动势向外部输出直流电压。对于电动机，它是把外界供给的直流电流转变为绕组中的交变电流以使电机旋转。换向器结构如图 2-4-10 所示。换向器是由换向片组合而成，是直流电机的关键部件，也是最薄弱的部分。

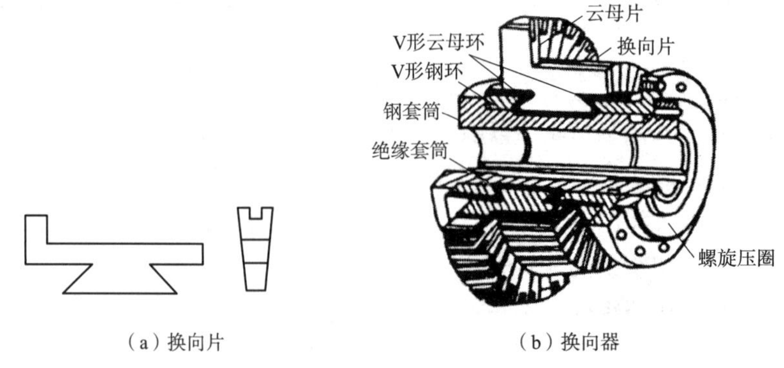

图 2-4-10　换向器结构

换向器采用导电性能好、硬度大、耐磨性能好的紫铜或铜合金制成。换向片的底部做成燕尾形状，换向片的燕尾部分嵌在含有云母绝缘的 V 形钢环内，拼成圆筒形套入钢套筒上，相邻的两换向片间以 0.6 ~ 1.2 mm 的云母片作为绝缘，最后用螺旋压圈压紧。换向器固定在转轴的一端。换向片靠近电枢绕组一段的部分与绕组引出线相焊接。

(4)转轴

转轴起转子旋转的支撑作用，需有一定的机械强度和刚度，一般用圆钢制作。

3. 空气隙

主极极靴和电枢间的间隙称为空气隙，简称气隙。气隙既保证了电机的安全运行，又是磁路的重要组成部分。由于空气磁阻远大于铁磁物质的磁阻，而电机的能量转换是依靠气隙磁通为媒介进行的，所以气隙的大小和形状对电机的性能有很大影响。

直流电机的气隙是不均匀的。极靴中部气隙较小，两侧气隙逐渐扩大，极尖处气隙最大。小型电机气隙为 1 ~3 mm；大型电机气隙可达 10 ~12 mm。

三、直流电机的磁场、电动势和电磁转矩

从直流电机基本工作原理的分析可知，发电机将机械能转换为电能，电动机将电能转换为机械能，其必要条件之一是必须具有气隙磁通。因此，必须在直流电机主磁极的励磁绕组中通以励磁电流来产生磁势，以产生气隙磁通。使电枢绕组切割气隙磁通而感应电动势；或者由电枢电流与气隙磁通相互作用而产生电磁转矩，从而实现机电能量的转换。

1. 直流电机的励磁方式

直流电机有两种基本绕组，即励磁绕组和电枢绕组。励磁绕组和电枢绕组之间的连接方式称为励磁方式，不同励磁方式的直流电机，其特性有很大的差异，故选择励磁方式是选择直流电机的重要依据。

直流电机的励磁方式可分为他励、并励、串励、复励四类，如图 2-4-11 所示。

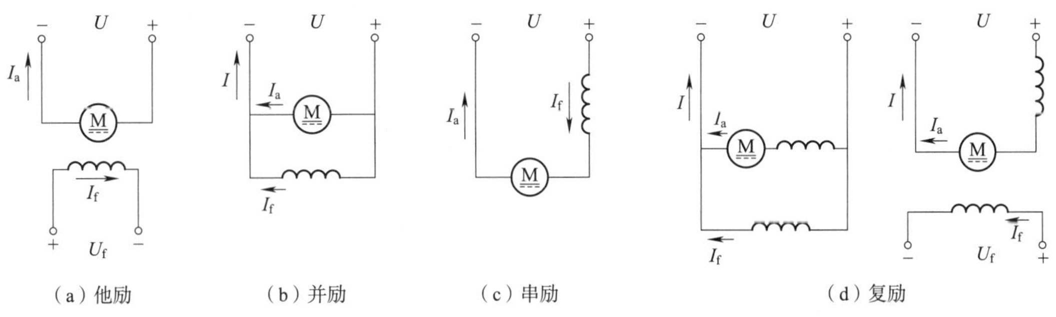

图 2-4-11 直流电机按励磁方式分类

(1)他励直流电机

他励直流电机的励磁绕组和电枢绕组分别由两个不同的电源供电，这两个电源的电压可以相同，也可以不同，如图 2-4-11(a)所示。励磁电流 I_f 的大小决定于励磁电源的电压和励磁回路的电阻，与电机的电枢电压及负载基本无关。用永久磁铁作主磁极的电机可当作他励电机。

(2)并励直流电机

并励直流电机励磁绕组和电枢绕组并联,由同一电源供电,其接线图如图 2-4-11(b)所示。励磁电流一般为额定电流的 5%,因为要产生足够大的磁通,需要有较多的匝数,所以并励绕组匝数多,导线较细。并励直流电机一般用于恒压系统。中小型直流电机多为并励式。

(3)串励直流电机

串励直流电机励磁绕组与电枢绕组串联,如图 2-4-11(c)所示。励磁电流与电枢电流相同,数值较大,因此,串励绕组匝数很少,导线较粗。串励直流电机常用于要求很大起动转矩且转速允许有较大变化的负载。

(4)复励直流电机

电机至少由两个绕组励磁,其中之一是串励绕组,其他为他励(或并励)绕组,如图 2-4-11(e)所示。通常他励(或并励)绕组起主要作用,串励绕组起辅助作用。若串励绕组和他励(或并励)绕组的磁势方向相同,称为积复励,多用于要求起动转矩较大、转速变化不大的负载。由于积复励式直流电机在两个不同旋转方向上的转速和运行特性是不同的,因此不能用于可逆驱动系统中。若串励绕组和并励(或他励)绕组的磁势方向相反,称为差复励。差复励式直流电机一般用于起动转矩小,而要求转速平稳的小型恒压驱动系统中,这种励磁方式的直流电机也不能用于可逆驱动系统中。

直流电机各类绕组接线后,其引出线的端头要加以标记,各绕组线端的符号见表 2-4-1。数字“1”是始端,为正极;“2”是末端。

表 2-4-1　直流电机各绕组线端的符号

绕组名称	电枢绕组	换向极绕组	补偿绕组	串励绕组	并励绕组	他励绕组
线端名称	A1、A2	B1、B2	C1、C2	D1、D2	E1、E2	F1、F2

2. 直流电机中的磁场

(1)空载时直流电机中的磁场

直流电机空载时,电枢电流为零,只有励磁绕组中存在电流。因此,空载时电机的气隙磁场完全由励磁绕组的电流产生。

根据磁通路径的不同,将其分为主磁通和漏磁通。主磁通同时匝链着励磁绕组和电枢绕组,是实现能量转换的关键。主磁通磁路的空气隙较小,磁阻较小。漏磁通只与励磁绕组或电枢绕组匝链,漏磁通磁路的空气隙较大,磁阻较大。所以,在同样的磁势作用下,漏磁通要比主磁通小得多。一般电机的主极漏磁通为主磁通的 15%~20%。

(2)电枢磁场

直流电机带有负载时,电枢绕组中有电流通过,电枢绕组的电流也会产生磁场,称为电枢磁场。电枢磁场沿电枢表面的分布情况,与电枢电流的分布情况有关。在直流电机中,电枢电流的分界线是电刷,在电刷轴线两侧对称分布,所以电枢磁场的分布情况与电刷的位置有关。

(3)电枢反应

直流电机带上负载运行后,电枢里有电流流过,电枢电流产生电枢磁场,电枢磁场的出现有可能对主极磁场产生影响,这种影响称为电枢反应。

3. 直流电机的电枢电动势

电枢电动势是指直流电机正、负电刷之间的感应电动势,也就是每个支路里的感应电动势。当电机的气隙中有磁场存在，且电枢旋转使电枢导体切割磁感线时，在电枢绕组中会产生感应电动势。

每条支路所含的元件数是相等的，而每个支路里的元件都是分布在同极性下的不同位置上。先求出一根导体在一个极距范围内切割气隙磁通密度的平均感应电动势，再乘一个支路里总的导体数，就是电枢电动势。

设电枢绕组线圈数为 S，一个线圈的匝数为 N_a，则电枢导体总数 N 为

$$N = 2SN_a \tag{2-4-2}$$

每一支路中串联的导体数为$\frac{N}{2a}$，其中 a 表示支路数。

主极极距为 τ，导体在磁场中轴向有效长度为 L，每极磁通为 Φ，则平均气隙磁密 B_{av} 为

$$B_{av} = \frac{\Phi}{L\tau} \tag{2-4-3}$$

导体的平均感应电动势 e_{av} 为

$$e_{av} = B_{av}Lv \tag{2-4-4}$$

式中 v——电枢表面线速度。

若电机转速为 n，电枢直径为 D_a，主极数为 $2p$，电枢表面周长为 $\pi D_a = 2p\tau$，则

$$v = \frac{2p\tau n}{60} \tag{2-4-5}$$

因此，支路电动势即电机的感应电动势为

$$E_a = \frac{N}{2a}e_{av} = \frac{N}{2a} \cdot \frac{\Phi}{\tau L} \cdot L \cdot \frac{2p\tau n}{60} = \frac{pN}{60a} \cdot \Phi \cdot n = C_e\Phi n \tag{2-4-6}$$

式中 Φ——每极磁通，Wb；

n——电机转速，r/min；

C_e——电机电动势常数，$C_e = \frac{pN}{60a}$。

对于给定的电机，p、N、a 均为定值，所以，C_e 是一个常数。

【小贴士】

> 式(2.4.6)表明直流电机感应电动势与电机结构、气隙磁通和电机转速有关。当电机制造好以后，与电机结构有关的常数 C_e 不再变化，因此电枢的电动势仅与气隙磁通和转速有关，改变磁通和转速均可改变电枢电动势的大小。

4. 直流电机的电磁转矩

电枢绕组通过电流时，在磁场中将受到电磁力的作用，电磁力在电枢轴上产生的转矩称为电磁转矩。电磁转矩的大小可根据电磁力定律求得。

电枢绕组的支路电流为 i_a 时，作用在任一根导体上的平均电磁力 f_{av} 为

$$f_{av} = B_{av}L\, i_a \tag{2-4-7}$$

导体产生的电磁转矩为

$$T_{av}=f_{av}\frac{D_a}{2} \tag{2-4-8}$$

由于每极下导体的电流方向相同,故同一极下各导体产生的电磁转矩方向相同,相邻极下的磁场和导体电流方向同时相反,转矩方向保持不变。因此,电磁转矩 T 应为电枢表面所有导体产生的 f_{av} 之和,即

$$T=f_{av}\frac{D_a}{2}N=B_{av}Li_a\frac{D_a}{2}N=\frac{\Phi}{\tau L}L\frac{I_a}{2a}\cdot\frac{p\tau}{\pi}N=\frac{pN}{2\pi a}\Phi I_a=C_T\Phi I_a \tag{2-4-9}$$

式中 I_a——电枢电流,A,$I_a=2ai_a$;

C_T——电机转矩常数,$C_T=\frac{pN}{2\pi a}$。

对于已制成的电机,p、N、a 均为定值,所以,C_T 也是一个常数。

由式(2-4-9)可知,制造好的直流电机其电磁转矩仅与电枢电流和气隙磁通成正比。

感应电动势 $E_a=C_e\Phi n$ 和电磁转矩 $T=C_T\Phi I_a$ 是直流电机两个重要公式。对同一台直流电机而言,电动势常数 C_e 和转矩常数 C_T 有一定的关系。

因为 $C_e=\frac{pN}{60a}$,$C_T=\frac{pN}{2\pi a}$,所以

$$C_T=\frac{60}{2\pi}\cdot\frac{pN}{60a}\approx 9.55C_e \tag{2-4-10}$$

四、直流电机的基本方程

直流电机的基本方程包括电动势平衡方程、电磁转矩平衡方程和功率平衡方程。它是将直流电机中电、磁、机械等物理量联系起来,符合电学、力学及能量守恒定律。直流电机的基本方程是分析直流电机运行特性的基础。

1. 电动势平衡方程

无论是发电机还是电动机,当电枢旋转时,电枢绕组切割磁感线都产生感应电动势,其大小为 $E_a=C_e\Phi n$,方向可用右手定则判定。在发电机里,电枢绕组接负载后,感应电动势驱动电流流动,所以电枢电流与感应电动势同方向,如图 2-4-12 所示;在电动机里,电枢绕组经电刷接外电源,外加电压是驱动电流流动的原因,所以电枢电流与电源电压同方向,此时,感应电动势与电枢电流方向相反,称为反电动势,如图 2-4-13 所示。

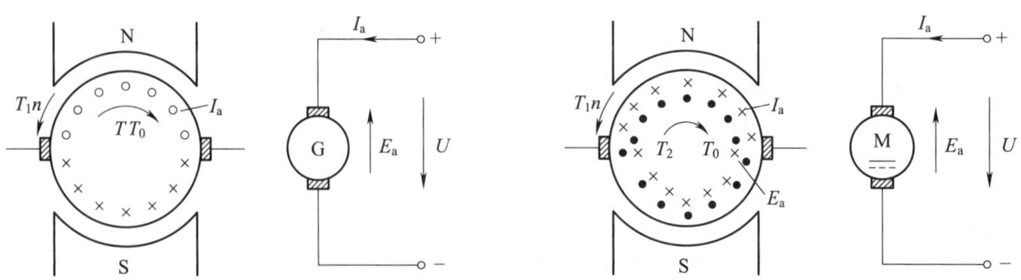

图 2-4-12 直流发电机的电动势、转矩平衡关系　　图 2-4-13 直流电动机的电动势、转矩平衡关系

设 U 为直流电机的端电压,取 U、E_a、I_a 的实际方向作为正方向,可得电枢回路的电动势平

衡方程为

发电机 $$U = E_a - I_aR_a \tag{2-4-11}$$

电动机 $$U = E_a + I_aR_a \tag{2-4-12}$$

式中，R_a 为电枢回路总电阻，包括电枢回路中各串联绕组的电阻和电刷与换向器之间的接触电阻。

以上两式表明，直流发电机和直流电动机在运行时都存在电枢电动势 E_a 和端电压 U，在发电机中，$E_a > U$，电枢电流 I_a 的方向与 E_a 的方向一致；在电动机中，$U > E_a$，电枢电流 I_a 的方向与 U 的方向一致，E_a 表现为反电动势。

2. 电磁转矩平衡方程

无论是发电机还是电动机，当电枢绕组有电流流过时，电枢电流和磁场相互作用都产生电磁转矩，其大小为 $T = C_T\Phi I_a$，方向可用左手定则判定。在发电机（见图 2-4-12）里，外加转矩 T_1 为驱动转矩使电枢旋转，电磁转矩 T 与转向相反为阻力转矩，同时还存在电机的空载阻力转矩 T_0。在电动机（见图 2-4-13）里，电磁转矩 T 使电枢转动为驱动转矩，与电动机转向相同，此时轴上的负载转矩 T_2 和 T_0 均为阻力转矩。

电机的转速恒定时，加在电机轴上的驱动转矩应与阻力转矩相等，所得转矩平衡方程式为

发电机 $$T_1 = T + T_0 \tag{2-4-13}$$

电动机 $$T = T_2 + T_0 \tag{2-4-14}$$

以上两式表明，在电机稳定运行时，电磁转矩和外转矩都同时存在并达到平衡。在发电机里，$T_1 > T$，作为驱动转矩的是外转矩 T_1，电机的转向取决于 T_1 的方向，电磁转矩 T 是阻力转矩，起平衡外转矩的作用；在电动机里，$T > T_2$，作为驱动转矩的是电磁转矩 T，电机的转向取决于 T 的方向，电磁转矩带动负载转动而达到平衡。

3. 功率平衡方程

电机是实现机电能量转换的装置，因而功率关系是电机运行中最基本的关系。电机运行过程中，存在输入功率、输出功率和各种损耗，它们之间应满足能量守恒定律。

（1）电机的损耗

①铜损耗 p_{Cu}。铜损耗（简称“铜耗”）是由于电机的各种绕组中流过电流而产生的电阻损耗，铜耗与电流二次方成正比，随着电机的负载变化，称为可变损耗。铜耗包括电枢绕组、励磁绕组、换向极绕组、补偿绕组的铜耗和电刷与换向器接触电阻产生的损耗。铜耗将引起绕组及换向器发热。

②铁损耗 p_{Fe}。交变磁通在铁芯中产生的磁滞和涡流损耗称为铁损耗（简称“铁耗”）。电枢铁芯在静止的磁场中旋转，通过铁芯中的磁通为交变磁通，产生铁耗；电枢旋转时，电枢槽口引起主极表面磁通脉动，在极靴表面产生铁耗。铁耗大小与电机的转速、磁密及铁芯冲片的厚度、材料有关。铁耗将引起铁芯发热。

③机械损耗 p_Ω。机械损耗是指电机旋转时，转动部分与静止部分以及周围空气摩擦所引起的损耗，主要有轴承摩擦损耗、电刷摩擦损耗和电枢与周围空气的摩擦损耗等，其大小和电机转速有关。机械损耗将引起轴承和换向器发热。

铁耗和机械损耗在电机空载时就存在，其大小与电机负载（电枢电流）无关，合称为空载损耗（又称不变损耗），用 p_0 表示，即

$$p_0 = p_{Fe} + p_{\Omega} \tag{2-4-15}$$

④附加损耗 p_{ad}。产生附加损耗的原因很多,诸如电枢反应使气隙磁场畸变而引起铁耗的增加;电枢表面电流分布不均而引起铜耗的增加等。p_{ad} 中一部分空载时已存在,另一部分随负载而变化。附加损耗一般不易计算,而估计为电机输出功率的 0.5%~1%。

综上所述,电机的总损耗 $\sum p$ 为

$$\sum p = p_{Cu} + p_{Fe} + p_{\Omega} + p_{ad} \tag{2-4-16}$$

(2)电磁功率

在电机中,把通过电磁作用传递的功率称为电磁功率,用 P_M 表示。

对发电机而言,输入的机械功率 $P_1 = T\Omega$,克服空载损耗后,其余部分转变为电磁功率,即

$$P_M = P_1 - p_0 \tag{2-4-17}$$

转换而来的电功率不能全部输出,必须克服电机的铜耗 p_{Cu} 后才能供给负载,输出给负载的电功率 $P_2 = UI$,即

$$P_2 = P_M - p_{Cu} = UI \tag{2-4-18}$$

对电动机而言,输入的电功率 $P_1 = UI$,此功率不能全部转换为机械功率,必须克服电机本身的铜耗 p_{Cu} 后才能进行电磁转换,即

$$P_M = P_1 - p_{Cu} \tag{2-4-19}$$

转换而来的机械功率不能全部输出,必须克服电机的空载损耗 p_0 后才能输出,其轴上的输出机械功率 $P_2 = T_2\Omega$,即

$$P_2 = P_M - p_0 = T_2\Omega \tag{2-4-20}$$

电磁功率既可看成机械功率,又可看成电功率。从机械功率的角度看,P_M 是电磁转矩 T 和旋转角速度 Ω 的乘积,即

$$P_M = T\Omega \tag{2-4-21}$$

从电功率的角度看,P_M 是电枢电势 E_a 和电枢电流 I_a 的乘积,即

$$P_M = E_a I_a \tag{2-4-22}$$

根据能量守恒定律,两者相等,即

$$P_M = T\Omega = E_a I_a \tag{2-4-23}$$

因此,无论是发电机还是电动机,电磁功率均指电机能够利用电磁感应原理进行能量转换的这部分功率,可以表示为机械功率的形式,也可以表示为电功率的形式。由于电磁功率具有这样的物理意义,所以在实际计算中,经常把它作为从机械量计算电量或从电量计算机械量的桥梁。

(3)功率平衡方程式

电机的输入功率为 P_1,输出功率为 P_2,总损耗为 $\sum p$ 时,根据能量守恒定律,可得功率平衡方程式

$$P_1 = P_2 + \sum p \tag{2-4-24}$$

4. 电机的效率

电机输出功率 P_2 与输入功率 P_1 之比的百分数,称为电机的效率 η,即

$$\eta = \frac{P_2}{P_1} = \frac{P_1 - \sum p}{P_1} = \frac{P_2}{P_2 + \sum p} \times 100\% \tag{2-4-25}$$

五、直流电动机的起动、调速、反转与制动

直流电动机的起动、调速和制动是应用电动机必须解决的问题，其实质都是电动机转速的调节，电机的转速表达式均适用。

1. 直流电动机的起动

电动机由静止状态达到正常运转状态的过程称为起动过程。直流电动机在起动过程中不仅转速发生变化，而且转矩、电流等也发生变化。

当忽略电枢绕组电感时，电枢电流 I_a 为

$$I_a = \frac{U - E_a}{R_a} \tag{2-4-26}$$

在起动开始瞬间，由于转速 $n = 0$，故电枢感应电动势 $E_a = 0$，此时的电流称为起动电流，用 I_{st} 表示，即

$$I_{st} = \frac{U}{R_a} \tag{2-4-27}$$

由于电枢绕组电阻 R_a 很小，如果直接加额定电压起动，起动电流 I_{st} 很大，可达到额定电流的十几倍。这样大的起动电流将带来以下不良影响：

①使电动机换向恶化，产生严重的火花，导致电刷和换向器表面烧损。

②产生很大的电磁转矩，使传动机构和生产机械受到强烈冲击而损坏。

③使电网电压波动，影响供电的稳定性。为此在起动时必须设法限制起动电流 I_{st}。

因此，除了个别容量很小的电动机外，一般直流电动机是不允许直接起动的。对直流电动机的起动，一般有如下要求：

①要有足够大的起动转矩。

②起动电流要限制在一定的范围内。

③起动设备要简单、可靠。

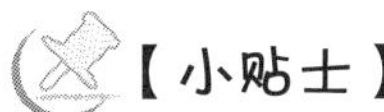
【小贴士】

为限制起动电流，直流电动机通常采用电枢回路串电阻起动或降低电枢电压起动。无论采用哪种起动方法，起动时都应保证电动机的磁通达到最大值。这是因为在同样的电流下，Φ 大则 T_{st} 大；而在同样的转矩下，Φ 大则 I_{st} 可以小一些。

(1)降低电源电压起动(降压起动)

在起动瞬间，给电动机加较低的直流电压，随着电动机转速的升高，电枢电势 E_a 逐渐增加，同时端电压 U 也人为地不断增加，U 与 E_a 的差值使起动过程中电枢电流保持在允许范围内，直到电动机端电压上升到额定值，电动机起动完毕。

【小贴士】

采用降低电源电压方法起动并励电动机时必须注意,起动时必须加上额定励磁电压,使磁通一开始就有额定值,否则电动机起动电流虽然比较大,但起动转矩却较小,电动机仍无法起动。

降压起动的优点是在起动过程中无电阻损耗,并可达到平稳升速。缺点是需要专用电源设备,因此多用于要求经常起动的大中型直流电动机。在使用直流电动机作为牵引动力的机车上,均采用降压起动。

(2)电枢回路串电阻起动(变阻起动)

直流电动机在电枢回路串入适当的起动电阻 R_{st},按照把起动电流 I_{st} 限制在 $(1.5\sim2.5)I_N$ 的范围内来选择起动电阻的大小。在起动过程中,随着转速 n 的升高,电枢电势 E_a 也升高,电枢电流相应地减小。为了保持一定的转矩,应逐渐将起动电阻切除,直到起动电阻全部切除,电动机起动完毕,达到额定转速稳定运行。

变阻起动能有效限制起动电流,所需起动设备简单,广泛应用于各种中小型直流牵引电动机,如工矿机车、城市电车的起动。但变阻起动过程中能量消耗大,不适用于经常起动的大中型直流牵引电动机。

2. 直流电动机的调速

在电动机机械负载不变的条件下,用人为方法调节电动机转速称为调速。此时,电动机的转速表达式为

$$n=\frac{U-I_a(R_a+R_{pa})}{C_e\Phi} \tag{2-4-28}$$

式中 R_{pa}——电枢回路串接的电阻。

由上式可知,影响电动机转速的三个因素是电源电压 U、电枢回路串接的电阻 R_{pa}、气隙主磁通 Φ。只要改变以上三个因素中任何一个,都能达到调节电动机转速的目的。

(1)电枢回路串接电阻调速

图 2-4-14 所示为串励电动机电枢串接电阻时的机械特性。在某一负载下,电枢串入的电阻越大,转速越低。

这种调速方法的优点是只需增设电阻和切换开关,设备简单,控制方便。缺点是能耗较大,经济性差;速度调节是有级的,调速平滑性差。

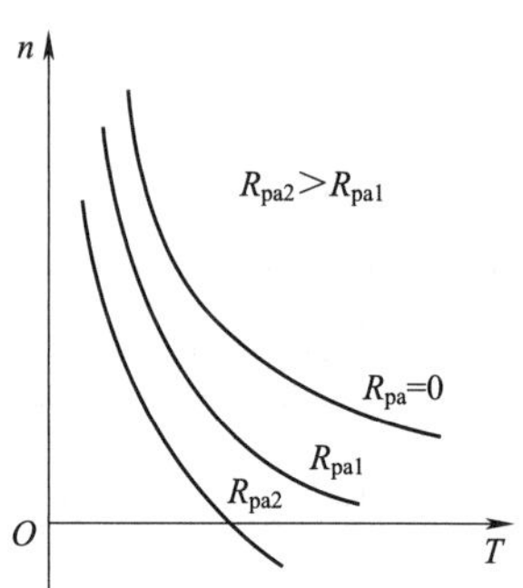

图 2-4-14 串励电动机电枢串接电阻时的机械特性

(2)改变电源电压调速

图 2-4-15 所示为串励电动机电压降低时的机械特性。在某一负载下,电压越低,转速也越低。为保证电机安全运行,电压只能以额定电压为上限下调,又称降压调速。这种调速方法的优点是电源电压如能平滑调节,就可实现无级调速;调速中无附加能量损耗。缺点是需要专用的调压电源,成本较高;转速只能调低,不能调高。

(3)改变主磁通调速

图 2-4-16 所示为串励电动机磁通减弱时的机械特性。在某一负载下磁通越弱,转速就越高。一般电机的额定磁通已设计得使铁芯接近饱和,因此,改变磁通只能在额定磁通下减弱磁通,所以又称削弱磁场调速。削弱磁场需要在励磁绕组的两端并联电阻,一般电动机励磁功率只有电机容量的 1%~5%,因此用于削弱磁场的并联电阻容量也很小。

这种调速方法设备简单、控制方便、功率损耗小,可以提高电机的转速,是直流牵引电动机常用的调速方法之一。

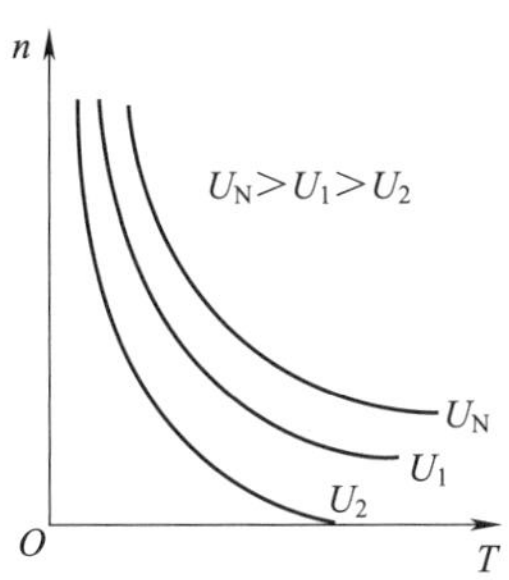

图 2-4-15 串励电动机电压降低时的机械特性

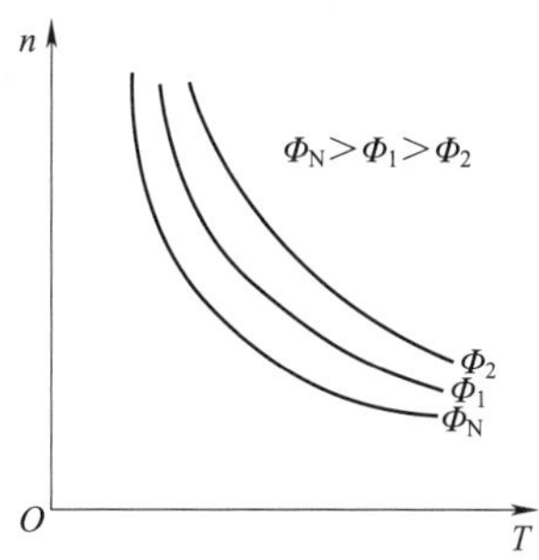

图 2-4-16 串励电动机磁通减弱时的机械特性

【小贴士】

为扩大调速范围,常把降压和弱磁两种调速方法结合起来使用。在额定转速以下采用降压调速,在额定转速以上采用弱磁调速。或者把几种方法配合使用,如地铁电动车组,常采用电枢串接电阻和弱磁调速;电力机车和内燃机车,常采用改变电源电压和弱磁调速。

3. 改变直流电动机转向的方法

直流电动机的旋转方向取决于电磁转矩方向,而电磁转矩 $T=C_T\Phi I_a$ 的方向取决于磁通 Φ 与电枢电流 I_a 相互作用的方向,故实改变电动机转向的方法有两种:一是改变磁通(即励磁电流)的方向,二是改变电枢电流的方向。若同时改变磁通方向及电枢电流的方向,则直流电动机转向维持不变。直流牵引电动机常常采用励磁绕组反接法,通过改变电动机的旋转方向,从而改变机车的运行方向。

4. 直流电动机的制动

机车运行过程中,有时需要尽快使直流电动机停转或从高速运行转换到低速运行;下坡时,需要限制直流电动机的转速,以控制机车的速度。这就需要在直流电动机轴上加一个与转向相反的转矩(称制动转矩)来实现,称为直流电动机的制动。

制动转矩是由机械制动闸产生的摩擦转矩,称为机械制动;制动转矩是直流电动机本身产生的电磁转矩,称为电气制动。

直流电动机的电气制动可分为能耗制动和回馈制动两种。

(1)能耗制动

图 2-4-17 所示为能耗制动电路原理接线图。电气制动时,励磁绕组由单独的励磁电源供

电,并保持励磁电流方向不变(磁通方向不变),将电枢绕组从电源上断开并立即接到一个制动电阻上。

这时电枢绕组外加电压 $U=0$,而电机转子靠惯性继续旋转,切割方向未变的磁通,所感应的电势仍存在且方向不变,因此,产生的电枢电流(制动电流)为

$$I_a=\frac{U-E_a}{R_a+R_L}=\frac{-E_a}{R_a+R_L}=\frac{-C_e\Phi n}{R_a+R_L} \tag{2-4-29}$$

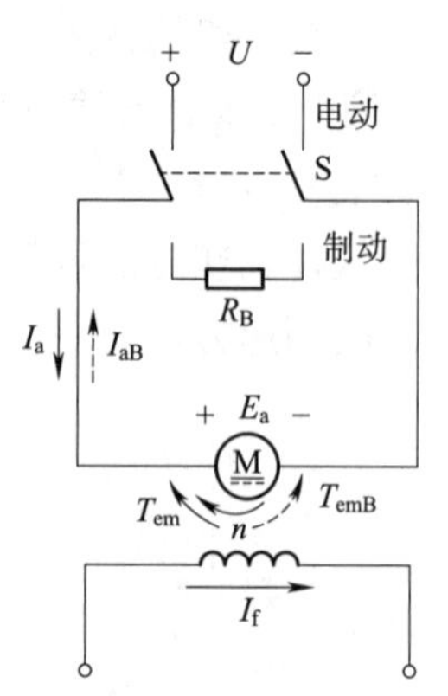

图 2-4-17　能耗制动电路原理接线图

电枢电流 I_a 改变了方向,而磁通 Φ 的方向未变,电磁转矩 $T=C_T\Phi I_a$ 则改变了方向。因此,T 与 n 的方向相反,T 成为制动转矩,使电动机转速很快下降。

在制动过程中,电动机靠惯性继续旋转,在磁场不变情况下,产生感应电动势方向不变并输出电流,变成一台他励发电机,把机车和列车的机械能转换成电能,消耗在制动电阻上,故称为能耗制动。

调节制动电阻或调节励磁电流改变磁通的大小,都可以改变制动电流的大小,以调节制动转矩的大小。另外,电机的转速越高,制动转矩越大,制动的效果越好;而低速时,制动转矩相应变小,需要配用机械制动,使电机迅速停转。

【小贴士】

> 电力机车上多采用串励牵引电动机,在电气制动时,由于串励发电机特性不稳定,需要将励磁绕组改为他励。

能耗制动所需设备简单,成本低,操作方便。不足之处是列车的动能转换为电能后消耗在制动电阻上,变成热能散发到大气中,没有被利用;不易迅速制停,因为当电机转速 n 较小时,E_a 较小,I_a 也较小,使制动转矩相应减小。此时,应采用减小制动电阻 R_L 来增大电枢电流 I_a,以提高低速区的制动转矩。

(2)回馈制动

电机作电动机运行时,由电动势平衡方程式 $U=E_a+I_aR_a$ 可知,电源电压 U 大于反电势 E_a,电枢电流 I_a 与 U 同方向,电磁转矩方向与转向相同。若保持磁通方向不变,当转速升高到一定数值后,感应电动势 E_a 大于电源电压 U,电枢电流与 E_a 同方向,电机作发电机运行,电磁转矩与转向相反起制动作用,发电机产生的电能送回到电网,这种制动方法称为回馈制动。

【小贴士】

> 电力机车下坡时,重力加速度的作用使车速增高,牵引电机感应电动势 E_a 随之增大,若 $E_a=U$,则 $I_a=0$,牵引电机就不需要从电网输入电能,电力机车由本身的位能自动滑行并继续加速。转速继续升高,将使 $E_a>U$,则 I_a 反向,牵引电机自动转换为发电机运行状态。

此时，电力机车下坡的位能，通过电机转换成电能，回馈给电网。由于电枢电流 I_a 是反向，电磁转矩也随之反向，起到制动作用，车速越高，制动转矩越大。转速增高到一定程度时，下坡时的位能产生的动力转矩与牵引电机的制动转矩和摩擦阻转矩相平衡时，电力机车将恒速稳定运行。

他励和复励牵引电动机回馈制动时，需要保持励磁电流方向不变，电枢回路接线不变。串励牵引电动机进行回馈制动时，由于串励发电机在许可范围内工作不稳定，需要将串励绕组改接为他励，由较低的电压供电以得到所需要的励磁电流。

六、直流电机的换向

直流电机电枢绕组中一个元件经过电刷从一个支路转换到另一个支路时，电流方向改变的过程为换向。"换向"是装有换向器电机运行时的薄弱环节，对电机正常运行有很大的影响，也是评定电机质量优劣的标准之一。由于牵引电动机特殊的工作条件，其换向就更为困难。电机换向不良会产生电火花或环火，严重时将烧毁电刷，导致电机不能正常运行，甚至引起事故。

1. 换向概述

直流电机的工作原理表明：当旋转的电枢元件从一条支路（N 极下）换到另一条支路（S 极下）时要经过电刷。当电机带有负载后，电枢元件中有电流流过，同一支路里各元件的电流大小与方向都是一样的，相邻支路里电流大小虽然一样，但方向却是相反的。由此可见，某一电枢元件经过电刷，从一个支路进入另一个支路时，该元件中的电流从一个方向变换到另一个方向。直流电机的换向过程如图 2-4-18 所示，其中，b_B 表示电刷的宽度；b_k 表示换向片的宽度。

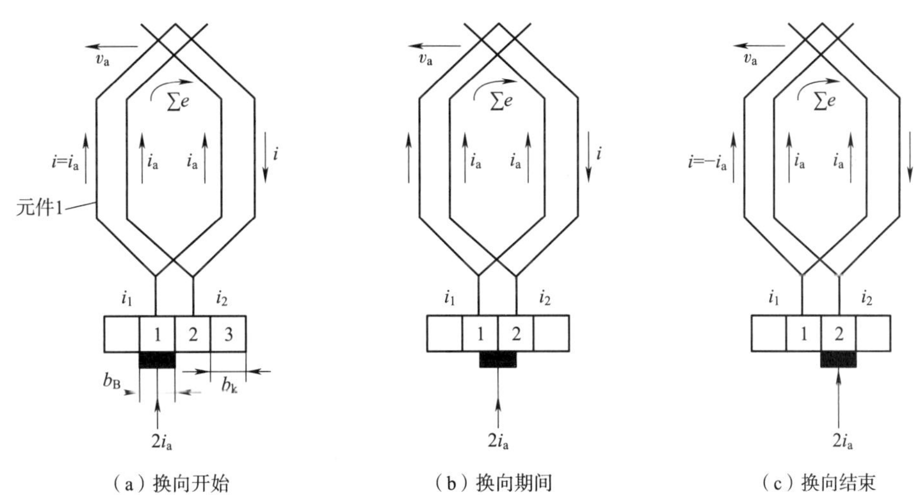

（a）换向开始 （b）换向期间 （c）换向结束

图 2-4-18 直流电机的换向过程

为了分析简单，忽略换向片之间的绝缘并假设电刷宽度等于换向片宽度。

在图 2-4-18 中，电枢绕组以线速度 v_a 从右向左移动，电刷固定不动，当电刷完全与换向片 1 接触时，如图 2-4-18（a）所示，元件 1 流过的电流为图中所标方向，电流大小为 $i=i_a$；当电枢转到使电刷与换向片 2 相接触时，如图 2-4-18（b）所示，元件 1 被电刷短路，由于换向片 2 接触了电刷，该元件里的电流被分流了一部分。当电刷仅与换向片 2 接触时，如图 2-4-18（c）所示，元件 1 已进入另一支路，其中电流也从换向前的方向变为换向后的反方向，完成了换向过程，元件 1 中流过的电流为 $i=-i_a$。

【小贴士】

换向问题很复杂，换向不良会在电刷和换向片之间产生火花，当火花到一定程度时有可能损坏电刷和换向器表面，从而使电机不能正常工作。火花的大小直接反映了直流电机换向性能的好坏。

2. 改善换向的方法

改善换向的目的在于消除或削弱电刷下的火花。由于电磁原因是产生火花的主要因素，所以下面主要分析如何消除或削弱由此引起的电磁性火花。

(1)选用合适的电刷，增加电刷与换向片之间的接触电阻

脉流牵引电动机由于换向条件困难，广泛采用高接触电阻的电化石墨电刷，如 SS4 改型电力机车中 ZD105 型脉流牵引电动机采用的 D374B 型电刷。

在电刷使用中还要注意以下几点：

①在同一台电机中，必须采用相同牌号的电刷。否则，会由于接触电阻大小不同造成电刷间负载分配不均，致使接触电阻小的电刷因电流较大而使换向恶化。

②电刷应仔细研磨吻合，保持清洁，电刷和刷握间有适当间隙，防止电刷接触面粘铜。

③在正常使用中，温度升高会使电刷接触压降减小，可能引起换向不良。

④一台电机上各电刷压力必须均匀，压力不均使电流分配不均，电流较大的可能产生火花，低电流密度下滑动的电刷，对换向器磨损也有影响。

(2)装设换向极

目前改善直流电机换向最有效的办法是安装换向极，换向极装设在相邻两主磁极之间的几何中性线上，如图 2-4-19 所示。

换向极绕组应与电枢绕组相串联，使换向极磁场也随电枢磁场的强弱而变化，换向极极性的确定原则是使换向极磁场方向与电枢磁场方向相反。

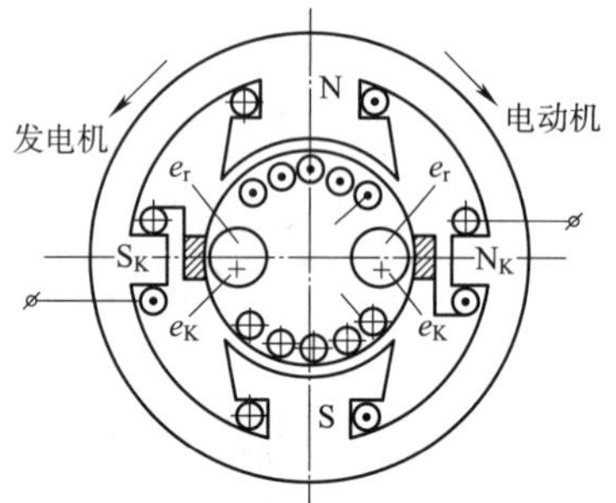

图 2-4-19 换向极的极性

N、S—主极极性；N_K、S_K—换向极极性

(3)装补偿绕组

由于电枢反应的影响使主磁极下气隙磁通密度曲线发生畸变，这样就增大了某几个换向片之间的电压。在负载变化剧烈的大型直流电机内，有可能出现环火现象，即正负电刷间出现电弧。电机出现环火，可在很短的时间内损坏电机。

防止环火出现的办法是在主磁极上安装补偿绕组，从而抵消电枢反应的影响。补偿绕组与电枢绕组串联，它产生的磁动势恰恰能抵消电枢反应磁动势。这样，当电机带负载后，电枢反应磁动势被抵消，不会使气隙磁通密度曲线发生畸变，从而可以避免出现环火现象。补偿绕组装在主磁极极靴里，有了补偿绕组，换向极的负担减轻了，有利于改善换向。

任务分组

小组信息表见表 2-4-2。

表 2-4-2 小组信息表

小组信息	班级			日期		
	小组名称			组长		
	分工					
	成员					

任务准备

小组成员沟通讨论工作计划,依照任务导入,查找资料,分工协作,准备完成任务。

任务实施

一、引导问题

(1)直流电机是依据____________________原理制造的。
(2)直流电机的结构有____________________。
(3)直流电机的励磁方式有____________________。
(4)直流电机具有________性,所以它可以作为________,也可以作为________。
(5)直流电机的换向是指____________________。
(6)改善换向的方法有____________________。

二、技能训练

(1)通过自主学习,自查资料完成表 2-4-3。

表 2-4-3 直流电机的特点分析

项目	特点分析
结构	
工作原理	
励磁方式	
降压起动方式	
调速方法	

(2)在方框中绘制直流电机励磁方式图

他励	串励	并励	复励

任务评价

小组成员各自完成自我评价，组长完成小组评价，教师完成教师评价，见表2-4-4。整理实训设备和仪表，做好5S管理工作。

表2-4-4　任务评价表

序号	评价内容	自我评价	小组评价	教师评价	分值分配
1	态度是否端正，工作是否认真				15
2	知识链接内容是否完全掌握				20
3	是否完成任务				30
4	能否与他人团结协作				10
5	能否积极回答问题				15
6	是否做好5S管理工作				10
7	合计				100
8	加分+增值评价				
9	总分				

评分说明：

(1)总分=自我评价×20%+小组评价×20%+教师评价×60%+加分。

(2)加分项为奖励在完成任务中正能量突出的同学，如帮助同学、劳动积极等，由教师酌情给分，分值范围在1~10分之间。增值评价是与前一次任务完成情况比较，由组长和教师共同完成，也可由学生自己提出，分值范围在1~5分之间。

课后拓展

旋转电机的领军人物——邹继斌

邹继斌，博士，教授，博导，哈工大微特电机与控制研究所所长。国务院学位委员会第五届学科评议组成员、IEEE高级会员，中国电工技术学会高级会员，国家精密微特电机工程中心副主任，旋转电机标准化技术委员会小功率电机分技术委员会委员，金属学会功能材料分会磁性液体专业技术委员会委员。曾获国家技术发明二等奖1项、国家科技进步二等奖2项、省部级科技奖励10项。获国家发明专利50余项，发表论文300余篇，出版专著2部。

邹继斌教授一直致力于新型电磁机构的理论与技术，以及一体化电机系统的理论与技术领域，解决了多项国防领域关键技术难题。邹教授培养了一大批电气专业的优秀学子，为祖国的人才基础化建设做出了不可磨灭的贡献。

巩固练习

一、填空题

(1)直流电机的绕组可分为(　　　　)和(　　　　)。

(2)从能量转换角度看,直流电动机属于(　　　　)。
(3)从能量转换角度看,直流发电机属于(　　　　)。
(4)生活中电动牙刷、手持风扇、(　　　)、(　　　)等电器常用直流电机驱动。

二、判断题

(1)直流电动机是依据载流导体在磁场中受力而旋转的原理制造的。(　　　)
(2)直流电机的结构比交流电机复杂。(　　　)
(3)直流电机的运行是可逆的。(　　　)

三、判断题

(1)直流电机主要由(　　　)两部分组成。
A. 铁芯和绕组　　B. 定子和转子
(2)直流电机的转子通称为(　　　)。
A. 励磁　　B. 电枢
(3)直流电机在旋转一周的过程中,某个电枢绕组元件中所通过的电流是(　　　)。
A. 直流电流　　B. 交流电流　　C. 互相抵消正好为零
(4)大容量的直流电机因起动电流过大不允许(　　　)。
A. 间接起动　　B. 直接起动　　C. 降压起动
(5)直流电机的换向器属于(　　　)部分。
A. 定子　　B. 转子　　C. 磁极

模块二
控制电器

项目三　开关与熔断器

项目描述

常见的低压控制电器有使用于自控制系统中发送控制指令的电器，如按钮、行程开关等；用于保护电路及用电设备的电器，如熔断器；用来隔离电源或手动接通和断开交直流电路的刀开关。通过本项目的学习，掌握各种开关的结构、工作原理、作用、符号，掌握各种开关的结构测试以及实际应用。

本项目任务有：

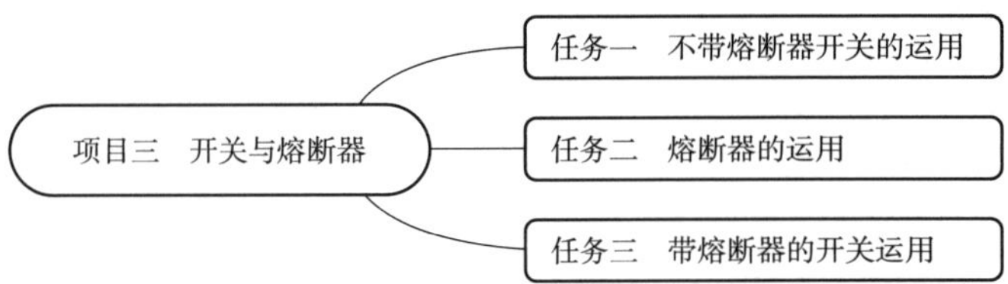

任务一　不带熔断器开关的运用

学习目标

知识目标	技能目标	素质目标
(1)掌握拇指开关的结构; (2)掌握按钮开关的结构、型号及工作原理; (3)掌握行程开关的结构、型号及工作原理; (4)掌握组合开关的结构、型号及工作原理	(1)能正确画出各种开关的图形符号; (2)能正确使用万用表检测开关的好坏; (3)会绘制一灯或多灯一开关照明电路; (4)会绘制两只开关控制一灯的照明电路; (5)会分析两只开关控制一灯的照明电路的工作原理	(1)具备对专业知识的认知和兴趣; (2)具备对专业知识求真务实、严谨细致的学习态度; (3)具备良好的沟通能力和优秀的团队协作精神

任务导入

教室是我们学习的场所,请首先为教室设计一组一地单控的照明电路。由于该教室面积较大,希望在前后两个门均能实现对照明灯的控制,请据此重新设计一组两地双控的照明电路,并完成照明电路功能的实现。

知识链接

一、拇指开关

家庭用开关可分为单极开关、双控开关和双极开关,如图 3-1-1 所示,在电路中,开关的一端接相线,另一端接中性线。

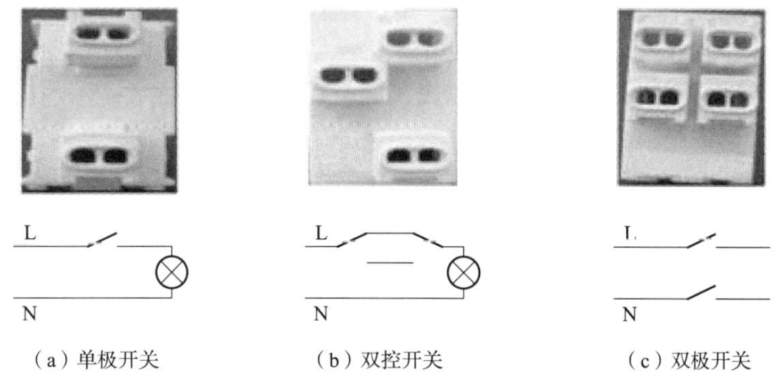

图 3-1-1 拇指开关的分类和符号

二、按钮开关

1. 按钮开关的结构

按钮开关(简称“按钮”)是一种用人力(一般为手指或手掌)操作,并具有储能复位的开关电器，是主令电器的一种，结构如图 3-1-2 所示，主要由按钮帽、复位弹簧、桥式动触头、动合静触头、动断静触头和装配基座等组成。

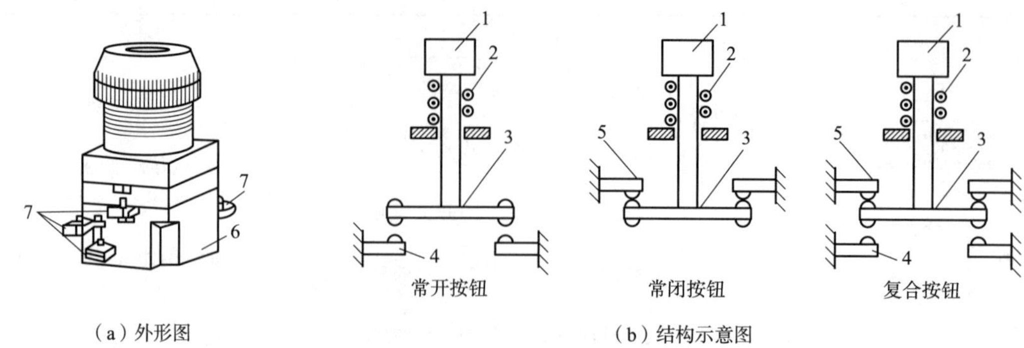

（a）外形图　（b）结构示意图

图 3-1-2　按钮一般结构示意图

1—按钮帽；2—复位弹簧；3—桥式动触头；4—动合静触头；5—动断静触头；6—装配基座；7—接线柱

按钮开关通过的电流较小，一般不超过 5 A，它主要在控制电路中发出指令或信号去控制接触器、继电器等电器，再由它们去控制主电路的通断、功能转换或电气联锁等。

2. 按钮开关的类型

按静态时触头的分合状态分为：(1) 常闭按钮（又称起动按钮）：未按下时触头是断开的，按下时触头闭合，松开时自动复位。(2) 常开按钮（又称停止按钮）：未按下时触头是闭合的，按下时触头断开，当松开时自动复位。(3) 复合按钮：将常开、常闭按钮组合为一体的按钮。

当按下按钮帽时，动断触点先断开，动合触点后闭合；当松开时，触点复位。

按钮开关的文字符号为 SB，图形符号如图 3-1-3 所示。

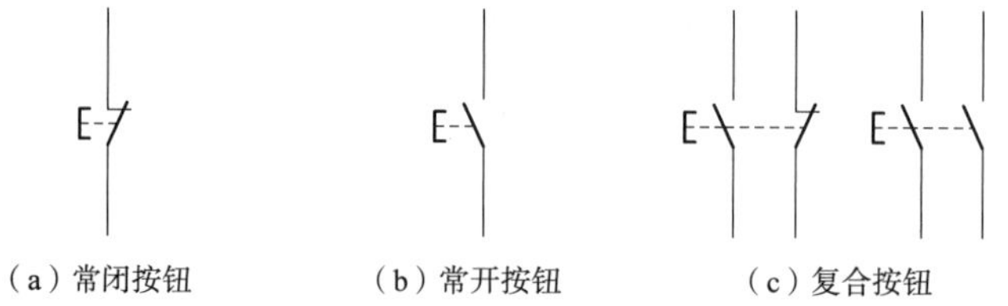
（a）常闭按钮　（b）常开按钮　（c）复合按钮

图 3-1-3　按钮开关图形符号

3. 按钮开关的型号

按钮开关的型号含义如图 3-1-4 所示。

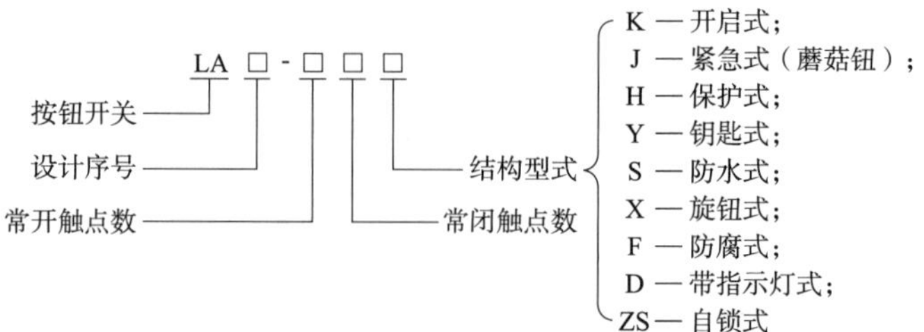

图 3-1-4　按钮开关的型号含义

4. 按钮开关的参数

按钮开关的主要技术参数为规格、结构型式、触头对数和按钮颜色，LA25 系列按钮开关技术数据见表 3-1-1。

表 3-1-1 LA25 系列按钮开关技术数据

<table>
<tr><th rowspan="2">型号</th><th rowspan="2">额定绝缘电压/V</th><th rowspan="2">约定发热电流/A</th><th colspan="2">交流 50 Hz 或 60 Hz</th><th colspan="2">直流</th><th rowspan="2">结构型式</th><th rowspan="2">触头对数</th><th colspan="2">电寿命/万次</th><th rowspan="2">机械寿命/万次</th><th rowspan="2">操作频率/(次/h)</th></tr>
<tr><th>额定电压/V</th><th>额定电流/A</th><th>额定电压/V</th><th>额定电流/A</th><th>交流</th><th>直流</th></tr>
<tr><td>LA25-□/□□</td><td rowspan="6">380</td><td rowspan="6">10</td><td rowspan="6">220</td><td rowspan="6">4.5</td><td rowspan="6">110</td><td rowspan="6">0.6</td><td>开启式</td><td rowspan="6">1~6 对动合、动断触头可任意组合</td><td rowspan="3">50</td><td rowspan="3">25</td><td rowspan="3">100</td><td rowspan="3">1 200</td></tr>
<tr><td>LA25-□J/□□</td><td>ϕ40 mm 紧急式</td></tr>
<tr><td>LA25-□D/□□</td><td>带指示灯式</td></tr>
<tr><td>LA25-□ZS/□□</td><td>自锁式</td><td rowspan="3">10</td><td rowspan="3">10</td><td rowspan="3">10</td><td rowspan="3">120</td></tr>
<tr><td>LA25-□Y/□□</td><td>钥匙式</td></tr>
<tr><td>LA25-□X/□□</td><td>旋钮式</td></tr>
</table>

按钮开关结构型式有多种，适合于以下各种场合：

紧急式——装有突出的蘑菇形钮帽，以便紧急操作；

旋钮式——用手旋转进行操作；

带指示灯式——在透明的按钮内装入信号灯，以作信号显示；

钥匙式——为使用安全起见，须用钥匙插入方可旋转操作。

按钮的颜色有红、绿、黑、黄、白、蓝，供不同场合选用。

5. 按钮开关的选用

①根据用途选择按钮开关的结构型式，如紧急式、钥匙式、带指示灯式等。

②根据使用环境选择按钮开关的种类，如开启式、防水式、防腐式等。

③按工作状态和工作情况的要求选择按钮开关的颜色。工作中，为便于识别不同作用的按钮，避免误操作，其颜色规定如下：

a. 停止和急停按钮：红色，必须使设备断电、停车。

b. 起动按钮：绿色。

c. 点动按钮：黑色。

d. 起动与停止交替按钮：必须是黑色、白色或灰色，不得使用红色和绿色。

e. 复位按钮：必须是蓝色；当其兼有停止作用时，必须是红色。

④按控制的回路数选择按钮开关的常开触点和常闭触点的数量。

6. 按钮开关的使用注意事项

①使用时注意保持按钮的清洁，避免油污或水进入按钮内部，造成短路。

②塑料盒按钮需注意散热，如果塑料盒按钮工作于高温场所或内装指示灯，则会发热严重，造成塑料盒变形。

③触点引线上一般需套塑料管，以防松动短路。

三、行程开关

1. 行程开关的作用

行程开关又称限位开关，是一种常用的小电流主令电器。行程开关按结构分为机械结构的接触式有触点行程开关和电气结构的非接触式的接近开关。接触式行程开关利用生产机械运动部件的碰撞使其触头动作来实现接通或分断控制电路，达到一定的控制目的。主要用于机床、自动生产线和其他生产机械的限位及程序控制。

2. 行程开关的结构

行程开关从结构上可分为操作机构、触头系统和外壳三部分，按其结构又分为直动式行程开关、滚轮旋转式行程开关、微动式行程开关和组合式行程开关。

(1)直动式行程开关

直动式行程开关结构示意图、图形与文字符号如图 3-1-5 所示。

直动式行程开关的动作原理与按钮开关类似，它是通过运动部件上的撞块来操作行程开关的推杆，当移动物体碰撞推杆时，通过内部传动机构使开关触点动作，即常开、常闭触点状态发生改变，从而实现对电路的控制作用。

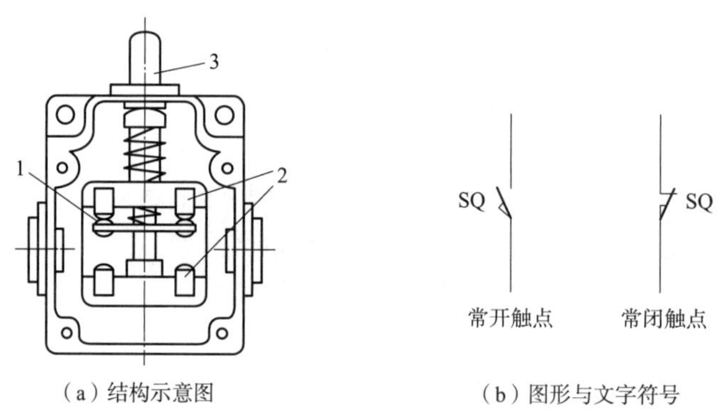

(a)结构示意图　　(b)图形与文字符号

图 3-1-5　直动式行程开关结构示意图、图形与文字符号

1—动触头;2—静触头;3—推杆

(2)滚轮旋转式行程开关

滚轮旋转式行程开关如图 3-1-6 所示，当滚轮 1 受到向左的外力作用时，转臂 2 向左下方转动，推杆 4 向右转动，并压缩右边弹簧 8，同时下面的小滚轮 5 也很快沿着擒纵件 6 向右转动，小滚轮滚动又压缩弹簧 7，当小滚轮 5 走过擒纵件 6 的中点时，盘形弹簧 3 和弹簧 7 使擒纵件 6 迅速转动，因而使动触头迅速地与右边的静触头分开，并与左边的静触头闭合。这样就减少了电弧对触头的烧蚀，并保证了动作的可靠性。

滚轮旋转式行程开关适用于低速运动的机械，复位方式有自动复位和非自动复位两种。

(3)微动式行程开关

微动式行程开关是行程非常小的瞬时动作开关，具有弯片状弹簧的瞬动机构，如图 3-1-7 所示。

当推杆被压下时，弹簧片发生变形，储存能量并产生位移，当达到预定的临界点时，弹簧片连同动触头产生瞬时跳跃，从而导致电路的接通、分断或转换。同样，减小操作力时，弹簧片释放能量并产生反向位移，当达到另一临界点时，弹簧片向相反的方向跳跃。由于采用瞬动机构，开关触头的换接速度与推杆压下速度无关，这样不仅可以减轻电弧对触头的烧蚀，而且也能提高触头动作的准确性。

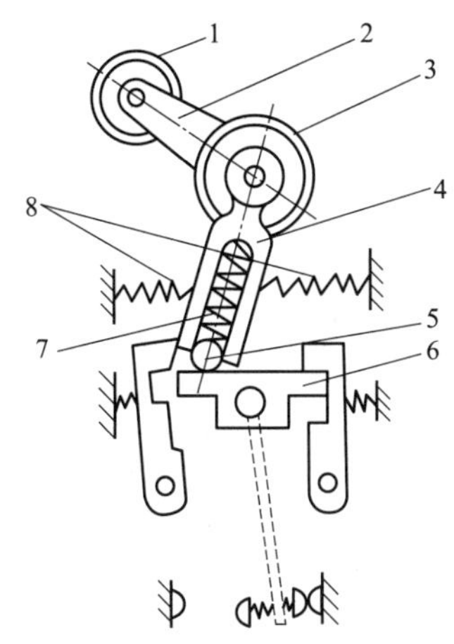

图 3-1-6 滚轮旋转式行程开关

1—滚轮；2—转臂；3—盘形弹簧；4—推杆；
5—小滚轮；6—擒纵件；7、8—弹簧

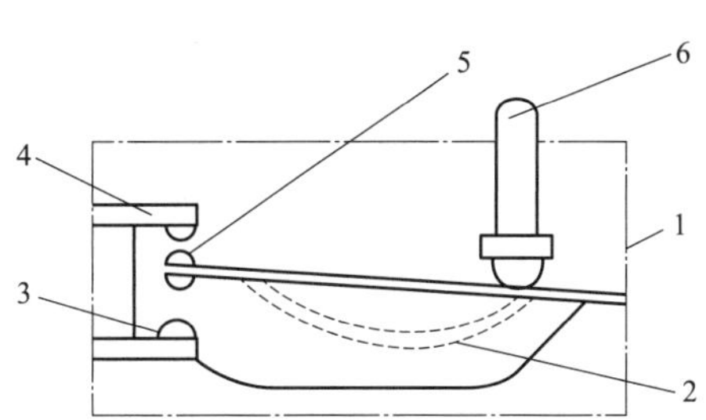

图 3-1-7 微动式行程开关结构示意图

1—壳体；2—弓簧片；3—动合静触头；
4—动断静触头；5—动触头；6—推杆

【小贴士】

微动式行程开关具有操作力小和操作行程短的特点，用于机械、纺织、轻工、电子仪器等各种机械设备和家用电器中作限位保护和联锁等。

3. 行程开关的型号

LX 系列行程开关型号含义如图 3-1-8(a)所示，微动式行程开关型号含义如图 3-1-8(b)所示。

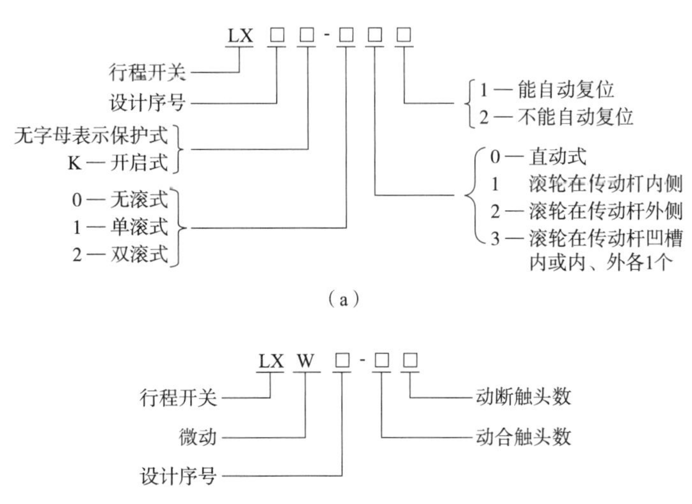

图 3-1-8 行程开关型号含义

4. 行程开关的参数

目前生产的有 LX19、LX22、LX32、LX33 等系列行程开关,引进的有 3SE3 系列行程开关。行程开关的主要技术参数有额定电压、额定电流、触头换接时间、动作力、动作行程或角度、触头数量、结构型式等。LX19 系列行程开关主要技术数据见表 3-1-2。

表 3-1-2　LX19 系列行程开关主要技术数据

型号	触头数量		额定电压/V		额定电流/A	触头换接时间/s	动作力/N	动作行程/mm或角度	结构型式
	动合	动断	交流	直流					
LX19X	1	1	380	220	5	0.04	<10	2~3.5	微动式,开启式
LX19-001	1	1	380	220	5		<10	2~4	直动式无滚轮,自动复位
LX19-101	1	1	380	220	5		<10	2~4	直动式有滚轮,自动复位
LX19-111	1	1	380	220	5		<10	≤30°	单轮转动式,滚轮在传动杆内侧,自动复位
LX19-121	1	1	380	220	5		<10	≤30°	单轮转动式,滚轮在传动杆外侧,自动复位
LX19-131	1	1	380	220	5		<10	≤30°	单轮转动式,滚轮在传动杆凹槽,自动复位
LX19-212	1	1	380	220	5		<10	≤60°	双轮转动式,滚轮在传动杆内侧,非自动复位
LX19-222	1	1	380	220	5		<10	≤60°	双轮转动式,滚轮在传动杆外侧,非自动复位
LX19-232	1	1	380	220	5		<10	≤60°	双轮转动式,滚轮在传动杆内、外侧各装 1 个,非自动复位

四、组合开关

1. 组合开关的结构

组合开关又称转换开关,一般在交流 50 Hz、380 V 及以下或直流 220 V 及以下的电气电路中,用于手动不频繁地将一组电路连接到另一组电路。如接通电源和负载、测量三相电压、改变负载的连接方式等,控制电机的起动与停止、正反转、变速及换向等。

组合开关由若干分别装在数层绝缘件内的双断点桥式动触片、静触头(它与盒外的接线相连)组成。动触片装在附加有手柄的绝缘转轴上,转轴随手柄而旋转,同时由于在开关轴上还装有弹簧储能机构,因此动触片能随转轴转动并使其与静触头快速闭合或分断。所以组合开关实际上是一个多触点、多位置式、可以控制多个回路的主令电器。HZ10-10/3 型组合开关结构示意图如图 3-1-9 所示。

组合开关的特点如下:

①结构紧凑,体积小,因此安装面积也小。

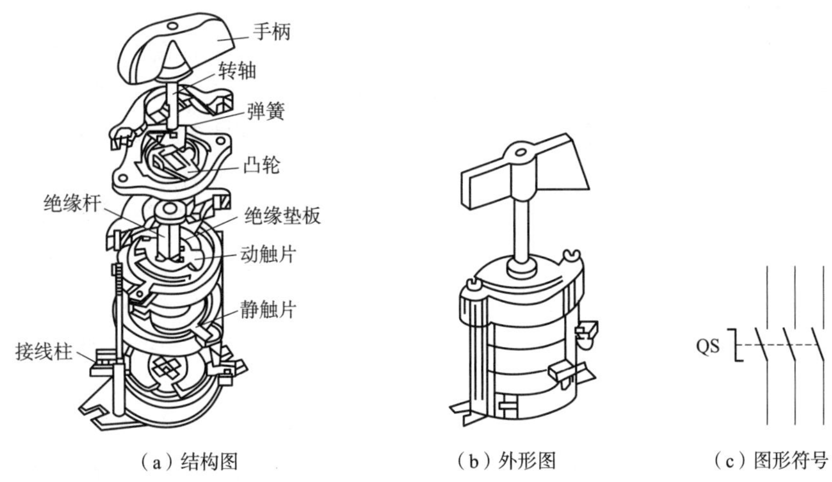

（a）结构图 （b）外形图 （c）图形符号

图 3-1-9 HZ10-10/3 型组合开关结构示意图

②多位置、多触点，能控制多个回路。

③有弹簧储能机构，触点运作速度与手柄操作速度无关。

④灭弧性能较好（在封闭的触点盒内灭弧），通断能力和电寿命均较高。

⑤使用安全、方便。

2. 组合开关的型号

组合开关的型号如图 3-1-10 所示。

3. 组合开关的类型

组合开关一般用于电气设备中，作为非频繁地接通和分断电路、换接电源和负载、测量三相电压、控制小容量异步电动机的正反转和星-三角起动等使用。

组合开关有许多系列，如 HZ1、HZ2、HZ3、HZ4、HZ5、HZ10 和 HZ15 等系列。

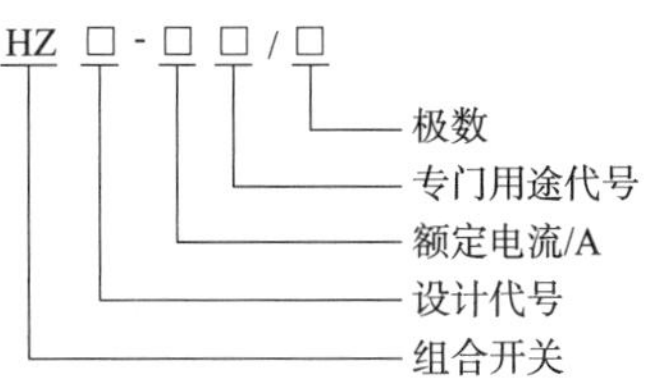

图 3-1-10 组合开关的型号

4. 组合开关的参数

HZ15 系列组合开关技术参数见表 3-1-3。

表 3-1-3 HZ15 系列组合开关技术参数

型号	HZ15-10	HZ15-25	HZ15-63
额定绝缘电压/V	380		
额定工作电压	交流 380 V，直流 220 V		
约定发热电流/A	10	25	63
额定短路接通能力/A	340	850	2 150
与 RL6-25、63 配合使用时额定熔断短路电流/A	1 000	1 000	3 000
机械寿命/次	30 000		
电寿命	交流：配电用 10 000 次，控制电机用 5 000 次；直流：10 000 次		

5. 组合开关的选用

①一般选择额定电流不小于所分断电路中各个负载的额定电流总和的组合开关。对于电动机负载,考虑其起动电流,选择额定电流为电动机额定电流的1.5~2.5倍。

②组合开关的寿命长于普通刀开关,但操作频率每小时超过300次或功率因数低于规定值时,就应降低容量使用。

③组合开关有一定的通断能力,但不能用来分断故障电流。此外,选用时还应考虑用于控制电动机可逆运动的组合开关,应在电动机完全停止转动以后,才可反方向接通。

④应清楚了解产品全部型号中的类型代号和接线图,根据需要选定相应规格的产品。

⑤组合开关本身没有过载、短路、欠电压等保护功能,如果需要这些保护,应另外装设相应的保护电器。

6. 组合开关的安装

①应安装在控制箱内,手柄伸出在控制箱的前面或侧面。组合开关为断开状态时,手柄在水平位置。

②若在箱内操作,组合开关应装在箱内右上方。

③组合开关分断能力较低,不能用来分断故障电流。

任务分组

小组信息表见表3-1-4。

表3-1-4 小组信息表

<table>
<tr><td rowspan="4">小组信息</td><td>班级</td><td colspan="2"></td><td>日期</td><td colspan="2"></td></tr>
<tr><td>小组名称</td><td colspan="2"></td><td>组长</td><td colspan="2"></td></tr>
<tr><td>分工</td><td></td><td></td><td></td><td></td><td></td></tr>
<tr><td>成员</td><td></td><td></td><td></td><td></td><td></td></tr>
</table>

任务准备

小组成员沟通讨论工作计划,依照任务导入,查找资料,分工协作,准备完成任务。根据任务要求,领取本任务需要用到的电气设备及相关材料、仪表。

任务实施

一、引导问题

(1)家庭常用开关有________________________________。

(2)按钮主要用在________________________________。

(3)行程开关主要用在________________________________。

(4)组合开关主要用在________________________________。

二、技能训练

(1)利用所学不带熔断器开关的知识,在框线内绘制任务发布的电流,完成单控、双控线路的接线图。

单控线路	双控线路

(2)电路设计完毕后,请在图 3-1-11 中选择合适的开关作为教室照明电路的控制开关。

(a)行程开关

(b)组合开关

(c)开关面板

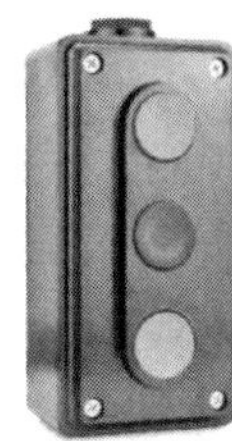

(d)按钮开关

图 3-1-11 各种控制开关

你选择的开关图号为(　　　),请简述你选择此开关的原因:______________________。

请查阅资料,了解图 3-1-11 中所列的各种开关,并填写表 3-1-5。

表 3-1-5 常见开关及其特点

序号	图号	中文名称	工作原理	图形符号
1				
2				
3				
4				

(3)在进行实际的接线前,首先应检测开关的好坏,请使用万用表检查开关状态,并填写表 3-1-6。

表 3-1-6 开关状态检验

序号	名称	型号	外观	导通情况
1				
2				
3				
4				

(4)按照接线图完成接线。

任务评价

小组成员各自完成自我评价，组长完成小组评价，教师完成教师评价，见表 3-1-7。整理实训设备和仪表，做好 5S 管理工作。

表 3-1-7　任务评价表

序号	评价内容	自我评价	小组评价	教师评价	分值分配
1	是否遵守安全操作规范				10
2	态度是否端正，工作是否认真				10
3	知识链接内容是否完全掌握				10
4	是否完成任务导入				10
5	查找资料是否完备				5
6	是否完成任务				25
7	能否与他人团结协作				10
8	能否积极回答问题				10
9	是否做好 5S 管理工作				10
10	合计				100
11	加分 + 增值评价				
12	总分				

评分说明：

(1)总分 = 自我评价 ×20% + 小组评价 ×20% + 教师评价 ×60% + 加分。

(2)加分项为奖励在完成任务中正能量突出的同学，如帮助同学、劳动积极等，由教师酌情给分，分值范围在 1 ~ 10 分之间。增值评价是与前一次任务完成情况比较，由组长和教师共同完成，也可由学生自己提出，分值范围在 1 ~ 5 分之间。

课后拓展

忆峥嵘岁月、承电气精神——秦世荣

第一条电气化铁路宝成线、第一台电力机车、第一套电气化铁路多微机远动系统……电气人在每一个风雨兼程的日子里，用坚定的理想信念投身强国伟业。为传承电气精神，丰富文化电气的内涵，引领学习科学家精神，我们一起来了解秦世荣教授。

秦世荣教授于 1934 年 8 月出生。他一生致力于电工测量领域，从事电工测量方向的教育教学与科学研究工作，秦教授培养了一大批电气专业的优秀学子，为祖国的人才基础化建设做出了不可磨灭的贡献。

巩固练习

一、填空题

(1)家庭用开关可分为(　　　)和(　　　)。在电路中，开关 L 端接(　　　)线，N 端接(　　　)线。

(2)如果需要在不同的场所对电动机进行控制,可在控制电路中连接(　　)个起动按钮、(　　)个停止按钮。

二、判断题

(1)行程开关既可以用来控制工作台的长度,又可以作为工作台的位置保护。(　　)

(2)组合开关多用于机床电气控制系统中作开关用,通常是不带负载操作的,但也能用于小电流电路。(　　)

三、选择题

(1)一般电器所标或仪表所指示的交流电压、电流的数值是(　　)。

A. 最大值　　B. 有效值　　C. 平均值

(2)一般使用的照明电压为 220 V,这个值是交流电的(　　)。

A. 有效值　　B. 最大值　　C. 恒定值

(3)一般电器所标或仪表所指示的交流电压、电流的数值是(　　)。

A. 最大值　　B. 有效值　　C. 平均值

(4)下列现象中,可判定是接触不良的是(　　)。

A. 荧光灯起动困难　　B. 灯泡忽明忽暗　　C. 灯泡不亮

(5)一般照明场所的线路允许电压损失为额定电压的(　　)。

A. ±5%　　B. ±10%　　C. ±15%

(6)在电路中,开关应控制(　　)。

A. 中性线　　B. 相线　　C. 地线

任务二　熔断器的运用

学习目标

知识目标	技能目标	素质目标
(1)掌握低压熔断器的结构及工作原理; (2)掌握低压熔断器的型号及技术参数; (3)掌握低压熔断器的作用、分类及典型产品	(1)能正确画出各种低压熔断器的图形符号; (2)能正确选择和使用低压熔断器; (3)能对低压熔断器进行维护、检修和故障处理	(1)具备对专业知识的认知和兴趣; (2)具备对专业知识求真务实、严谨细致的学习态度; (3)具备良好的实践操作能力

任务导入

电机短路可能会导致周围电路的相线和中性线发生反转,进而引发电气火灾或导致电路过载。请查阅资料,了解图 3-2-1 所列的各种熔断器,其中最适合作为电机短路保护的熔断器是________________________________。

(a)螺旋式熔断器

(b)半导体保护用熔断器

(c)有填料封闭管式熔断器

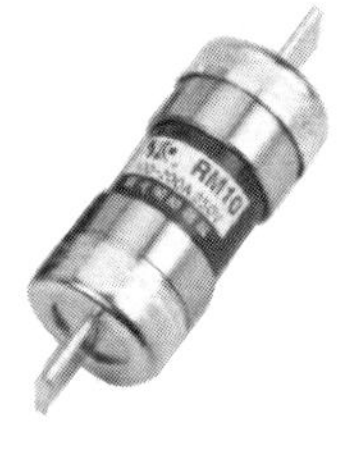

(d)无填料封闭管式熔断器

(e)自复式熔断器

(f)瓷插式熔断器

图 3-2-1　各种类型的熔断器

知识链接

一、熔断器基本认知

1. 熔断器的结构

熔断器俗称保险,是一种最简单的保护电器,具有强大的限流特性和开断灭弧能力,令各种电器开关望尘莫及。无论多大的故障电流,只要达到熔点即刻熔断。

熔断器利用金属导体作为熔体串联在电路中,当电网或电路中的用电设备发生过载或短路时,它能因其自身发热而熔断从而分断电路,避免由于过电流的热效应及电动力引起电网和用电设备的损坏，并阻止事故的蔓延。

熔断器一般由熔断体和底座等组成(螺旋连接式则无底座)。熔断体主要包括熔体、填料(有的无填料)、熔管、触刀、盖板、熔断指示器等部件。图 3-2-2 所示为有填料封闭管式熔断器的结构。

2. 熔断器的材料

(1)熔体的材料

熔体是熔断器的核心部分，熔体的材料直接影响到熔断器的性能；熔体的材料有低熔点和高熔点金属两类。低熔点材料有锡、锌、铅及其合金。高熔点材料有铜、银，近年来也采用铝来代替银。低熔点材料因熔点低，最小熔化电流及熔化系数小，有利于过载保护，比较容易解决在小倍数过载工作下，导电触刀温度过高的问题。但低熔点材料亦有不足之处，即分断能力较小。因为在长度和电阻相同的条件下，低熔点材料电阻率较大，熔体的截面积势必较大，熔断时产生的金属蒸气较多，对熄灭电弧不利，以致分断能力下降。反之，高熔点材料电阻率小，熔体截面积较小，熔断后金属蒸气少，易于熄灭电弧，因而具有高分断的能力。但高熔点材料熔点高，小倍数过载时，熔断器的导电零件温度过高，熔化系数较大。

(2)冶金效应

由于低熔点材料和高熔点材料各具有优缺点，因而可利用它们各自的优点克服其缺点，从而同时满足两种不同的要求。为达到这个目的，通常采用“冶金效应”，即在高熔点的金属熔体上焊纯锡(或锡镉合金)，如图 3-2-3 所示。当熔体通过过载电流时，锡溶剂首先熔化，然后高熔点的金属原子溶解于锡溶剂中，而成为合金，其熔点比高熔点金属低，同时它的电阻率也增大，致使局部发热剧增而首先熔断，缩短了熔化时间。这样，熔化系数就大为减小，过载保护性能大为改善。另一方面，由于熔体本身仍为高熔点材料，锡桥或锡珠体积又很小(一般情况下，锡溶剂的体积不应超过焊接处高熔点金属熔体体积的 5 倍)，因而固有的高分断能力依然得以保持。应该指出，当通过短路电流时，由于熔体熔化时间极短，“冶金效应”不起作用。

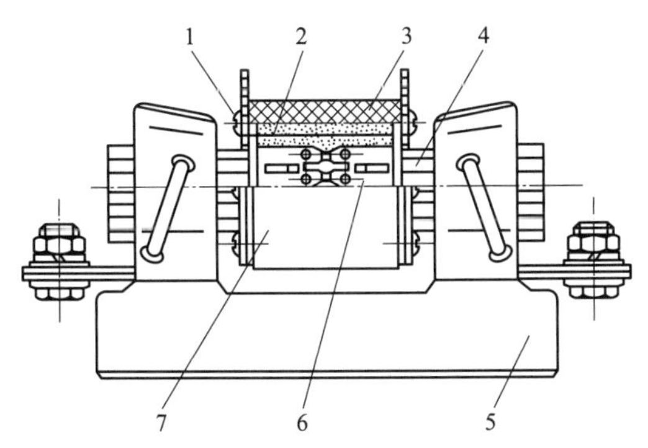

图 3-2-2　有填料封闭管式熔断器的结构

1—熔断指示器；2—石英砂填料；3—熔管；4—触刀；5—底座；6—熔体；7—熔断体

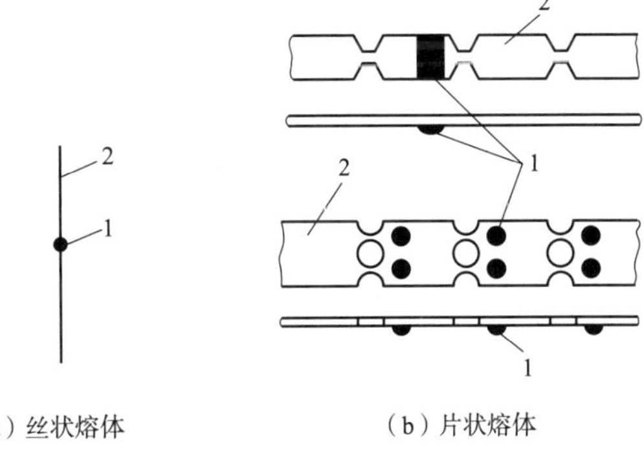

图 3-2-3　具有冶金效应的熔体

1—低熔点金属球或块；2—高熔点熔体

(3)熔体形状

熔体的形状大体有两种:丝状和片状。丝状熔体多用于小电流场合。片状的熔体是用薄金属片冲成,有宽窄不等的变截面,也有在带形薄片上冲出一些孔,如图3-2-4所示,不同的熔体形状可以改变熔断器的时间-电流特性。对变截面熔体而言,其狭窄部分的段数取决于额定电流和电压,熔断器额定电压高时,要求狭窄部分的段数就多,用石英砂作填料的变截面熔体,每个断口仍可承受电压200~250 V。带的厚度通常在0.05~0.5 mm范围内,宽度一般不超过10 mm。单片熔体的熔断器额定电流为10~63 A,熔断器的额定电流大于上述值时,用两个或几个熔体并联。

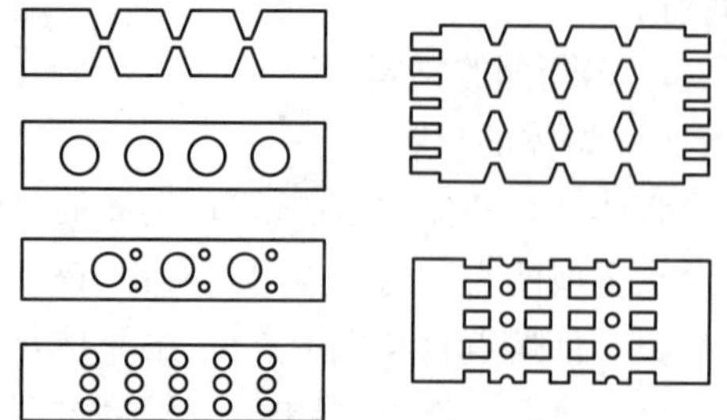

图3-2-4　各种不同形状的熔体

(4)填充材料

在绝缘管中装入填充材料(简称“填料”)是加速灭弧,提高熔断器分断能力的有效措施。常用的填料有石英(SiO_2)砂和三氧化二铝(Al_2O_3)砂。三氧化二铝砂的性能优于石英砂,但由于石英砂的价格较为便宜,目前多采用石英砂。要求填料的热容量大,在高温作用下,不会产生气体,热导率高,其形状最好是卵圆形,颗粒大小要适当。填料必须清洁,不能含有铁等金属或有机物质,填装前必须去铁、清洗和干燥处理。

(5)熔管材料

熔管是熔断体主要零件之一,起包容熔体和填料并起散热和隔弧的作用,因而要求熔管机械强度高,耐热性及耐弧性好。有填料熔断器的熔管一般采用低压电瓷、氧化铝电瓷和高频电瓷材料。无填料熔断器的熔管材料为钢纸管、三聚氰胺玻璃布管或硅有机玻璃布管。

熔管的形状以方管形和圆管形为主,但熔管的内腔均为圆形或近似圆形,以能在相同的几何尺寸下,有最大的容积,同时圆形的内腔能均匀承受电弧能量造成的压力,有利于提高熔断器的分断能力。

3. 熔断器工作的物理过程

熔断器工作的物理过程是指熔断器分断过载或短路电流时的物理过程,如图3-2-5所示。这个过程可分为四个阶段:

(1)熔体升温阶段

熔体的温度因通过过载或短路电流而由正常工作时的温度 θ_0 升到其熔化温度 θ_r(即熔点),但熔体仍为固态,经过的时间为 t_1。

(2)熔体熔化阶段

熔体中的部分金属开始由固态转化为液态。由于熔体熔化需吸收热量,故在 t_2 时间内,其温度始终保持为 θ_r。

(3)熔体金属汽化阶段

已熔化的熔体金属被继续加热,直至达到汽化温度 θ_q 为止,所经过的时间为 t_3。

(4)燃弧阶段

熔体断裂出现间隙,产生电弧直到电路开断为止,所经过的时间为 t_4。

上述四个阶段中,从电流超过临界值的瞬时起到熔体发生熔化和蒸发为止的这段时间称作弧前时间，即图 3-2-5 中 t_1、t_2、t_3 之和。此后，从产生电弧直到电弧完全熄灭的这段时间 t_4 称为燃弧时间。弧前时间与燃弧时间之和称为熔断时间。

4. 熔断器的特性

(1)额定电压

额定电压指熔断器长期工作时和熔断后所能承受的电压。应该注意，熔断器的额定电压是它的各个部件(熔断器支持件、熔断体)的额定电压的最低值。熔断器的交流额定电压(单位为 V)有：220、380、415、500、600、1 140；直流额定电压(单位为 V)有：110、220、440、800、1 000、1 500。

(2)额定电流

熔断器在长期工作制下，各部件温升不超过极限允许温升所能承载的电流值。按照有关标准，熔断器额定电流包括熔断体的额定电流和熔断体支持件的额定电流。习惯上，把熔断体支持件的额定电流简称熔断器额定电流。

熔断体额定电流规定(单位为 A)有：2、4、6、8、10、12、16、20、25、32、35，40、50、63、80、100、125、160、200、250、315、400、500、630、800、1 000、1 250。

(3)额定分断能力

额定分断能力指熔断器在规定的使用条件下，能可靠分断的预期电流值。预期电流是指，当电器由一个阻抗可以忽略不计的导体代替时，电路内可能流过的电流。

(4)截断电流特性

截断电流特性指在规定的条件下，截断电流与预期电流的关系特性。截断电流是指熔断体分断期间电流到达的最大瞬时值。

(5)熔断器的温度效应

最高温度集中在熔片中部，低温带延伸到两端头。

(6)熔断器的保护特性

熔断器的熔断时间-电流特性又称保护特性，它是熔断器的基本特性，表示熔断器的弧前(或熔断)时间与流过熔体电流的关系，如图 3-2-6 所示。

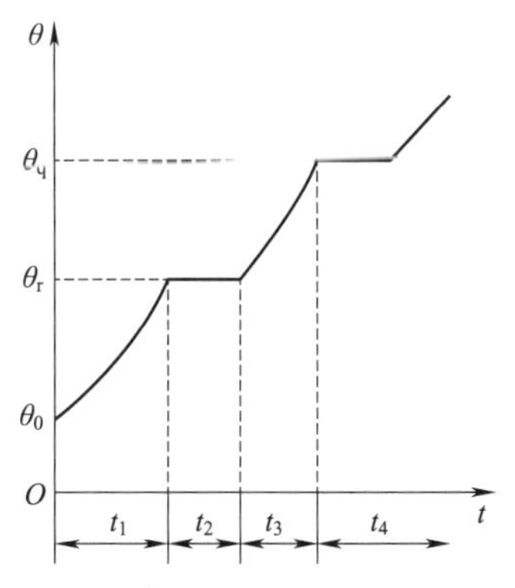

图 3-2-5　熔体熔断过程

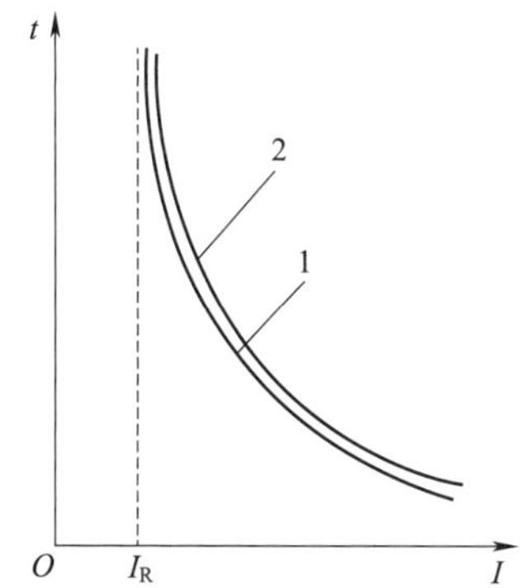

图 3-2-6　熔断器的保护特性曲线

1—熔化时间-电流特性；2—熔断时间-电流特性

【小贴士】

熔断器的熔断时间-电流特性是反时限特性，流过熔体的电流越大，熔化（或熔断）时间越短。因为熔体在熔化和汽化过程中，所需热量是一定的。在一定的过载电流范围内，当电流恢复正常时，熔断器不会熔断，可继续使用。

由图 3-2-6 可知，当流过熔体的电流值为 I_R 时，熔化时间为无穷大，此电流称为最小熔化电流或临界电流，即当通过熔体的电流等于它时，熔体能够达到其稳定温升并熔断；如果通过熔体的电流小于此值，熔体就不可能熔断。最小熔化电流 I_R 与熔体的额定电流 I_N 之比为熔化系数 K_R，它是表征熔断器保护小倍数过载时的灵敏度的指标。一般低压熔断器的 K_R 值在 1.2～1.5 之间。

（7）I^2t 特性

当分断电流很大时，以弧前时间-电流特性表征熔断器的性能已不够了，因为此时燃弧时间在整个熔断时间内并不能忽略。通常，当熔断器弧前时间小于 0.1 s 时，熔断器的保护特性用 I^2t 特性表示，I^2t 特性在产品标准中有规定。

二、典型熔断器的认知

1. 半封闭插入式熔断器

半封闭插入式熔断器有 RC 系列，该系列熔断器将熔丝用螺钉固定在瓷盖上，然后插入底座上，其结构如图 3-2-7 所示。

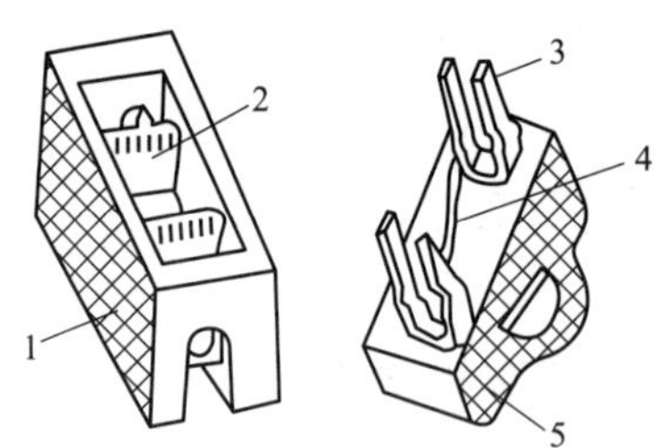

图 3-2-7　半封闭插入式熔断器

1—瓷底座；2—石棉垫；3—触刀；4—熔丝；5—瓷盖

RC1A 系列插入式熔断器技术数据见表 3-2-1。

表 3-2-1　RC1A 系列插入式熔断器技术数据

型号	熔断器额定电流/A	熔体额定电流/A	熔体材料	熔体直径或厚度/mm	极限分断能力/A	交流电路功率因数
RC1A-5	5	1、2	软铅丝	>0.52	250	0.8
		3、5		>0.71		
RC1A-10	10	2		>0.52	500	
		4		>0.82		
		6		>1.08		
		10		>1.25		
RC1A-15	15	12、15		>1.98		

续表

型号	熔断器额定电流/A	熔体额定电流/A	熔体材料	熔体直径或厚度/mm	极限分断能力/A	交流电路功率因数
RC1A-30	30	20	铜丝	>0. 61	1 500	0. 7
		25		>0. 71		
		30		>0. 80		
RC1A-60	60	40		>0. 92	3 000	0. 6
		50		>1. 07		
		60		>1. 20		
RC1A-100	100	80		>1. 55		
		100		>1. 80		
RC1A-200	200	120	变截面冲制铜片	>0. 2		
		150		>0. 4		
		200		>0. 6		

2. 无填料封闭管式熔断器

无填料封闭管式熔断器有 RM 系列,该系列熔断器用锌片作熔体的材料,熔体可更换,其结构如图 3-2-8 所示。

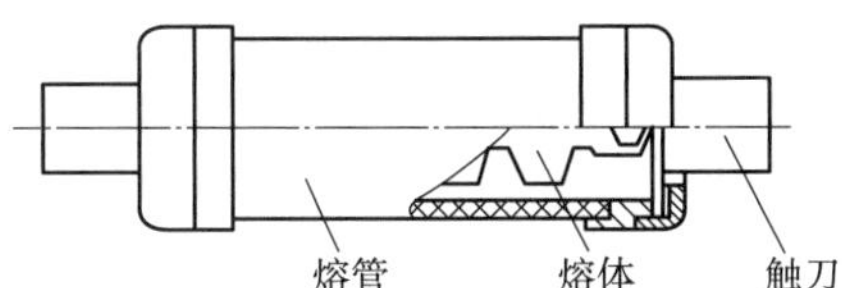

图 3-2-8　无填料封闭管式熔断器结构

RM10 系列无填料封闭管式熔断器技术数据见表 3-2-2。

表 3-2-2　RM10 系列无填料封闭管式熔断器技术数据

产品型号	额定电压/V	额定电流/A		额定分断能力/kA
		熔体支持件	熔体	
RM10-15	交流 500、380、220;直流 440、220	15	6、10、15	1. 2
RM10-60		60	15、20、25、30、40、50、60	3. 5
RM10-100		100	60、80、100	10
RM10-200		200	100、125、160、200	10
RM10-350		350	200、240、260、300、350	10
RM10-600		600	350、430、500、600	10
RM10-1000		1000	600、700、850、1 000	12

3. 有填料封闭管式熔断器

有填料封闭管式熔断器有 RT12、RT14 和 RT15 系列,是国内统一设计产品,其外形如图 3-2-9 所示,主要作为线路的过负载及系统的短路保护用。

RT12、RT15 系列熔断器的结构为螺栓连接式。熔断器两端的触刀在使用中必须用螺栓与外部连接。熔断器带有熔断指示器，并有正面、侧面、背面三种位置可供选择。

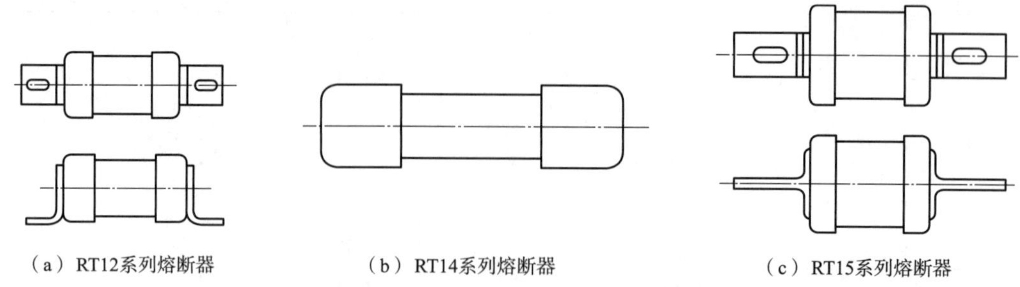

（a）RT12系列熔断器　（b）RT14系列熔断器　（c）RT15系列熔断器

图 3-2-9　RT12、RT14、RT15 系列熔断器

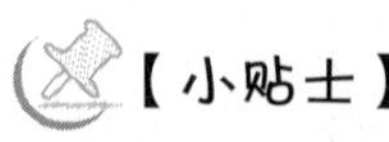

【小贴士】

熔断指示器是用来反映熔断器熔断与否，主要由高电阻材料制成的金属丝、弹簧、指示件和弹簧座组成，与熔断器处于并联状态。当熔断器熔体熔断，同时金属丝也熔断，弹簧释放，把指示件顶出，以显示熔断器已动作。有时还利用指示件给熔断器的辅助触点或微动开关以作用力，将有关信号传递到相应的控制机构，并发出声、光等警报显示信号。

RT14 系列熔断器由熔断体和熔断体支持件（底座）组成。支持件有螺钉安装和安装轨安装两种结构。该系列熔断器分为带撞击器和不带撞击器两类。撞击器是熔断器的机械部件，它在主熔断器动作后释放能量，撞击器弹出，既可作熔断信号指示，又可触动微动开关以控制接触器等控制电器的线圈回路，从而作三相电动机的断相保护。

RT12、RT14 和 RT15 系列熔断器主要技术数据见表 3-2-3、表 3-2-4、表 3-2-5。

表 3-2-3　RT12 系列熔断器主要技术数据

额定电压/V		415			
熔断器代号		A1	A2	A3	A4
额定电流/A	熔断器	20	32	63	100
	熔体	4、6、10、16、20	20、25、32	32、40、50、63	63、80、100
额定分断能力/kA		80（功率因数 $\cos\varphi=0.1\sim0.2$）			

表 3-2-4　RT14 系列熔断器主要技术数据

额定电压/V		380		
额定电流/A	熔断器	20	32	63
	熔体	2、4、6、10、16、20	2、4、6、10、16、20、25、32	10、16、20、25、32、40、50、63
额定分断能力/kA		100（功率因数 $\cos\varphi=0.1\sim0.2$）		

表 3-2-5 RT15 系列熔断器主要技术数据

额定电压/V		415			
熔断器代号		B1	B2	B3	B4
额定电流/A	熔断器	100	200	315	400
	熔体	40、50、63、80、100	125、160、200	250、315	350、400
额定分断能力/kA		80(功率因数 $\cos\varphi=0.1\sim0.2$)			

4. 有填料封闭式刀形触头熔断器

有填料封闭式刀形触头熔断器有 NT、RT16、RT17 系列,该系列熔断器由熔断体和熔断体底座组成,外形与图 3-2-2 所示的熔断器相类似。

NT、RT16、RT17 系列熔断器技术数据见表 3-2-6。

表 3-2-6 NT、RT16、RT17 系列熔断器技术数据

型号	熔断体额定电流/A	额定电压/V	底座型号、额定电流/A
NT00C RT16-000	4、6、10、16、20、25、32、36、40、50、63、80、100	500	Sist101 160
NT00 RT16-00	4、6、10、16、20、25、32、36、40、50、63、80、100	500 660	
	125、60	500	
NT0 RT16-0	6、10、16、20、25、32、36、40、50、63、80、100	500 660	Sist160 160
	125、60	500	
NT1 RT16-1	80、100、125、160、200	500 660	Sist160 160
	224、150	500	
NT2 RT16-2	125、160、200、224、250、300、315	500 660	Sist201 250
	355、400	500	
NT3 RT16-3	315、355、400、425	500 660	Sist401 400
	500、630	500	
RT17	800、1 000	380	Sist1001 1000

注:Sist 为 NT 系列的底座型号。RT16 的底座以尺码表示规格,如 000、00、1、2、3,在型号中已表示。

有填料封闭式刀形触头熔断器其熔断体的触头为刀形插入式结构,熔体两端焊在刀形触头上,刀形触头与楔形静触头的表面均镀有银层,确保良好的电接触,熔体用高纯度铜带制成,成栅状并在特定部位焊有锡桥。熔管内充满了大小适当、含硅量高并经特殊处理的石英砂作填料。当熔断体内的熔体熔断后,其端盖上的熔断指示器即刻弹出。熔断体为可更换部分,可借助载熔体(俗称手柄)很容易地卸下熔断体和重新装上新的熔断体。

5. 螺旋式熔断器

螺旋式熔断器有 RL6、RL7 系列,属于有填料封闭管式熔断器的一类,可作线路的过负载及系统的短路保护之用。该系列熔断器结构如图 3-2-10 所示,熔断体为一个瓷管,内装石英

砂和熔体，熔体一般为细铜丝，上面焊有锡球，瓷管两端用金属帽封闭，熔体的两端焊在金属帽上。其中一端帽中央有一个熔断指示器，当熔体熔断后，指示器便弹出，透过瓷帽上的玻璃可以看见。熔体与瓷帽用弹性零件连成一体，熔体熔断后，只要旋开瓷帽，取出已熔断的熔体，装上相同规格的熔体，再旋入瓷座内即可正常使用，操作安全方便。

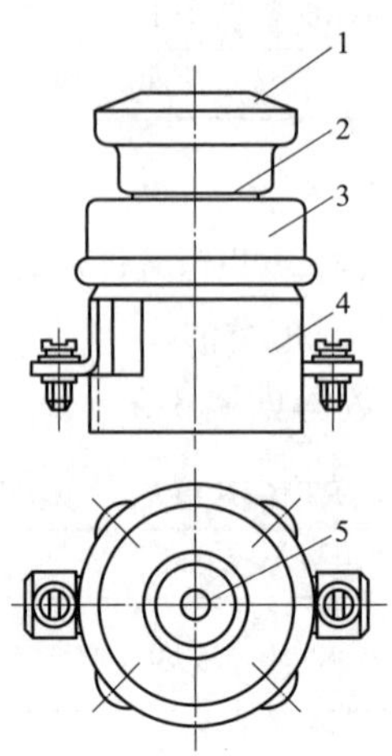

图 3-2-10　螺旋式熔断器

1—瓷帽；2—熔断体；3—瓷套；4—瓷底座；5—熔断指示器

RL6、RL7 系列螺旋式熔断器主要技术数据见表 3-2-7。

表 3-2-7　RL6、RL7 系列螺旋式熔断器主要技术数据

<table>
<tr><th rowspan="2">产品型号</th><th rowspan="2">额定电压/V</th><th colspan="2">额定电流/A</th><th rowspan="2">额定分断能力/kA</th></tr>
<tr><th>熔体支持件</th><th>熔体</th></tr>
<tr><td>RL6-25</td><td rowspan="4">500</td><td>25</td><td>2、4、6、10、16、20、25</td><td rowspan="4">50</td></tr>
<tr><td>RL6-63</td><td>63</td><td>35、50、63</td></tr>
<tr><td>RL6-100</td><td>100</td><td>80、100</td></tr>
<tr><td>RL6-200</td><td>200</td><td>125、160、200</td></tr>
<tr><td>RL7-25</td><td rowspan="3">660</td><td>25</td><td>2、4、6、10、20、25</td><td rowspan="3">25</td></tr>
<tr><td>RL7-63</td><td>63</td><td>35、50、63</td></tr>
<tr><td>RL7-100</td><td>100</td><td>80、100</td></tr>
</table>

6. 半导体器件保护用熔断器

半导体器件保护用熔断器简称快速熔断器，主要用于硅元件变流装置内部的短路保护。由于硅元件过载能力低，故要求熔断器具有快速分断性能。

快速熔断器典型结构如图 3-2-11 所示。熔体一般用银制成。与铜相比，银的熔化系数较低，在高温工作状态下性能较稳定。

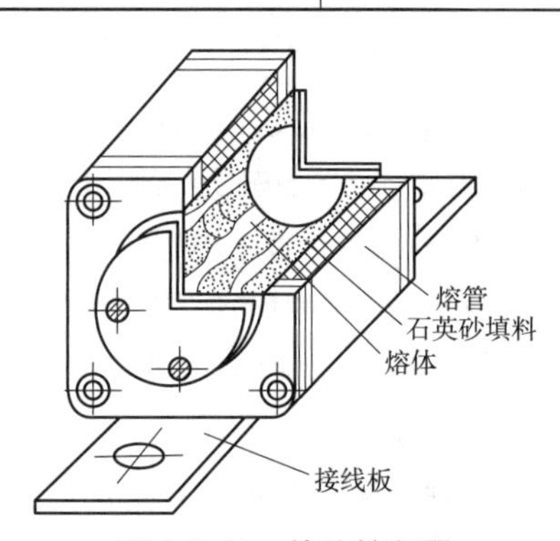

图 3-2-11　快速熔断器

系列产品有 NGT、RS，NGT 系列熔断器为封闭管式，高强度瓷管内装有纯银带状熔体，并填充石英砂。在熔体的长度方向上冲有许多排小圆孔，形成许多排狭颈，确保可靠的分断能力。瓷管两端用黄铜盖板与石棉衬垫进行密封。熔体点焊在上、下导电板上，导电板上均开有 U 形槽，用户在更换熔断体时，只需把螺钉拧松就可完成。该熔断器不带熔断指示器，需要熔断指示及报警可并联 RX-1000 型熔断信号器。

NGT、RS 系列熔断器的主要技术数据见表 3-2-8。

表 3-2-8　NGT、RS 系列熔断器的主要技术数据

型号	额定电流/A	额定电压/V	额定损耗功率/W	电压降/mV	型号	额定电流/A	额定电压/V	额定损耗功率/W	电压降/mV
NGT00 NGT-000 RS□-00 RS□-000	25 32 40 50 63 80 100 125	380 660	8.6 9.9 11.3 13.2 15.7 18.7 22.6 27.0	344 309 283 264 249 234 226 216	NGT2 NGT-C2 NGT-B2 RS□-2 RS□-C2	220 250 280 315 355 400	380 660 1000	47 53 56 62 67 75	235 212 200 197 189 188
NGT1 NGT-C1 RS□-1 RS□-C1	100 125 160 200 250	380 660 1000	34 36 40 46 55	340 280 258 230 220	NGT3 NGT-C3 NGT-B3 RS□-3 RS□-C3	355 400 450 500 560 630	380 660 1000	65 72 75 83 92 105	180 170 167 166 164 167

7. 自复熔断器

自复熔断器有 RZ 系列产品。它是一种限流电器，本身不具备分断能力，但与断路器串联使用时，可提高断路器的分断能力，且能多次使用。其结构如图 3-2-12 所示。

正常工作情况下，电流从电流端子 1 通过绝缘管 3 细孔中的金属钠到电流端子 4 上，形成电流通路。当故障发生时，因故障电流使钠金属急剧发热而汽化，形成高温高压的等离子高电阻状态，从而极大地限制了故障电流的增加，此时活塞 6 在高压下压缩氩气 5。当故障电流切除时，钠金属温度下降，活塞在压缩氩气的作用下恢复到原来位置，使钠复原，并凝固成固体，电阻也降为原值，供再次使用。如 100 A 的自复熔断器在 100 kA 的故障电流时，限流电流仅为 16 kA。

自复熔断器接线图如图 3-2-13 所示，自复熔断器先并联一只附加电阻，以抑制分断时出现的过电压。正常工作时，自复熔断器呈低阻状态，并联电阻仅流过很小电流。而当线路发生故障时，自复熔断器则呈现高阻态，并联电阻可吸收它所产生的过电压，并维持断路器脱扣器所需要的动作电流，保证断路器可靠分断。因此，断路器分断的电流实际上是自复熔断器的限流电流。

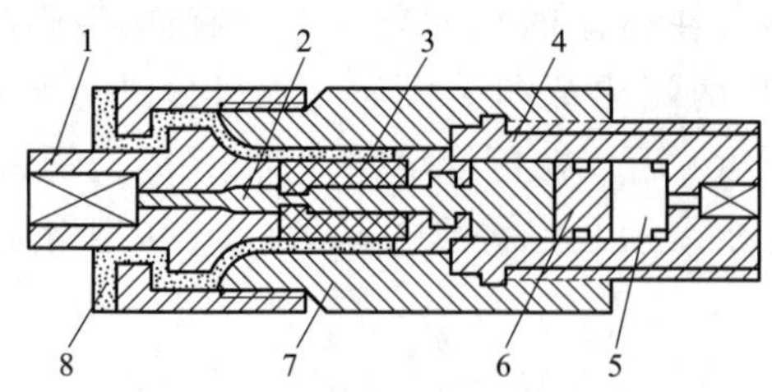

图 3-2-12　自复式熔断器结构

1、4—电流端子；2—熔体；3—绝缘管；
5—氩气；6—活塞；7—不锈钢套；8—填充剂

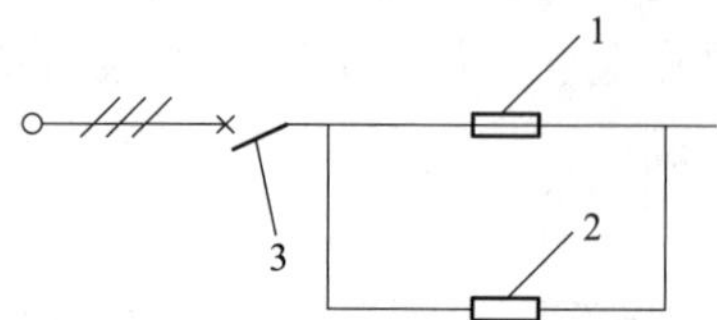

图 3-2-13　自复熔断器接线图

1—自复熔断器；2—并联电阻；3—断路器

三、熔断器的选用

熔断器是一种结构简单、使用方便、价格低廉的保护电器，广泛应用于低压配电系统和控制电路中，主要作为短路保护元件，也常作为单台电气设备的过载保护元件。

1. 熔断器选用的一般原则

①根据使用条件确定熔断器的类型。

②选择熔断器的规格时，应先选定熔体的规格，然后根据熔体去选择熔断器的规格。

③熔断器的保护特性应与被保护对象的过载特性有良好的配合。

④在配电系统中，各级熔断器应相互匹配，一般上一级熔体的额定电流要比下一级熔体的额定电流大 2 ~3 倍。

⑤对于保护电动机的熔断器，应注意电动机起动电流的影响。熔断器一般只作为电动机的短路保护，过载保护应采用热继电器。

⑥熔断器的额定电流应不小于熔体的额定电流；额定分断能力应大于电路中可能出现的最大短路电流。

2. 一般用途熔断器的选用方法

(1)熔断器主要根据负载的情况和电路短路电流的大小来选择类型

例如，对于容量较小的照明线路或电动机的保护，宜采用 RC 插入式系列熔断器或 RM 系列无填料封闭管式熔断器；对于短路电流较大的电路或有易燃气体的场合，宜采用具有高分断能力的 RL 系列螺旋式熔断器或 RT(包括 NT)系列有填料封闭管式熔断器；对于保护硅整流器件及晶闸管的场合，应采用快速熔断器。

熔断器的形式也要考虑使用环境。例如，管式熔断器常用在容量较大的变电场合；插入式熔断器常用在无振动场合；螺旋式熔断器多用于机床配电；电子设备一般采用熔丝座。

(2)熔体额定电流的选择

①对于照明电路和电热设备等电阻负载的额定电流，因为其负载电流比较稳定，可用作过载保护和短路保护，所以熔体的额定电流 I_N 应等于或稍大于 I_{fN}，即

$$I_N = 1.1I_{fN}$$

②电动机的起动电流很大，因此对电动机只宜作短路保护，对于保护长期工作的单台电动机，考虑到电动机起动时熔体不能熔断，即

$$I_N \geqslant (1.5 \sim 2.5) I_{fN}$$

式中，轻载起动或起动时间较短时，系数可取近 1.5；带重载起动、起动时间较长或起动较频繁时，系数可取近 2.5。

③对于保护多台电动机的熔断器，考虑到出现尖峰电流时不熔断熔体，熔体的额定电流应等于或大于最大一台电动机的额定电流的 1.5～2.5 倍，加上同时使用的其余电动机的额定电流之和，即

$$I_N \geqslant (1.5 \sim 2.5) I_{fNmax} + \sum I_{fN}$$

式中 I_{fNmax}——多台电动机中容量最大的一台电动机的额定电流，A；

$\sum I_{fN}$——其余各台电动机额定电流之和，A。

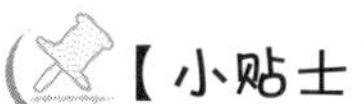【小贴士】

由于电动机负载情况不同，其起动情况也不相同。因此，上述系数只作为确定熔体额定电流时的参考数据，精准数据需在实践中根据使用情况确定。

(3)熔断器额定电压的选择

熔断器的额定电压应等于或大于所在电路的额定电压。

(4)各级熔断器间配合选用

为了防止越级熔断、扩大停电事故范围，各级熔断器间应有良好的协调配合，使下一级熔断器比上一级的先熔断，从而满足选择性保护要求。选择时，上下级熔断器应根据其保护特性曲线上的数据及实际误差来选择。一般新、老产品的选择比为 2∶1，新型熔断器的选择比为 1.6∶1。

例如，下级熔断器额定电流为 100 A，上级熔断器的额定电流最小也要为 160 A，才能达到 1.6∶1 的要求，若选择比大于 1.6∶1，会更可靠地达到选择性保护。

(5)保护半导体器件熔断器的选用

在变流装置中作短路保护时，应考虑到熔断器熔体的额定电流是用有效值表示的，而半导体器件的额定电流是用通态平均电流 $I_{T(AV)}$ 表示的，应将 $I_{T(AV)}$ 乘 1.57 换算成有效值。因此，熔体的额定电流可按下式计算：

$$I_N = 1.57 I_{T(AV)}$$

应该指出，熔断器与半导体器件串联时，应该使前者的 I^2t 值小于后者，以保证短路时，熔断器先熔断。另外，熔断器断开过电压是在熔断器灭弧过程中出现的，它会使半导体器件受到反向电压击穿，从而引起半导体器件的损坏。因此，熔断器的断开过电压，必须等于或小于半导体器件允许承受的反向峰值电压。

四、熔断器的工程运用

1. 熔断器的选用

【例 3-2-1】 一台 Y160M-4 三相异步电动机，额定电压为 380 V，额定功率为 11 kW，额定电流为 23 A，试选择 RC1A 系列熔断器的型号。

解 熔体的额定电流为

$$I_N \geqslant (1.5 \sim 2.5) \times 23\ \text{A} = 34.5 \sim 57.5\ \text{A}$$

查表3-2-1可知,可选用RC1A-60型瓷插式熔断器。

【例3-2-2】 一台Y112M-2三相异步电动机,额定电压为380 V,额定功率为4 kW,额定电流为8.2 A,试选择无填料封闭管式熔断器的型号。

解 熔体的额定电流为

$$I_N \geqslant (1.5 \sim 2.5) \times 8.2\ \text{A} = 12.3 \sim 20.5\ \text{A}$$

查表3-2-2可知,可选用RM10-60/25型无填料封闭管式熔断器。

【例3-2-3】 一台Y132S1-2三相异步电动机,额定电压为380 V,额定功率为5.5 kW,额定电流为11 A,试选择螺旋式熔断器的型号。

解 熔体的额定电流为

$$I_N \geqslant (1.5 \sim 2.5) \times 11\ \text{A} = 16.5 \sim 27.5\ \text{A}$$

查表3-2-7可知,可选用RL6-63/35型螺旋熔断器。

【例3-2-4】 例3-2-1～例3-2-3所述的三台三相异步电动机安装在同一车间,请为该三台电动机选择总熔断器。

解 熔体的额定电流为

$$I_N \geqslant (1.5 \sim 2.5)\ I_{fNmax} + \sum I_{fN} = [(1.5 \sim 2.5) \times 23 + (11 + 8.2)]\text{A} = 53.7 \sim 76.7\ \text{A}$$

查表3-2-2可知,可选用RM10-100型无填料封闭管式熔断器,使用额定电流为60 A或80 A的熔体均可。

2. 熔断器的安装和维护

①安装熔断器除保证足够的电气距离外,还应保证足够的间距,以保证拆卸、更换熔体方便。

②安装前应检查熔断器的型号、额定电压、额定电流、额定分断能力等参数是否符合规定要求。

③安装熔体必须保证接触良好,不能有机械损伤。

④安装引线要有足够的截面积,而且必须拧紧接线螺钉,避免接触不良。

⑤在运行中,应经常注意熔断器的指示器,以便及时发现一相熔体熔断的情况,防止缺相运行。如果检查发现熔体已经腐蚀、损伤或熔断,应更换同一型号、规格的熔断器,不允许用其他型号熔断器代用(除非已通过验证)。

⑥熔断器插入与拔出要用规定的把手,不要直接用手拔熔体(熔断后外壳温度很高,以免烫伤),不可用不合适的工具插入与拔出。更换时,必须在不带电的情况下进行。

⑦使用时,应经常清除熔断器上及导电插座上的灰尘和污垢。

3. 熔断器的巡视检查

①检查熔断器与其他保护设备的配合关系是否正确无误。

②检查熔断器的实际负载大小,看是否与熔体的额定值相匹配。

③检查熔断器外观有无损伤、变形和开裂现象,瓷绝缘有无破损或闪络放电痕迹。

④检查熔断器管接触是否紧密,有无过热现象。

⑤检查熔断器的熔体与触刀、刀座接触是否良好,导电部分有无熔焊、烧损。

⑥检查熔体有无氧化、腐蚀或损伤,必要时应及时更换。

⑦检查熔断器的环境温度是否与被保护设备的环境温度一致,以免相差过大使熔断器发生误动作。

⑧检查熔断器的底座有无松动现象。

⑨应及时清理熔断器上的灰尘和污垢,且应在停电后进行。

⑩对于带有熔断器指示器的熔断器,还应检查指示器是否保持正常工作状态。

任务分组

小组信息表见表3-2-9。

表3-2-9 小组信息表

小组信息	班级			日期		
	小组名称			组长		
	分工					
	成员					

任务准备

小组成员沟通讨论工作计划,依照任务导入,查找资料,分工协作,准备完成任务。根据任务要求,领取本任务需要用到的电气设备及相关材料、仪表。

任务实施

一、引导问题

(1)熔断器的作用是____________________________________。

(2)熔断器的结构包括____________________________________。

(3)熔断器分为____________________________________类型。

二、技能训练

(1)查阅资料。了解图3-2-1中的各种熔断器,并填写表3-2-10。

表3-2-10 熔断器应用场合表

序号	中文名称	应用场合	图形符号

(2)查看铭牌,识读各种熔断器的型号,拆装各种熔断器。了解其结构特点并填写表3-2-11。

表3-2-11 熔断器结构特点表

序号	中文名称及型号	结构特点	绝缘分断能力	熔体电流	熔断器额定电流

(3)识别熔断器好坏并填写表3-2-12。

表3-2-12 熔断器状态检验

序号	名称	型号	外观	导通情况
1				
2				
3				
4				
5				
6				

任务评价

小组成员各自完成自我评价,组长完成小组评价,教师完成教师评价,见表3-2-13。整理实训设备和仪表,做好5S管理工作。

表3-2-13 任务评价表

序号	评价内容	自我评价	小组评价	教师评价	分值分配
1	是否遵守安全操作规范				10
2	态度是否端正,工作是否认真				10
3	知识链接内容是否完全掌握				10
4	是否完成任务导入				10
5	查找资料是否完备				5
6	是否完成任务				25
7	能否与他人团结协作				10
8	能否积极回答问题				10
9	是否做好5S管理工作				10
10	合计				100
11	加分+增值评价				
12	总分				

评分说明：

(1)总分=自我评价×20%+小组评价×20%+教师评价×60%+加分。

(2)加分项为奖励在完成任务中正能量突出的同学，如帮助同学、劳动积极等，由教师酌情给分，分值范围在1~10分之间。增值评价是与前一次任务完成情况比较，由组长和教师共同完成，也可由学生自己提出，分值范围在1~5分之间。

课后拓展

五代火车司机见证铁路发展 中国匠人精神铸就无悔人生

李斌，是石家庄电力机务段保定运用车间的一名普通的火车司机。出生于火车世家的他，将爱好变成了职业，把工作干成了事业，用“一辈子只做一件事”的匠人精神铸就无悔人生。

作为全国唯一的五代火车司机世家，李斌一家五代人见证了中国铁路129年的发展史，从驾驭龙号机车到如今驾驶和谐型机车，从京汉铁路到京张铁路，李家五代人使用过15个机型的机车。李斌经历了铁路六次提速，看到了高铁的崛起，对未来充满憧憬。无论是驾驶SS_1型、SS_4型机车，还是今天的和谐型机车，他都把这个“铁家伙”看成是一个有血有肉的灵魂，精心操作、精心维护。

巩固练习

一、填空题

(1)熔断器的文字符号是(　　　　　　)。

(2)熔断器(　　　　)联在被保护的电路中。

二、判断题

熔体的额定电流是指长时间通过熔体而不熔断熔体的电流。(　　　)

三、选择题

(1)常用的低压保护电器是(　　　)。

A. 刀开关　　B. 熔断器　　C. 接触器　　D. 热继电器

(2)有填料封闭管式熔断器属于(　　　)熔断器。

A. 开启式　　B. 防护式　　C. 封闭式　　D. 纤维管式

(3)当负荷电流达到熔断器熔体的额定电流时，熔体将(　　　)。

A. 立即熔断　　B. 长延时后熔断　　C. 短延时后熔断　　D. 不会熔断

(4)动力回路的熔丝容量原则上不超过负荷电流的(　　　)倍。

A. 2.5　　B. 3　　C. 3.5　　D. 4

(5)熔体的熔断时间与(　　　)。

A. 电流成正比　　B. 电流成反比

C. 电流的二次方成正比　　D. 电流的二次方成反比

(6)半导体元件的短路或过载均采用(　　　)熔断器。

A. RL1 系列　　B. RT0 系列　　C. RLS 系列　　D. RM10 系列

(7)下列断流容量最大的熔断器是(　　)。

A. 有填料封闭管式熔断器　　B. 纤维管式熔断器

C. 瓷插式熔断器　　D. 开启式熔断器

任务三　带熔断器的开关运用

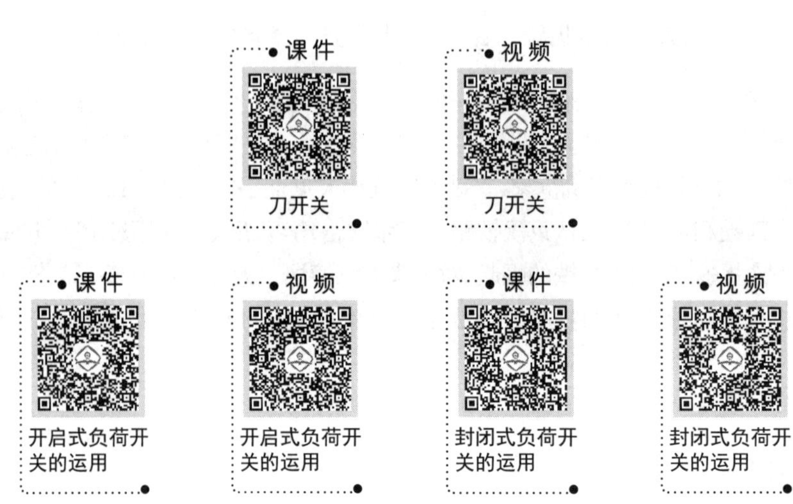

学习目标

知识目标	技能目标	素质目标
(1)掌握开启式刀开关结构及原理; (2)掌握封闭式负荷开关结构及原理; (3)掌握熔断器式负荷开关的结构及工作原理	(1)能正确画出各种刀开关的图形符号; (2)能正确使用万用表检测刀开关的好坏; (3)能正确安装刀开关	(1)具备对专业知识的认知和兴趣; (2)具备对专业知识求真务实、严谨细致的学习态度; (3)具备自主学习的能力和自我约束的能力

任务导入

组合开关、行程开关、按钮这些主令电器主要用于切换控制电路,用来“命令”电动机及其他控制对象的起动、停止或工作状态的改变。现在需要具有短路或过电流保护的开关用来带负荷接通与分断电路,应该采用哪种开关呢?

知识链接

一、刀开关

刀开关是手控电器中最简单、较广泛使用的一种低压电器,是一种结构简单的开关电器,主要由手柄、动触头（又称闸刀或触刀）、静触头（又称刀夹座或静插座）、绝缘底座等组成。刀开关的典型结构及实物图如图 3-3-1 所示。

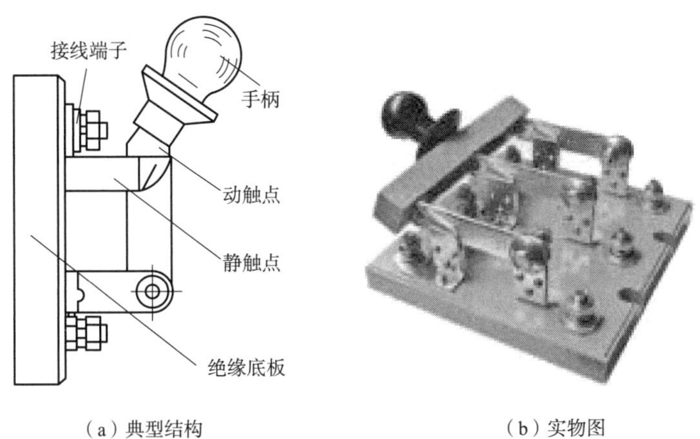

（a）典型结构　　（b）实物图

图 3-3-1　刀开关的典型结构及实物图

刀开关通过操作开启式负荷开关的手柄来带动动触头（闸刀），使其与底座上的静触头（刀夹座）相楔合（或分离），接通（或断开）电路。主要作用是隔离电源和不频繁地通断容量不大的低压电路或直接起动小容量电机。刀开关的图形符号如图 3-3-2 所示。

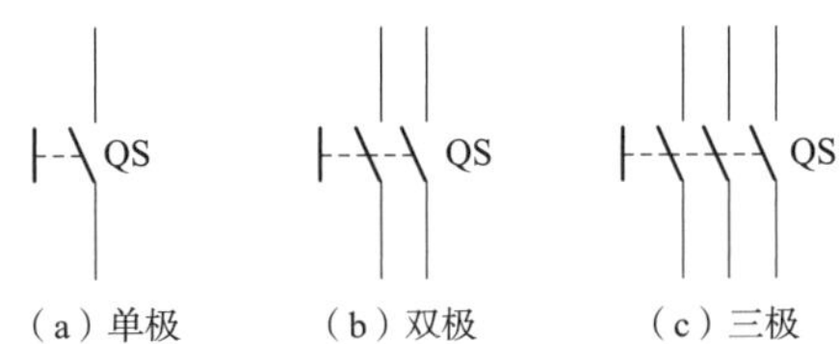

（a）单极　（b）双极　（c）三极

图 3-3-2　刀开关的图形符号

1. 刀开关的类型

①按极数可分为单极刀开关、双极刀开关、三极刀开关。

②按结构可分为平板式刀开关、条架式刀开关。

③按刀的转换方向可分为单掷刀开关、双掷刀开关。

④按接线方式可分为板前接线刀开关、板后接线刀开关。

⑤按操作方式分为手柄操作式刀开关、连杆操纵式刀开关、电动机操作式刀开关。

⑥按有无熔断器可分为不带熔断器刀开关、带熔断器刀开关。

⑦按灭弧装置可分为不带灭弧罩刀开关、带灭弧罩刀开关。

⑧根据工作原理、使用条件和结构型式的不同，刀开关可分为刀形转换开关、开启式负荷开关（胶盖瓷底刀开关）、封闭式负荷开关（铁壳开关）、熔断器式刀开关和组合开关等。

2. 刀开关的型号

刀开关的型号含义说明如图 3-3-3 所示。

【例】说明 HD13B-200/3 型开关的含义。

解　H 表示刀开关；D 表示单掷式；13 表示设计代号，中央正面杠杆操作机构式；B 表示外形尺寸较小；200 表示额定电流为 200 A；3 表示三极。

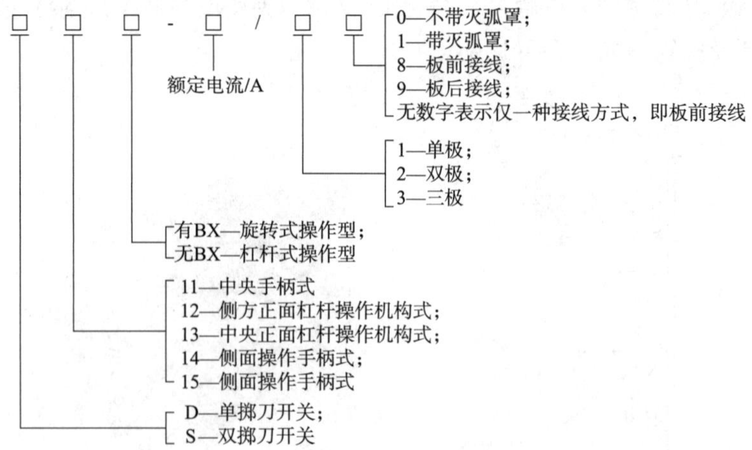

图 3-3-3　刀开关的型号含义说明

3. 刀开关的参数认知

HD 型单掷刀开关主要技术参数见表 3-3-1。

表 3-3-1　HD 型单掷刀开关主要技术参数

<table>
<tr><th rowspan="3">型号</th><th rowspan="3">额定电压 U_N/V</th><th rowspan="3">额定电流 I_N/A</th><th rowspan="3">极数</th><th rowspan="3">机械寿命/次</th><th rowspan="3">电寿命/次</th><th colspan="4">通断能力</th></tr>
<tr><th colspan="2">交流/V</th><th colspan="2">直流/V</th></tr>
<tr><th>380</th><th>500</th><th>220</th><th>440</th></tr>
<tr><td>HD10</td><td>交流 380
直流 250</td><td>40</td><td>1
2
3</td><td></td><td></td><td colspan="4"></td></tr>
<tr><td rowspan="5">HD11</td><td rowspan="5">交流 380、500
直流 440</td><td>100</td><td rowspan="5">1
2
3</td><td rowspan="3">10 000</td><td rowspan="3">1 000</td><td colspan="4" rowspan="3">I_N 及以下</td></tr>
<tr><td>200</td></tr>
<tr><td>400</td></tr>
<tr><td>600</td><td rowspan="2">5 000</td><td rowspan="2">500</td><td colspan="4" rowspan="2">$0.5I_N$ 及以下</td></tr>
<tr><td>1 000</td></tr>
<tr><td rowspan="6">HD12</td><td rowspan="6">交流 380、500
直流 440</td><td>100</td><td rowspan="6">1
2
3</td><td rowspan="3">10 000</td><td rowspan="3">1 000</td><td rowspan="2">I_N</td><td rowspan="2">$0.5I_N$</td><td rowspan="2">I_N</td><td rowspan="2">$0.5I_N$</td></tr>
<tr><td>200</td></tr>
<tr><td>400</td><td colspan="2">（有灭弧室）</td><td colspan="2">（有灭弧室）</td></tr>
<tr><td>600</td><td rowspan="2">5 000</td><td rowspan="2">500</td><td colspan="2" rowspan="3">$0.3I_N$
（无灭弧室）</td><td colspan="2" rowspan="3">$0.2I_N$
（无灭弧室）</td></tr>
<tr><td>1 000</td></tr>
<tr><td>1 500</td><td>5 000</td><td></td></tr>
<tr><td rowspan="5">HD13</td><td rowspan="5">交流 380、500
直流 440</td><td>100</td><td rowspan="5">1
2
3</td><td rowspan="3">10 000</td><td rowspan="3">1 000</td><td>I_N</td><td>$0.5I_N$</td><td>I_N</td><td>$0.5I_N$</td></tr>
<tr><td>200</td><td colspan="2" rowspan="2">（有灭弧室）</td><td colspan="2" rowspan="2">（有灭弧室）</td></tr>
<tr><td>400</td></tr>
<tr><td>600</td><td>5 000</td><td>500</td><td colspan="2" rowspan="2">$0.3I_N$
（无灭弧室）</td><td colspan="2" rowspan="2">$0.2I_N$
（无灭弧室）</td></tr>
<tr><td>1 000</td><td></td><td></td></tr>
</table>

注：I_N 表示额定电流。

①额定电压。刀开关在长期工作中能承受的最大工作电压称为额定电压。目前生产的刀开关额定电压一般为:交流 500 V 以下;直流 440 V 以下。

②额定电流。刀开关在合闸位置允许长期通过的最大工作电流称为额定电流。小电流刀开关的额定电流有 10 A、15 A、20 A、30 A、60 A 共五个等级;大电流刀开关的额定电流一般有 100 A、200 A、400 A、600 A、1 000 A 及 1 500 A 共六个等级。

③分断能力。指刀开关在额定电压下能可靠分断的最大电流。对于小电流刀开关,如铁壳刀开关,其极限分断电流为额定电流的数十倍,但这并不是刀开关触头所能分断的电流,而是与刀开关配合使用的熔丝或熔断器的分断能力。

④操作性能。操作性能是指不同使用类别,在额定工作电流条件下的操作循环次数。刀开关的使用寿命分机械寿命和电寿命两种:机械寿命是指刀开关在不带电的情况下所能达到的操作循环次数;电寿命是指刀开关在额定电压下能可靠地分断额定电流的总次数。

⑤额定工作制。分为 8 h 工作制、不间断工作制两种。

⑥使用类别。根据操作的频繁程度和操作负载的性质分类。按操作的频繁程度分为 A 类和 B 类,A 类为正常使用的,B 类为操作次数不多的,如只用作隔离开关的;按操作负载的性质分,种类很多,如操作空载电路、通断电阻性电路、操作电动机负载等。

⑦电动稳定电流。即发生短路事故时,刀开关不产生变形、破坏或触刀自动弹出的现象时的最大短路电流峰值。通常,刀开关的电动稳定电流为其额定电流的数十倍。

⑧热稳定电流。即发生短路事故时,刀开关能在一定时间(通常是指 1 s)内通过某一最大短路电流时,不会因温度急剧上升而发生熔焊现象的电流。通常刀开关的 1 s 热稳定电流为其额定电流的数十倍。

4. 刀开关的选用

刀开关的选择主要是依据电源的额定电压和长期工作电流来考虑,同时应考虑结构方面的因素。

(1)选择刀开关的额定电压与额定电流

刀开关的额定电压按电源的额定电压来选择。

刀开关的额定电流一般应等于或大于所分断电路中各个负载额定电流的总和。对于电动机负载,应考虑其起动电流,所以应选用比额定电流高一级的刀开关。若再考虑电路出现的短路电流,还应选用额定电流更高一级的刀开关。HK1、HK2 系列开启式负荷开关(胶壳刀开关)用作电源开关和小容量电动机非频繁起动的操作开关。HH3、HH4 系列封闭式负荷开关(铁壳开关)的操作机构具有速断弹簧与机械联锁,用于非频繁起动、28 kW 以下的三相异步电动机。

(2)选择刀开关的结构型式

根据刀开关的作用和装置的安装型式来选择刀开关的结构型式。例如,只作为电源隔离用的刀开关不需要灭弧装置,有分断负载电流需要的刀开关需带灭弧装置。

(3)按短路电流校验刀开关的动稳定性和热稳定性

5. 刀开关的安装

①开关安装时应做到垂直安装,使闭合操作时的手柄操作方向应从下向上合,断开操作时的手柄操作方向应从上向下分,不允许采用平装或倒装,以防止产生误合闸。

②刀开关安装后应检查闸刀和静插座的接触是否成直线和紧密。

③接线时刀开关上端的接线端子应接电源线，下方的接线端子应接负荷线。

④在安装杠杆操作机构时，应调节好连杆的长度，使刀开关操作灵活。

⑤分断负荷时，拉闸速度应快速，以减少电弧的影响。

⑥使用三相刀开关时，应保证三相触头同时合闸。若有一相没有同步合闸或接触不良，则会造成电动机因缺相而烧毁。

二、开启式负荷开关

1. 开启式负荷开关的结构

开启式负荷开关是刀开关的一种，其结构较为简单，由动触头（闸刀）、静触头（刀座）、瓷底板、胶盖及熔丝等组成，因此开启式负荷开关又称胶盖瓷底闸刀开关，简称胶壳刀开关，其结构、图形与文字符号如图 3-3-4 所示。

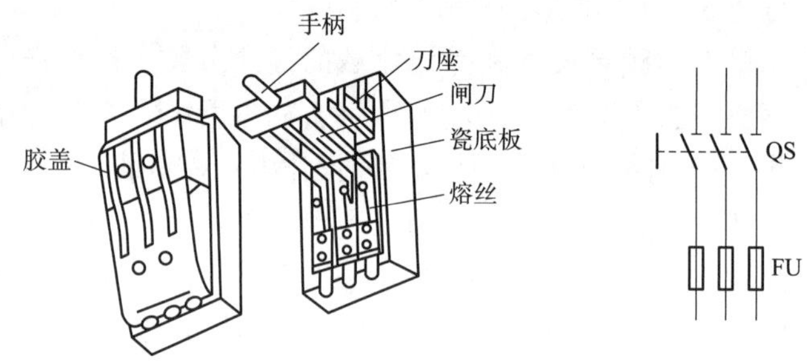

图 3-3-4　开启式负荷刀开关结构、图形与文字符号

通过操作开启式负荷开关的手柄来带动闸刀，使其与底座上的静触头（刀座）相楔合（或分离），以接通（或断开）电路。当发生短路或过载时，可通过熔丝的迅速熔断来切断故障电路，从而保证电路中其他电气设备的安全。

与普通刀开关相比，开启式负荷开关多了熔丝和胶盖两部分。这样，一方面使开关分断电路所产生的电弧不致飞出胶盖外面，灼伤操作人员；另一方面，胶盖还能起到防止金属零件掉落触刀上面形成极间短路，同时因胶盖将各极隔开，从而又防止了极间飞弧导致电源的短路。

开启式负荷开关主要用于电气照明线路、电热回路的控制开关，也可作为分支电路的配电开关。在降低容量的情况下，开启式负荷开关还可用作小容量异步电动机（5.5 kW 及以下）的非频繁起动控制开关。开启式负荷开关具有价格便宜、使用维修方便的优点。

2. 开启式负荷开关的型号

开启式负荷开关的型号含义如图 3-3-5 所示。

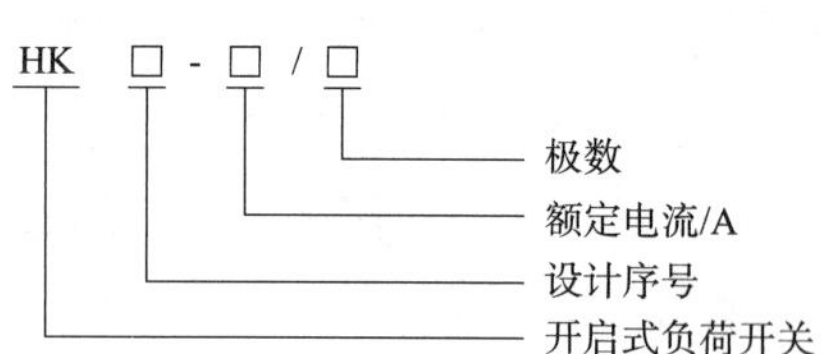

图 3-3-5　开启式负荷开关的型号含义

常用的开启式负荷开关有 HK1（统一设计产品）和 HK2 系列。

3. 开启式负荷开关的类型

开启式负荷开关分二极和三极，二极式额定电压为 220 V、三极式额定电压为 380 V。开启式负荷开关的电流一般有 10 A、15 A、30 A、60 A 四级。

4. 开启式负荷开关的参数

HK1 系列开启式负荷开关技术参数见表 3-3-2。

表 3-3-2　HK1 系列开启式负荷开关技术参数

<table>
<tr><th rowspan="3">额定电流/A</th><th rowspan="3">极数</th><th rowspan="3">额定电压/V</th><th colspan="2">可控制电动机最大容量/kW</th><th rowspan="3">触刀极限分断能力/A</th><th rowspan="3">熔丝极限分断能力/A</th><th colspan="4">配用熔丝规格</th></tr>
<tr><th rowspan="2">220 V</th><th rowspan="2">380 V</th><th colspan="3">熔丝质量分数/%</th><th rowspan="2">熔丝规格/mm</th></tr>
<tr><th>铅</th><th>锡</th><th>锑</th></tr>
<tr><td>15</td><td>2</td><td>220</td><td>5</td><td>—</td><td>30</td><td>500</td><td rowspan="6">98</td><td rowspan="6">1</td><td rowspan="6">1</td><td>1. 45 ~ 1. 59</td></tr>
<tr><td>30</td><td>2</td><td>220</td><td>3. 0</td><td>—</td><td>60</td><td>1 000</td><td>2. 30 ~ 2. 52</td></tr>
<tr><td>60</td><td>2</td><td>220</td><td>4. 5</td><td>—</td><td>90</td><td>1 500</td><td>3. 36 ~ 4. 00</td></tr>
<tr><td>15</td><td>3</td><td>380</td><td>—</td><td>2. 2</td><td>30</td><td>500</td><td>1. 45 ~ 1. 59</td></tr>
<tr><td>30</td><td>3</td><td>380</td><td>—</td><td>4. 0</td><td>60</td><td>1 000</td><td>2. 30 ~ 2. 52</td></tr>
<tr><td>60</td><td>3</td><td>380</td><td>—</td><td>5. 5</td><td>90</td><td>1 500</td><td>3. 36 ~ 4. 00</td></tr>
</table>

5. 开启式负荷开关的选用

(1)熔丝的选用

安装在型号为 HK1 开启式负荷开关上的熔丝是一种低熔点金属材料,它的成分(质量分数)铅占 98% 、锡占 1% 、锑占 1% ;安装在型号为 HK2 开启式负荷开关上的熔丝是紫铜丝。熔丝的作用是保证在电路发生短路故障时,迅速可靠地切断电路。

熔丝在选择时应该注意以下几点:

①其额定电流不得大于开启式负荷开关的额定电流。

②其极限分断能力不得小于安装地点的短路电流冲击值。

为了更好地使用开启式负荷开关,将 HK 系列开启式负荷开关所配用的熔丝规格列在表 3-3-3 中。

表 3-3-3　HK 系列开启式负荷开关熔丝配用参数

型号	额定电压/V	可控制电动机功率/kW	熔丝直径/mm
HK1-15/2 HK1-30/2 HK1-60/2	220	1. 5 3. 0 4. 5	1. 45 ~ 1. 59 2. 30 ~ 2. 52 3. 36 ~ 4. 00
HK1-15/3 HK1-30/3 HK1-60/3	380	2. 2 4. 0 5. 5	1. 45 ~ 1. 59 2. 30 ~ 2. 52 3. 36 ~ 4. 00
HK2-10/2 HK2-15/2 HK2-30/2	250	1. 1 1. 5 3. 0	0. 25 0. 41 0. 56
HK2-15/3 HK2-30/3 HK2-60/3	500	2. 2 4. 0 5. 5	0. 46 0. 71 1. 12

(2)开启式负荷开关的选用

①额定电压和额定电流必须符合电路要求。即开关的额定电流应不小于所有负载的额定电流之和。

②如果作电动机开关使用,应注意开关的额定电流大于电动机额定电流的2.5倍。

6. 开启式负荷开关的安装

①接线时,电源进线应接在开关上面的进线端子上,用电设备应接在开关下面熔体的出线端子上。这样,开关断开后,触刀和熔体上均不带电。

②更换熔丝必须按熔丝的原规格在触刀断开的情况下进行。

三、封闭式负荷开关

1. 封闭式负荷开关的结构

封闭式负荷开关又称铁壳开关,主要由灭弧栅、闸刀开关、管式熔断器及钢壳等组成,如图3-3-6所示。

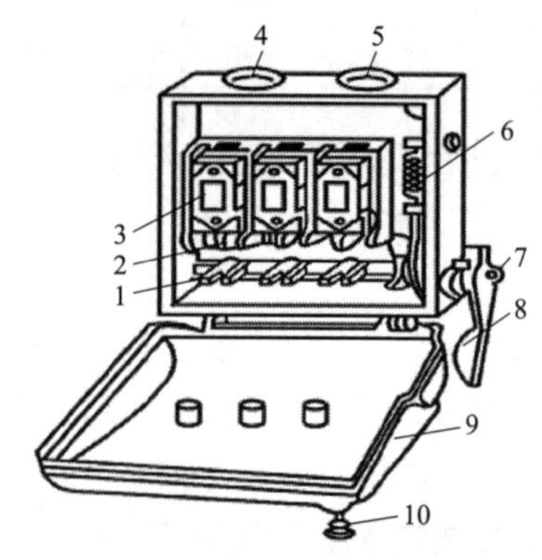

图3-3-6　封闭式负荷开关的结构

1—动触头;2—静触头;3—熔断器;4—进线孔;5—出线孔;6—速断弹簧;7—转轴;8—手柄;9—开关盖;10—开关盖锁紧螺栓

封闭式负荷开关侧面装有手柄,手柄为抽拉式,操作时需拉长,向上扳为合闸,向下扳为分闸。操作机构安装联锁装置,保证钢壳打开时不能合闸,而手柄处于合闸位置时打不开箱盖。钢壳侧面装有储能弹簧,当转动手柄分、合闸时,弹簧被拉长储能。当转动到一定角度时,弹簧释放能量,达到快速通断,加速灭弧的效果。

封闭式负荷开关操作机构的特点:

①采用储能合闸方式。即利用一根弹簧以执行合闸和分闸机能,使开关的闭合和分断速度都同操作速度无关,这既有利于改善开关的动作性能和灭弧性能,又能防止触头停滞在中间位置上。

②设有联锁装置。它可以保证开关合闸时不能打开防护铁盖,而当防护铁盖打开时,不能将开关合闸。既有助于充分发挥外壳的防护作用,又保证了更换熔断器等操作的安全。

封闭式负荷开关一般用于电力排灌、电热器、电气照明线路的配电设备中,供手动不频繁地接通和分断电路,以及作为线路末端的短路保护之用。交流50 Hz、380 V、60 A及以下等级的开关,还可作为异步电动机的非频繁全电压起动的控制开关。

2. 封闭式负荷开关的型号

封闭式负荷开关的型号含义如图3-3-7所示。

3. 封闭式负荷开关的类型

封闭式负荷开关常用的类型有HH3、HH4系列。HH3和HH4系列封闭式负荷开关采用灭弧装置,有瓷质E形灭弧室与由钢纸板夹上去离子栅片构成的灭弧室两种。配用的熔断器额定电流为60 A及以下的为瓷插式熔断器;额定电流为100 A及以上的为无填料封闭管式熔断器。

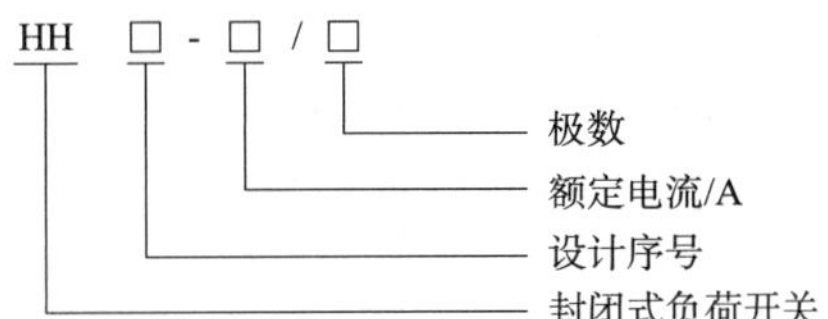

图 3-3-7 封闭式负荷开关的型号含义

4. 封闭式负荷开关的参数

封闭式负荷开关 HH3、HH4 的技术参数见表 3-3-4。

表 3-3-4 封闭式负荷开关 HH3、HH4 的技术参数

<table>
<tr><th rowspan="2">型号</th><th rowspan="2">额定电流/A</th><th colspan="3">刀开关极限通断能力（110% 额定电压时）</th><th colspan="3">熔断器极限分断能力</th><th rowspan="2">控制电动机最大功率/kW</th><th rowspan="2">熔体额定电流/A</th><th rowspan="2">熔体（紫铜丝）直径/mm</th></tr>
<tr><th>通断电流</th><th>功率因数</th><th>通断次数</th><th>分断电流</th><th>功率因数</th><th>分断次数</th></tr>
<tr><td>HH3-15/3</td><td>15</td><td>60</td><td rowspan="3">0.4</td><td rowspan="8">10</td><td>750</td><td rowspan="5">0.4</td><td rowspan="8">2</td><td>3.0</td><td>6
10
15</td><td>0.26
0.35
0.46</td></tr>
<tr><td>HH3-30/3</td><td>30</td><td>120</td><td>1 500</td><td>7.5</td><td>20
25
30</td><td>0.65
0.71
0.81</td></tr>
<tr><td>HH3-60/3</td><td>60</td><td>240</td><td>3 000</td><td>13</td><td>40
50
60</td><td>1.02
1.22
1.32</td></tr>
<tr><td>HH3-100/3</td><td>100</td><td>250</td><td rowspan="2">0.8</td><td rowspan="2"></td><td rowspan="2"></td><td>80
100</td><td>1.62
1.81</td></tr>
<tr><td>HH3-200/3</td><td>200</td><td>300</td><td></td><td></td></tr>
<tr><td>HH4-15/3Z</td><td>15</td><td>60</td><td rowspan="2">0.5</td><td>750</td><td>0.8</td><td>3.0</td><td>6
10
15</td><td>0.26
0.35
0.46</td></tr>
<tr><td>HH4-30/3Z</td><td>30</td><td>120</td><td>1 500</td><td>0.7</td><td>7.5</td><td>20
25
30</td><td>0.65
0.71
0.81</td></tr>
<tr><td>HH4-60/3Z</td><td>60</td><td>240</td><td>0.4</td><td>3 000</td><td>0.6</td><td>13</td><td>40
50
60</td><td>0.92
1.07
1.20</td></tr>
</table>

5. 封闭式负荷开关的选用

选用方法和开启式负荷开关相似，还应考虑封闭式负荷开关的极限分断能力，以满足当电路发生短路故障时，封闭式负荷开关内的熔断器能可靠地将电路断开。另外，如果作小型电机控制开关用，则还应考虑被控电机的容量。

6. 封闭式负荷开关的安装

安装时除了要遵循普通刀开关的安装方法外，特别要注意安装完毕时一定要将灭弧室装牢，并检查弹簧储能机构是否操作到位，是否灵活可靠。

四、熔断器式负荷开关

1. 熔断器式负荷开关的结构

熔断器式负荷开关（又称刀熔式开关）是有填料熔断器作为开关动静触头的组合电器，如图 3-3-8 所示。该开关具有填料熔断器和刀开关的基本性能，在回路正常供电的情况下，接通和切断电源由刀开关来完成；当线路或用电设备过载短路时，由熔断体的熔体及时切断故障电流，其极限分断能力达 50 kA。

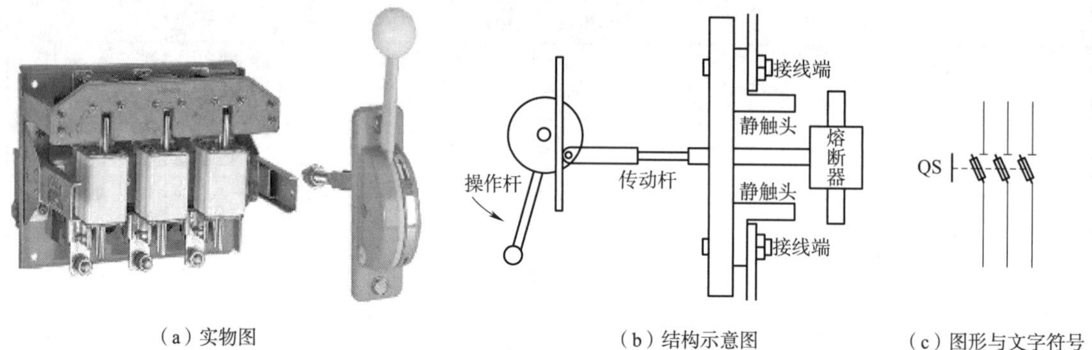

（a）实物图　（b）结构示意图　（c）图形与文字符号

图 3-3-8　熔断器式负荷开关实物图、结构示意图、图形与文字符号

2. 熔断器式负荷开关的型号

熔断式负荷开关的型号含义如图 3-3-9 所示。

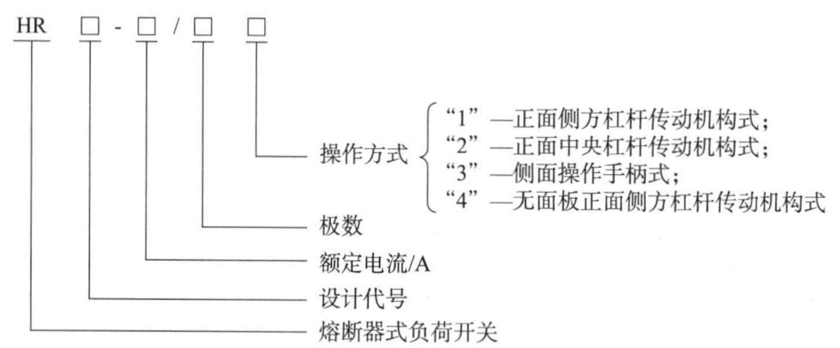

图 3-3-9　熔断式负荷开关的型号含义

3. 熔断器式负荷开关的参数

HR3、HR5 系列熔断器式负荷开关的技术参数见表 3-3-5、表 3-3-6。

表 3-3-5　HR3 系列熔断器式负荷开关的技术参数

<table>
<tr><th rowspan="2">型号</th><th colspan="2">刀开关分断能力/A</th><th colspan="2">熔断器分断能力(有效值)/kA</th></tr>
<tr><th>交流 380 V
cos $\varphi \geq 0.6$</th><th>直流 440 V
分断时间 $T \leq 0.004$ s</th><th>交流 380 V
cos $\varphi \leq 0.3$</th><th>直流 440 V
分断时间 T =
0.015 ~ 0.02s</th></tr>
<tr><td>HR3-100</td><td>100</td><td>100</td><td rowspan="5">50</td><td rowspan="5">25</td></tr>
<tr><td>HR3-200</td><td>200</td><td>200</td></tr>
<tr><td>HR3-400</td><td>400</td><td>400</td></tr>
<tr><td>HR3-600</td><td>600</td><td>600</td></tr>
<tr><td>HR3-1000</td><td>1 000</td><td>1 000</td></tr>
</table>

表 3-3-6　HR5 系列熔断器式负荷开关的技术参数

<table>
<tr><th colspan="3">型号</th><th>HR5-100</th><th>HR5-200</th><th>HR5-400</th><th>HR5-600</th></tr>
<tr><td colspan="3">额定绝缘电压/V</td><td>660</td><td>660</td><td>660</td><td>660</td></tr>
<tr><td colspan="3">额定电流/A</td><td>100</td><td>200</td><td>400</td><td>600</td></tr>
<tr><td rowspan="2">额定接通、
分断能力/A</td><td>380 V
cos φ = 0.35</td><td>接通
分断</td><td>1 000
800</td><td>1 600
1 200</td><td>3 200
2 400</td><td>5 040
3 780</td></tr>
<tr><td>660 V
cosφ = 0.65</td><td></td><td>300</td><td>600</td><td>1200</td><td>1890</td></tr>
<tr><td colspan="3">额定熔断短路电流/kA</td><td>50</td><td>50</td><td>50</td><td>50</td></tr>
<tr><td colspan="3">最大预期峰值电流/kA</td><td>100</td><td>100</td><td>100</td><td>100</td></tr>
</table>

4. 熔断器式负荷开关的选用和安装

①根据用电设备的容量正选择熔断体的等级及熔体的额定电流。

②熔断器式负荷开关必须垂直安装。

③熔断器式负荷开关的接触表面在装上熔断体时应涂有工业凡士林或钠基润滑脂。

任务分组

小组信息表见表 3-3-7。

表 3-3-7　小组信息表

<table>
<tr><td rowspan="4">小组信息</td><td>班级</td><td colspan="2"></td><td>日期</td><td colspan="2"></td></tr>
<tr><td>小组名称</td><td colspan="2"></td><td>组长</td><td colspan="2"></td></tr>
<tr><td>分工</td><td></td><td></td><td></td><td></td><td></td></tr>
<tr><td>成员</td><td></td><td></td><td></td><td></td><td></td></tr>
</table>

任务准备

小组成员沟通讨论工作计划，依照任务导入，查找资料，分工协作，准备完成任务。根据任务要求，领取本任务需要用到的电气设备及相关材料、仪表。

任务实施

一、引导问题

(1)普通刀开关的主要作用是________________。
(2)开启式负荷开关的主要作用是________________。
(3)封闭式负荷开关的主要作用是________________。
(4)熔断器式负荷开关的主要作用是________________。

二、技能训练

(1)通过查阅资料,完成图3-3-10的连线匹配。

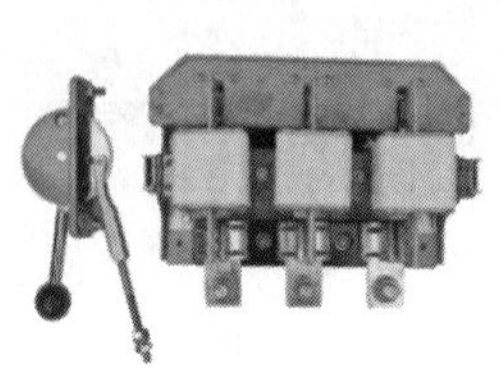

开启式负荷开关　　熔断器或负荷开关　　封闭式负荷开关

图3-3-10　技能训练(1)图示

(2)查看铭牌,识别三种带熔断器的开关型号,并填写表3-3-8。

表3-3-8　带熔断器的开关型号

序号	中文名称	图形符号	熔体电流	熔断器电流	型号	额定电压

(3)填写表3-3-9。

表3-3-9　带熔断器的开关对比

序号	中文名称	结构特点	工作原理	安装、使用注意事项

任务评价

小组成员各自完成自我评价,组长完成小组评价,教师完成教师评价,见表3-3-10。整理实训设备和仪表,做好 5S 管理工作。

表 3-3-10 任务评价表

序号	评价内容	自我评价	小组评价	教师评价	分值分配
1	是否遵守安全操作规范				10
2	态度是否端正,工作是否认真				10
3	知识链接内容是否完全掌握				10
4	是否完成任务导入				10
5	查找资料是否完备				5
6	是否完成任务				25
7	能否与他人团结协作				10
8	能否积极回答问题				10
9	是否做好 5S 管理工作				10
10	合计				100
11	加分 + 增值评价				
12	总分				

评分说明:

(1)总分 = 自我评价 ×20% + 小组评价 ×20% + 教师评价 ×60% + 加分。

(2)加分项为奖励在完成任务中正能量突出的同学,如帮助同学、劳动积极等,由教师酌情给分,分值范围在 1 ~ 10 分之间。增值评价是与前一次任务完成情况比较,由组长和教师共同完成,也可由学生自己提出,分值范围在 1 ~ 5 分之间。

课后拓展

铁路检修战线上的“火车头”——赵大坪

接触网工是高铁电力机车动力系统——接触网的守护人。在中国铁路北京局集团有限公司北京供电段院内,第三届“北京大工匠”赵大坪穿行于办公室和创新工作室之间,攻关新课题,研究新发明,为徒弟教授新技艺。“全国五一劳动奖章”“国务院政府特殊津贴”“中华技能大奖”“全路技术能手”“全国技术能手”“火车头奖章”……在赵大坪技能大师工作室里,墙壁上满满的荣誉证书是对他工匠精神的最好诠释。

参加工作 30 多年来,他先后自学了《接触网运营与管理》《接触网施工测量》《工程力学》《电工学》《机械制图》等大量专业书籍。他在工作中喜欢刨根问底,脑子里总有一个“为什么”,上班就缠着师傅们问,业余时间便捧着书本看。2012 年 2 月 9 日,人力资源和社会保障部以赵大坪名字命名了全国铁路第一个技能大师工作室。工作室成立后,他针对京沪高铁新技术的应用,花费了近两个多月时间,制作了京沪高铁接触网教学课件,撰写了 10 多篇工艺流程技术论文,为高铁人员培训积累了第一手宝贵的学习参考资料。岁月流逝,赵大坪将一批又一批徒弟送上关键岗位,又迎接着一批又一批的“新兵”到来。这名铁路检修战线上的“火车头”,还在引领着众多青年工人铮铮前行。

巩固练习

一、填空题

(1)开启式负荷开关与普通的刀开关的区别在于有(　　　)和(　　　)。

(2)封闭式负荷开关又称(　　　),主要由(　　　)、(　　　)、(　　　)及钢壳组成。

二、判断题

(1)刀开关是靠拉长电弧而使之熄灭的。(　　　)

(2)铁壳开关设有联锁机构,它可以保证开关在合闸状态时不能开启,而当开关盖开启时又不能合闸。(　　　)

三、选择题

(1)刀开关的额定电压是指刀开关在长期工作中能承受的电压(　　　)。

A. 最大值　　B. 最小值　　C. 平均值

(2)开关安装时应做到垂直安装,使闭合操作时的手柄操作方向应从(　　　)合,断开操作时的手柄操作方向应从(　　　)分,不允许采用平装或倒装,以防止产生误合闸。

A. 上向下　　B. 下向上

(3)开启式负荷开关在接线时,(　　　)应接在开关上面的进线端子上,(　　　)应接在开关下面熔体的出线端子上。

A. 电源进线　　B. 用电设备

(4)刀开关与断路器串联安装使用时,拉闸的顺序是(　　　)。

A. 先断开刀开关后断开断路器　　B. 先断开断路器后断开刀开关

C. 同时断开断路器和刀开关　　D. 无先后顺序要求

(5)铁壳开关属于(　　　)。

A. 断路器　　B. 接触器　　C. 刀开关　　D. 主令电器

项目四　接 触 器

项目描述

接触器是一种远距离频繁接通和断开电力拖动主回路及其他大容量用电回路的自动控制电气，具有零电压保护、欠电压释放等保护作用。通过本项目的学习，掌握接触器结构、工作原理、作用、符号，掌握接触器的结构测试及实际应用。

本项目任务有：

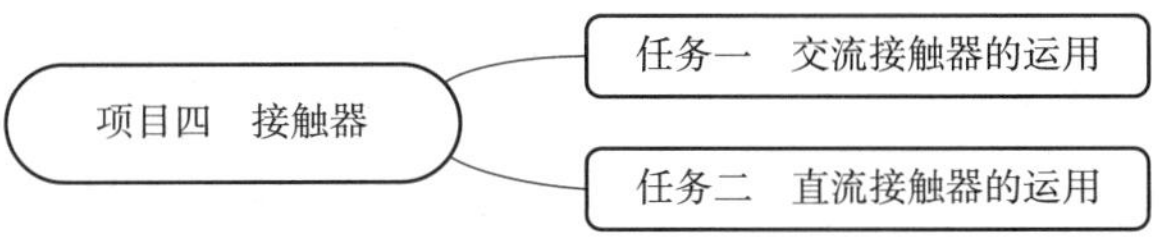

任务一　交流接触器的运用

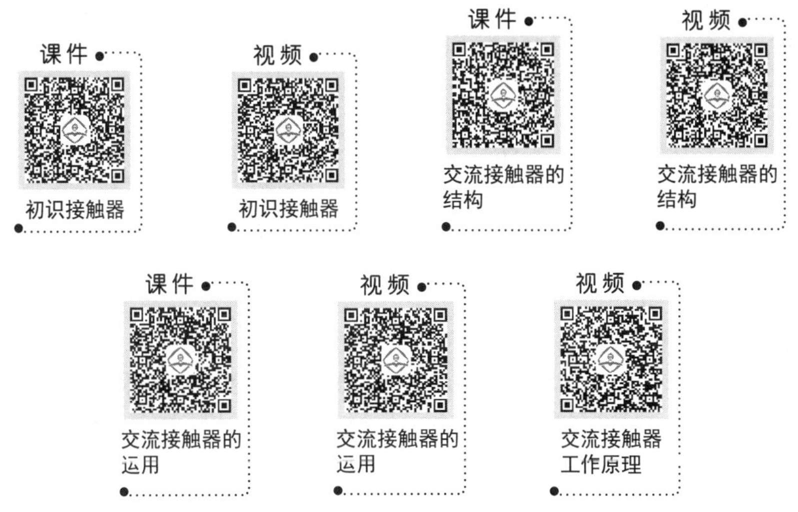

学习目标

知识目标	技能目标	素质目标
(1)掌握接触器的工作原理、结构及技术参数； (2)掌握接触器的用途、分类方法和典型产品； (3)掌握交流接触器和按钮的应用方法	(1)能正确安装和使用接触器； (2)能熟练完成控制电路的设计和接线； (3)具有接触器维护检修和故障处理的能力	(1)具备对专业知识的认知和兴趣； (2)具备对专业知识求真务实、严谨细致的学习态度； (3)具备良好的互帮互助和团结协作精神

任务导入

请在本任务的学习后，设计接触器控制回路图并接线，用按钮开关、接触器实现对灯的控制。要求按下绿色按钮，指示灯亮；松开绿色按钮，指示灯仍亮；按下红色按钮，指示灯灭。

知识链接

一、接触器的基本知识

1. 接触器的作用

接触器是一种适用于在低压配电系统中进行远距离控制，频繁操作交、直流主回路以及大容量控制电路的自动控制开关电器。它被广泛应用于电力、配电及用电场合的自动控制电路中，其主要控制对象是电动机，此外还可用于控制其他电力负载，如电热器、电炉、电焊机、照明灯、电容器组等。接触器工作可靠，具有零电压保护和欠电压释放保护功能，但是本身不具有过载和短路保护功能，因此在用于电动机控制回路中常与熔断器、热继电器等配合使用。

2. 接触器的图形符号

接触器在电路图中的图形符号如图 4-1-1 所示，文字符号用 KM 表示。

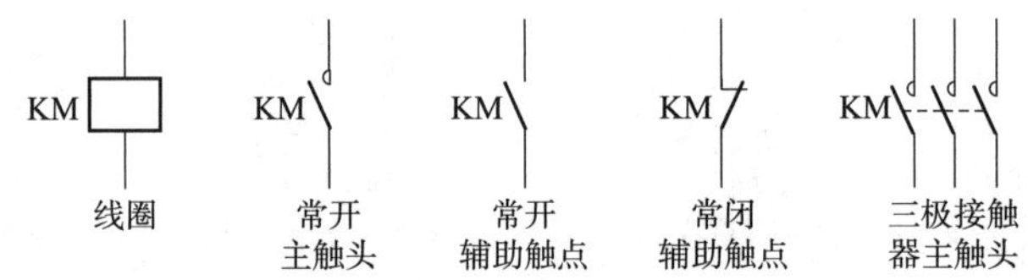

图 4-1-1　接触器的图形符号

3. 接触器的类型

①按接触器主触头所控制的主回路的电流种类分为交流接触器和直流接触器。

②按触头系统的驱动方式分为电磁接触器、气动接触器和液压接触器。

③按灭弧介质分为空气式接触器和真空式接触器。空气式接触器是依靠空气绝缘的接触器，主要用于一般负载；真空式接触器多用在交流 50 Hz、主回路额定工作电压为 1 140 V、660 V、380 V 的配电系统中，特别适用于煤矿、石油、化工企业等环境恶劣和易燃、易爆的危险场所。

④按主触头的极数分：

a. 单极。单极接触器主要用于单相负荷，如照明负荷、电焊机、电动机能耗制动等。

b. 双极。双极接触器用于绕线转子异步电动机的转子回路中，起动时用于短接起动绕组。

c. 三极。三极接触器用于三相负荷，例如在电动机的控制及其他场合，使用最为广泛。

d. 多极。四极接触器主要用于照明线路，也可用来控制双回路电动机负载；五极接触器用来组成自耦补偿起动器或控制双笼型电动机，以变换绕组接法。

⑤按有无触点分：

a. 有触点接触器。常见的接触器多为有触点接触器。

b. 无触点接触器。无触点接触器是随着电力电子技术的发展而产生的新兴产品，一般采用晶闸管作为回路的通断元件。由于晶闸管导通速度快、所需的触发电压很小，而且回路通断时不会产生电火花，可用于易燃、易爆、无噪声、动作速度快且操作频率较高的场合。

⑥按主触头的正常位置分(正常位置即指电磁线圈无电流时主触头的位置)：

a. 常开；

b. 常闭；

c. 一部分常开；

d. 一部分常闭。

⑦按电磁线圈种类分为交流励磁和直流励磁。

⑧按有无灭弧室分为安装灭弧室和不装灭弧室。

目前应用最广泛的是空气电磁式交流接触器和空气电磁式直流接触器，习惯上简称交流接触器和直流接触器。

二、交流接触器的运用

1. 交流接触器的结构

交流接触器由电磁系统、触头系统、灭弧装置及辅助部件四部分组成。图 4-1-2 是交流接触器的外形图及结构原理图。图中接触器的动触头固定在动铁芯(衔铁)上，静触头固定在壳体上。

(a) 外形图

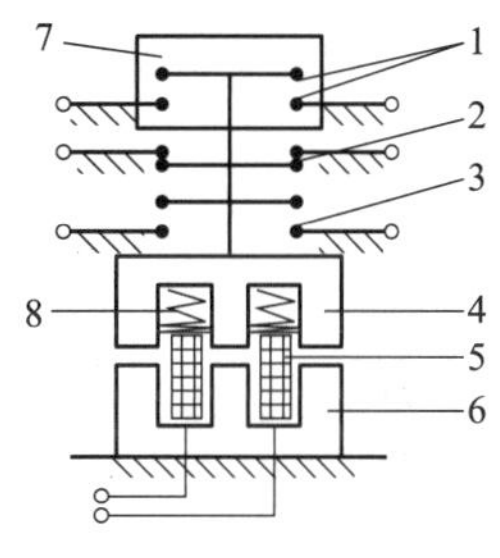

(b) 结构原理图

图 4-1-2　交流接触器的外形图及结构原理图

1—主触头；2—常闭辅助触点；3—常开辅助触点；4—动铁芯(衔铁)；
5—电磁线圈；6—静铁芯；7—灭弧罩；8—弹簧

(1)电磁系统

电磁机构是电磁式接触器的重要组成部分之一。电磁机构由电磁线圈、静铁芯、动铁芯(衔铁)、极靴、铁轭等组成。

接触器的电磁机构按衔铁的动作方式分为三类：图 4-1-3(a)所示的衔铁直线运动的直动式电磁机构，它多用于额定电流为 40 A 及以下的交流接触器；图 4-1-3(b)所示的衔铁绕轴转动的拍合式电磁机构，它多用于额定电流为 60 A 及以下的交流接触器；图 4-1-3(c)所示的衔铁绕棱角转动的拍合式电磁机构，它多用于直流接触器。

交流接触器电磁系统的特点：

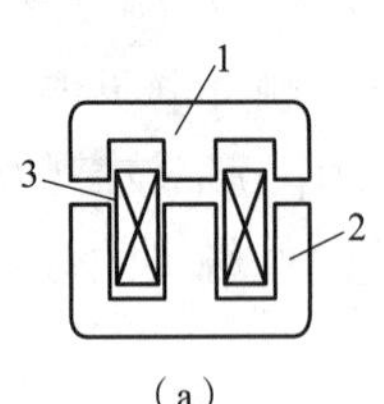

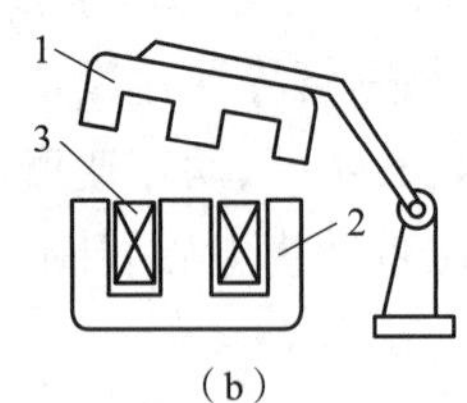

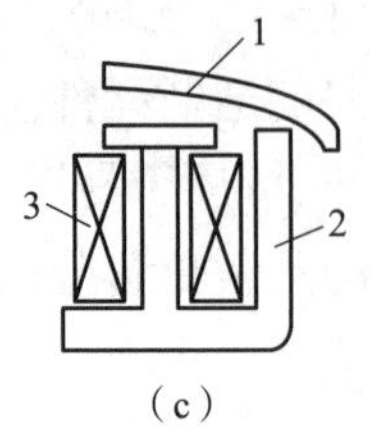

图 4-1-3　接触器的电磁机构

1—衔铁;2—铁芯;3—电磁线圈

①交流接触器的线圈中通过交流电,产生交变的磁通,并在铁芯中产生磁滞损耗和涡流损耗,使铁芯发热。铁芯是交流接触器发热的主要部件,为了减少交变的磁场在铁芯中产生的磁滞损耗和涡流损耗,交流接触器采用相互绝缘的硅钢片叠压铆成,以避免铁芯过热。

②交流接触器的线圈是用绝缘铜线在骨架上绕制而成的,一般制成较粗而短的圆筒形,并与铁芯留有一定的间隙。这样既可以增强铁芯的散热效果,同时也避免了线圈与铁芯直接接触会受热烧坏。

③铁芯的两个端面上嵌有短路环,用以消除电磁系统的振动和噪声。交流电磁机构工作时,线圈中通入交变电流,铁芯中会产生交变的磁通,因此铁芯与衔铁之间的吸力也是变化的。当交流电过零点时,磁通为零,电磁吸力也为零,吸合后的衔铁在弹簧反力的作用下释放。由于电流过零后,电磁吸力增大,当电磁吸力大于反力时,衔铁又吸合。交流电一个周期两次过零,衔铁一会儿吸合,一会儿释放,周而复始使衔铁产生振动和噪声,这样使得触头接触不良,同时产生的电火花灼伤触头,影响接触器的使用寿命。为了消除铁芯振动和噪声,在交流接触器铁芯的两个端面上嵌装短路环,如图 4-1-4 所示。短路环一般用铜、康铜或镍铬合金等材料制成。

铁芯装短路环后,当线圈中通入交流电 I_1 时,产生磁通 Φ_1,Φ_1 一部分穿过短路环所包围的截面时在短路环中产生感应电流 I_2,I_2 产生的磁通 Φ_2 在相位上滞后于 Φ_1(一般滞后 60°~80°),即 Φ_1 与 Φ_2 在相位上不同时为零。Φ_1、Φ_2 产生的吸力 F_1、F_2 也不会同时为零,则作用于衔铁上的合力 $F_1+F_2>0$。这样就保证了衔铁始终被牢牢吸合,振动和噪声会显著减小。

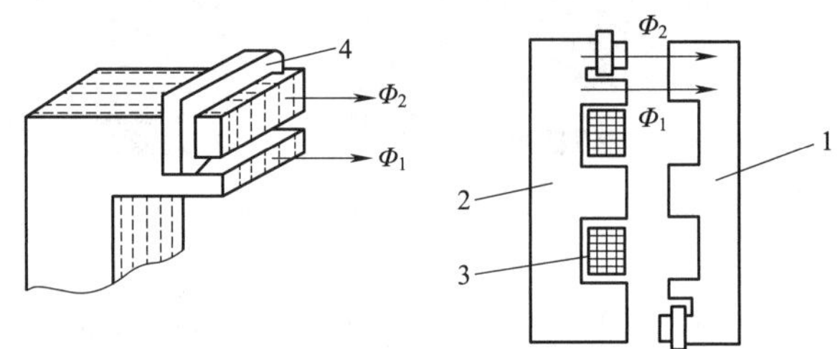

图 4-1-4　交流接触器铁芯的短路环

1—衔铁;2—铁芯;3—线圈;4—短路环

(2)触头系统

接触器的触头系统是接触器的执行元件,用以接通或分断所控制的电路。接触器触头材料应具有导电、导热、耐腐蚀、抗熔焊性能良好、温升低、电寿命高、能够承受较大的短时耐受电流的特点。常用银、银基合金、铜、铜基合金或白金等材料制成。

触头按触点的接触类型可分为点接触、线接触和面接触三种,如图 4-1-5 所示。按触头的结构型式划分,有双断点桥式触头和单断点指形触头两种,如图 4-1-6 所示。

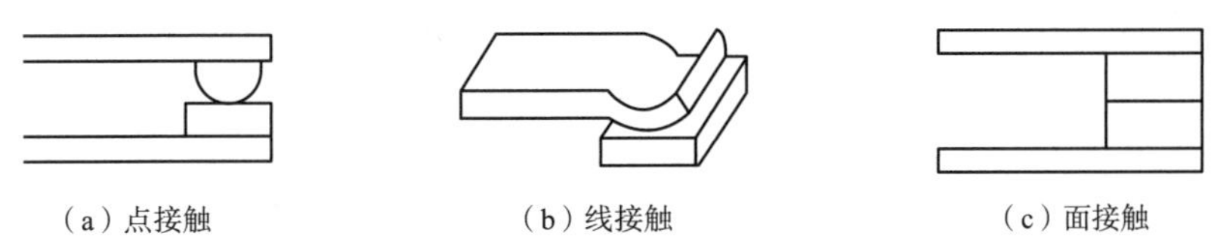

图 4-1-5　触点的三种接触类型

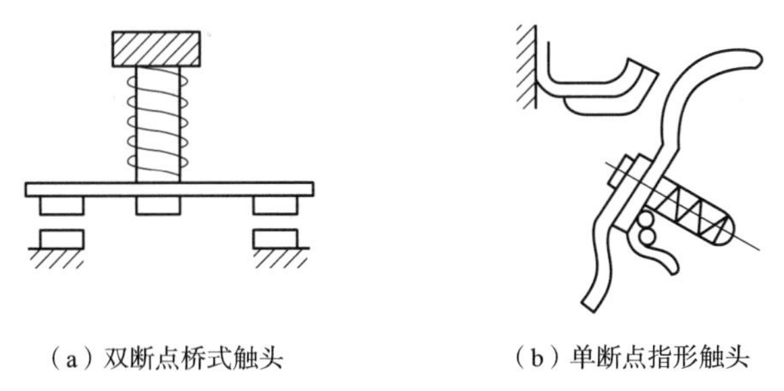

图 4-1-6　触头的两种结构型式

【小贴士】

图 4-1-6(a)为双断点桥式触头。其优点为具有两个灭弧区域，灭弧效果好；触头开距小，接触器结构紧凑，体积小；触头闭合时冲击能量小，机械寿命高。缺点：由于触头在通断过程中不存在切向运动，所以无法自动净化其表面的氧化层，所以触头材料必须用银或银基合金，成本较高；每个触头的接触压力小，电动稳定性较低；触头参数如触头弹簧压力等不易调节。图 4-1-6(b)为单断点指形触头。其优点在于：

①在通断过程中有滚滑运动，可以自动清除触头表面的氧化层，从而保证了接触可靠。

②长期工作位置与烧灼位置不在同一点，可以保证触头接触良好，均衡触点损耗，延长使用寿命。这种触头可采用铜或铜基合金材料制成，成本相对较低。

③触头接触压力大，电动稳定性高。

④实际使用中，触头压力易于调节。

缺点：仅有一个断口，需要较大的触头开距才能保证可靠灭弧，从而增大了接触器的体积；触头闭合时冲击能量大，不利于机械寿命的提高。

无论指形触头还是桥式触头，都装有压力弹簧以减小接触电阻并避免触头由于接触不良而过热。由于交流接触器的主触点在断开瞬间会产生很大的电弧，极易烧毁触点，因此一般采用双断点桥式结构。而直流接触器的主触头接通或断开的电流较大，一般采用单断点指形结构。

(3)灭弧装置

接触器在断开较大电流或高电压电路时，会在动、静触头之间产生很强的电弧。电弧是触头间气体在强电场作用下产生的放电现象，它一方面会灼伤触头，减少触头的使用寿命；另一方面会使电路切断时间延长，甚至造成弧光短路或引起火灾事故。因此触头间的电弧应很快熄灭。灭弧装置的作用是熄灭触头在分断电路时产生的电弧，以减轻对触头的灼伤，保证可靠分断电路。

接触器中常采用的灭弧方法有以下几种：

①双断点电动力灭弧。双断点电动力灭弧示意图如图4-1-7所示，交流接触器中可以采用桥式触头，有两个断口，相当于两对电极。若一个断口处需要150~250 V的电压才能使电弧熄灭后重燃，现有两对断口，则需要有2×(150~250) V的电压才能重燃电弧。接触器的触头采用这样的双断点桥式结构有利于灭弧。在触头分断过程中，会在断口中产生电弧。电弧在触头回路电流I的磁场作用下，受到方向相反的电动力F的作用，使得电弧被向外拉长，电弧迅速与灭弧罩接触进行冷却，促使电弧熄灭。这种灭弧方式灭弧效果较弱，一般用于容量较小的交流接触器中。如CJ0-10型的交流接触器中采用双断点电动力方式进行灭弧。

②栅片灭弧。栅片灭弧要借助灭弧罩完成。这种由陶土、石棉水泥或耐弧塑料制成的灭弧罩具有绝缘、耐高温的特点，其内装有镀铜薄钢片的灭弧栅片，片间相互绝缘，距离为2~3 mm，灭弧栅片外形如图4-1-8所示。

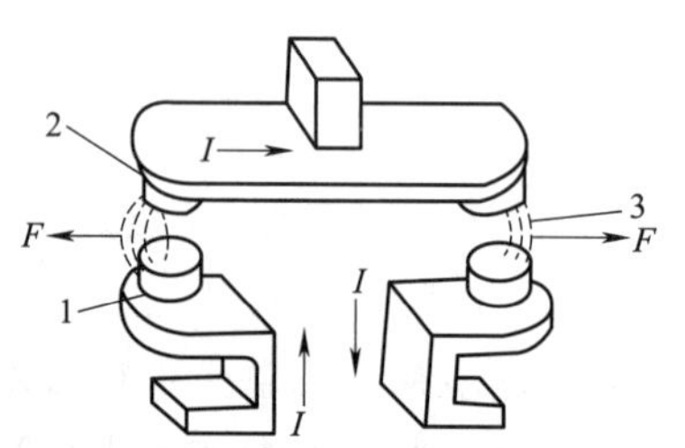

图4-1-7 双断点电动力灭弧示意图

1—静触点；2—动触点；3—电弧

图4-1-8 灭弧栅片外形

栅片灭弧的工作原理示意图如图4-1-9所示。接触器的触头在分断电路时产生电弧，电弧周围产生磁场，导磁灭弧栅片将电弧吸入灭弧栅片之间，电弧被灭弧栅片分割成若干段串联的短电弧。在交流电压过零时，由于电源电压不足以维持电弧，灭弧栅片本身具有冷却散热作用，使得电弧很快熄灭。这种灭弧方式由于在灭弧过程中，灭弧栅片吸收了较多的电弧能量，故不太适合于操作频率太高的场合。栅片灭弧室常用交流灭弧装置，如在CJ20-250型的交流接触器中采用了栅片灭弧。

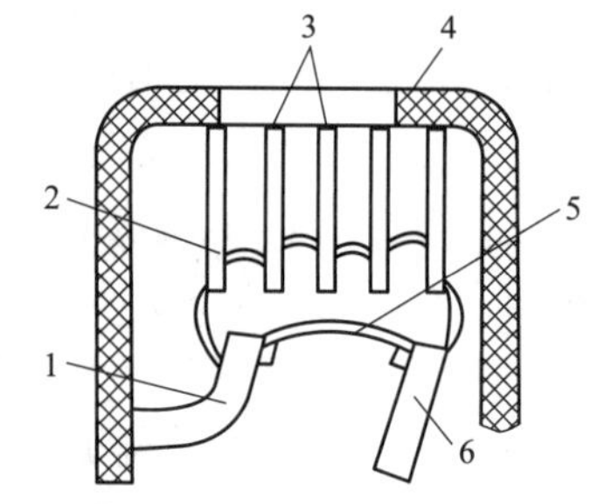

图4-1-9 栅片灭弧的工作原理示意图

1—静触头；2—短电弧；3—灭弧栅片；4—灭弧罩；5—电弧；6—动触头

(4)辅助部件

交流接触器的辅助部件有反作用弹簧、缓冲弹簧、触头压力弹簧、传动机构及底座、接线柱等。反作用弹簧安装在衔铁和线圈之间，其作用是线圈断电后推动衔铁释放，带动触头复位；缓冲弹簧安装在静铁芯和线圈之间，其作用是缓冲衔铁在吸合时对静铁芯和外壳的冲击力，保护外壳；触头压力弹簧安装在动触头上面，其作用是增加动、静触头之间的压力，从而增大接触面积，以减少接触电阻,防止触头过热损伤;传动机构的作用是在衔铁或反作用弹簧的作用下,带动动触头实现与静触头的接通或分断;底座起着支撑接触器各结构部件的作用;接线柱用于接触器与外部电路的连接。

2. 交流接触器的铭牌

(1)型号说明

接触器的型号及含义如图 4-1-10 所示。

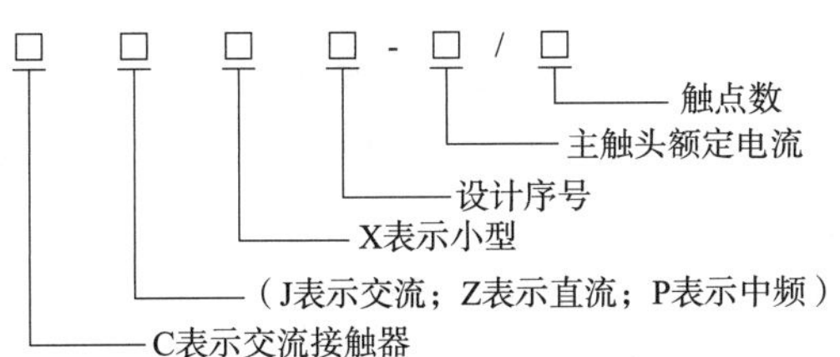

图 4-1-10 接触器的型号及含义

触头数用数字表示:

“10”表示三常开主触头、一常开辅助触点(32A 及以下)。

“01”表示三常开主触头、一常开辅助触点(32A 及以下)。

“11”表示三常开主触头、一常闭一常开辅助触点(40A 及以上)。

“04”表示四常开主触头。

“08”表示两常开、两常闭主触头(除 18A、32A 以外)。

如 CJ10Z-40 表示交流接触器,设计序号 10,重任务型,额定电流 40 A,主触头为 3 极。CJ12T-250 表示改型后的交流接触器,设计序号 12,额定电流 250 A,主触头为 3 极。CZ0-100/20 表示直流接触器,设计序号 0,额定电流 100 A,双极常开主触头。

我国生产的交流接触器常用的有 CJ10、CJ12、CJX1、CJ20 等系列及其派生系列产品,CJ0 系列及其改型产品已逐步被 CJ20、CJX 系列产品取代。上述系列产品一般具有三对常开主触头,常开、常闭辅助触点各两对。

(2)额定电压

接触器铭牌上的额定电压指在规定条件下,保证接触器主触头正常工作的电压值。通常最大工作电压即额定绝缘电压。一个接触器通常规定几个额定电压,同时列出相应的额定电流或控制功率。其等级有:

直流接触器:220 V、440 V、660 V。

交流接触器:220 V、380 V、500 V、600 V、1 140 V。

(3)额定电流

接触器铭牌上的额定电流是指在规定工作条件下主触头的额定工作电流值。其等级有:

直流接触器:25 A、40 A、60 A、100 A、150 A、250 A、400 A、600 A。

交流接触器:10 A、15 A、25 A、40 A、60 A、100 A、150 A、250 A、400 A、600 A。

(4)线圈的额定电压

线圈的额定电压指的是在接触器正常工作时加在电磁线圈两端的工作电压。一般该电压数值以及线圈的匝数、线径等数据均标于线包上,而不是标于接触器外壳铭牌上,使用时应加以注意。其等级有:

直流线圈:25 V、48 V、220 V。

交流线圈:36 V、127 V、220 V、380 V。

(5)动作值

接触器的动作值分为吸合电压和释放电压。吸合电压是指接触器吸合前,缓慢增加线圈两端的电压,接触器可以吸合时的最小电压。释放电压是指接触器吸合后,缓慢降低线圈的电压,接触器释放时的最大电压。

相关标准规定:接触器在线圈额定电压的85%以上时应可靠吸合,但不得高于线圈额定电压的110%。释放电压不高于线圈额定电压的75%,交流接触器不低于线圈额定电压的20%,直流接触器不低于线圈额定电压的10%。

(6)接通与分断能力

接通与分断能力是指接触器的主触头在规定的条件下能可靠接通和分断的电流值(此时不应发生熔焊、飞弧和过分磨损等情况)。接通与分断能力可用最大接通电流和最大分断电流这两个指标来衡量。最大接通电流是指触头闭合时不会造成触头熔焊时的最大电流值;最大分断电流是指触头断开时能可靠灭弧、不产生飞弧和过度磨损的最大电流。

(7)寿命

寿命是指在正常操作条件下,不需要修理和更换零件的操作次数,包括电气寿命和机械寿命。接触器是频繁操作的电器,应该具有较长的电气寿命和机械寿命。目前接触器的机械寿命一般可达数百万次以上,电气寿命是机械寿命的5%~20%。

(8)操作频率

接触器在吸合瞬间,吸引线圈需消耗比额定电流大5~7倍的电流,如果操作频率过高,会使线圈严重发热,直接影响接触器的正常使用。为此,规定了接触器的允许操作频率,一般为每小时允许操作次数的最大值。交流接触器最高为600次/h;直流接触器可高达1 200次/h。

(9)额定工作制

接触器的工作制有长期工作制间断-长期工作制、短时工作制及反复短时工作制。

长期工作制又称不间断工作制,这种接触器由于电流长期导通会使触头氧化、尘埃积累而造成发热恶性循环。因此,在选型时应采用特殊设计或降容使用。

间断-长期工作制是指接触器连续通电时间不超过8 h,若超过8 h时,必须空载开闭三次以上,以消除表面氧化层。间断-长期工作制是接触器最基本的工作制式。

短时工作制按接触器通电的时间分为10 min、30 min、60 min、90 min四种。反复短时工作制一般都规定出回路电流、操作频率和负载因数。

3. 交流接触器的工作原理

当接触器的电磁线圈通电后,线圈电流产生磁场,使静铁芯产生足够的吸力以克服反作用弹簧的反作用力,将衔铁向下吸合,衔铁同时带动动触头向下运动,使得各对触头的状态发生改变,其中两对常闭辅助触点先断开,三对常开主触头闭合和两对常开辅助触点随后闭合。当电磁线圈失电或两端电压显著降低后,由于铁芯电磁吸力消失或减小,衔铁在反作用弹簧的作用下复位,其中三对常开主触头和两对常开辅助触点先恢复断开,常闭辅助触点随后恢复闭合,从而可起到保护主电路及其电气设备的作用。随着接触器电磁线圈的通电与断电,主回路也会相应动作,从而可以频繁地控制电机拖动主回路的接通与断开。

20 A 以上的交流接触器,通常装有灭弧罩,用来迅速熄灭主触头在接通或分断电路时所产生的电弧,以免触头烧坏,甚至造成相间短路。

4. 交流接触器的选用

接触器作为通断负载电源的设备,选用应按满足被控制设备的要求进行。除额定工作电压与被控设备的额定工作电压相同外,被控设备的负载功率、使用类别、控制方式、操作频率、工作寿命、安装方式、安装尺寸以及经济性是选择的依据。接触器的选用原则如下:

(1)选择接触器的类型

根据被控负载的类型来选择接触器的类型,即交流负载应使用交流接触器,直流负载应使用直流接触器。如果被控对象中主要是交流电动机,而直流电机或直流负载容量较小时,也可以全用交流接触器控制,但触头的额定电流应该选大一些。

交流接触器按负荷种类一般分为一类、二类、三类和四类,分别记为 AC-1、AC-2、AC-3 和 AC-4。一类交流接触器对应的控制对象是无感或微感负荷,如白炽灯、电阻炉、加热器等;二类交流接触器用于绕线转子异步电动机的起动和停止,如起重机、压缩机、提升机等;三类交流接触器的典型用途是笼型异步电动机的运转和停止,如水泵、风机等;四类交流接触器用于笼型异步电动机的起动、反接制动或频繁通断,如风机、水泵、机床等。

(2)选择接触器的额定参数

根据被控对象及其工作参数,如电压、电流、功率、频率及工作制等确定接触器的额定参数。

①接触器的线圈电压。从人身安全和设备安全的角度考虑,接触器的线圈电压可以选得低一些,如 127 V、36 V。但当控制线路比较简单、用电不多时,为了方便和节省变压器,常按主回路的电压选取。

②接触器主触头的额定电压。接触器主触头的额定工作电压应大于或等于被控负载回路的最大工作电压。

③接触器主触头的额定电流。接触器主触头的额定电流应大于或等于被控主回路的额定电流。若被控负载是三相异步电动机,其额定电流可按下式计算:

$$I_N = \frac{P_N \times 10^3}{\sqrt{3} U_N \cos\varphi \cdot \eta}$$

式中 I_N——电动机额定电流,A;

U_N——电动机额定电压,V;

P_N——电动机额定功率,kW;

$\cos\varphi$——功率因数;

η——电动机效率。

【例 4-1-1】 一台三相异步电动机的参数如下：$U_N=380$ V，$P_N=11$ kW，功率因数为 0.85，电机效率 $\eta=0.9$。怎样选择接触器？

解 接触器的额定电压应大于或等于电动机的额定电压 380 V。

接触器的额定电流为 $I_N=\dfrac{P_N\times 10^3}{\sqrt{3}U_N\cos\varphi\cdot\eta}=\dfrac{11\ 000}{\sqrt{3}\times 380\times 0.85\times 0.9}$ A $=21.8$ A。

查表 4-1-1 可选择型号为 CJ20-25 的交流接触器。

④接触器的通断能力。接触器的额定通断能力应大于通断时电路的实际电流值，耐受过载电流能力应大于电路中最大工作过载电流值。

⑤接触器的触头数量、种类（主触头、常开辅助触点、常闭辅助触点）应能满足控制线路的要求。

⑥如果用接触器控制电机的频繁起动、正反转或反接制动时，应将接触器的主触头额定电流降低一个等级使用。

5. 常用交流接触器的技术参数及选型实例

（1）CJ20 系列交流接触器的技术参数

CJ20 系列交流接触器的技术参数见表 4-1-1。

表 4-1-1 CJ20 系列交流接触器的技术参数

产品型号	额定绝缘电压/V	额定工作电压/V	约定发热电流/A	断续周期工作制下的额定工作电流/A				AC-3 使用类别下的额定工作功率/kW	不间断工作制下的额定工作电流/A
				AC-1	AC-2	AC-3	AC-4		
CJ20-63	690	220	10	10	—	6.3	6.3	1.5	10
		380						2.2	
		660				3.6	3.6	3	
CJ20-10		220	10	10	—	10	10	2.2	10
		380						4	
		660				5.2	5.2		
CJ20-16		220	16	16	—	16	16	4.5	16
		380						7.5	
		660				13	13	11	
CJ20-25		220	32	32	—	25	25	5.5	32
		380						11	
		660				14.5	14.5	13	
CJ20-32		220	32	32	—	32	32	7.5	32
		380						15	
		660				18.5	18.5		
CJ20-40		220	55	55	—	40	40	11	55
		380						22	
		660				25	25		

续表

<table>
<tr><th rowspan="2">产品型号</th><th rowspan="2">额定绝缘电压/V</th><th rowspan="2">额定工作电压/V</th><th rowspan="2">约定发热电流/A</th><th colspan="4">断续周期工作制下的额定工作电流/A</th><th rowspan="2">AC-3 使用类别下的额定工作功率/kW</th><th rowspan="2">不间断工作制下的额定工作电流/A</th></tr>
<tr><th>AC-1</th><th>AC-2</th><th>AC-3</th><th>AC-4</th></tr>
<tr><td rowspan="3">CJ20-63</td><td rowspan="9"></td><td>220</td><td rowspan="3">80</td><td rowspan="3">80</td><td rowspan="2">63</td><td rowspan="2">63</td><td rowspan="2">63</td><td>18</td><td rowspan="3">80</td></tr>
<tr><td>380</td><td>30</td></tr>
<tr><td>660</td><td>40</td><td>40</td><td>40</td><td>35</td></tr>
<tr><td rowspan="3">CJ20-100</td><td>220</td><td rowspan="3">125</td><td rowspan="3">125</td><td rowspan="2">100</td><td rowspan="2">100</td><td rowspan="2">100</td><td rowspan="2">28</td><td rowspan="3">125</td></tr>
<tr><td>380</td></tr>
<tr><td>660</td><td>63</td><td>63</td><td>63</td><td>50</td></tr>
<tr><td rowspan="3">CJ20-160</td><td>220</td><td rowspan="4">200</td><td rowspan="4">200</td><td rowspan="2">160</td><td rowspan="2">160</td><td rowspan="2">160</td><td>48</td><td rowspan="4">200</td></tr>
<tr><td>380</td><td rowspan="3">85</td></tr>
<tr><td>660</td><td>100</td><td>100</td><td>80</td></tr>
<tr><td>CJ20-160/11</td><td>1 140</td><td>1 140</td><td>80</td><td>80</td><td>80</td></tr>
<tr><td rowspan="2">CJ20-250</td><td rowspan="9">660</td><td>220</td><td rowspan="3">315</td><td rowspan="3">315</td><td rowspan="2">250</td><td rowspan="2">250</td><td rowspan="2">250</td><td>80</td><td rowspan="3">315</td></tr>
<tr><td>380</td><td>132</td></tr>
<tr><td>CJ20-250/06</td><td>660</td><td>200</td><td>200</td><td>160</td><td>190</td></tr>
<tr><td rowspan="3">CJ20-400</td><td>220</td><td rowspan="3">400</td><td rowspan="3">400</td><td rowspan="2">400</td><td rowspan="2">400</td><td rowspan="2">400</td><td>115</td><td rowspan="3">400</td></tr>
<tr><td>380</td><td>200</td></tr>
<tr><td>660</td><td>250</td><td>250</td><td>200</td><td>220</td></tr>
<tr><td rowspan="2">CJ20-630</td><td>220</td><td rowspan="2">630</td><td rowspan="2">630</td><td rowspan="2">630</td><td rowspan="2">630</td><td rowspan="2">500</td><td>175</td><td rowspan="2">630</td></tr>
<tr><td>380</td><td>300</td></tr>
<tr><td>CJ20-630/06</td><td>660</td><td rowspan="2">400</td><td rowspan="2">400</td><td rowspan="2">400</td><td rowspan="2">400</td><td rowspan="2">320</td><td>350</td><td rowspan="2">400</td></tr>
<tr><td>CJ20-630/11</td><td>1 140</td><td>1 140</td><td>400</td></tr>
</table>

(2)接触器的选型实例

为了延长接触器的使用寿命,并且保证在运行过程中不会发生触头粘连、烧蚀,接触器在选型时除了要考虑躲过负载起动的最大电流,还要考虑起动时间的长短等不利因素。针对不同负载,要综合考虑其特点和实际运行情况进行接触器的选型。

【例 4-1-2】 如何选用控制一般负载电动机的交流接触器?

解 这种接触器主要运行在 AC-3 使用类别,用来接通、运行并分断笼型与绕线转子异步电动机。其操作频率并不高,一般接触器的使用寿命可达 60 万次,已能满足运行 8 年的需求。因此,只要选用接触器的额定工作电压大于或等于电动机的额定电压,接触器额定电流大于负荷额定电流即可。控制一般负载电动机的交流接触器常选用 CJ10 系列、CJ20 系列。属于一般负载的机械有压缩机、水泵、通风机、离心机、升降机、电梯、空调、冲床、剪床、搅拌机、传送带等。

【例 4-1-3】 如何选用控制重载电动机的交流接触器?

解 这种情况下,接触器常运行于混合的使用类别。电动机除了起动外,还经常正反向制动、反接制动、低速分断,因此,接触器的操作频率非常高,可超过 100 次/min。其选用原则与一般负载电动机相同,可选用 CJ10Z、CJ12、CJ20 系列的接触器,接触器的额定电流应大于电动机额定电流。为了保证电气寿命,可使接触器降容使用。属于重载的典型机械有车、钻、磨、铣等机床主电动机、轧机设备、升降设备、绞盘、卷扬机、破碎机等。

【例 4-1-4】 如何选用控制特重负载电动机的交流接触器?

解 控制特重负载的交流接触器主要运行于 AC-2 或 AC-4 的使用类别,电动机经常起动、反接制动或可逆运行,操作频率很高,可达 600 ~ 12 000 次/h。在选择交流接触器时,可按接触器的额定工作电流大于或等于电动机的起动电流来选择,以便获得较高的电气寿命。接触器型号可选 CJ10Z、CJ12、CJ20 等系列的接触器。属于特重负载的机械设备有印刷机、拉丝机镗床等。

【例 4-1-5】 如何选用控制电热设备的交流接触器?

解 电热设备的接通电流一般不超过额定电流的 1.4 倍,电流波动范围很小,属于电阻性负载,按使用类别属于 AC-1,操作频率不频繁。在选用交流接触器时,可按照接触器的额定工作电流大于或等于电热设备接通电流的 1.2 倍即可。属于这类型的设备的有电阻炉、电热器、电烘箱、电热调温设备等。

【例 4-1-6】 如何选用控制低压电容器的接触器?

解 考虑到电容器的合闸涌流、持续电流、电气寿命等,一般可按接触器额定工作电流大于或等于 1.3 ~ 2.2 倍电容器额定电流选用,电容器容量小的取小倍数,电容器容量大的取大倍数。用普通接触器切换电容器时,由于电容器的储能、放电作用,容易将触点烧坏,造成事故。切换电容器接触器是专门用于低压无功补偿设备中控制电容器组投切的接触器。切换电容器的专用接触器有 CJ19、CJ20C、B25C-B75C、CJ41、CJ36C 系列。

【例 4-1-7】 如何选用控制照明的接触器?

解 对于照明设备的控制,可按额定电流 1.1 ~ 1.4 倍选取交流接触器,型号可选 CJ10、CJ20 等。

任务分组

小组信息见表 4-1-2。

表 4-1-2 小组信息表

<table>
<tr><td rowspan="4">小组信息</td><td>班级</td><td colspan="2"></td><td>日期</td><td colspan="2"></td></tr>
<tr><td>小组名称</td><td colspan="2"></td><td>组长</td><td colspan="2"></td></tr>
<tr><td>分工</td><td></td><td></td><td></td><td></td><td></td></tr>
<tr><td>成员</td><td></td><td></td><td></td><td></td><td></td></tr>
</table>

任务准备

小组成员沟通讨论工作计划，依照任务信息，查找资料，分工协作，准备完成任务。根据任务要求，领取本任务需要用到的电气设备及相关材料、仪表。

任务实施

一、引导问题

(1)交流接触器的主要作用是________________________________。

(2)接触器的文字符号是________________________________。

(3)当线圈未通电时，处于相互脱开状态的触头称为________触头，处于相互接触状态的触头称为________触头。

(4)交流接触器主要应用在________________________________场所。

(5)交流接触器拆装顺序是________________________________。

二、技能训练

(1)扫描本任务二维码，观看视频，初步认识交流接触器。

(2)查阅资料，根据图 4-1-11 信息，填写交流接触器各部件名称。

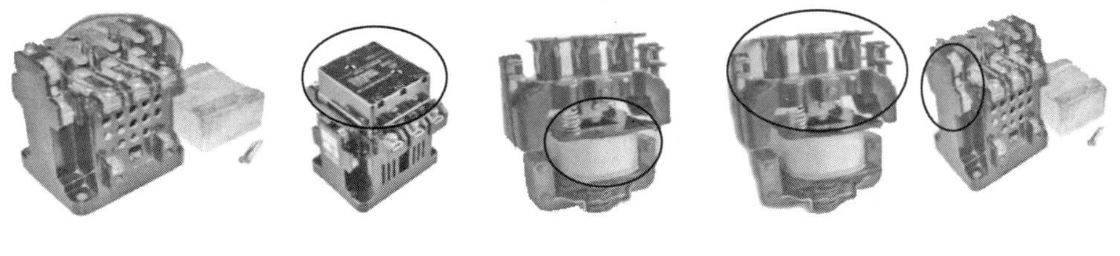

________ ________ ________ ________ ________

图 4-1-11 技能训练(2)图示

(3)请根据图 4-1-12，录制交流接触器工作原理讲解视频。

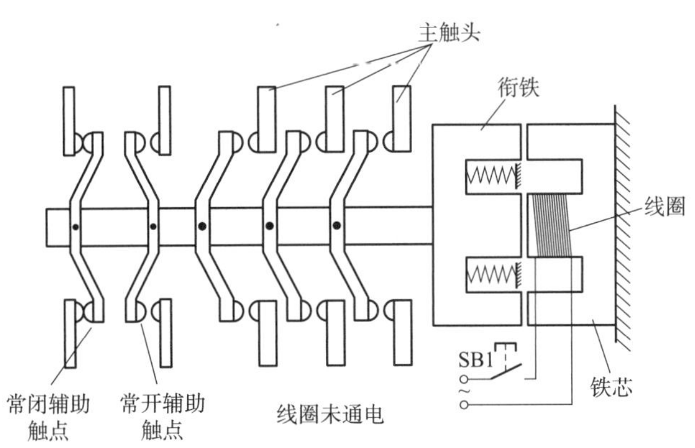

图 4-1-12 技能训练(3)图示

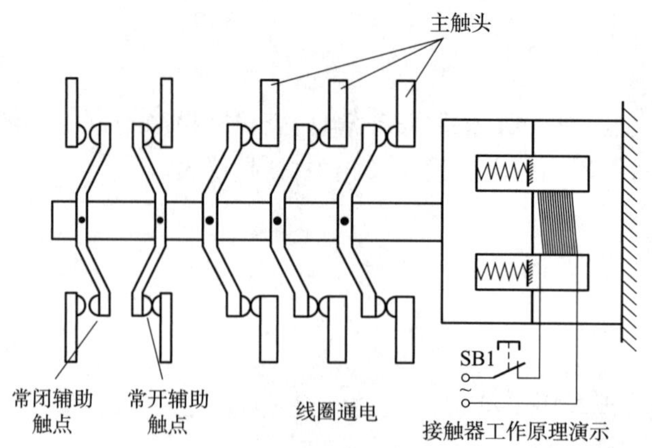

图 4-1-12　技能训练(3)图示(续)

(4)观察交流接触器实物,查看铭牌并填写表 4-1-3。

表 4-1-3　交流接触器实物观察表

(　　)型号交流接触器				
极数	额定电压	线圈额定电压	额定电流	动作值

(5)拆装交流接触器,了解其结构特点并制作 PPT 讲解其组成及作用。

(6)在方框内绘制接触器控制回路原理图。

(7)在进行实际的接线前,首先应检测按钮开关、灯泡、接触器的好坏,请使用万用表检查其状态,并填写表 4-1-4。

表 4-1-4　状态检验

序号	名称	型号	外观	导通情况
1				
2				
3				
4				

(8)按照接线图完成接线。

(9)组内检查接线图并回顾操作流程,填写表4-1-5完成自我检查。

表4-1-5 自我检查

序号	检查内容	检查结果	备注
1	中文名称是否正确,书写是否工整		
2	型号是否正确,书写是否工整		
3	万用表使用是否正确,完好性检查是否正确		
4	工作原理描述是否正确,书写是否工整		
5	图形符号是否正确,书写是否规范		
6	控制电路的设计是否正确		
7	接线是否正确		

任务评价

小组成员各自完成自我评价,组长完成小组评价,教师完成教师评价,见表4-1-6。整理实训设备和仪表,做好5S管理工作。

表4-1-6 任务评价表

序号	评价内容	自我评价	小组评价	教师评价	分值分配
1	是否遵守安全操作规范				10
2	态度是否端正,工作是否认真				10
3	知识链接内容是否完全掌握				10
4	是否完成任务导入				10
5	查找资料是否完备				5
6	是否完成任务				25
7	能否与他人团结协作				10
8	能否积极回答问题				10
9	是否做好5S管理工作				10
10	合计				100
11	加分+增值评价				
12	总分				

评分说明:

(1)总分=自我评价×20%+小组评价×20%+教师评价×60%+加分。

(2)加分项为奖励在完成任务中正能量突出的同学,如帮助同学、劳动积极等,由教师酌情给分,分值范围在1~10分之间。增值评价是与前一次任务完成情况比较,由组长和教师共同完成,也可由学生自己提出,分值范围在1~5分之间。

课后拓展

让"最美精神"在万里铁道线上赓续绵延

"新时代的伟大成就是党和人民一道拼出来、干出来、奋斗出来的!"党的二十大开幕会上,习近平总书记铿锵有力的话语催人奋进。

神州大地铁路密布、高铁飞驰,我国建成世界最大的高速铁路网和先进的铁路网,亿万国民共享铁路发展的红利和荣光。这一切正是平凡岗位上的普通铁路人拼出来、干出来、奋斗出来的。

"建成世界最大的高速铁路网"写入党的二十大报告,这是党中央对新时代中国高铁发展成就的高度肯定。新时代10年,中国铁路人以高度的责任感、强烈的主人翁意识,立足岗位挑重担、闯难关、显作为,不断巩固扩大中国高铁领跑优势,一次次擦亮"国家名片",造福国民、惠及世界。

"最美铁路人"是践行劳模精神、劳动精神、工匠精神的典范榜样,是千千万万奉献在一线、成长在基层、建功在岗位的新时代铁路人的优秀代表。他们追梦筑梦圆梦的奋斗足迹、精彩故事启迪我们——从平凡走向"最美"的路就在脚下。

巩固练习

一、填空题

交流接触器的结构分为(　　　)、(　　　　)、(　　　)和其他部分。

二、选择题

(1)交流接触器本身可兼做(　　　)保护。

A. 缺相　　B. 失电压　　C. 短路　　D. 过载

(2)接触器的通断能力应当是(　　　)。

A. 能切断和通过短路电流　　B. 不能切断和通过短路电流

C. 不能切断短路电流,能通过短路电流　　D. 能切断短路电流,不能通过短路电流

(3)交流接触器的(　　　)发热是主要的。

A. 线圈　　B. 铁芯　　C. 触点　　D. 短路环

(4)触头磨损达到触头厚度的(　　　)时应当报废。

A. 3/4 ~ 2/3　　B. 2/3 ~ 1/2　　C. 1/2 ~ 1/3　　D. 1/3 ~ 1/4

(5)选用交流接触器应全面考虑(　　　)的要求。

A. 额定电流、额定电压、吸引线圈电压、辅助触点数量

B. 额定电流、额定电压、吸引线圈电压

C. 额定电流、额定电压、辅助触点数量

D. 额定电压、吸引线圈电压、辅助触点数量

(6)交流接触器吸合后的线圈电流与未吸合时的电流之比(　　　)。

A. 大于 1　　B. 等于 1　　C. 小于 1　　D. 无法确定

(7)交流接触器短路环的作用是(　　)。

A. 短路保护　　B. 消除铁芯振动　　C. 增大铁芯磁通　　D. 减小铁芯磁通

任务二　直流接触器的运用

课件

直流接触器的运用

视频

直流接触器的运用

学习目标

知识目标	技能目标	素质目标
(1)掌握接直流触器的工作原理、结构及技术参数; (2)掌握直流接触器的用途	(1)能正确使用直流接触器; (2)具有接触器维护检修和故障处理的能力	(1)具备对专业知识的认知和兴趣; (2)具备对专业知识求真务实、严谨细致的学习态度; (3)具备良好的独立思考、解决问题的能力

任务导入

直流接触器是一种用于直流电路中控制电流的电气设备。与交流电路中的交流接触器类似,直流接触器也是通过控制电磁线圈产生磁场,吸引磁铁以切断或闭合电路。然而,由于直流电路的特殊性,直流接触器在一些方面与交流接触器有所不同,并在许多领域中有着广泛的应用。请学习本任务后,完成直流接触器与交流接触器的对比。

知识链接

一、直流接触器的结构

直流接触器主要用于远距离接通和分断直流电路以及频繁地起动、停止、反转和反接制动直流电动机,可用于频繁地接通和断开起重电磁铁、电磁阀、离合器的电磁线圈等,多用在精密机床上的直流电机控制中。直流接触器的外观如图 4-2-1 所示。

直流接触器主要由线圈、铁芯、衔铁、触头等组成,如图 4-2-2 所示。

1. 电磁机构

直流接触器电磁机构由铁芯、线圈和衔铁等组成,多采用绕棱角转动的拍合式结构。由于线圈中通的是直流电,正常工作时,铁芯中不会产生涡流,铁芯不发热,没有铁损耗,因此铁芯可用整块铸铁或铸钢制成。直流接触器线圈匝数较多,为了使线圈散热良好,通常将线圈绕制成长而薄的圆筒状。由于铁芯中磁通恒定,因此铁芯极面上也不需要短路环。为了保证衔铁可靠释放,常需在铁芯与衔铁之间垫有非磁性垫片,以减小剩磁的影响。

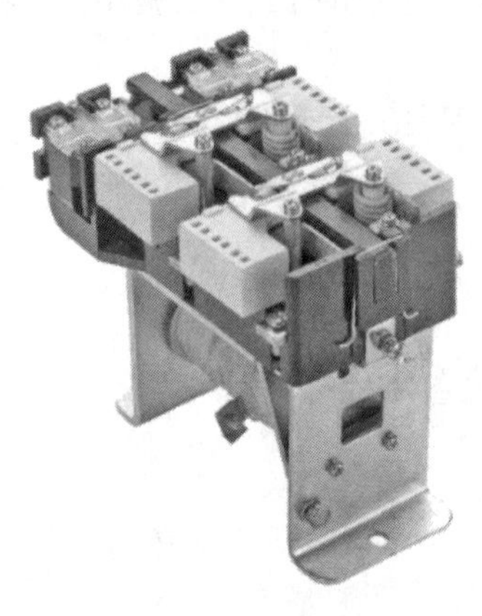

(a) CZ0系列

(b) CZ21系列

图 4-2-1 直流接触器的外观

2. 触头系统

直流接触器有主触头和辅助触点。主触头一般做成单极或双极,由于触头接通或断开的电流较大,所以采用滚动接触的指形触点。辅助触点的通断电流较小,一般采用点接触的双断点桥式触头。

3. 灭弧装置

由于直流电弧不像交流电弧有自然过零点,直流接触器的主触头在分断较大电流(直流电路)时,灭弧更困难,往往会产生强烈的电弧,容易烧伤触点和延时断电。为了迅速灭弧,直流接触器一般采用磁吹式灭弧装置,并装有隔板及陶土灭弧罩。对小容量的直流接触器,可采用永久磁铁产生磁吹力进行灭弧;对中大容量的接触器,则常用纵缝灭弧加磁吹灭弧方式相结合进行灭弧。

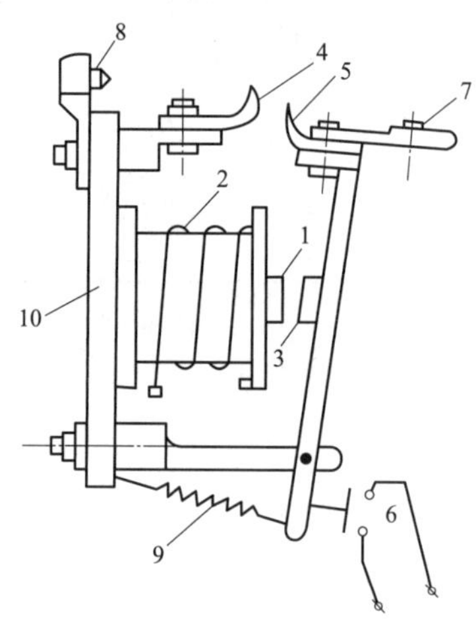

图 4-2-2 直流接触器的结构示意图

1—铁芯;2—线圈;3—衔铁;4—静触头;5—动触头;6—辅助触点;7、8—接线柱;9—反作用弹簧;10—底板

纵缝灭弧原理如图 4-2-3 所示。电弧在电动力的作用下,进入由陶土、石棉水泥或者耐弧塑料制成的耐高温灭弧室的窄缝中,几条纵缝可将电弧分割数段且与室壁紧密接触,电弧被迅速冷却而熄灭。这种灭弧室耐热性好,热量易散出,故可用于操作频率较高的交流接触器或直流接触器中(直流接触器需要加磁吹装置)。

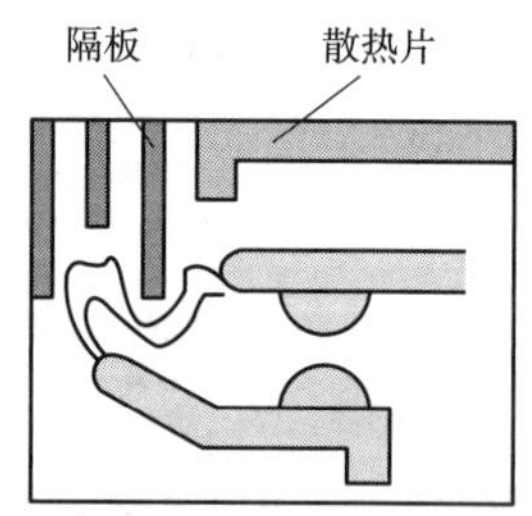

图 4-2-3 纵缝灭弧原理

磁吹灭弧原理如图 4-2-4 所示。在触头回路中将磁吹线圈 1 与主电路串联,主电路的电流 I 流过磁吹线圈 1 产生磁场,该磁场由导磁夹板 3 引向触点周围,当触头分断并产生电弧时,由于导磁夹板 3 中的磁场方向与触头间电弧方向

相互垂直,电弧受到电磁力 F 的作用被迅速拉长并冷却,使电弧熄灭。这种灭弧方式是利用电弧电流本身灭弧的,电弧电流越大,灭弧能力越强,被广泛用于直流灭弧装置中。

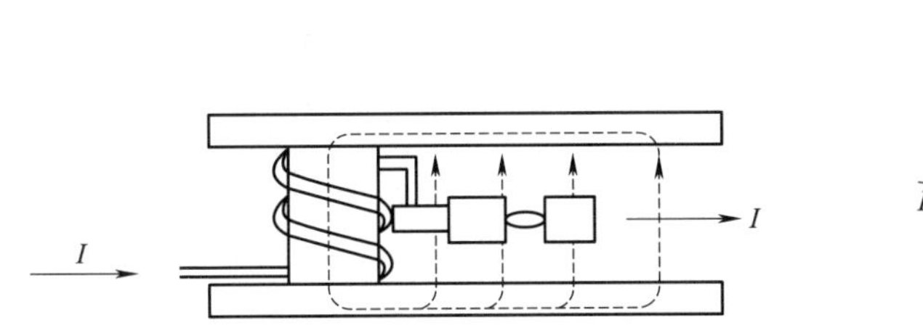

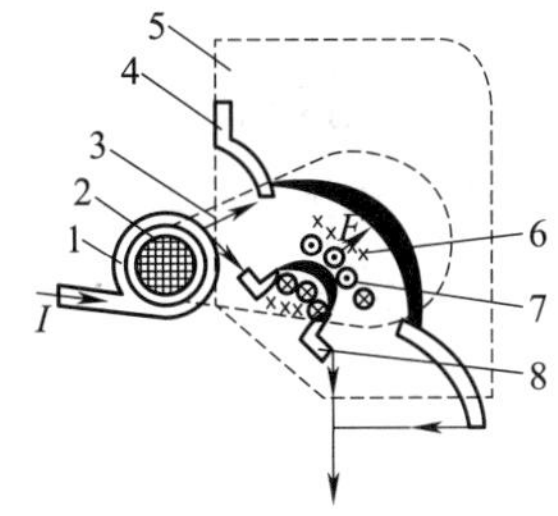

图 4-2-4 磁吹灭弧原理

1—磁吹线圈;2—铁芯;3—导磁夹板;4—引弧角;5—灭弧罩;6—磁吹线圈磁场;7—电弧电流磁场;8—动触头

4. 辅助部件

直流接触器的辅助部件有反作用弹簧、传动机构及底座、接线柱等部分。

二、直流接触器的工作原理

当接触器线圈通电后,线圈电流产生磁场,使静铁芯产生电磁吸力吸引动铁芯,并带动触头动作:常闭触头断开,常开触头闭合,两者是联动的。当线圈断电时,电磁吸力消失,衔铁在释放弹簧的作用下释放,使触头复原:常开触头断开,常闭触头闭合。直流接触器与交流接触器工作原理相同,不同之处在于交流接触器的吸引线圈由交流电源供电,直流接触器的吸引线圈由直流电源供电。

图 4-2-5 为 CZ0-250 直流接触器的结构图。这是一种杠杆传动单断点结构。当吸引线圈 20 接通电源后,衔铁 19 上便受到电磁吸力,一旦这个吸力对棱角 1 产生的逆时针方向的转矩克服了释放弹簧 18 的顺时针方向的反转矩后,衔铁 19 便沿着铁轭 6 的棱角 1 逆时针转动,即衔铁开始做闭合运动。与此同时,动触头 14 向静触头 11 靠近直到接触。动静触头相遇后,触头弹簧 17 被压缩,同时呈现出和释放弹簧 18 相似的反力矩。之后,衔铁继续沿铁芯柱 21 中心运动直到衔铁被全部吸合,触头弹簧 17 和释放弹簧 18 被压缩到最终位置,主触头紧密接触,完成了主电路的接通任务。反之,线圈一旦失电或励磁电流过小(操作电压过低引起的),电磁吸力矩小于释放弹簧 18 的反力矩,则已经闭合的衔铁便开始释放,同时主触头也随之分断主电路。

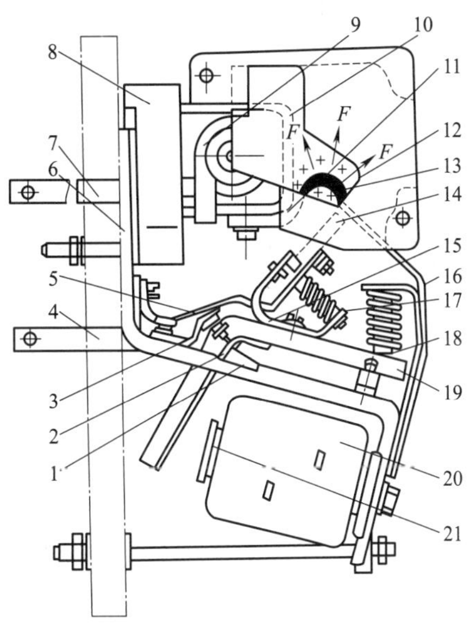

图 4-2-5 CZ0-250 直流接触器的结构图

1—棱角;2—压板;3—压棱弹簧;4、7—母线;5—软连接;6—铁轭;8—绝缘座;9—磁吹线圈;10、16—弧角;11—静触头;12—磁吹线圈产生的磁通;13—电弧;14—动触头;15—动触头支架;17—触头弹簧;18—释放弹簧;19—衔铁;20—吸引线圈;21—铁芯柱

对于大容量的直流接触器,触头通常采用单断点形式。触头的材料可采用铜和镉-铜。该触头形式能自动清除触头表面的氧化物。对于小容量的直流接触器,通常采用双断点触头形式。

CZ0 系列直流接触器采用串联磁吹线圈和双纵缝陶土灭弧室或横隔板式陶土灭弧罩,熄灭直流电弧能力较强,并适宜频繁操作。

CZ0 系列直流接触器在结构上还有联锁触头组(辅助触头),它们大体上都做成标准组件。一般用于控制回路中,以控制其他电器的线圈,使这些电器动作,或者控制灯光、音响等显示装置。

三、直流接触器与交流接触器的区别

直流接触器与交流接触器的区别如下:

(1)铁芯结构不同

交流接触器的铁芯由彼此绝缘的硅钢片叠加而成,并做成双 E 形,中柱有气隙,静铁芯两端嵌有短路环。而直流接触器的铁芯多由整块铸钢制成,多为 U 形,有非磁性垫片,铁芯两端无短路环。

(2)线圈特点不同

交流接触器的线圈制成短而粗的圆筒状、匝数少、电阻小。而直流接触器的线圈制成长而薄的圆筒状、匝数多、电阻大。

(3)灭弧方式不同

小容量的交流接触器一般采用双断点电动力灭弧,大容量的交流接触器一般采用灭弧栅片灭弧。而直流接触器一般采用磁吹式灭弧。

(4)触点不同

交流接触器一般有三对桥式双断点结构的常开主触头,两对桥式常开与常闭触头。而直流接触器的主触头一般采用单极或双极滚动接触的指形触头,辅助触头为若干对点接触的双断点桥式触头。

(5)使用场合不同

交流接触器用于控制交流电路的通断,而交流接触器起动电流大,不适于频繁吸合和分断的场合。而直流接触器用于控制直流电路的通断,可用于操作频率较高的场合。如果在直流接触器中误通入交流电,会产生涡流和磁滞损耗,铁芯发热,线圈烧坏。如果在交流接触器中误通入直流电,线圈阻抗急剧减小,电流增大,线圈烧坏。

(6)成本不同

交流接触器的使用成本低,而直流接触器的使用成本高。

任务分组

小组信息表见表 4-2-1。

表 4-2-1 小组信息表

小组信息	班级			日期		
	小组名称			组长		
	分工					
	成员					

任务准备

小组成员沟通讨论工作计划,依照任务导入,查找资料,分工协作,准备完成任务。根据任务要求,领取本任务需要用到的电气设备及相关材料、仪表。

任务实施

一、引导问题

(1)直流接触器的主要作用是______。

(2)直流接触器各部件有______。

(3)直流接触器的工作原理是______。

(4)大容量的直流接触器的触头通常采用______形式。

(5)直流接触器与交流接触器的灭弧方式一样吗?______。

二、技能训练

(1)扫描本任务二维码,观看视频,初步认识直流接触器。

(2)查阅资料,根据图 4-2-6 信息,填写直流接触器各部件名称。

______

______

______

______

图 4-2-6 技能训练(2)图示

(3)请根据图 4-2-5 所示原理图,录制直流接触器工作原理讲解视频。

(4)观察直流接触器实物,查看铭牌并填写表 4-2-2。

表 4-2-2 直流接触器实物观察表

(　　　)型号交流接触器				
极数	额定电压	线圈额定电压	额定电流	动作值

(5)拆装直流接触器,了解其结构特点并制作 PPT 讲解其组成及作用。

(6)完成直流接触器与交流接触器的对比,并填写在表 4-2-3 中。

表 4-2-3 直流接触器与交流接触器对比

项目	交流接触器	直流接触器
主触点		
辅助触点		
电磁系统		
灭弧系统		
型号		

任务评价

小组成员各自完成自我评价,组长完成小组评价,教师完成教师评价,见表 4-2-4。整理实训设备和仪表,做好 5S 管理工作。

表 4-2-4 任务评价表

序号	评价内容	自我评价	小组评价	教师评价	分值分配
1	是否遵守安全操作规范				10
2	态度是否端正,工作是否认真				10
3	知识链接内容是否完全掌握				10
4	是否完成任务导入				10
5	查找资料是否完备				5
6	是否完成任务				25
7	能否与他人团结协作				10
8	能否积极回答问题				10
9	是否做好 5S 管理工作				10
10	合计				100
11	加分 + 增值评价				
12	总分				

评分说明:

(1)总分 = 自我评价 ×20% + 小组评价 ×20% + 教师评价 ×60% + 加分。

(2)加分项为奖励在完成任务中正能量突出的同学,如帮助同学、劳动积极等,由教师酌情给分,分值范围在 1 ~10 分之间。增值评价是与前一次任务完成情况比较,由组长和教师共同完成,也可由学生自己提出,分值范围在 1 ~5 分之间。

课后拓展

一个鞋匠和一名裁缝的合作

50 多年前的温州,生活在乐清县(今乐清市)柳市镇的南存辉和胡成中,有着同样艰辛的童年。入学后,二人在柳市小学同一个班级。胡成中长南存辉两岁,活泼外向,任体育委员,南存辉学习成绩好，性格稍内向，任班长。不久，二人同样由于家境困难而辍学并继承父业。13岁那年，南存辉父亲在一次劳动中脚被水泵砸伤，卧床不起。从此，南存辉每天挑工具箱早出晚回，一晃就是三年。胡成中也同样辍学随父学起了裁缝，16岁时，阔别家乡当起了供销员，也就是加进了后来被誉为温州私有经济萌芽前奏的“十万供销雄师”。1984年，南、胡二人由于共同的发财致富梦走到了一起，加上胡成中的弟弟胡成国，几个人兴办了求精开关厂。后来，胡成中喜欢热闹，总想抓住各种机会，而南存辉沉静稳重，主张专一，提倡“将一壶水烧好”。1992年，南、胡二人正式友好分手。胡成中创办了德力西，立志“赶超德国西门子”。南存辉和弟弟等亲戚朋友一起，创办了正泰。

巩固练习

一、判断题

(1)额定电压为220 V的交流接触器在交流220 V和直流220 V的电源上均可以使用。(　　)

(2)直流接触器和交流接触器的原理相同。(　　)

(3)直流接触器比交流接触器更适用于频繁操作的场合。(　　)

二、选择题

(1)直流接触器的电磁系统包括(　　)。

A. 线圈　　B. 铁芯　　C. 衔铁　　D. 上述三种

(2)直流接触器的铁芯不会产生(　　)损耗。

A. 涡流和磁滞　　B. 短路　　C. 涡流　　D. 空载

(3)直流接触器一般用于控制(　　)负载。

A. 弱电　　B. 无线电　　C. 直流电　　D. 交流电

(4)交流接触器和直流接触器分类方法是(　　)。

A. 按主触头所控制电路的种类分　　B. 按接触器的吸引线圈种类分

C. 按接触器的火弧方式分　　D. 按辅助触点所控制电路的种类分

(5)直流接触器的线圈一定是(　　)。

A. 直流线圈　　B. 交流线圈　　C. 交流线圈或直流线圈

(6)接触器按(　　)可分为交流接触器和直流接触器。

A. 线圈电流的性质　　B. 主触头过电流的性质

C. 辅助触点过电流的性质　　D. 电磁机构

模块三
保护电器

项目五　低压断路器

低压断路器是低压配电网中的主要开关电器之一，它不仅可以接通和分断正常的负载电流、电动机工作电流和过载电流，而且可以接通和分断短路电流，在低压配电网中应用非常广泛。通过本项目的学习，掌握各种低压断路器的结构、工作原理、作用、技术参数，掌握低压断路器在开关柜中的实际应用。

本项目的任务有：

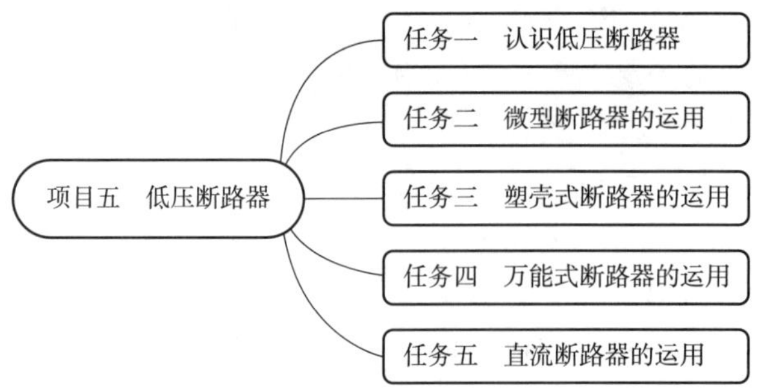

任务一　认识低压断路器

学习目标

知识目标	技能目标	素质目标
（1）低压断路器的结构； （2）掌握低压断路器工作原理； （3）从电路图中识别低压断路器	（1）能正确识别低压断路器各部分结构； （2）能够正确叙述低压断路器工作原理； （3）能正确画出低压断路器的图形符号	（1）具备独立思考的素养； （2）具备探索学习的精神； （3）具备良好的沟通能力和优秀的团队协作精神

任务导入

图 5-1-1 中，你认识几种低压电器？分别是什么？它们之间又有什么联系？

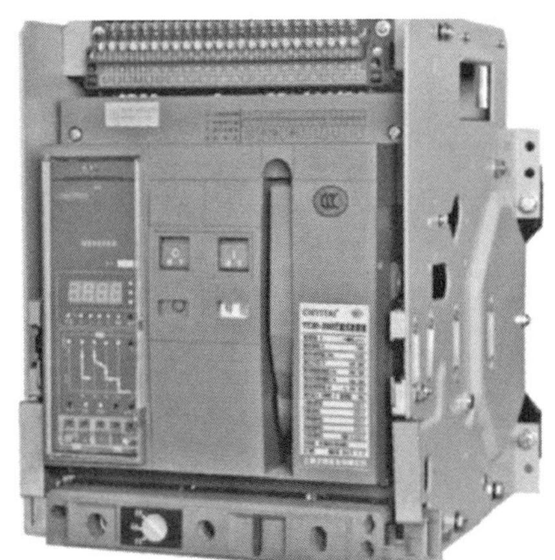

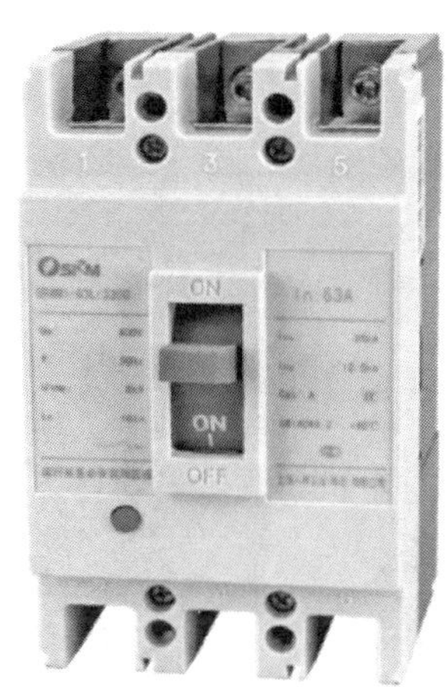

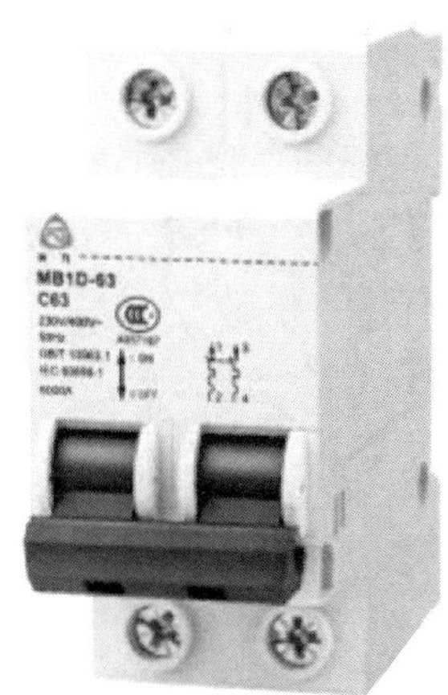

图 5-1-1　低压断路器

知识链接

低压断路器主要用于工矿企业、机场、医院及现代居住小区中的低压配电网中，可用作保护交直流电器设备，使其避免受到短路、过电流、欠电压、逆电流等不正常情况的危害；在不频繁操作的低压配电线路或开关柜中可作电源开关用；也可用于不频繁地起动电动机及操作或转换电路；智能型低压断路器和可通信低压断路器更加适用于自动化变电站及现代电网的集中控制；在分断故障电流后，一般不需要变更零部件，因此获得了广泛应用。

一、低压断路器的作用

低压断路器主要作用：既有手动开关作用，又能自动进行失电压、欠电压、过载和短路保护；用来分配电能，不频繁地起动异步电动机，对电源线路及电动机等实行保护，当它们发生严重过载、短路或欠电压等故障时，能自动切断电路。与普通负荷开关相比，低压断路器最大的优点是它具有灭弧功能。

二、低压断路器的分类方式

①按电流种类可分为:交流低压断路器和直流低压断路器。

②按灭弧介质可分为:空气式低压断路器和真空式低压断路器。

a. 空气式低压断路器又称自动空气开关或自动空气断路器,是以空气为灭弧介质的断路器。

b. 真空式低压断路器是以真空为灭弧介质,主要用于防爆设备。

③按结构型式可分为:万能式断路器、塑壳式断路器和微型断路器,如图 5-1-2 所示。

a. 万能式断路器又称框架式断路器或者空气断路器,主要用于低压配电系统的进线、母联,及其他大电流回路的关合。

b. 塑壳式断路器主要用于低压配电系统和电动机保护回路中的过载、短路保护。

c. 微型断路器是电气终端配电装置中一种终端保护电器。

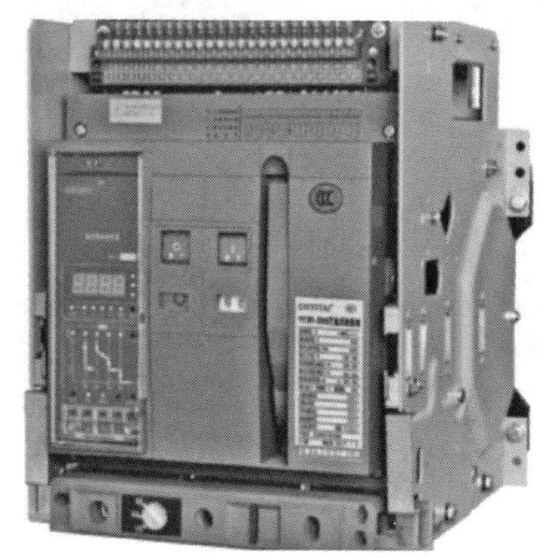

(a)万能式低压断路器

(b)塑壳式断路器

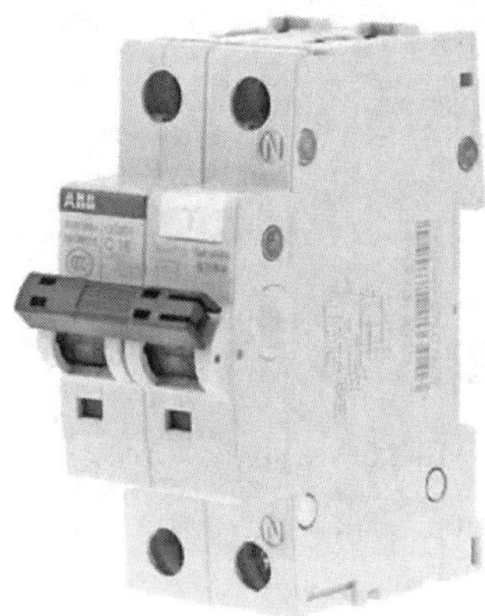

(c)微型断路器

图 5-1-2　不同结构低压断路器

④按保护特性可分为:A 类低压断路器和 B 类低压断路器。

a. A 类指在短路情况下,选择性保护无人为的短延时,因而不要求额定短时耐受电流。它具有过载长延时、短路瞬时动作的保护特性,绝大部分是塑料外壳式断路器。

b. B 类指在短路情况下,选择性保护有人为的短延时,因而要求断路器能承受额定短时耐受电流。具有三段保护,即过载长延时、短路瞬动和短路短延时,大多是万能式断路器,使用电子脱扣器和智能控制器者都属于 B 类。

⑤按全分断的时间可分为:一般型低压断路器和快速型低压断路器。断路器全分断时间 t 是指从短路出现瞬间开始至触头分断和电弧熄灭为止,以 ms 计算。

a. 分断时间 30 ~ 40 ms 为一般型低压断路器,一般为工业用于保护一般直流设备。

b. 分断时间 10 ~ 20 ms 为快速型低压断路器,多用于直流,用于保护硅整流设备。

⑥按用途可分为：配电用断路器、电动机保护用断路器、照明用断路器，漏电保护用断路器。

a. 配电用断路器，对交流 200～5 000 A，选择型用于电源总开关和负载始端支路开关，非选择型用于支路始端开关和支路末端开关；对直流 60～600 A，快速型主要用于保护硅整流设备，一般型用于保护一般直流设备。

b. 电动机保护用断路器，适用在交流 60～600 A，直接起动时过电流脱扣器瞬动倍数为 $(8\sim15)I_N$；间接起动时过电流脱扣器瞬动倍数是 $(3\sim8)I_N$。

c. 照明用断路器，选交流 5～50 A，用于过负荷、长延时、短路瞬时。

d. 漏电保护用断路器，用于交流 20～200 A，漏电流 30 mA，能在 0.1 s 内分断，用于保护人身安全及漏电引起的火灾。

三、低压断路器的结构

不同类型的低压断路器结构也不尽相同，主要由以下几个部分：触头系统、灭弧装置、操作机构、保护装置等组成。

1. 触头系统

触头系统是与断路器主电路分合机构机械上联动的，是低压断路器的执行元件，一般分为静触头和动触头，在断路器中用来实现电路接通或分断。触头的基本要求为：

①能安全可靠地接通和分断极限短路电流等级及以下的电路电流。

②能安全可靠地接通和分断长期工作制的工作电流。

③在规定的电寿命次数内，接通和分断后不会严重磨损。

常用断路器主触头，其动、静触头的接触处都焊有银基合金镶块，其特点是接触电阻较小，可长时间通过较大的负荷电流。

【小贴士】

主触头的类型有单断点指式触头、双断点桥式触头和插入式触头。在容量较大的低压断路器中，还常将指式触头做成两挡或三挡，形成主触头、副触头和弧触头并联的形式。单挡触点只有主触头（兼作弧触头），适用于小容量低压断路器，例如 DW10-200A 静动触头。

两挡触点有主触头和弧触头，如 DW15 断路器。弧触头要耐弧、耐磨、抗熔焊，一般多采用银钨合金、铜石墨或银石墨粉末冶金材料制成主触头和弧触头。在断路器分、合闸过程中有不同的作用和操作次序。断路器合闸时，弧触头承担合闸和电磨损；断路器分闸时，弧触头承担电路分断时的强电弧，防止主触头在通断过程中被电弧烧坏，起保护主触头的作用。而主触头承担长期通过负荷电流的任务，所以在合闸时弧触头先闭合，主触头后闭合；分闸时主触头先断开，弧触头后断开。低压断路器常用两挡触头系统，如图 5-1-3 所示。

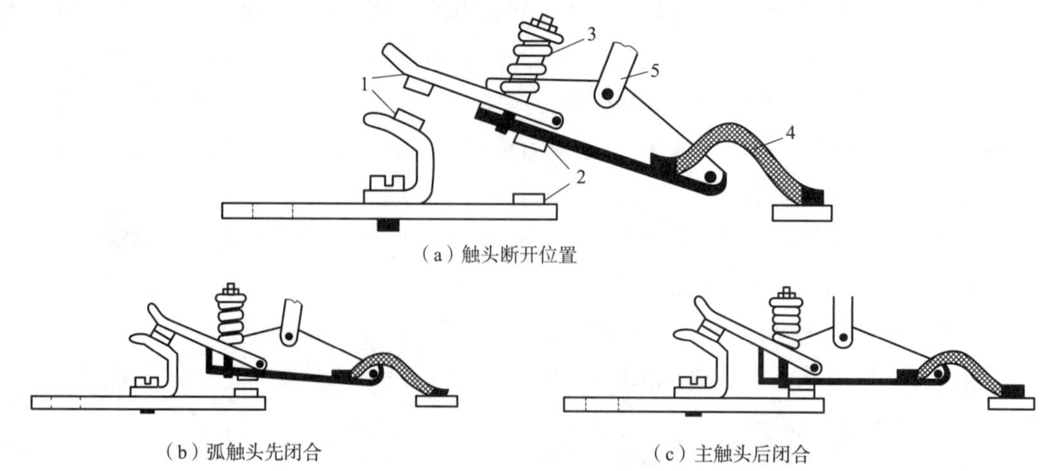

（a）触头断开位置

（b）弧触头先闭合

（c）主触头后闭合

图 5-1-3　两挡触头系统

1—弧触头;2—主触头;3—触点压力弹簧;4—软连接;5—传动机构

三挡触头是指在主、弧触头之间再增加一挡副触头，副触头常用于额定电流 1 500 A 及以上的低压断路器中，作为主触头的双重保护。低压断路器闭合时触头的动作顺序是：弧触头闭合→副触头闭合→主触头闭合；分断时相反，主触头先断开→副触头断开→弧触头断开。燃弧总是发生在弧触头上，当弧触头失去作用时，副触头可以代替弧触头对主触头进行保护。

2. 灭弧装置

灭弧装置是用来熄灭触头间在断开电路时产生的电弧。它通过一组特定的电学和机械手段，在低压断路器中形成合适的条件，以将电弧接通和熄灭，从而使设备能够稳定地工作。通常开关电器在分断时产生电弧是有害的，因为其温度高达数千摄氏度，能烧坏触头，甚至导致触头熔焊。如果电弧不立即熄灭，就可能烧伤操作人员，烧毁设备，甚至酿成火灾，因此，有触头的电器应考虑其灭弧问题。

低压断路器灭弧系统包括两部分：一是强力弹簧机构，使断路器触头快速分开；二是在触头上方设有灭弧室，一般为栅片式灭弧罩，灭弧室的绝缘壁一般用钢板纸压制而成或用陶土烧制而成。

3. 操动机构

低压断路器操动机构包括传动机构和自由脱扣机构两大部分：

（1）传动机构

按断路器操作方式不同可分为：手动传动、杠杆传动、电磁铁传动、电动机传动；按闭合方式可分为：储能闭合和非储能闭合。

（2）自由脱扣机构

自由脱扣机构的功能是实现传动机构和触头系统之间的联系。

4. 保护装置

低压断路器保护装置由各种脱扣器来实现。

脱扣器是低压断路器中用来接收信号的元件，若线路中出现不正常情况由操作人员或继电保护装置发出信号时，脱扣器会根据信号的情况，通过传递元件使触头动作跳闸来切断电路。低压断路器的脱扣器一般有过电流脱扣器、热脱扣器、失电压脱扣器、分励脱扣器等几种。低压断路器投入运行时，操作手柄已经使主触头闭合，自由脱扣机构将主触头锁定在闭合位置，各类脱扣器进入运行状态。

(1)过电流脱扣器

过电流脱扣器与被保护电路串联。当线路中通过正常电流时，电磁铁产生的电磁力小于反作用力弹簧的拉力，衔铁不能被电磁铁吸动，断路器正常运行。当线路中出现短路故障时，电流超过正常电流的若干倍，电磁铁产生的电磁力大于反作用力弹簧的作用力，衔铁被电磁铁吸动，通过传动机构推动自由脱扣机构释放主触头。主触头在分闸弹簧的作用下分开切断电路，起到短路保护作用。

(2)热脱扣器

热脱扣器与被保护电路串联。当线路中通过正常电流时，发热元件发热使双金属片弯曲至一定程度(刚好接触到传动机构)，并达到动态平衡状态，双金属片不再继续弯曲。若出现过载现象时，线路中电流增大，双金属片将继续弯曲，通过传动机构推动自由脱扣机构释放主触头，主触头在分闸弹簧的作用下分开，切断电路起到过载保护的作用。

(3)失电压脱扣器

失电压脱扣器并联在断路器的电源侧，可起到欠电压及失电压保护的作用。当电源电压正常时扳动操作手柄，断路器的常开辅助触头闭合，电磁铁得电，衔铁被电磁铁吸住，自由脱扣机构才能将主触头锁定在合闸位置，断路器投入运行。当电源侧停电或电源电压过低时，电磁铁所产生的电磁力不足以克服反作用力弹簧的拉力，衔铁被向上拉，通过传动机构推动自由脱扣机构使断路器掉闸，起到欠电压及零电压保护作用。

【小贴士】

电源电压为额定电压的75%~105%时，失电压脱扣器保证吸合，使断路器顺利合闸。当电源电压低于额定电压的40%时，失电压脱扣器保证脱开使断路器掉闸分断。一般还可用串联在失电压脱扣器电磁线圈回路中的常闭按钮做分闸操作。

(4)分励脱扣器

分励脱扣器用于远距离操作低压断路器分闸控制。它的电磁线圈并联在低压断路器的电源侧。需要进行分闸操作时，按动常开按钮使分励脱扣器的电磁铁得电吸动衔铁，通过传动机构推动自由脱扣机构，使低压断路器掉闸。

在一台低压断路器上同时装有两种或两种以上脱扣器时，则称这台低压断路器装有复式脱扣器。

四、低压断路器的工作原理

低压断路器虽然种类和形式很多，但其结构和工作原理基本相同。图5-1-4所示为低压断路器结构原理图。

低压断路器主触头1串联在三相主电路中，主触头可由操作机构手动或电动合闸。当开关操作手柄合闸后，主触头 1 由锁键 2 保持在合闸状态，锁钩 3 钩住锁键 2，锁钩 3 可以绕转轴 4 转动。如果锁钩 3 被杠杆 5 顶开，则主触头 1 就被复位弹簧 6 拉开，电路断开。

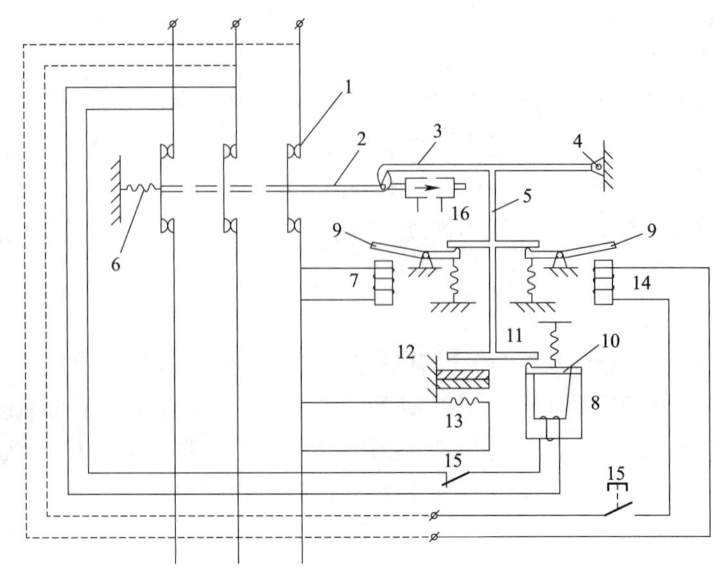

图 5-1-4　低压断路器结构原理图

1—主触头；2—锁键；3—锁钩（代表自由脱扣机构）；4—转轴；5—杠杆；6—复位弹簧；
7—过电流脱扣器；8—欠电压脱扣器；9、10—衔铁；11—弹簧；12—双金属片；
13—发热元件；14—分励脱扣器；15—起动按钮；16—电磁铁

当电路发生短路或严重过载时，由于过电流脱扣器 7 的线圈和热脱扣器的发热元件 13 与主电路串联，此时过电流脱扣器线圈所产生的吸力增大，将衔铁 9 吸合，克服弹簧 11 的吸力撞击杠杆 5，使自由脱扣机构动作，从而带动主触头断开主电路。

【小贴士】

当电路过载时，发热元件 13 发热，使双金属片 12 向上弯曲，推动自由脱扣机构动作，一般等待 2 ~ 3 min 才能重新合闸以使热脱扣器恢复原位，这也是低压断路器不能连续频繁进行通断操作的原因之一。

当电路欠电压时，因欠电压脱扣器 8 的线圈与电源并联，此时欠电压脱扣器的衔铁 10 释放，也使自由脱扣器动作，断开主电路。

分励脱扣器 14 用于远距离控制切断电源。正常工作时，其线圈是断电的，当需要远距离控制时，按下起动按钮 15，使线圈通电，衔铁带动自由脱扣机构动作，使主触点断开。

一般断路器都应有短路锁定功能，用来防止因短路故障未排除时发生再合闸。低压断路器配置了某些脱扣器或附件后可以扩展功能。

五、低压断路器的型号及符号

某厂家低压断路器的型号如图 5-1-5 所示。

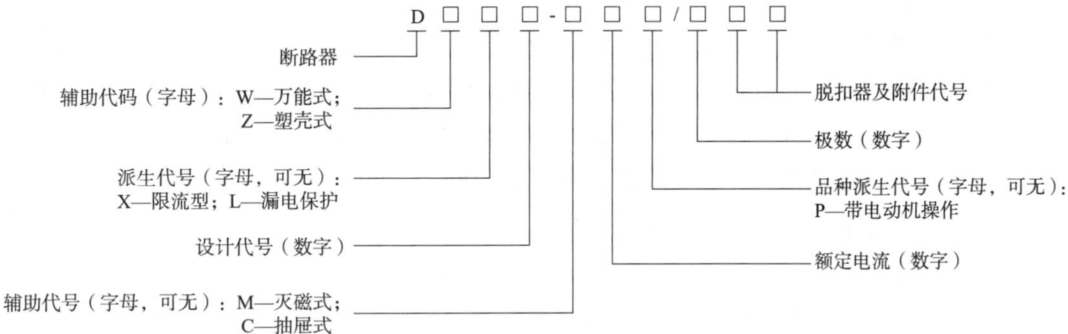

图 5-1-5 某厂家低压断路器的型号

低压断路器在电路图中的图形符号如图 5-1-6 所示，文字符号用 QF 表示。

六、低压断路器的特性参数

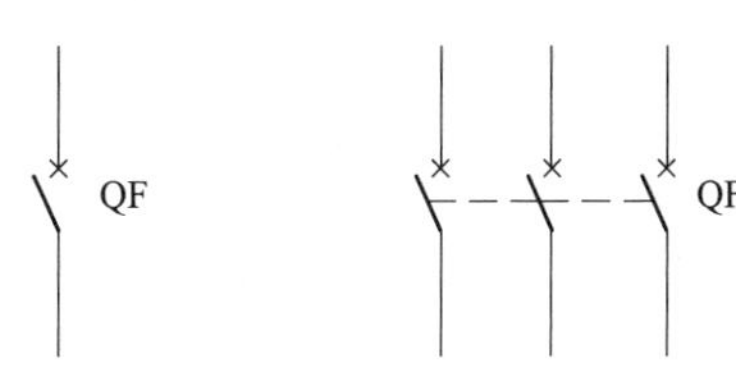

图 5-1-6 低压断路器的图形符号

(1)额定工作电压 U_e

额定工作电压是指断路器的标称电压，在规定的正常使用和性能条件下，能够连续运行的电压。

(2)额定电流 I_n

额定电流是指在环境温度为 40 ℃以下，脱扣器能长期通过的电流。对带可调式脱扣器的断路器来说，则为脱扣器可长期通过的最大电流。

(3)热脱扣器电流整定值 I_r

电流超过脱扣器电流整定值 I_r，断路器延时跳闸。它还代表着断路器不跳闸时所能承受的最大电流。该值必须大于最大负载电流 I_b，但是小于线路所允许的最大电流 I_z。热脱口器电流整定值 I_r 通常可在$(0.7 \sim 1.0)I_n$ 范围内调整，但是如果使用电子设备，其调整范围会更大，通常为$(0.4 \sim 1.0)I_n$。对于配有不可调过电流脱口继电器的断路器，$I_r = I_n$。

(4)短路脱扣器电流整定值 I_m

短路脱扣器(瞬时或短延时)用于高故障电流值出现时，使断路器快速跳闸，其跳闸整定值为 I_m。

(5)额定短时间耐受电流 I_{cw}

指在约定的时间内允许通过的电流值。该电流值在约定的时间内通过导体，不会因过热而引起导体的损坏。

(6)分断能力

断路器的分断能力是指该断路器安全切断故障电流的能力，与其额定电流无必然联系，一般分为极限短路分断能力 I_{cu}和运行短路分断能力 I_{cs}。

七、低压断路器的选用原则

首先根据用途选择低压断路器的型式及极数；根据最大工作电流选择低压断路器的额定电流；根据需要选择脱扣器的类型、附件的种类和规格。具体要求如下：

①断路器的额定工作电压≥线路额定电压。

②断路器的额定短路通断能力≥线路计算负载电流。

③断路器的额定短路通断能力≥线路中可能出现的最大短路电流(一般按有效值计算)。

④线路末端单相对地短路电流≥1.25 倍断路器瞬时(或短延时)脱扣整定电流。

⑤断路器欠电压脱扣器额定电压等于线路额定电压。

⑥断路器的分励脱扣器额定电压等于控制电源电压。

⑦电动传动机构的额定工作电压等于控制电源电压。

⑧断路器用于照明电路时,电磁脱扣器的瞬时整定电流一般取负载电流的 6 倍。

⑨采取断路器作为单台电动机的短路保护时,瞬时脱扣器的整定电流为电动机起动电流的 1.35 倍(DW 系列断路器)或 1.7 倍(DZ 系列断路器)。

⑩采用断路器作为多台电动机的短路保护时,瞬时脱扣器的整定电流为 1.3 倍最大一台电动机的起动电流再加上其余电动机的工作电流。

⑪采用断路器作为配电变压器低压侧总开关时,其分断能力应大于变压器低压侧的短路电流值,脱扣器的额定电流不应小于变压器的额定电流,短路保护的整定电流一般为变压器额定电流的 6 ~ 10 倍;过载保护的整定电流等于变压器的额定电流。

⑫初步选定断路器的类型和等级后,还要与上、下级开关的保护特性进行配合,以免越级跳闸,扩大事故范围。

八、低压断路器的选择性保护种类

在配电系统中用的断路器按其保护性能分为选择性和非选择性两类。

选择性低压断路器:有两段保护和三段保护两种。其中瞬时特性和短延时特性适用于短路动作,而长延时特性适用于过载保护。

非选择性低压断路器:一般为瞬时动作,只做短路保护作用。也有的为长延时动作,只做过负荷保护用。在配电系统中,上一级断路器采用选择性断路器,下一级断路器采用非选择性断路器或选择性断路器,主要是利用短延时脱扣器的延时动作或延时动作时间的不同,以获得选择性。通过上一级断路器的延时动作时,注意以下几点问题:

(1)无论下一级是选择性断路器还是非选择性断路器,上一级断路器的瞬时过电流脱扣器整定电流一般不得小于下一级断路器出线端的最大三相短路电流的 1.1 倍。

(2)如果下一级是非选择性断路器,为防止在下一级断路器所保护回路发生短路电流时,因这一级瞬时动作灵敏度不够,而使上一级短延时过电流脱扣器首先动作,使其失去选择性。一般上一级断路器的短延时过电流脱扣器的整定电流不小于下一级瞬时过电流脱扣器的 1.2 倍。

(3)如果下一级是选择性断路器,为保证选择性,上一级断路器的短延时动作时间至少比下一级断路器的短延时动作时间长 0.1 s。一般来说,要保证上下两级低压断路器之间选择性动作,上一级断路器宜选择带短延时的过电流脱扣器,而且其动作电流要大于下一级过电流脱扣器动作电流一级以上,至少上一级的动作电流 I_{op1} 不小于下一级动作电流 I_{op2} 的 1.2 倍,即

$I_{op1} \geq 1.2I_{op2}$。

九、低压断路器进行上下级配合使用的方法

在配电系统的设计中,断路器的上下两级之间的选择性配合,必须具有“选择性、快速性和灵敏性”。

选择性与上下两级断路器之间的配合有关,而快速性和灵敏性分别与保护电器本身特点和线路运行方式有关。

上下两级断路器配合得当,则能有选择地将故障回路切除,保证配电系统的其他无故障回路继续正常工作。反之,则影响配电系统的可靠性。

级联保护是断路器限流特性的具体应用,其主要原理是利用上级断路器的限流作用,在选择下级断路器时,可选择分断能力较低的断路器,以达到降低成本、节约费用的目的。

上级的限流型断路器能分断其安装处的最大预期短路电流,由于配电系统中上下级的断路器为串联安装,当下级断路器出口处发生短路时,该短路电流由于上级断路器的限流作用而使其实际值远小于该处的预期短路电流,也就是说,下级断路器的分断能力在上级断路器帮助下大大增强,超过了其额定分断能力。

十、低压断路器的灵敏度计算

为了保证断路器的瞬时或短延时过电流脱扣器在系统最小运行方式下,在其保护范围内发生最轻微的短路故障时能可靠动作。断路器保护的灵敏度必须满足《低压配电设计规范》(GB 50054—2011)规定,其灵敏度应不小于1.3,即 $S_p = I_{kmin}/I_{op} \geq 1.3$。式中,$I_{op}$为瞬时或短延时过电流脱扣器的动作电流;$I_{kmin}$为断路器保护的线路末端在系统最小运行方式下的单相短路电流或两相短路电流;S_p 为断路器的灵敏度。

在选用断路器时,还应注意对其灵敏度的校验。对于同时具有短延时和瞬时过电流脱扣器的选择性断路器,只需要校验短延时过电流脱扣器的动作灵敏度,不需要校验瞬时过电流脱扣器动作的灵敏度。

十一、低压断路器选择与整定

1. 瞬时过电流脱扣器动作电流的整定

断路器所保护的对象中,有某些电器设备,这些电器设备在起动过程中,会在短时间内产生数倍于其额定电流的高峰值电流,从而使断路器在短时间内承受较大的尖峰电流。瞬时过电流脱扣器的动作电流 $I_{op(o)}$ 必须躲过线路的尖峰电流 I_{pk},即 $I_{op(o)} \geq K_{rel}I_{pk}$。式中,$K_{rel}$为可靠系数。在选用断路器时,应注意使断路器的瞬时过电流脱扣器的整定电流躲过尖峰电流,以免引起断路器的误动作。

2. 短延时过电流脱扣器动作电流和动作时间的整定

短延时过电流脱扣器的动作电流 $I_{op(s)}$,也应躲过线路的尖峰电流 I_{pk},即 $I_{op(s)} \geq K_{rel}I_{pk}$。式中,$K_{rel}$为可靠系数。短延时过电流脱扣器的动作时间一般分0.2 s、0.4 s和0.6 s三种,按前后保护装置的保护选择性来确定,应使前一级保护的动作时间比后一级保护的动作时间长一个时间级差。

3. 长延时过电流脱扣器动作电流和动作时间的整定

长延时过电流脱扣器主要是用来保护过负荷。因此其动作电流 $I_{op(1)}$ 只需要躲过线路的最大负荷电流即计算电流 I_c，即 $I_{op(1)} \geqslant K_{rel} \cdot I_c$。式中，$K_{rel}$ 为可靠系数。长延时过电流脱扣器的动作时间应该允许短时过负荷的持续时间，以免引起低压断路器的误动。

4. 过电流脱扣器的动作电流与被保护线路的配合要求

为了不致线路因出现过负荷或短路引起绝缘线缆过热受损甚至失火，而其断路器不跳闸事故的发生，断路器过电流脱扣器的动作电流 I_{op} 应符合公式的要求，即 $I_{op} \leqslant K_{ol} I_{al}$。式中，$I_{al}$ 为绝缘线缆的允许载流量；K_{ol} 为绝缘线缆的允许短时过负荷系数，对瞬时和短延时过电流脱扣器，一般取 4.5；对长延时过电流脱扣器，做短路保护时取 1.1，只做过负荷保护时取 1。如果不满足以上配合要求，则应改选脱扣器动作电流，或适当加粗导线或电缆线的截面积。

任务分组

小组信息表见表 5-1-1。

表 5-1-1　小组信息表

小组信息	班级			日期		
	小组名称			组长		
	分工					
	成员					

任务准备

小组成员沟通讨论工作计划，依照任务导入，查找资料，分工协作，准备完成任务。根据任务要求，领取本任务需要用到的材料。

任务实施

一、引导问题

(1) 低压断路器的主要作用是____________________。

(2) 低压断路器按电流类型可分为____________________。

(3) 低压断路器按结构型式可分为____________________。

(4) 低压断路器的图形符号是____________________。

(5) 低压断路器的脱扣器有____________________。

二、技能训练

(1) 根据低压断路器结构原理，如图 5-1-7 所示，能够正确指出各部分对应的名称，并能够正确叙述出各部分工作原理。

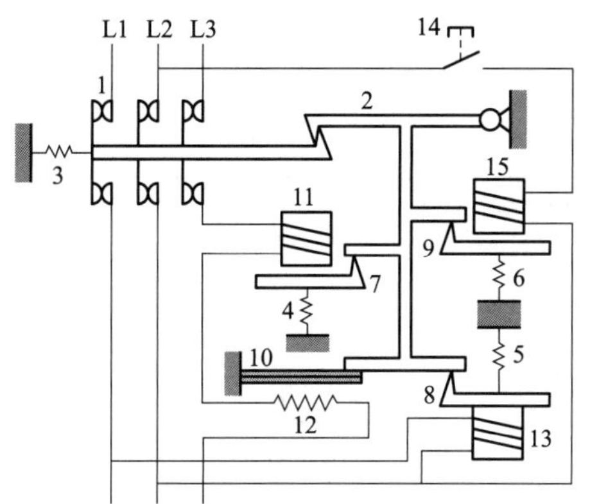

图 5-1-7 技能训练(1)图示

1—触头;2—锁钩;3、4、5、6—弹簧;7、8、9—衔铁;10—双金属片;11—过电流脱扣线图;12—加电热电阻丝;13—失电压脱扣线圈;14—按钮;15—分励线圈

请查阅资料,识别图 5-1-7 中低压断路器主要部分的结构,并正确给出各部分的作用,并填写表 5-1-2。

表 5-1-2 低压断路器主要结构表

序号	结构名称	作用
1		
2		
3、4、5、6		
7、8、9		
10		
11		
12		
13		
14		
15		

(2)根据图 5-1-8,找出哪里使用了低压断路器?分别使用了哪一类低压断路器?并给出判断依据。

(3)请在低压开关柜中找出不同类型的低压断路器实物,并描述出不同低压断路器各自的特点。

任务评价

小组成员各自完成自我评价,组长完成小组评价,教师完成教师评价,见表 5-1-3。整理实训设备和仪表,做好 5S 管理工作。

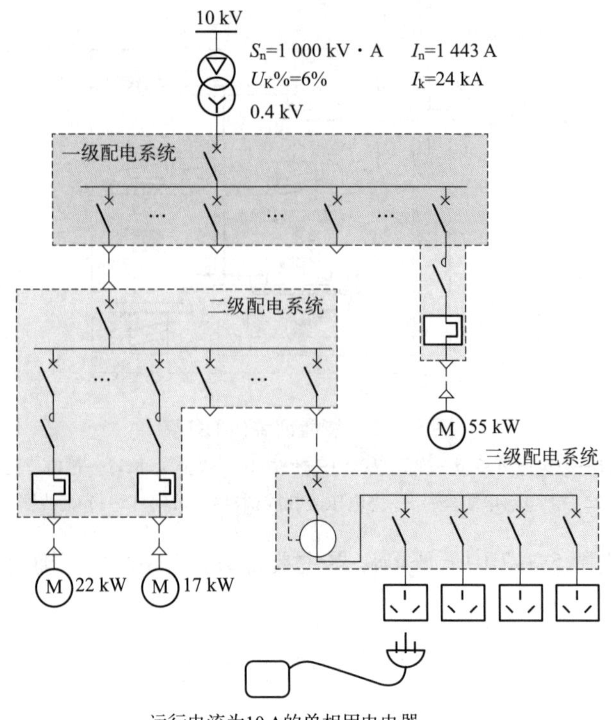

图 5-1-8　技能训练(2)图示

表 5-1-3　任务评价表

序号	评价内容	自我评价	小组评价	教师评价	分值分配
1	是否遵守安全操作规范				10
2	态度是否端正,工作是否认真				10
3	知识链接内容是否完全掌握				10
4	是否完成任务导入				10
5	查找资料是否完备				5
6	是否完成任务				25
7	能否与他人团结协作				10
8	能否积极回答问题				10
9	是否做好 5S 管理工作				10
10	合计				100
11	加分 + 增值评价				
12	总分				

评分说明:

(1)总分 = 自我评价 ×20% + 小组评价 ×20% + 教师评价 ×60% + 加分。

(2)加分项为奖励在完成任务中正能量突出的同学,如帮助同学、劳动积极等,由教师酌情给分,分值范围在 1 ~ 10 分之间。增值评价是与前一次任务完成情况比较,由组长和教师共同完成,也可由学生自己提出,分值范围在 1 ~ 5 分之间。

课后拓展

世界上最早的断路器出现于 1885 年,它是一种刀开关和过电流脱扣器的组合。1905 年具有自由脱扣装置的空气断路器诞生。1930 年以来,电弧原理的发现和各种灭弧装置的发明,逐渐形成了目前的结构。20 世纪 50 年代末,又产生了电子脱扣器,断路器发展至今,由于小型化计算机的普及,又有了智能型断路器的问世。

国内低压断路器发展状况:新中国成立后,我国电器工业有了很大的发展,国内低压断路器大致经历了表 5-1-4 所示四代的发展阶段。

表 5-1-4 国内低压断路器发展阶段

项目	开发年代	主要产品	技术水平	主要特征
第一代产品	20 世纪 60 年代至 70 年代初	DW10、DZ10 为代表的系列产品	模仿苏联产品的基础上设计开发的第一代统一设计的低压断路器	结构尺寸大、材料消耗多、性能指标低、品种规格不齐全(大部分已列入国家指定的落后淘汰产品)
第二代产品	20 世纪 70 年代末至 80 年代末	DW15、DZ20 为代表的系列产品	国内企业技术更新换代、自主开发的低压断路器	技术指标明显提高、保护特性较完善、产品体积
第三代产品	20 世纪 90 年代初至 2005 年	DW15、CM1、S、SA 为代表的系列产品	国内企业自行开发的智能化产品,少数优势企业已掌握核心技术	性能优良、工作可靠、体积小、具有电子化、智能化、组合化、模块化和多功能化等
第四代产品	2005 年至今	VW60、VM60 为代表的系列产品	国内企业自行开发的智能化产品,已达到国外 21 世纪初水平	在第三代产品的基础上优化,网络化、可通信是第四代产品的最主要特征

巩固练习

一、填空题

(1)当电源电压低于(　　　)时,失电压脱扣器保证脱开使断路器掉闸分断。

(2)低压断路器主要由(　　　)、(　　　)、(　　　)和保护装置等组成。

(3)在两挡触头系统中,在合闸时,(　　　)先闭合,(　　　)后闭合;分闸时,(　　　)先断开,(　　　)后断开。

(4)低压断路器的灭弧系统包括(　　　　)和(　　　　　)。

二、判断题

在线路出现失电压时,低压断路器脱扣器进行工作,完成失电压保护。(　　　)

任务二 微型断路器的运用

课件

微型断路器

视频

微型断路器

学习目标

知识目标	技能目标	素质目标
(1)掌握微型断路器的结构; (2)掌握微型断路器工作原理; (3)掌握微型断路器铭牌信息及选用; (4)掌握微型断路器安装及维护注意事项	(1)能识别微型断路器各部分结构; (2)能够正确叙述微型断路器工作原理; (3)能正确识读微型断路器铭牌信息; (4)能正确选用、安装和维护微型断路器	(1)具备理论联系实际的素养; (2)具备独立思考、严谨细致的学习态度; (3)具备良好的沟通能力和优秀的团队协作精神

任务导入

如图 5-1-8 所示三级配电系统中的低压断路器应该如何选择呢?

知识链接

微型断路器又称自动空气开关,简称 MCB(micro circuit breaker),是一种可以自动操作的电气开关,用于保护低压电路免受过载或短路产生过电流而造成损坏,即当通过它的电流超过设定值时,自动断开已连接的电路。如有必要,它可以像普通开关一样手动在 ON 和 OFF 的状态进行切换。简而言之,微型断路器产品具备开关和断路器的双重属性。一般提供单极、双极、三极、四极等选择,是电气终端配电装置中使用最广泛的一种终端保护电器。

一、微型断路器的作用

微型断路器的主要作用是控制和保护电路,适用于交流 50 Hz 或 60 Hz,额定电压 230 V/400 V,通常用于 125 A 以下单相、三相的过载、短路等保护。微型断路器有延时脱扣装置,过电流的大小控制其动作时间。当出现过电流且存在时间足够长,足以对受保护电路造成危险时,线路保护机制就会发挥作用。

微型断路器对开关浪涌和电机起动电流等瞬态负载不响应。一般出现过电流故障时,微型断路器通常被设计为在 2.5 ms 内跳闸,在温度上升或过热的情况下,断路器可能需要 2 s 到 2 min 的时间跳闸,这取决于线路中的电流水平。微型断路器的额定电流通常最大可达 125 A,没有可调节的脱扣特性,在运行中保护方式采用的是热或者电磁保护形式。

二、微型断路器的分类

按极数可分为单极、双极、三极、四极微型断路器。

(1)单极微型断路器

仅有一个极的微型断路器,主要用于直流回路中,具有灵活、小型、轻便的特点。单极微型断路器可以进行分流和联络的应用,适用于一些电子设备的保护。

(2)双极微型断路器

有两个极的微型断路器,主要应用于交流回路中。双极微型断路器分为单相双极和双相双极两种。单相双极微型断路器适用于单个相的保护,如灯具、插座等。双相双极微型断路器适用于两个相的保护,如空调、电热器等。

(3)三极微型断路器

指有三个极的微型断路器,主要应用于三相交流电路中。通常用于保护工业装置、机器和设备等,其优点是断电快速、感应灵敏、使用寿命长。

(4)四极微型断路器

指有四个极的微型断路器,主要应用于三相加中性线交流电路中,具有断电迅速、感应灵敏等特点。四极微型断路器可以切断所有电线,保护人员和设备的安全,通常用于保护电气设备和工业自动化设备等。

三、自动空气开关的结构

微型断路器外部采用热塑性好的绝缘材料模制外壳,有良好的机械、隔热和绝缘性能。上部为电源进线端,下部为负载出线端,其他信息如图 5-2-1(a)所示。

内部由触头系统(触头组)、操动机构(机械锁定装置)、保护装置(过载保护双金属片、短路保护电磁脱扣器)、灭弧系统(急速灭弧系统)等组成,如图 5-2-1(b)所示。

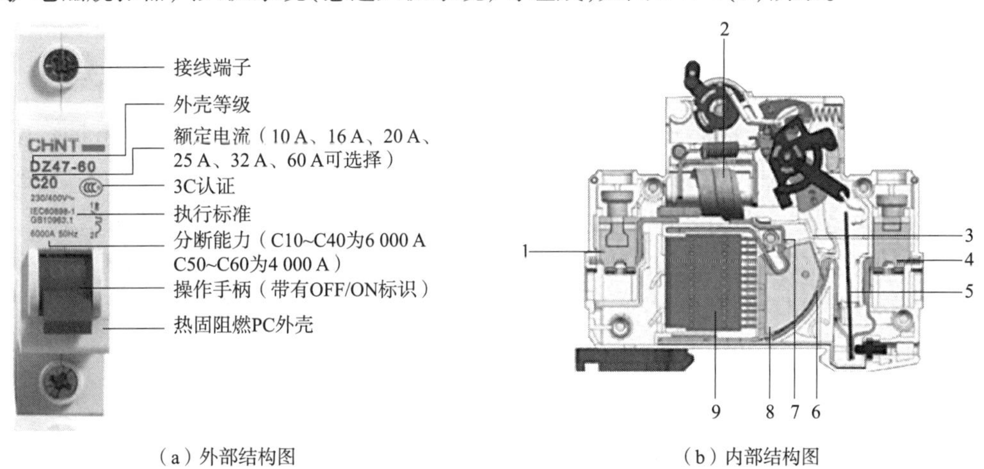

(a)外部结构图　　(b)内部结构图

图 5-2-1　微型断路器结构图

1—下接线端;2—电磁线圈;3—动触头;4—上接线端;5—双金属片;6—跑弧道;7—静触头;8—隔弧壁;9—灭弧室

触头系统与断路器主电路分合机构机械联动,是低压断路器的执行元件,一般分为静触头和动触头;主要用于反映断路器的分、合状态。

灭弧系统用来熄灭触头间在断开电路时产生的电弧,灭弧系统包括两个部分:一是强力弹簧机构,使断路器触头快速分开;二是在触头上方设有的灭弧室,内部栅片灭弧装置是利用金属栅片把电弧截割成若干段短弧,从而大大增加整个电弧的电压降,通常栅片的数量越多,电弧的压降越大,用于熄灭电弧。

【小贴士】

操作机构主要由手柄、主拉簧、上连杆、下连杆、跳扣、动触头、静触头、主轴、支架等组成。操作机构在运动过程共有合闸、分闸、自由脱扣、再扣四个运动状态。

保护装置由各种脱扣器实现。脱扣器是与断路器机械上相连,用以释放保持机构,并使断路器自动或人为断开的装置。

四、微型断路器的工作原理

在通正常工作电压时,低压断路器各脱扣机构连接触头闭合,线路导通。

1. 过载保护

断路器的过载保护功能的实现是利用双金属片随着温度升高而定向按规律弯曲的原理。小型断路器闭合后在正常工作状态下,内部的双金属片因其上通过一定的电流而发热,两片金属的热膨胀系数不同而导致弯曲,正常电流弯曲角度不大,因此推力不足以使脱扣机构脱扣,当线路出现一般性过载时,过载电流通过热脱扣器,使其中的双金属片在受热情况下向膨胀系数低的一面弯曲,利用弯曲度推动脱扣杆旋转运动,执行脱扣跳闸动作,从而使小型断路器脱扣,起到了超负载保护的作用。流过小型断路器的电流大小不同,双金属片产生的弯曲程度也不同。在线路的一般性过载时,由于过载电流不太大,断路器脱扣时间一般较长。

2. 短路保护

断路器的短路保护功能是由瞬时电磁脱扣器来实现的。瞬时电磁脱扣器串接在电路中,电路正常工作时,由于匝数少(一般只有 10 匝以下),正常工作电流产生的吸力不足以克服弹簧的反作用力,因此线路能正常工作。当线路发生短路或严重过载时,很高的电流流过感应线圈而产生一强大磁场,由于产生的电流与正常工作的电流相比相差几倍以至几十倍或更大,线圈匝数没变,但电流增加几倍以至几十倍,因此吸力也增加了几倍以至几十倍,推动杠杆使断路器快速脱扣,即在出现短路电流时,电磁脱扣器线圈励磁,衔铁或铁芯快速运动,脱扣器进入动作状态,使触点断开,起到短路保护作用。由于电流很大,断路器的脱扣时间一般在 0.1 s 内。

五、微型断路器的铭牌及主要参数

在选用和使用微型断路器时,需要读取其铭牌获取型号、规格等设备信息。微型断路器的型号和规格通常由数字和字母组成,用于表示微型断路器的电流、电压、极数等参数。微型断路器型号众多,例如,型号为 DZ47-60 C20 的微型断路器,铭牌如图 5-2-2(a)所示。

目前常用的 DZ 系列微型断路器,型号中“60”表示断路器的框架电流为 60 A,框架电流是指该断路器框架能够承受的最大电流，即如果电路中的电流超过该数值，断路器就有可能被烧毁，造成不能自动脱扣。

【小贴士】

> 在微型断路器的型号中，需要将脱扣器的脱扣特性曲线的类型表达清楚，这是微型断路器的型号中非常重要的一项参数。这里“C20”表示额定电流为 20 A。断路器的额定电流 I_n，是指脱扣器能长期通过的电流。“C”就表示脱扣器为 C 脱扣特性曲线，常用于照明电路中。

国际通行的脱扣器特性曲线有 A、B、C、D 共四种脱扣特性。

A 型断路器：分断 2～3 倍额定电流，很少使用。

B 型断路器：分断 3～5 倍额定电流，一般用于纯阻性负载和低压照明回路。

C 型断路器：分断 5～10 倍额定电流，需在 0.1 s 内脱扣。

D 型断路器：分断 10～20 倍额定电流，主要在用电器瞬时电流较大的环境。

其他参数，如 230/400 V 表示交流额定工作电压为 230 V 或 400 V。6 000 A 表示额定短路分断能力 I_{cn}。50 Hz 指的是接入交流电的频率为 50 Hz。以上就是铭牌显示中的主要参数。

六、微型断路器的选用原则

一般选用原则：根据用途选择微型断路器的型式及极数；根据需要选择脱扣器的类型、附件的种类和规格；根据最大工作电流选择微型断路器的额定电流。

1. 极数选择

根据安装环境条件、保护对象的相数的不同，选择四极、三极、二极、单极断路器。断路器极数通常用“P”表示，1P、2P、3P、4P 即代表所选断路器，分别为 1 极、2 极、3 极和 4 极。一般极数与模数有关，模数代表着小型断路器的宽度，1P 的断路器占两个模数，通常称一位，宽度为 18 mm。那么 2P 断路器的宽度为两位，宽度就是 36 mm，3P 断路器的宽度为三位，宽度就是 54 mm，4P 断路器的宽度为四位，宽度就是 72 mm。

2. 脱扣器类型的选择

①A 特性适用于保护半导体电子线路，带小功率电源变压器的测量回路或线路长且电流小的系统。

②B 特性适用于纯阻性负载和低感照明回路，这类负荷短路电流较小，一般应用于家庭照明或者保护要求较高的场合。

③C 特性适用于感性负载和高感照明回路，例如卤钨灯，其起动特性的电流值较高，一般应用于配电回路保护及高起动特性电流的照明负荷。

④D 特性适用于高感负载和较大冲击电流的配电系统，例如电动机、变压器、电磁阀等负荷，这类负荷在起动过程中具有较高的冲击负荷。

3. 主要参数的选择

①额定工作电压≥线路额定电压；

②额定短路通断能力≥线路计算负载电流；

③额定短路通断能力≥线路中可能出现的最大短路电流(一般按有效值计算)；

④线路末端单相对地短路电流≥1.25倍断路器瞬时(或短延时)脱扣整定电流；

⑤用于照明电路时,电磁脱扣器的瞬时整定电流一般取负载电流的6倍。

⑥作为单台电动机的短路保护时,瞬时脱扣器的整定电流为电动机起动电流的1.7倍(DZ系列断路器)。

⑦作为多台电动机的短路保护时,瞬时脱扣器的整定电流为1.3倍最大一台电动机的起动电流再加上其余电动机的工作电流,即$1.3I_{max}+(n-1)I_n$。

七、微型断路器安装接线及常见故障

1. 安装与接线

微型断路器应垂直正向安装。以断路器面板上铭牌的字或标识做参数,将断路器上方的接线端作为电源的进线端,下方的接线端作为负载的连接端的接线方式称为上进线,向上板把为合闸。进线侧是断路器的静触头,出线侧是断路器的动触头。静触头的结构相对简单,散热条件好一些,因此静触头侧的绝缘性能优于动触头侧。

当上端进线,下端出线时,因为灭弧装置设置在进线端,开关分断瞬间产生的电弧可顺利进入灭弧室,开关下端不再带电,安全断开电路。

当下端进线,上端出线时,即反接线,开关分断瞬间产生的电弧也可进入灭弧室,弧光停留的时间会稍微久一点,有弧光就意味着产生高热量,弧光存在的时间越久,产生的热量越高,对开关的绝缘性能损害越大,所以反接线会导致开关使用寿命的减少,并且开关断开以后,机械复杂程度更高的下侧一直处于带电状态,一方面加速绝缘老化,另一方面开关分断时产生的游离气相电弧,可能不完全进入灭弧室,会导致机械复杂程度更高的下侧出现弧光相间短路,烧毁开关。

【小贴士】

微型断路器禁止反向接线。接线时需要以接线柱标识为准,标注着L的接相线;标注着N的接中性线。

2. 微型断路器常见故障及排除方法

微型断路器常见故障及排除方法见表5-2-1。

表5-2-1　微型断路器常见故障及排除方法

故障现象	原因分析	排除方法
不能合闸	负载端存在短路、漏电现象	检查负载状态
	操作机构出现故障	更换产品
	断路器的锁定电流与负载电流不匹配	更换产品规格
	漏电附件是否复位	按下复位按钮

续表

故障现象	原因分析	排除方法
温度偏高	接线螺钉未压紧导线或松动	拧紧接缓线螺钉
	选用的导线截面积偏小	更换导线规格
	断路器的额定电流与负载电流不匹配	更换产品规格
	产品自然老化,零部件变形,生锈松动	更换新品
短路时未分闸	产品触头系统存在故障	更换新品
	选用的断路器与负载的工作条件不匹配	更换产品规格
不通电	导线剥头太短	重新剥线
	导线未插入接线框内	重新接线
	产品内部机构问题	更换产品

任务分组

小组信息见表 5-2-2。

表 5-2-2　小组信息表

小组信息	班级			日期		
	小组名称			组长		
	分工					
	成员					

任务准备

小组成员沟通讨论工作计划,依照任务导入,查找资料,分工协作,准备完成任务。根据任务要求,领取本任务需要用到的电气设备及相关材料、仪表。

任务实施

一、引导问题

(1)微型断路器的主要作用是________________。

(2)微型断路器通常又称________________。

(3)微型断路器按极数可分为________________。

(4)微型断路器的选用原则是________________。

(5)微型断路器安装时应________________。

二、技能训练

(1)请对微型断路器进行拆装,了解其内部结构及各部分作用,查阅资料,指出图 5-2-2 中微型断路器内部结构及各部分的作用,并填写表 5-2-3。

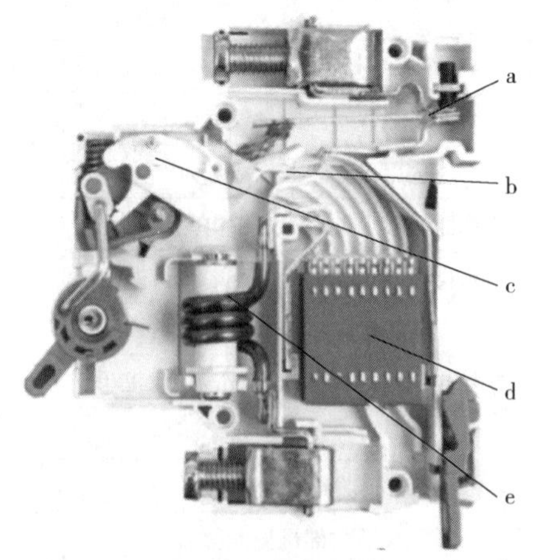

图 5-2-2　技能训练(1)图示

表 5-2-3　微型断路器结构作用表

序号	结构名称	作用
a		
b		
c		
d		
e		

(2)在表 5-2-4 中写出小组领取的微型断路器主要参数。

表 5-2-4　微型断路器主要参数

序号	参数名称
1	
2	
3	
4	

(3)三级配电系统中(见图 5-1-8),四个插座所带负载分别为:洗衣机(　　　)kW,空调(　　　)kW,冰箱(　　　)kW,厨房电气设备(　　　)kW,请为每路插座支路选择对应的微型断路器,并给出选择依据。

任务评价

小组成员各自完成自我评价,组长完成小组评价,教师完成教师评价,见表 5-2-5。整理实训设备和仪表,做好 5S 管理工作。

表 5-2-5 任务评价表

序号	评价内容	自我评价	小组评价	教师评价	分值分配
1	是否遵守安全操作规范				10
2	态度是否端正,工作是否认真				10
3	知识链接内容是否完全掌握				10
4	是否完成任务导入				10
5	查找资料是否完备				5
6	是否完成任务				25
7	能否与他人团结协作				10
8	能否积极回答问题				10
9	是否做好 5S 管理工作				10
10	合计				100
11	加分 + 增值评价				
12	总分				

评分说明:

(1)总分 = 自我评价 ×20% + 小组评价 ×20% + 教师评价 ×60% + 加分。

(2)加分项为奖励在完成任务中正能量突出的同学,如帮助同学、劳动积极等,由教师酌情给分,分值范围在 1 ~10 分之间。增值评价是与前一次任务完成情况比较,由组长和教师共同完成,也可由学生自己提出,分值范围在 1 ~5 分之间。

课后拓展

“碳达峰”和“碳中和”

能源是人类文明进步的基础和动力。能源领域的每一小步变革,都会对社会经济发展产生深刻影响,更关系着全人类生存和发展。

碳中和指某个地区在一定时间内(一般指一年)人为活动直接和间接排放的二氧化碳,与其通过植树造林等吸收的二氧化碳相互抵消,实现二氧化碳“净零排放”。

碳达峰与碳中和紧密相连,前者是后者的基础和前提,达峰时间的早晚和峰值的高低直接影响碳中和实现的时长和实现的难度;而后者是对前者的紧约束,要求达峰行动方案必须要在实现碳中和的引领下制定。

巩固练习

填空题

(1)在线路出现过载时,微型断路器(　　　)脱扣器进行工作,完成过载保护。

(2)在线路出现短路时,微型断路器(　　　)脱扣器进行工作,完成短路保护。

(3)微型断路器用于照明电路中,电磁脱扣器的瞬时整定电流一般取负载电流的(　　　)倍。

任务三　塑壳式断路器的运用

课件

塑壳断路器

视频

塑壳断路器

学习目标

知识目标	技能目标	素质目标
(1)掌握塑壳式断路器的结构； (2)掌握塑壳式断路器工作原理； (3)掌握塑壳式断路器铭牌信息及选用； (4)掌握塑壳式断路器安装及维护注意事项	(1)能识别塑壳式断路器结构； (2)能够正确叙述塑壳式断路器的工作原理； (3)能正确识读塑壳式断路器铭牌信息； (4)能正确选用、安装和维护塑壳式断路器	(1)具备勤学、善思的素养； (2)具备探索总结的能力； (3)具备良好的沟通能力和优秀的团队协作精神

任务导入

如图5-3-1所示，比较塑壳式断路器和微型断路器有哪些异同点？

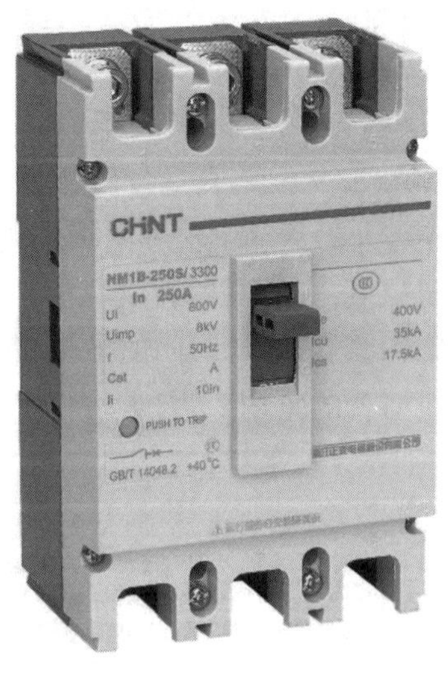

图5-3-1　塑壳式断路器和微型断路器的异同点

知识链接

塑壳式断路器又称装置式断路器，简称MCCB(moulded case circuit breaker)。它是一种在低电压电路中,起到过载保护和短路保护作用的开关设备,由一个塑料外壳包裹,内部用来隔离导体之间,以及接地金属部分,外壳可以防止设备受到潮气或者灰尘影响。这种断路器的辅助触点、欠电压脱扣器以及分励脱扣器等多采用模块化;由于其结构非常紧凑,故障塑壳式断路器基本无法检修;多采用手动操作,大容量可选择电动分合;对于超过 200 A 的塑壳式断路器,通常会配备电动合闸机构。电流范围在 10 ~ 800 A 之间,相比微型断路器来说,塑壳式断路器的分断能力较强,多用于微型断路器的上一级配电回路。塑壳式断路器一般用于配电馈线控制和保护、小型配电变压器的低压侧出线总开关、动力配电终端控制,也可用于各种生产机械的电源开关。

一、塑壳式断路器的作用

塑壳式断路器能分合正常工作回路中的电流,并且在短路或过载电流出现时断开电路,起到短路保护和过载保护的作用。除此之外,它还具有隔离作用;塑壳式断路器本身的外壳装置是使用塑料绝缘体,用来隔离导体及接地金属部分,塑料外壳中密封着所有零件,结构紧凑密集;电流超过跳脱设定后自动切断电流,从而对电器等设备以及人身安全,起到隔离及保护作用。最后是限流分断作用,安全切断故障电流的能力是塑壳式断路器的一种特殊功能,具有额定短路分断能力。

二、塑壳式断路器的分类

①按产品极数分为:二极(100 A、160 A、225 A)、三极与四极。

四极产品中中性极(N 极)的型式又分四种:

A 型:N 极不安装过电流脱扣器,且 N 极始终接通,不与其他三极一起合分;

B 型:N 极不安装过电流脱扣器,且 N 极与其他三极一起合分(N 极先合后分);

C 型:N 极安装过电流脱扣器,且 N 极与其他三极一起合分(N 极先合后分);

D 型:N 极安装过电流脱扣器,且 N 极始终接通,不与其他三极一起合分。

②按额定电流分:例如某系列 NLM1-63 为(6 A)、10 A、16 A、20 A、25 A、32 A、40 A、50 A、63 A 九极(6A 规格无过载保护);NLM1-100 为(10 A)、16 A、20 A、25 A、32 A、40 A、50 A、63 A、80 A、100 A 十极;NLM1-225 为 100 A、125 A、140 A、160 A、180 A、200 A、225 A 七极;NLM1-400 为 225 A、250 A、315 A、350 A、400 A 五极;NLM1-630 为 400 A、500 A、630 A 三极,其中带( )为不推荐规格。

③按接线方式分为:板前接线、板后接线、插入式接线三种。

a. 板前接线:断路器的默认接线方式,如采用板前接线方式,无须做特殊说明。用户可在断路器安装于成套设备之前,即在断路器基座的连接板上直接连接电源线及负载线,用螺栓紧固接线。

b. 板后接线:指在断路器安装于成套设备内时,在断路器基座上的连接板通过安装板的螺栓上接电源线和负载线。其最大的特点是可以在更换或维修断路器时,不必重新接线,只须将前级电源断开。

c. 插入式接线:指在成套设备的安装板上,先行安装一个带六个插座安装座,与断路器的连接板上的 6 个插座配套使用。

④按过电流脱扣器型式分为:热动-电磁(复式)型、电磁(瞬时)型两种。

a. 热磁型:指具有过负荷保护用的热元件和短路保护用的瞬时电磁跳闸元件,是应用最广的模铸外壳断路器。

b. 电磁型:只有瞬时电磁跳闸元件,用于只要求短路保护的地方。

⑤按断路器是否带附件分:带附件和不带附件两种。

带附件分内部附件和外部附件。内部附件有分励脱扣器、欠电压脱扣器、辅助触头、报警触头四种;外部附件有转动手柄操作机构、电动操作机构、联锁机构及辅助装置的接线端子排等。

三、塑壳式断路器的结构

塑壳式断路器结构图如图5-3-2所示,其中图5-3-2(a)为外部结构图,主要包括进线端1、3、5端子,出线端2、4、6端子,分合闸手柄,复位按钮,铭牌及绝缘外壳等部分。当电路发生故障时,塑壳式断路器自动切断电路,此时塑壳式断路器的复位按钮会弹出。在排除故障以后,需要按下复位按钮使塑壳式断路器恢复正常运行。因此,塑壳式断路器复位按钮的作用就是复位断路器,使之恢复正常的工作状态。其外壳一般由工程塑料制成,具有较好的绝缘性能和耐腐蚀性能。外壳上还设有接线端子和安装孔,方便用户进行接线和安装。

图5-3-2(b)为内部结构图,主要由触头系统、灭弧系统、操作机构、脱扣机构、绝缘外壳等部分组成。

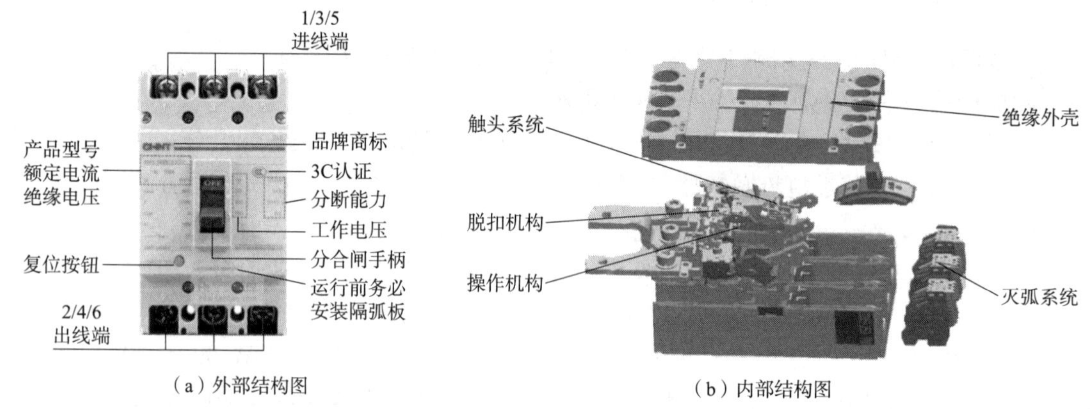

(a)外部结构图　　(b)内部结构图

图5-3-2　塑壳式断路器结构图

(1)触头系统

塑壳式断路器主要执行部件之一,它由银合金制成,具有较低的接触电阻和较高的抗磨损性,串入电路,接通主回路。

(2)灭弧系统

用来熄灭电弧的部件,它被封闭在一个高强度绝缘盒中,该绝缘盒主要由若干灭弧栅片组成,灭弧栅片在低压电器产品中对于引弧、灭弧起重要作用。

(3)操作机构

塑壳式断路器执行接通、分断动作指令的主要机械部件,为塑壳式断路器的可靠分合闸提供能量,故塑壳式断路器的机械特性主要取决于操作机构的机械性能。

(4)脱扣机构

主要由弹簧、连杆和脱扣器组成,是用来实现断路器自动分断电路的部件。跳闸脱扣机构是断路器的大脑,当电路中出现过载或短路故障时,脱扣机构可以自动触发断路器分断电路,脱扣机构还可以通过手动操作,来触发断路器的分断。

【小贴士】

塑壳式断路器附件可按安装位置、功能表现形式两种方法进行分类。

①按安装位置分为内部附件与外部附件。内部附件包括分励脱扣器、欠电压脱扣器、辅助触头、报警脱扣器和辅助报警模块等四种;外部附件包括加长手柄、手动操作机构、电动操作机构、手柄锁定装置、机械联锁装置、板后接线装置、插入式接线装置。

②按功能表现形式分为:辅助触头和报警触头是表示断路器分闸、合闸、脱扣状态的附件;欠压脱扣器是表示线路欠电压保护的附件;分励脱扣器、加长手柄、手动操作机构、电动操作机构是表示能对断路器实现操作功能的断路器;手柄锁定装置、机械联锁装置是实现断路器锁定与联锁的附件装置;板后接线装置和插入式接线装置是表示断路器接线方式上差异的附件。

四、塑壳式断路器工作原理

塑壳式断路器通以正常工作电流时,它的工作过程可以分为三个阶段:触头闭合、触头断开和灭弧过程。

(1)触头闭合

当断路器的操作手柄置于闭合位置时,操作力通过操作机构传递到触头,使触头闭合,实现了电源与负载之间的通路连接。

(2)触头断开

当需要断开电路时,将操作手柄置于断开位置,操作力通过操作机构传递到触头,由于弹簧的作用,触头被迅速断开,切断了电源与负载之间的电流通路。

(3)灭弧过程

在触头断开过程中,会产生电弧,通过灭弧系统进行灭弧。当出现短路电流时,大电流一般增大 10 到 12 倍,产生的磁场克服反力弹簧、脱扣器拉动操作机构动作,开关瞬时跳闸。

当出现过载电流时,电流变大发热量加剧,双金属片变形推动机构动作,电流越大,动作时间越短。

若有分励脱扣器模块,在额定控制电源电压的 70%~110% 之间时,分励脱扣器可靠脱扣,断路器通过分励脱扣器脱扣后,须就地复位。

若有欠电压脱扣器模块,在额定工作电压的 35%~70% 之间时,能够可靠脱扣;在额定工作电压的 85%~110% 时,应保证断路器合闸;在额定工作电压低于 35% 时,应防止断路器合闸。

五、塑壳式断路器铭牌及主要参数

在选用和使用塑壳式断路器时,需要读取其铭牌获取型号、规格等设备信息。塑壳式断路器的型号和规格通常由数字和字母组成。图 5-3-3 为某厂家塑壳式断路器的型号。

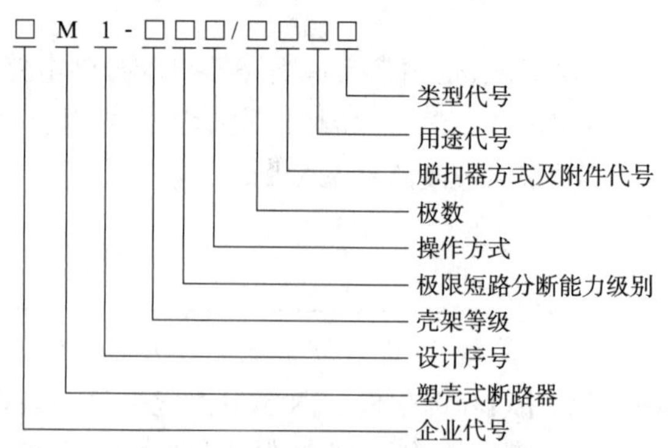

图 5-3-3　某厂家塑壳式断路器的型号

注:①极限短路分断能力:S 表示标准分断能力;H 表示较高分断能力;R 表示限流型。

②操作方式:手柄直接操作无代号,电动机操作用 D 表示,旋转手柄操作用 Z 表示。

③型号中斜线后面的四位数字,每一位都代表特定的含义。

第一位:代表断路器的极数,"2"表示二极塑壳式断路器,"3"表示三极塑壳式断路器,"4"表示四极塑壳式断路器。

第二位:代表断路器脱扣方式。"2"表示电磁脱扣器,具有短路保护功能;"3"表示热磁脱扣器,具有热过载保护和短路保护功能;"0"表示没有保护功能,只起到刀开关或者隔离开关的功能。

第三、四位:代表附件代号,见表 5-3-1。

表 5-3-1　塑壳式断路器附件代号及名称

附件代号	附件名称	附件代号	附件名称
00	无	08	报警触头
10	分励脱扣器	18	分励脱扣器、报警触头
20	双辅助触头	28	双辅助触头、报警触头
21	单辅助触头	38	欠电压脱扣器、报警触头
30	欠电压脱扣器	48	分励脱扣器、单辅助触头、报警触头
40	分励脱扣器、双辅助触头	58	单辅助触头、报警触头
41	分励脱扣器、单辅助触头	68	双辅助触头、单辅助触头、报警触头
50	分励脱扣器、欠电压器扣器	78	欠电压脱扣器、单辅助触头、报警触头
60	两组双辅助触头	SD	报警接点
61	两组单辅助触头	OF	辅助接点
62	双辅助触头、单辅助触头	MX	分励脱扣器
70	欠电压脱扣器、双辅助触头	MN	欠压脱扣器
71	欠电压脱扣器、单辅助触头	MG/MV	过电压脱扣器

结合给出的塑壳式断路器型号信息,读取图 5-3-4 中的塑壳式断路器铭牌数据,其型号为 NM1-125S/3300。其中,"M"表示塑壳式断路器;"125"表示壳架等级为 125A;"S"表示极限短路分断能力级别为标准型;其后面的无数字,表示为手柄直接操作式;斜线后第一个"3"表示 3 极;第二个"3"表示具有热过载保护和短路保护功能;后面的"00"表示该断路器无附件。

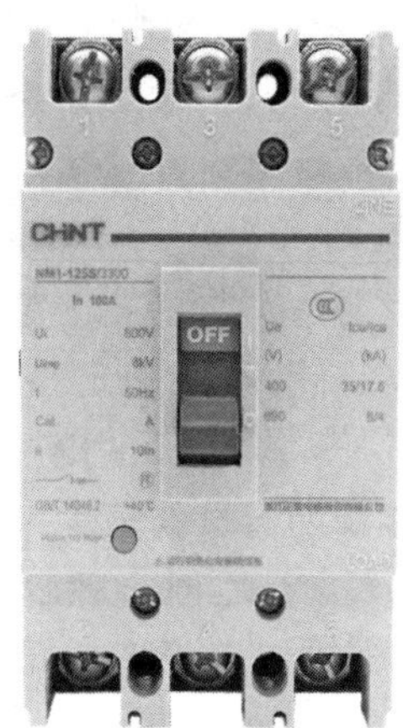

图 5-3-4　塑壳式断路器铭牌

【小贴士】

除了型号,铭牌中还可读出以下信息:

In 100A:表示额定工作电流值为 100 A;

Ui 800V:表示额定绝缘电压为 800 V;

Uimp 8kV:表示额定冲击耐受电压为 8 kV;

f 50Hz:表示额定工作频率为 50 Hz;

Cat A:表示 A 类塑壳式断路器。塑壳式断路器一般分为 A 和 B 两类,A 类可作为配电柜的进线断路器,或者总开关断路器,当出现短路故障时,它可以迅速跳闸分断故障;B 类断路器一般作为低压进线总开关,经常和下一级断路器配合使用,它可承受一定时间的短路电流,有短路延时保护功能。

Ii 10In:表示瞬时脱扣整定电流为 10 倍额定工作电流 In;

Ue 400 V 及其对应的 Icu/Ics 35/17.5 kA:表示额定工作电压为 400 V 时,对应 Icu 即断路器极限分断能力为 35 kA,Ics 即运行短路分断能力为 17.5 kA。

Ue 690V 及其对应的 Icu/Ics 8/4kA:表示额定工作电压为 690 V 时,对应 Icu 即断路器极限分断能力为 8 kA,表示断路器按试验循环分断此电流后,不考核继续承载电流的能力,也就是不能继续使用;Ics 即运行短路分断能力为 4 kA,表示断路器分断此电流后,需继续承载额定电流。

铭牌中同时给出了塑壳式断路器的图形符号及执行标准、接线端子、生产厂家等相关信息。

六、塑壳式断路器的选用原则

塑壳式断路器的选用,应根据具体使用条件选择使用类别,选择额定工作电压、额定电流、脱扣器整定电流和分励、欠电压脱扣器的电压电流等参数。

①根据用途选择断路器的型式及极数。

②选择电气参数一般原则:

a. 断路器的额定工作电压≥线路额定电压。

b. 断路器的额定电流≥线路计算负载电流。

c. 断路器的额定短路通断能力≥线路中可能出现的最大短路电流,一般按有效值计算。

如果选用的断路器额定电流与要求相符,但额定短路通断能力小于断路器安装点的线路最大短路电流,必须提高选用断路器的额定电流,而按线路计算负载电流选择过电流脱扣器的额定电流。如果这样还不能满足要求,则可考虑下述三种方案解决:第一种是采用级联保护(或称串级保护)方式,利用上一级断路器和该断路器一起动作来提高短路分断能力。采用这种方案时,需将上一级断路器的脱扣器瞬动电流整定在下一级断路器额定短路通断能力的80%左右。第二种是采用限流断路器。第三种是采用断路器加后备熔断器。

d. 脱扣器额定电流 I_n 指脱扣器能长期通过的最大电流。电子脱扣可整定范围为(0.4 ~ 1)I_n,热磁脱扣可整定范围为(0.7 ~ 1)I_n。长延时过载脱扣器动作电流整定值 I_r,固定式脱扣器其 $I_r = I_n$,可调式脱扣器其 I_r 为脱扣器额定电流 I_n 的倍数,如 $I_r = (0.4 \sim 1)I_n$。

【小贴士】

在附件选择时要注意如下问题:

①辅助触头主要用于断路器分、合状态显示,但无法显示是否故障脱扣。接在断路器的控制电路中,塑壳式断路器壳架等级额定电流 100 A 为单断点转换触头,225 A 及以上为桥式触头结构,约定发热电流为 3 A;壳架等级额定电流 400 A 及以上可装两常开、两常闭触头,约定发热电流为 6 A。

②报警触头主要用于断路器的负载出现过载、短路或欠电压等故障时而自由脱扣。报警触头的工作电流是:AC 380 V、0.3 A;DC 220 V、0.15 A,一般不会超过 1 A,而发热电流可以是 1 ~ 2.5 A。

③分励脱扣器是一种远距离操纵分闸的附件,它的电压可与主电路电压无关。分励脱扣器是短时工作制,线圈通电时间一般不能超过 1 s,否则线圈会烧毁。塑壳式断路器为防止线圈烧毁,在分励脱扣器线圈串联一个微动开关,当分励脱扣器通电,衔铁吸合,微动开关从常闭状态转换成常开,由于分励脱扣器电源的控制线路被切断,即使人为地按住按钮,分励线圈始终不再通电。避免了线圈烧损情况的产生,当断路器再扣合闸后,微动开关重新处于常闭位置。分励脱扣器有多种控制电压和不同电源频率,可供不同场合、不同电源选用。

④欠电压脱扣器用作线路及电源设备的欠电压保护,使用时欠电压脱扣器线圈接在断路器电源侧,欠电压脱扣器通电后断路器才能合闸,否则断路器合不上闸。使用者应确认线路与欠电压脱扣器的工作电压是否一致。欠电压的工作范围为(70% ~ 35%)Un。欠电压脱扣器也有多种额定工作电压和不同电源频率,可供不同场合,不同电源时选用。

⑤电动操作机构用于断路器的自动控制和远距离的闭合和断开之用。有电动操作机构和电磁操作机构两种:电动操作机构由电动机驱动,一般适用于壳架等级额定电流 400 A 及以上断路器;电磁铁操作机构适用于壳架等级额定电流 225 A 及以下断路器。

七、塑壳式断路器的安装接线及使用维护

1. 安装接线

对于塑壳式断路器来说,原理和微型断路器是类似的,当无明确规定时,宜垂直安装,并且要

求断路器的倾斜度不应大于5°,一般规矩为上端接电源进线,下端为出线,向上扳把为合闸。

(1)常规断路器不能反接线的原因

①结构的原因。对塑壳式断路器来说,上进线表示电源线经过连接板—静触头—动触头—软连接—保护系统(双金属元件或发热电阻元件和电磁铁系统)—连接板;而下进线则是电源线—连接板—保护系统—软连接—动触头—静触头—连接板。下进线时,如果开断短路电流,电弧虽然大部分进入灭弧室,但总有一部分带电的游离气体向动触头连接部分移动,某相的游离气体与相邻相带电体接触,就可能发生相间短路。另一方面,断路器即使成功开断短路电流,但因是下接线,保护系统、软连接、公共转轴一直处于电源电压下(尽管无电流流过),将使绝缘件老化,也可能产生相间爬电等事故。

②恢复电压的原因。恢复电压是指断路器开断短路电路的过程,加在动、静触头之间的电压。只要电弧经过拉长和驱入灭弧室,使其受冷却,提高电弧电阻和电弧电压,且电弧电压大于恢复电压时,电弧才能被熄灭。恢复电压分有稳态恢复电压和暂态恢复电压两种。暂态恢复电压有两个重要参数:振荡频率f和过振荡系数r,f和r越大,触头间的电压增大速度也越高,电弧的熄灭就更困难。而振荡频率f则与线路的电感、电容和电阻有很大的关系。下进线因为有一大串的元件,如电感、电容。电阻相对于上进线要高很多(上进线仅是流过连接板和静触头),所以它的暂态恢复电压也高很多,熄灭电弧很困难,常常引起击穿而电弧重燃。

(2)有些断路器可以倒进线的原因

有些断路器之所以既能上进线又能下进线是因为:触头的开距(动、静触头的断开距离)较大,相间距离大并采取一些隔离和加大绝缘措施,每相用塑料结构隔离或形成独立小室,解决可能会导致相间短路及暂态恢复电压大的问题。某些塑壳式断路器,因采用双断点或短路分断能力有很大的裕度,所以既能上进线又能下进线。

(3)对于规定只能上进线的断路器,如果改成下进线,需要注意的事项

①只允许上进线的断路器,如果一定要下进线,就只有降低短路分断能力了。一般的经验数字是短路分断电流小于或等于20 kA时降15%~20%,大于20 kA时降25%~30%,但不同的制造厂、不同型号的塑壳式断路器,下进线时降低短路分断能力可能会有所不同,应按制造厂的技术条件的规定操作。下进线要降低的是短路分断能力,而不必降低它的额定电流。

②反接(下进线)后还可能引起触电危险。按习惯,总认为手柄上端(ON)是接电源,下端(OFF)是接负载。如果反接,断路器是分闸状态,下端(OFF)是有电的,去触摸时,就可能受电击。所以,反接的时候,一定明确标注好进线和出线端,做好警示牌,防止触电。

2. 使用维护

在进行手动操作时,应先将操作手柄置于"OFF"位置,再检查触点的断开情况,以避免电弧的产生。使用维护要求如下:

①必须严格按说明书规定安装塑壳式断路器。

②对环境有特殊要求的塑壳式断路器(恒温、恒湿、防震、防尘),企业应采取相应措施,确保设备精度性能。

③塑壳式断路器在日常维护保养中,不许拆卸零部件,发现异常立即停车,不允许带故障运转。

④严格执行设备说明书规定的切削规范,只允许按直接用途进行零件精加工。加工余量应尽可能小,加工铸件时,毛坯面应预先喷砂或涂漆。

⑤非工作时间应加护罩，长时间停歇，应定期进行擦拭、润滑、空运转。

⑥附件和专用工具应有专用柜架搁置，保持清洁，防止研伤，不得外借。

任务分组

小组信息表见表 5-3-2。

表 5-3-2 小组信息表

小组信息	班级			日期		
	小组名称			组长		
	分工					
	成员					

任务准备

小组成员沟通讨论工作计划，依照任务导入，查找资料，分工协作，准备完成任务。

任务实施

一、引导问题

(1)塑壳式断路器的主要作用是__________________________。

(2)塑壳式断路器按极数可分为__________________________。

(3)塑壳式断路器按接线方式可分为__________________________。

(4)塑壳式断路器的铭牌信息有__________________________。

(5)塑壳式断路器工作原理分为________________________阶段。

二、技能训练

(1)请查阅资料，指出图 5-3-5 中塑壳式断路器铭牌信息中的型号及主要参数，并填写表 5-3-3。

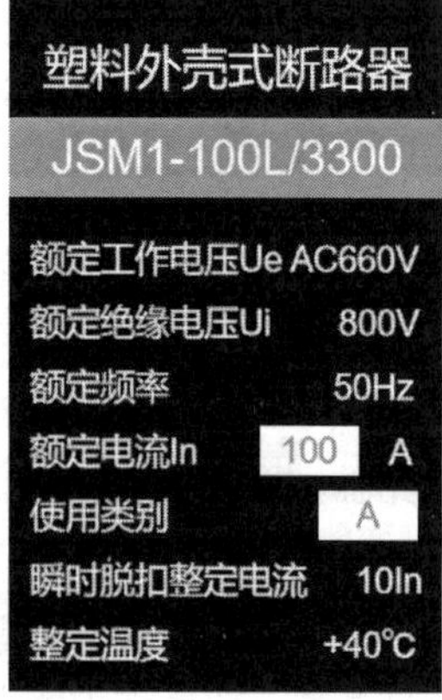

图 5-3-5 技能训练(1)图示

表 5-3-3 塑壳式断路器铭牌

序号	参数符号	参数详细信息
1		
2		
3		
4		
5		
6		
7		
8		

(2)二级配电系统中(见图 5-1-8),两路分别控制电动机,请为电动机回路选择相对应的塑壳式断路器,写出所选断路器的型号,并给出选择依据。

任务评价

小组成员各自完成自我评价,组长完成小组评价,教师完成教师评价,见表 5-3-4。整理实训设备和仪表,做好 5S 管理工作。

表 5-3-4 任务评价表

序号	评价内容	自我评价	小组评价	教师评价	分值分配
1	是否遵守安全操作规范				10
2	态度是否端正,工作是否认真				10
3	知识链接内容是否完全掌握				10
4	是否完成任务导入				10
5	查找资料是否完备				5
6	是否完成任务				25
7	能否与他人团结协作				10
8	能否积极回答问题				10
9	是否做好 5S 管理工作				10
10	合计				100
11	加分 + 增值评价				
12	总分				

评分说明:

(1)总分 = 自我评价 ×20% + 小组评价 ×20% + 教师评价 ×60% + 加分。

(2)加分项为奖励在完成任务中正能量突出的同学,如帮助同学、劳动积极等,由教师酌情给分,分值范围在 1 ~ 10 分之间。增值评价是与前一次任务完成情况比较,由组长和教师共同完成,也可由学生自己提出,分值范围在 1 ~ 5 分之间。

课后拓展

世界其他国家推动“碳中和”的主要措施

近年来，法国政府越来越意识到全球气候变暖的严重性和极大危害性，对生态环保、能源以及可持续发展等给予特殊关注。2020 年 4 月，法国颁布法令通过“国家低碳战略”，设定 2050 年实现“碳中和”的目标。

除改变本国发展模式外，法国还展开“绿色外交”攻势：主办联合国气候变化大会，推动达成《巴黎协定》，力促欧盟履行更多气候减排承诺，以及主导国际气候谈判等，争取在国际舞台上扮演“生态先锋”角色。

法国政府 2015 年首次提出“国家低碳战略”，正式建立碳预算制度。该战略在 2018—2019 年得以修订，调整了 2050 年温室气体排放减量目标，从原来比 1990 年减少 75%，改为“碳中和”目标。2020 年 4 月 21 日，法国政府以法令形式正式通过该预算。

巩固练习

一、填空题

（1）塑壳式断路器无明确规定时，宜(　　　)安装，且要求断路器的倾斜度不应大于 5°。

（2）塑壳式断路器当无明确规定时，一般规矩为(　　　)接电源进线，(　　)为出线，扳把手(　　　)为合闸。

二、判断题

（1）塑壳式断路器上进线表示电源线经过连接板—静触头—动触头—软连接—保护系统（双金属元件或发热电阻元件和电磁铁系统）—连接板。(　　　)

（2）铭牌上“In 100A”表示额定电流为 100 A。(　　　)

（3）若有分励脱扣器模块，当电源电压在额定控制电源电压的 70%～110% 之间时，分励脱扣器应可靠脱扣，断路器通过分励脱扣器脱扣后，须就地复位。(　　　)

任务四　万能式断路器的运用

课件

万能式断路器

视频

万能式断路器

学习目标

知识目标	技能目标	素质目标
(1)掌握接万能式断路器的结构及原理; (2)掌握万能式断路器主要参数及选用; (3)掌握万能式断路器的安装及维护注意事项	(1)能识别万能式断路器各部分结构,并能够正确操作; (2)能够正确选用万能式断路器; (3)能够正确安装维护万能式断路器	(1)具备较强的动手能力; (2)具备勤于钻研,善于思考学习态度; (3)具备良好的沟通能力和优秀的团队协作精神

任务导入

你知道图5-4-1中塑壳式断路器与万能式断路器的区别和联系吗?

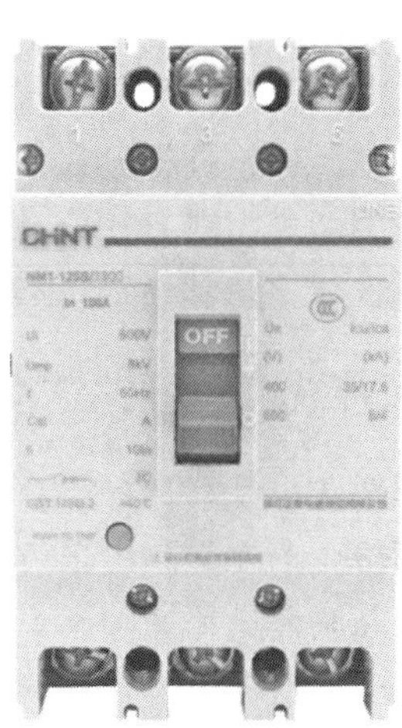

图5-4-1 塑壳式断路器与万能式断路器

知识链接

万能式断路器又称空气断路器或框架式断路器(简称ACB)。它是所有的零部件都安装在一个绝缘的金属框架内,常为开启式,可装设多种附件,更换触头和部件较为方便,多用在电源端总开关。过电流脱扣器有电磁式、电子式和智能式等几种。一般快速断路器、选择型断路器、大容量断路器多设计成万能式,它由控制电路和电子线路两部分组成,具有多种保护功能和自动切换功能。万能式断路器具有长延时、短延时、瞬时及接地故障四段保护,每种保护整定值均根据其壳架等级在一定范围内调整。

一、万能式断路器的作用

作为低压配电系统中最重要的低压元器件之一,万能式断路器主要应用在低压进线、母联以及低压大容量电机的配电回路上,额定工作电流可以做到200~6 300 A,用以接通和分断正常负荷电流、过负荷电流及短路电流的开关电器,而且在电路中还可以起控制和保护作用。例如适用于交流 50 Hz，电压 380 V、660 V 或直流 440 V、电流 630 ~ 3 900 A 的配电网络，用来分配电能和保护线路及电源设备的过载、欠电压、短路等。在正常的条件下，可作为线路的不频繁转换用。1 250 A 以下的断路器在交流 50 Hz、电压 380 V 的网络中可用作保护电动机的过载和短路。

二、万能式断路器的分类

①按安装方式分：固定式、抽屉式。

②按用途分：配电用、保护电动机用。

③按选择保护性能分：选择型、非选择型。

④按传动装置分：手柄直接传动（正面中央手柄直接传动和侧面手柄直接传动，额定工作电压 1 140 V 只供侧面）、电磁铁传动。

⑤按脱扣器种类分：具有过电流脱扣器、具有过电流脱扣器和分励脱扣器、具有过电流脱扣器和欠电压瞬时（或延时）脱扣器、欠电压瞬时（或延时）脱扣器和分励脱扣器。

⑥按过电流保护种类分：短路瞬时动作、过载长延时、短路短延时及特大短路瞬时动作。

⑦按欠电压保护种类分：欠电压瞬时动作、欠电压延时动作。

⑧按主回路进出线方式分：板后进出线（水平进出线），板前进出线（垂直进出线），板前进线、板后出线（水平出线、垂直出线），板后出线、板前进线（垂直出线、水平出线）等。

三、万能式断路器的结构

采用框架式设计，以空气为介质，分为固定式或者抽屉式。一般万能式断路器固定式是在本体的两侧位置上安装侧板组成，而抽屉式则是将本体装入专用的抽屉座上组成。

万能式断路器结构如图 5-4-2 所示。从图 5-4-2（a）中可以看到，它包括二次回路接线端子，储能手柄，分、合闸按钮，分、合指示窗口，储能指示窗口、智能控制器等。

万能式断路器的本体结构是由操作机构、触头系统、灭弧机构、辅助开关、电流互感器、智能脱扣器，以及二次插接件、欠电压脱扣器和分励脱扣器等零部件组成的。

（1）外壳

万能式断路器的外壳采用高强度、耐压和耐腐蚀的材料制成，如工程塑料或金属外壳。具有良好的绝缘性能，可以有效地防止外部固体和液体进入断路器内部，同时对内部部件起到一定的保护作用。

（2）触头导电部件

由于承载电流多数在 630 A 以上，最高可至 6 300 A，出于支撑、绝缘、预期短路电流较大以及电弧能量强等方面因素的影响，触头导电局部被密封在一个腔体内。外壳材料由专用的 DMC 材料压制而成。各相导电触头上分别装设专用速饱和互感器，将电流信号传递至控制器。

万能式断路器的辅助触头位于外壳的顶部，用于连接断路器与电源线路。辅助触头通常采用铜制电极和接触器，具有良好的导电性能和接触可靠性。

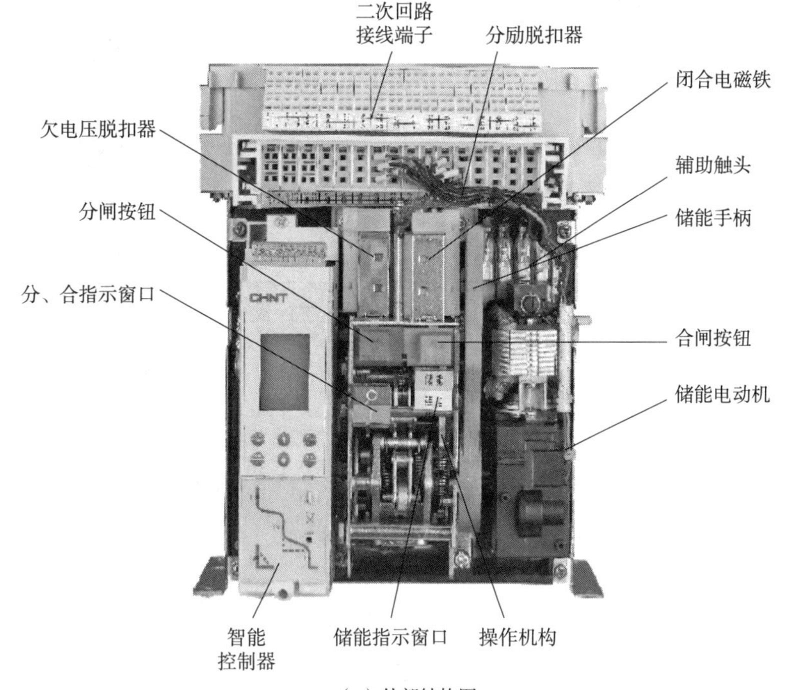

（a）外部结构图

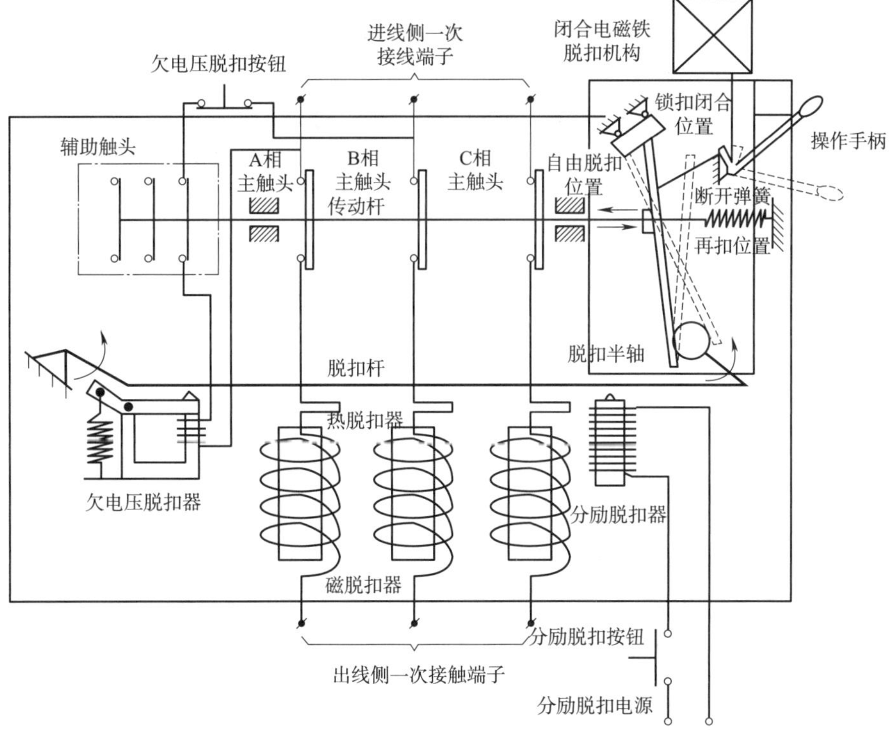

（b）内部结构图

图 5-4-2　万能式断路器结构

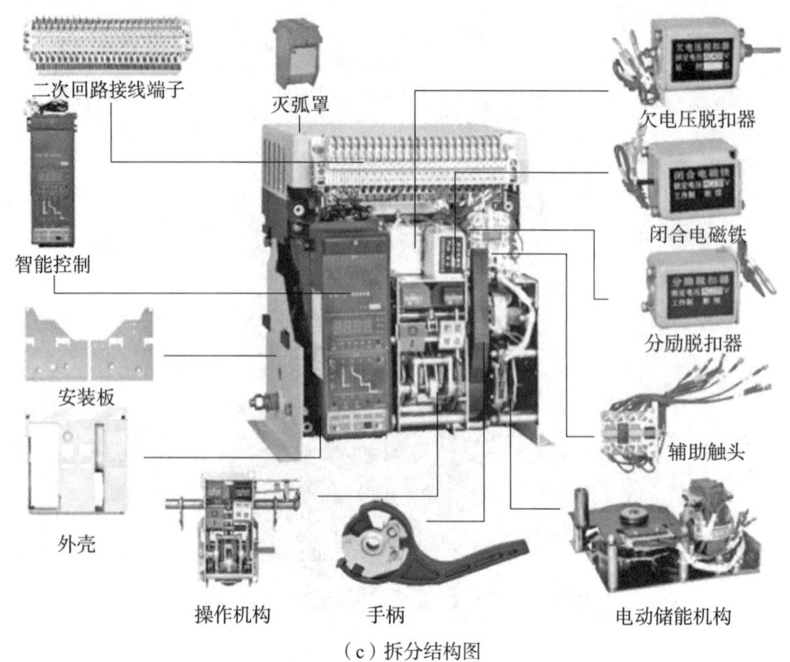

（c）拆分结构图

图 5-4-2　万能式断路器结构（续）

（3）储能操作机构

利用一系列复杂的机械机构，拉伸一根大直径弹簧储能，利用脱扣机构，将主弹簧自拉伸位置解锁释放，进而执行合闸或者分闸的操作。主弹簧及相连接整合在一起的连杆、弹簧，称为储能机构。主弹簧的拉伸，一方面可以通过一个手柄，可以人力完成。更多地，通过一个电机和相连的减速齿轮机构，依靠电机为主弹簧储能。三（四）极触头，均分别与储能机构相连接。

（4）智能脱扣器执行部件

由联锁机构、复位机构、磁通变换器以及接触组组成，壳体中包含了脱扣器的基本电路板，主要作用就是接收各种信号，经过判断后根据预设的功能要求发出不同指令，以此按照要求来实现相关功能。

【小贴士】

万能式断路器在不同保护条件下要用到很多不同种类的附件。具体如下：

欠电压脱扣器：欠电压脱扣器未被供电时，无论电动或手动都不能将断路器闭合。

分励脱扣器：分励脱扣器通电后将断路器瞬时断开，可远距离操作。

闭合电磁铁：闭合电磁铁通电能使操作机构储能弹簧力瞬时释放，断路器快速闭合。

电动操作机构：具有电动机储能和断路器合闸后自动再储能功能，以保证断路器分闸后能够立即合闸，断路器亦可手动预储能。

辅助触头：标准默认四组，特殊类看情况进行匹配。

相间隔板：安装在接线排的相间，用于增加断路器相间绝缘能力。

钥匙锁：可将断路器分断按钮锁定在按下位置上，此时，断路器不能进行闭合操作。

按钮锁：用于锁住断开和闭合断路器的按钮，用挂锁上锁。

门框及衬垫：安装在配电柜室的门上，起到密封作用，防护等级可达到IP40。

抽屉式断路器“分离”位置锁定装置：此位置可以拔出锁杆来锁定，锁定后的断路器无法摇至“试验”或者“连接”位置。

机械联锁：可实现两台平放或垂直安装的三极或者四极断路器的联锁。

四、万能式断路器工作原理与面板布置

1. 工作原理

低压断路器的主触头是靠手动操作或电动合闸的。主触头闭合后，自由脱扣机构将主触头锁在合闸位置上。过电流脱扣器的线圈和热脱扣器的热元件与主电路串联，欠电压脱扣器的线圈和电源并联。当短路时，大电流（一般10～12倍额定电流）产生的磁场克服反力弹簧，脱扣器拉动操作机构动作，开关瞬时跳闸。当过载时，电流变大，发热量加剧，双金属片变形到一定程度推动机构动作（电流越大，动作时间越短）。

当电路欠电压时，欠电压脱扣器的衔铁释放，也使自由脱扣机构动作。分励脱扣器则作为远距离控制用，在正常工作时，其线圈是断电的，在需要距离控制时，按下起动按钮，使线圈通电。电子脱扣器使用互感器采集各相电流大小，与设定值比较，当电流异常时微处理器发出信号，使电子脱扣器带动操作机构动作。

2. 面板布置

万能式断路器为立体布置形式，触头系统、瞬时过电流脱扣器左右侧板均安装在一块绝缘板上；上部装有灭弧系统，操作机构可装在正前方或右侧面，有“分”“合”指示及手动断开按钮；其左上方装有分励脱扣器，背部装有与脱扣半轴相连的欠电压脱扣器；速饱和电流互感器或电流电压变换器套在下母线上；欠电压延时装置、热继电器或半导体脱扣器可分别装在下方。

例如：DW15-2000、3200、4000、6300断路器为立体布置形式，由底架、侧板、横梁组成框架，每相触头系统安装在底架上，上面装灭弧室。操作机构在断路器右前方，通过主轴与触头系统相连。电动操作机构通过方轴与机构连成一体装于断路器下部，作为断路器的储能或直接闭合之用，储能后的闭合由释能电磁铁承担。在左侧板上方装有防回跳机构，以防止断路器在断开时弹跳。

【小贴士】

各种过电流脱扣器按不同要求装在断路器下方，欠电压、分励脱扣器及电动操作控制部分装在左侧，其中欠电压、分励脱扣器通过脱扣器与放大机构相连，以减少断路器的脱扣力。12对辅助触头供用户连接二次回路用，面板上有显示断路器工作位置的指示牌“1”“0”和“储能”指示，还有供合闸及分闸用的按钮“1”“0”（均按下）。

DW15-1000、1600 断路器附有正面手动操作手柄；DW15-2500、4000 断路器附有检修用的手动操作手柄(均可卸下)。

五、万能式断路器的铭牌参数及选用

以型号为 DW15-630 为例，其铭牌信息如图 5-4-3 所示，额定工作电压 U_e 为交流 400 V，额定电流 I_n 为 630 A，额定极限短路分断能力 I_{cu} 为 30 kA，额定运行短路分断能力 I_{cs} 为30 kA，额定冲击耐受电压 U_{imp} 为 8 kV，长延时为(0. 64 ~ 1)I_n，瞬时为 $10I_n$，欠压脱扣器为 AC 380 V，分励脱扣器为 AC 380 V，闭合电磁铁为 AC 380 V。

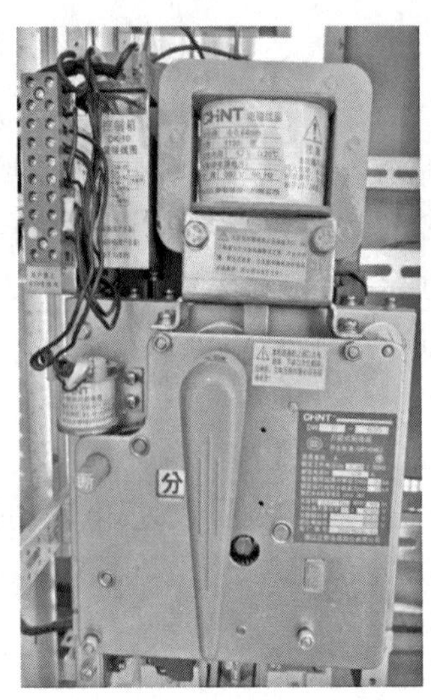

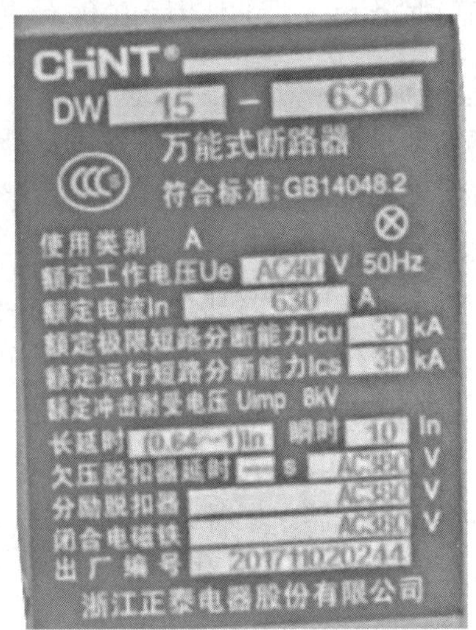

图 5-4-3　DW15-630 铭牌

万能式断路器基本参数特性：

(1)额定工作电压 U_e

额定工作电压是指断路器的标称电压，在规定的正常使用和性能条件下，能够连续运行的电压。

(2)额定电流 I_n

额定电流是指在环境温度为 40 ℃以下，脱扣器能长期通过的电流。

(3)过载脱扣器电流整定值 I_r

电流超过脱扣器电流整定值 I_r，断路器延时跳闸。

(4)短路脱扣器电流整定值 I_m

短路脱扣继电器(瞬时或短延时)用于高故障电流值出现时，使断路器快速跳闸。

(5)额定短时间耐受电流 I_{cw}

在约定的时间内通过导体，不会因过热而引起导体的损坏的电流值。

(6)分断能力

断路器安全切断故障电流的能力，一般分为极限短路分断能力 I_{cu} 和运行短路分断能力 I_{cs}。

六、万能式断路器的安装与维护

首先检查规格参数是否符合现场安装使用的要求，其次利用 500 V 的兆欧表对绝缘电阻进行检测，同时周围的介质温度为 20 ℃ ±5 ℃，相对湿度在 50%～70% 的时候应该不低于 10 MΩ。要是不符合要求，则应该及时对万能式断路器进行处理，等待绝缘电阻达到指定标准后方可安装使用。

1. 万能式断路器的安装

(1) 抽屉式万能断路器安装

首先它应该居于垂直位置并且要把万能式断路器手摇到分离位置上，同时将本体的开关取下再用 M10 螺钉把抽屉座固定到开关柜的安装位置上，然后再把断路器的本体开关手摇到连接位置，最后才可以连接外连接母线。不过需要注意的一点就是在连接的时候，母线整体要平整不能杂乱，以确保良好的平面接触。

(2) 固定式万能断路器安装

首先利用 M10 螺钉将万能式断路器的本体开关固定到开关柜的安装位置，然后进行可靠的接地连接。在接地螺钉处有接地符号标志。

当完成安装后需要根据有关接线图对断路器进行接线，不过在主电路通电之前需要对以下几项进行操作试验确保无误。

①检查设备的状态是不是已经处于储能位置，未储能需要通过手动操作先将其储能，通常情况下万能式断路器在出厂后基本上都是储能状态。

②检查欠电压脱扣器、分励脱扣器、闭合电磁铁以及电动操作电压是不是符合标准要求，同时要在欠电压脱扣器吸合时设备才能操作。

③检查智能型脱扣器的工作电源是不是与要求相符，并且 I_{r1}、I_{r2}、I_{r3}、I_{r4} 等脱扣电流整定值是否符合实际的应用要求。

④在万能式断路器执行闭合动作后，不管是采用欠电压、分励脱扣器，还是面板上的 O 按键、智能型脱扣器上的脱扣试验功能都可以让断路器断开。

2. 万能式断路器的维护

①定期对断路器本体绝缘部分进行尘埃清理，确保绝缘性能始终处于良好的状态利于日常的工作。

②应该对触头系统进行检查，要抹干净触头上的烟痕，在擦拭的过程中要是发现了触头接触面上存在小金属颗粒，则应当及时将其清除干净。

③由于断路器处于提供保护状态，可能要经受短路电流，因此在维护的时候，除了必要的触头系统检查外还需要对灭弧罩两壁烟痕进行清理，要是万能式断路器灭弧栅片出现了烧损严重的情况，则立即更换灭弧罩。

3. 常见故障分析

常见故障 1：万能式断路器不能完成储能动作。

故障原因：可能是手动与电动不能储能，由于储能装置出现了机械故障，同时电动储能装置的控制电源电压小于 85% U_s。U_s 为额定控制电源电压。

排除方法:要是万能式断路器不可以手动储能,则是储能装置机械故障而导致,因此建议联系厂家进行维修或更换。如果是不能电动储能,则检查电动储能装置控制电源电压是不是大于 85% U_s,先确保数据是正确的,相反还存在故障,可以确定是机械故障引起,同样建议联系厂家进行维修或更换。

常见故障 2:万能式断路器不能顺利执行闭合动作。

故障原因:可能是欠电压脱扣器的额定工作电压小于 70% U_e 而导致的,也有一定的情况是脱扣器控制单元出现了故障,再有就是智能脱扣器上的复位按钮没有复位(也就是红色按钮凸出面板)。要是抽屉式断路器,则是二次回路接触不良而引起,且合闸电磁铁的额定电源电压小于 85% U_s,同时合闸电磁铁故障已经发生了损坏,机械联锁动作将断路器锁住了。

排除方法:首先对欠电压脱扣器的电源电压进行检查,必须要大于 85% U_e,更换脱扣器的控制单元,按下复位按钮重新合闸,将抽屉式断路器摇到接通位置上并检查二次回路是否已经通电,然后检查合闸电磁铁电源电压是否大于 85% U_e,更换合闸电磁铁再检查两台机械联锁的万能式断路器工作状态。

常见故障 3:万能式断路器不能执行断开动作。

故障原因:由于操作机械故障而导致该现象发生,或者是分励脱扣器控制电源电压小于 70% U_s,再有可能是因为脱扣器已经损坏。

排除方法:检查机械操作机构有没有存在轧死等故障并与厂家进行联系,同时在检查分励脱扣器控制电源电压是不是大于 70% U_s,要是以上方法都不能使故障得到解决,那么建议更换断路器的分励脱扣器。

常见故障 4:抽屉式万能断路器摇手柄不能顺利插入设备中。

故障原因:可能是导轨或者本体没有完全进入抽架里面。

排除方法:只需要将导轨和本体完全推入到底即可。

常见故障 5:万能式断路器智能型脱扣器屏幕不能显示数据。

故障原因:由于脱扣器并没有接上电源而导致。

排除方法:请检查电子脱扣器是不是已经连接上了电源,若没有,那么立即接上控制电源。切除断路器的电子脱扣器控制电源然后再送电,要是故障仍然存在,建议联系厂家。

常见故障 6:万能式断路器故障指示灯长亮。

故障现象:过载故障 L 指示灯一直是亮的。

排除方法:可以通过电子脱扣器来检查分断电流动作的时间,并分析辅助电网的具体情况。要是过载,建议寻找和排除过载故障。如果万能式断路器与实际的运行电流和长延时动作电流整定值不匹配,需要修改按照实际运行电流来对长延时动作电流整定值进行修改,得以适当合理的匹配保护,再有排除该故障还可以采取按下复位按钮让断路器重新合闸。

常见故障7:万能式断路器分断故障指示灯长亮。

故障现象:接地故障脱扣G指示灯一直是亮的。

排除方法:可利用电子脱扣器上对分断电流值和动作时间进行检查,要是有接地故障现象存在,需要立即解决和排除,相反没有接地故障,就应该检查接地故障的电流整定值是不是和实际保护相互匹配。再有就是可以修改脱扣器的接地故障电流整定值,也可以采用按下面板上的复位按钮,可重新合闸万能式断路器。

任务分组

小组信息表见表5-4-1。

表5-4-1 小组信息表

<table>
<tr><td rowspan="4">小组信息</td><td>班级</td><td colspan="2"></td><td>日期</td><td colspan="2"></td></tr>
<tr><td>小组名称</td><td colspan="2"></td><td>组长</td><td colspan="2"></td></tr>
<tr><td>分工</td><td></td><td></td><td></td><td></td><td></td></tr>
<tr><td>成员</td><td></td><td></td><td></td><td></td><td></td></tr>
</table>

任务准备

小组成员沟通讨论工作计划,依照任务导入,查找资料,分工协作,准备完成任务。

任务实施

一、引导问题

(1)万能式断路器的主要作用是______________________________。

(2)万能式断路器又称__________断路器或__________断路器。

(3)万能式断路器简称______________________________。

(4)万能式断路器按安装方式分为______________________________。

(5)万能式断路器面板信息有______________________________。

二、技能训练

根据表5-4-2中的参数,请问图5-4-4中Q1、Q2、Q3、Q4哪个为万能式断路器?结合表5-4-3,为该断路器进行选型,并给出选型依据。

表5-4-2 参数表

符号	名称	性能参数
T	变压器	1 000 kV·A, $U_k=4\%$, $I_{N2}=1\,445$ A
M1	电动机1	100 W, $I_N=182.4$ A, $K_s=6.5$
M2	电动机2	180 W, $I_N=329$ A, $K_s=5.8$

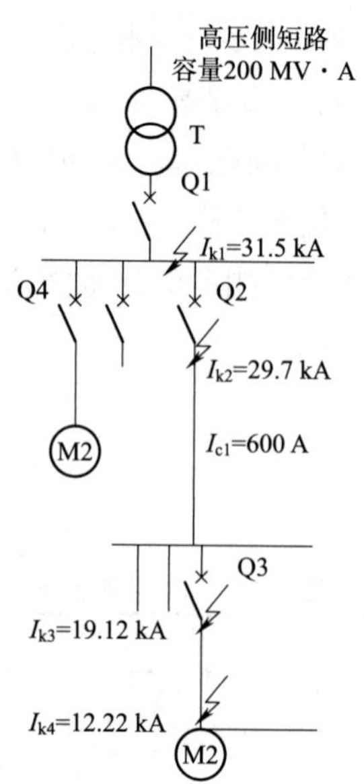

图 5-4-4　技能训练(1)图示

表 5-4-3　DW15 系列万能式断路器主要参数

型号		CW3-1000	CW3-1600	CW3-2500		
壳架等级额定电流 I_{nm}/A		1000	1600	2500		
符合标准		GB/T 14048.2、IEC60947-2				
隔离功能						
额定电流 I_n/A		200、400、630、800、1 000	200、400、630、800、1 000、1 250、1 600	630、800、1 000、1 250、1 600、2 000、2 500		
额定工作电压 U_e/V(50 Hz/60 Hz)		AC 400、440、690				
额定绝缘电压 U_i/V		1 000	1 000	1 250		
额定冲击耐受电压 U_{imp}/kV		12				
工频耐受电压 U/V		3 500				
极数		3、4				
中性极额定电流/A		100% I_n				
短路分断能力级别		—	—	M	H	S
额定极限短路分断能力 I_{cs}/kA(有效值)	AC 400 V	65	65	65	85	100
	AC 440 V	50	50	65	85	100
	AC 690 V	42	50	55	65	85
额定运行短路分断能力 I_{cu}/kA(有效值)	AC 400 V	50	55	65	85	85
	AC 440 V	50	50	65	85	85
	AC 690 V	42	42	55	65	65
额定短路接通能力 I_{cm}/kA(峰值)	AC 400 V	143	143	143	187	220
	AC 440 V	105	105	143	187	220
	AC 690 V	88.2	105	121	143	187

续表

型号		CW3-1000	CW3-1600	CW3-2500		
额定短时耐受电流(I_{cw}/1s)/kA(有效值)	AC 400 V	42	50(55/0.5s)	65	85	85
	AC 440 V	42	50(50/0.5s)	65	85	85
	AC 690 V	42	42(42/0.5s)	55	65	65

任务评价

小组成员各自完成自我评价，组长完成小组评价，教师完成教师评价，见表5-4-4。整理实训设备和仪表，做好5S管理工作。

表5-4-4 任务评价表

序号	评价内容	自我评价	小组评价	教师评价	分值分配
1	是否遵守安全操作规范				10
2	态度是否端正，工作是否认真				10
3	知识链接内容是否完全掌握				10
4	是否完成任务导入				10
5	查找资料是否完备				5
6	是否完成任务				25
7	能否与他人团结协作				10
8	能否积极回答问题				10
9	是否做好5S管理工作				10
10	合计				100
11	加分+增值评价				
12	总分				

评分说明：

(1)总分=自我评价×20%+小组评价×20%+教师评价×60%+加分。

(2)加分项为奖励在完成任务中正能量突出的同学，如帮助同学、劳动积极等，由教师酌情给分，分值范围在1~10分之间。增值评价是与前一次任务完成情况比较，由组长和教师共同完成，也可由学生自己提出，分值范围在1~5分之间。

课后拓展

能源革命

碳中和(carbon neutrality)是节能减排术语。一般是指国家、企业、产品、活动或个人在一定时间内直接或间接产生的二氧化碳或温室气体排放总量，通过植树造林、节能减排等形式，以抵消自身产生的二氧化碳或温室气体排放量，实现正负抵消，达到相对“零排放”。生产生活方式将会转向绿色低碳的内涵非常丰富，集中在一点上，就是减少碳排放。排碳具有外部性，排碳企业和用户没有为排出的碳付出应有成本，所以对社会有负的外部性，排碳多的单位是以自己的低成本实现盈利，但对整个社会和公众造成了负的外部性。未来绿色交易所就是通过强化信息披露要求，让社会知道是谁排的碳，接受社会公众监督，这是绿色转型的一个重要方面。

巩固练习

填空题

(1)万能式断路器的主触头是靠(　　　)操作合闸或(　　　)合闸的。

(2)万能式断路器主要由(　　　)、(　　　)、(　　　)、(　　　　)、(　　　　)、(　　　)和(　　　)等组成。

(3)抽屉式万能断路器摇手柄不能顺利插入设备中，故障原因可能是(　　　　)。

任务五　直流断路器的运用

学习目标

知识目标	技能目标	素质目标
(1)掌握直流断路器的结构及工作原理； (2)掌握直流断路器的接线； (3)掌握直流断路器的应用	(1)能正确识别直流断路器各部分结构； (2)能够正确叙述直流断路器工作原理； (3)能够正确完成直流断路器的接线	(1)具备对专业知识的探索和研究的能力； (2)具备对相近知识对比总结的能力； (3)具备良好的沟通能力和优秀的团队协作精神

任务导入

随着电力电子技术、电动汽车以及风力发电、光伏发电为代表的各种分布式电源及新能源系统迅猛发展，同时随着全球能源革命和各国能源战略转型升级，直流供配电系统逐渐成为电力能源供应的重要组成部分。直流负荷日益增多，使直流供配电系统得到迅速发展。在直流供配电系统中，应用直流断路器发展趋势，直流供配电系统发展对低压直流断路器的需求也越来越多，要求也越来越高。通过本任务的学习，举出三个直流断路器应用的实例。

知识链接

一、直流断路器的基础知识

低压直流断路器作为直流供配电系统的重要保护元件，作用是用于低压直流线路中，作过载和短路保护之用，正常情况下作为线路的不频繁操作转换用，也可作为断开线路进行线路及设备维修的隔离开关使用。

1. 直流断路器分类

直流断路器可分为直流框架断路器、直流塑壳断路器和直流微型断路器。其外形上与交流断路器相似，但是用在不同的供配电系统中。

直流供配电系统和交流供配电系统存在明显区别，如：

①直流电路在分断电流时不存在过零点，在开断电流时必须强制熄灭燃弧才能够断开电流。

②直流网络容量小，短路电流小，利用电动力斥开效果分断电流效果不明显。

③光伏直流供配电系统中光伏阵列的电流特性为恒流源，分断困难。

④具有阴极电位低、电流密度高、电磁辐射等。这给直流供配电系统中直流断路器分断电流带来巨大困难，同时直流供配电系统对直流断路器的电压要求越来越高。

2. 直流微型断路器结构

低压直流微型断路器结构图如图 5-5-1 所示，外形与交流微型断路器相似。外部结构包括接线端、铭牌信息、控制手柄等，有些断路器接线端子的进线与出线标着 + 与- 的符号。内部结构主要包括：接线端口、触头系统、灭弧系统、磁脱扣线圈、热脱扣双金属片、脱扣机构和永久磁铁等。永久磁铁用于帮助电弧熄灭，其他与交流微型断路器内部结构相似，各部件作用基本相同。

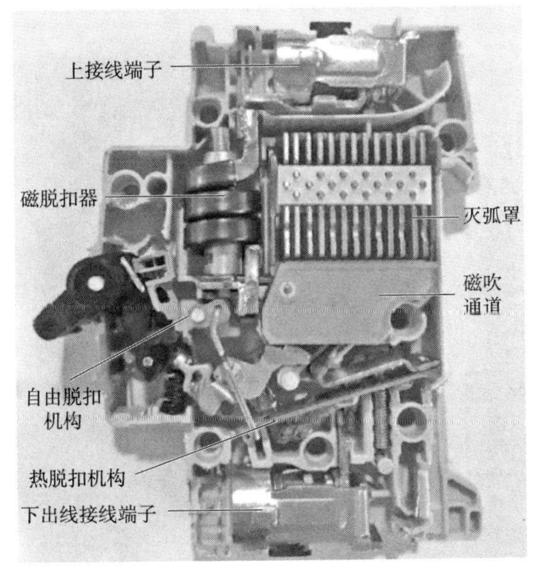

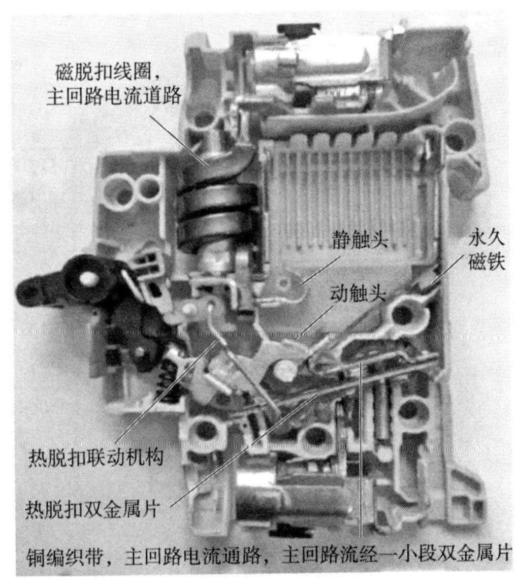

图 5-5-1 直流微型断路器结构图

3. 直流微型断路器工作原理

直流微型断路器与交流微型断路器工作原理也基本相同，不同点就是直流电路在分断电流时不存在过零点，在开断电流时必须强制熄灭燃弧才能断开电流。所以，在分闸时动触头与静触头之间会拉弧，电弧可以看作被电离的空气形成的一段导电体。在磁场中，当有电流流过时会产生一个作用力,电流的方向和磁场的方向会决定电弧是被推向灭弧罩,还是被拉远离灭弧罩。如果是被推向灭弧罩,那么电弧就会被灭弧罩分割、冷却,继而熄灭电弧;如果是被拉向远离灭弧罩的方向,则无法灭弧,会起火燃烧。

4. 直流微型断路器参数

首先了解其铭牌信息。铭牌与微型断路器相似,如图 5-5-2 所示。以 DZ47-63Z 为例,其中 DZ47 表示塑料外壳断路器,设计序号为 47,断路器的框架电流为 63 A,Z 表示直流断路器;C32 表示用于照明、配电控制等,额定电流为 32A,铭牌主要参数有 DC 500 V,表示额定电压为直流 500 V,还给出分断能力为 4 500 A。

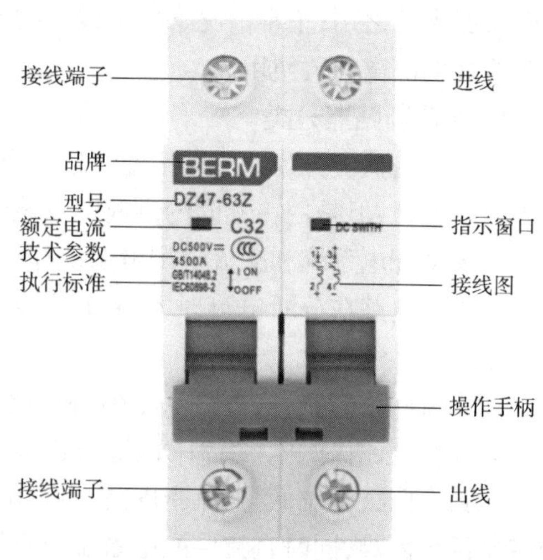

图 5-5-2 直流低压断路器铭牌

二、直流微型断路器的运用

1. 直流微型断路器的接线

直流微型断路器安装接线具有方向性,如图 5-5-3 所示,它是由两个 1P(P 表示模数)组成的 2P 直流开关,开关接线端子的进线与出线标注的 + 与 - 并不是用于标记正负值,而是标记电流的方向,方向是从 + 流向 -。正极的电流方向从正号流向负号,负极的电流方向也是从正号流向负号。

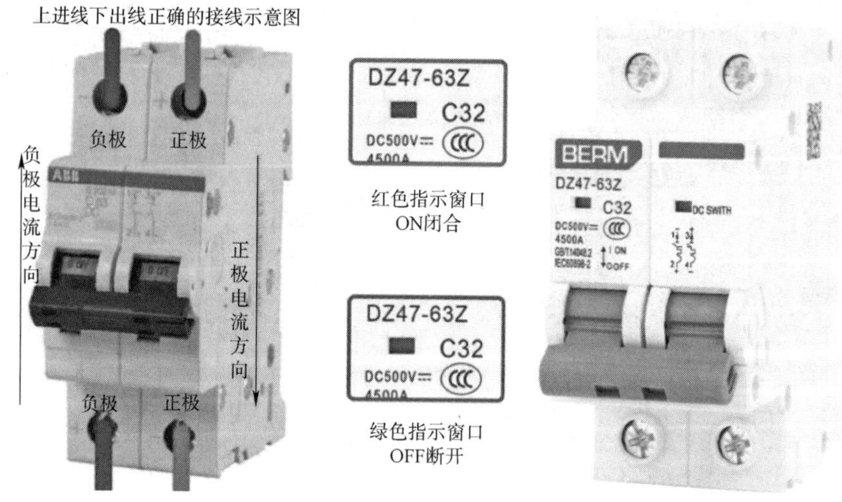

图 5-5-3 直流微型断路器接线图

直流微型断路器上标注了电流的方向,要严格按照标注流向进行接线。是否能够准确地吹向灭弧罩,取决于电流的方向和永久磁铁摆放的方向,所以 2P 的断路器,左右两个开关上标注方向不一致,区别就在于内部永久磁铁摆放的方向不一样,其他完全一样,所以要按照标识的方向进行接线。

【小贴士】

断路器上的指示窗口可以显示其工作状态，当指示窗口显示红色，则表示为 ON 闭合状态；当指示窗口显示绿色，则表示为 OFF 断开状态。

2. 轨道交通牵引供电系统及其中应用的直流断路器

城市轨道交通的地铁牵引供电系统示意图如图 5-5-4 所示，基于电力电子换流技术，采用直流供电制。我国城市轨道交通供电电压北京采用 DC 750 V，上海、广州、南京、深圳采用 DC 1 500 V。标称 750 V 的系统，最高值为 900 V，最低值为 500 V；标称 1 500 V 的系统，最高值为 1 800 V，最低值为 100 V。一次侧短路容量为 100 MV·A，电流最大值 I_{max} 为 8 500 A，直流进线开关大电流脱扣整定值为 12 kA，直流馈线开关大电流脱扣整定值为 9 kA。

初期的直流牵引供电一般利用电磁式速断保护和过电流保护，效果不理想。后来电流上升率保护及电流增量保护成为直流牵引供电的主要保护方式，使保护的准确性和可靠性得到提高。以广州地铁 5 号线为例，电流上升率脱扣保护设定为 30 A/ms；电流增量脱扣保护设定值为 4 000 A。

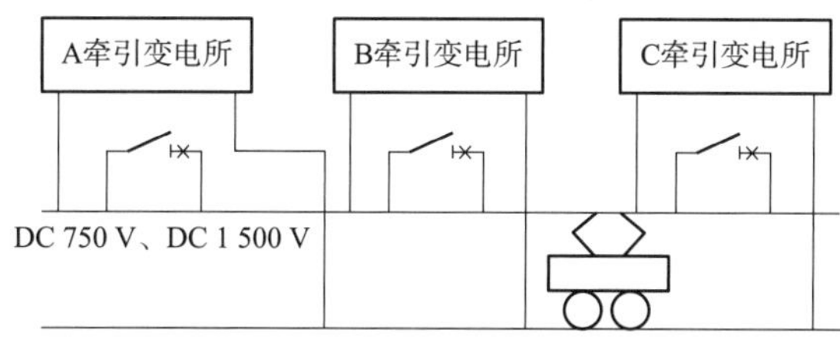

图 5-5-4 地铁牵引供电系统示意图

3. 光伏发电系统及其中应用的直流断路器

光伏发电系统如图 5-5-5 所示。光伏阵列产生的电流汇入直流汇流箱，然后进入直流配电柜及集中逆变器，转变为交流后进入升压变压器升压与并网。系统中的低压直流断路器安装在直流汇流箱与直流配电柜内，提供过电流保护和隔离。

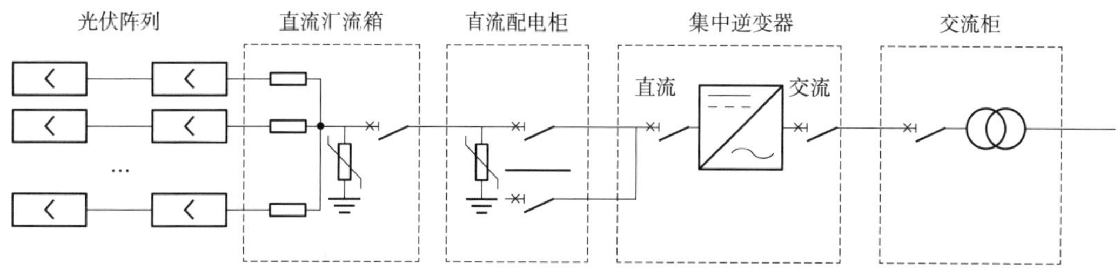

图 5-5-5 光伏发电系统

4. 直流配电及其中应用的直流断路器

图 5-5-6 所示是一个典型的辐射状直流配电系统结构示意图。

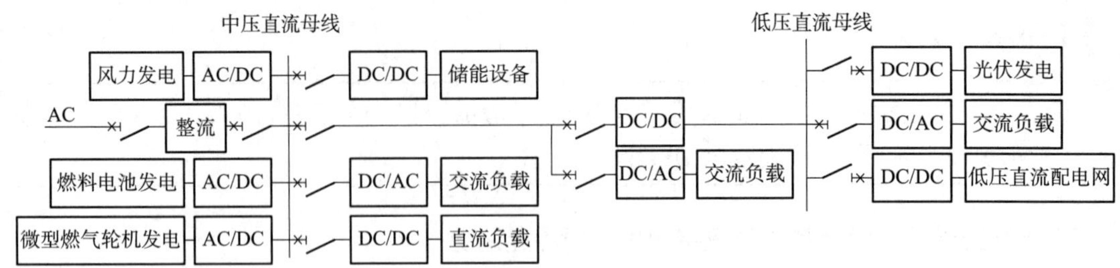

图 5-5-6　典型的辐射状直流配电系统结构示意图

直流电网的拓扑结构、直流保护原理的研究、直流断路器的开发，都需要长足的发展。快速故障定位及隔离是直流配电网发展的关键问题。在电力电子变换器中融入快速限制短路电流、接地故障电流、环流的闭锁功能，可有效限制故障影响范围，利用直流断路器实现最终分段保护及物理隔离的功能。

任务分组

小组信息表见表 5-5-1。

表 5-5-1　小组信息表

小组信息	班级			日期		
	小组名称			组长		
	分工					
	成员					

任务准备

小组成员沟通讨论工作计划，依照任务导入，查找资料，分工协作，准备完成任务。

任务实施

一、引导问题

(1)直流断路器的主要作用是____________________。

(2)直流断路器的结构是____________________。

(3)直流断路器的工作原理是____________________。

(4)直流断路器的安装接线具有__________性。

二、技能训练

(1)请指出直流断路器和交流断路器的不同点，并进行简单分析。

______________________________。

(2)请给出直流断路器在城轨供电中的应用实例。

______________________________。

任务评价

小组成员各自完成自我评价，组长完成小组评价，教师完成教师评价，见表5-5-2。整理实训设备和仪表，做好5S管理工作。

表5-5-2 任务评价表

序号	评价内容	自我评价	小组评价	教师评价	分值分配
1	态度是否端正，工作是否认真				10
2	知识链接内容是否完全掌握				10
3	是否完成任务导入				20
4	查找资料是否完备				15
5	是否完成任务				25
6	能否与他人团结协作				10
7	能否积极回答问题				10
8	合计				100
9	加分+增值评价				
10	总分				

评分说明：

(1)总分=自我评价×20%+小组评价×20%+教师评价×60%+加分。

(2)加分项为奖励在完成任务中正能量突出的同学，如帮助同学、劳动积极等，由教师酌情给分，分值范围在1~10分之间。增值评价是与前一次任务完成情况比较，由组长和教师共同完成，也可由学生自己提出，分值范围在1~5分之间。

课后拓展

谈谈直流输电

世界上最早的直流输电是用直流发电机直接向直流负荷供电。1882年，法国物理学家德普勒用装设在米斯巴赫煤矿中的直流发电机，以1.5~2.0 kV电压，沿着57 km的电报线路，把电力送到在慕尼黑举办的国际展览会上，完成了有史以来的第一次直流输电试验。1912年采用直流发电机串联的方法，将直流输电电压、功率和距离分别提到125 kV、20 mW和225 km。由于直流电源和负荷均采用串联方法，运行方式复杂，可靠性差，因此直流输电在当时没有得到进一步的发展。随着三相交流发电机、感应电动机和变压器的迅速发展，直流输电很快被交流输电所取代。直到20世纪50年代，大功率汞弧阀的问世，直流输电技术才真正在工程中得到应用。

巩固练习

填空题

(1)直流微型断路器上的正负号表示电流的方向，是从(　　　)极流向(　　　)极。

(2)直流微型断路器脱扣特性为(　　　　)型，用于照明、配电控制等。

(3)直流断路器分为(　　　)、(　　　　)、(　　　　)。

项目六　漏电保护器

项目描述

漏电保护器简称漏电开关,又称漏电断路器,主要是用来在设备发生漏电故障时进行人身触电保护,具有过载和短路保护功能,它是能够确保人身安全、预防火灾和提高电气设备可靠性的关键设备之一。通过本项目的学习,主要掌握漏电保护器的作用、工作原理、参数及安装使用注意事项。

本项目任务有:

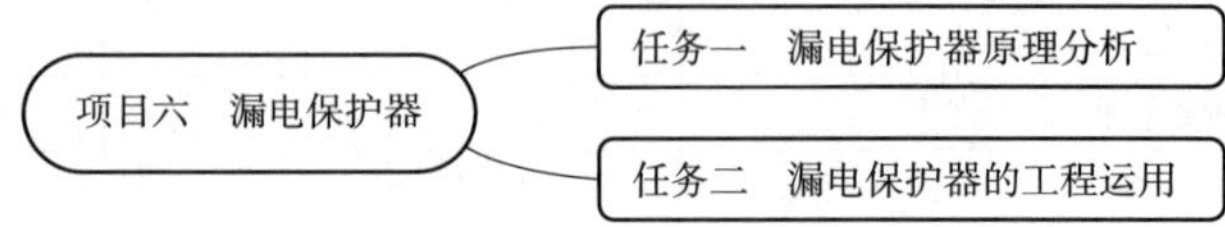

任务一　漏电保护器原理分析

学习目标

知识目标	技能目标	素质目标
(1)掌握漏电保护器的作用; (2)掌握漏电保护器的结构和类型; (3)掌握漏电保护器工作原理; (4)了解漏电保护器的主要参数	(1)知道漏电保护器的应用场合(或适用范围); (2)会识别漏电保护器的铭牌信息; (3)会分析漏电保护器工作原理; (4)会画漏电保护器的图形符号	(1)具有对漏电保护器学习的兴趣和热情; (2)具备认真负责、严谨的思维和细致的学习态度; (3)具有团队协作能力和集体荣誉感; (4)具备职业素养和安全意识,能够遵守学校和实验室的安全规范和标准操作流程

任务导入

在低压配电系统中常常会安装漏电保护器来防止人身触电事故发生,大家在家庭用电配电箱或是学校实训室的配电柜中见过漏电保护器吗?你们知道漏电保护器是如何在设备发生漏电事故时发挥保护作用的吗?通过本任务的学习,结合图6-1-1说说在保护接零的电路中,发生漏电时,漏电保护器所起的作用。

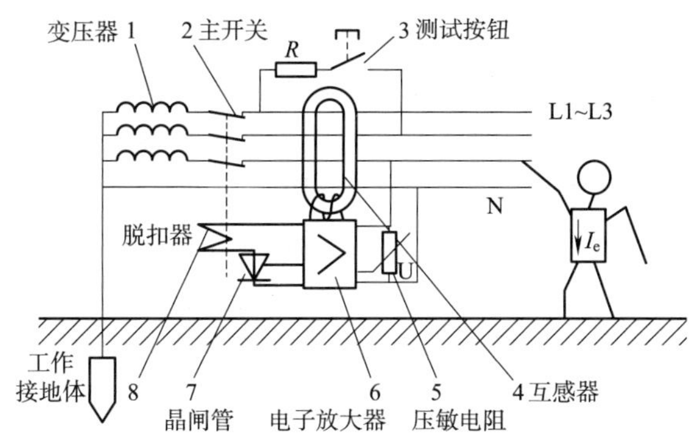

图 6-1-1 漏电保护示意图

知识链接

一、漏电保护器基本认知

1. 漏电保护器的作用

漏电保护器全称漏电电流保护器,又称剩余电流动作保护器、剩余电流保护器,是低压供电系统普遍采用的预防人体触电的五大措施——电气设备绝缘、保护接零(地)、等电位连接、漏电保护器和电工安全用具措施之一,如图 6-1-2 所示。

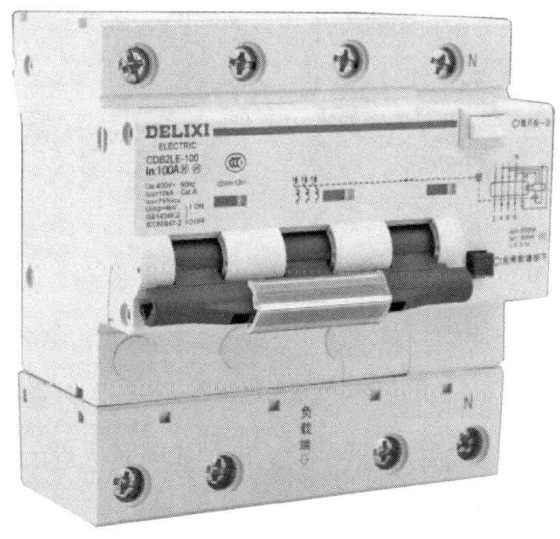

图 6-1-2 漏电保护器

漏电保护器的主要功能是当发生人身触电(相与地之间)或设备发生漏电(对地),且漏电电流(被保护电路电流相量和的有效值)达到所限定的动作电流时,能够在限定的时间内使线路主开关断开电源,使触电者脱离危险或使漏电设备停止运行,从而可避免因触电、漏电引起的人身伤亡、设备损坏及火灾事故。

【小贴士】

漏电保护器在反应触电和漏电保护方面具有高灵敏性和动作快速性，这是如熔断器、自动开关等保护电器无法比拟的。自动开关和熔断器正常时要通过负荷电流，其动作保护值要避过正常负荷电流来整定，因此其主要作用是用来切断系统的相间短路故障。漏电保护器是利用系统的剩余电流反应和动作的。正常运行时系统的剩余电流几乎为零，故它的动作整定值可以整定得很小（一般为毫安级）；当系统发生人身触电或设备外壳带电时，出现较大的剩余电流，漏电保护器则通过检测和处理这个剩余电流后可靠地动作，切断电源。

2. 漏电保护器的类型

（1）按工作原理分类

①电磁式漏电保护器。如图 6-1-3（a）所示，零序电流互感器的二次回路输出电流达到所限定的动作电流时，使电磁脱扣器脱扣，断开电源，其动作功能与线路电压无关。

②电子式漏电保护器。如图 6-1-3（b）所示，零序电流互感器的二次回路和脱扣器之间接入一个电子放大线路，互感器二次回路的输出电流经过电子放大线路放大后再激励剩余电流脱扣器，称为电子式漏电保护器或电子式剩余电流保护器，其动作功能与线路电压有关。

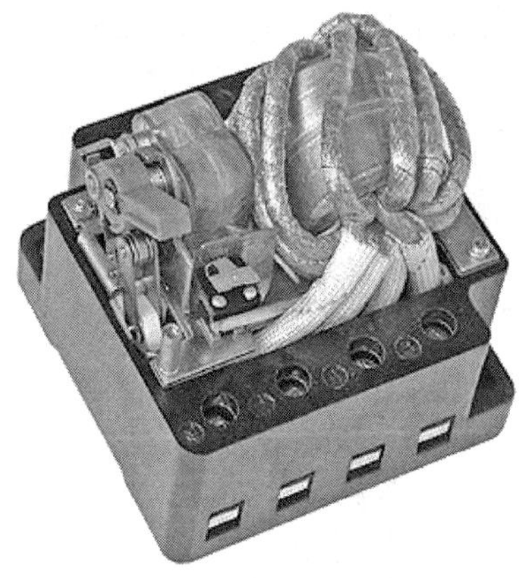

（a）电磁式漏电保护器

（b）电子式漏电保护器

图 6-1-3　漏电保护器结构

我国生产的漏电保护器绝大部分为电子式。电磁式因制造成本高、价格高，使用较少。

（2）按漏电保护器的功能分类

①漏电保护断路器。如图 6-1-4（a）所示，漏电保护断路器将漏电电流值与基准值相比较，当漏电电流值超过基准值时，通过脱扣器使主电路触头断开的机械开关电器。所以，当主回路中发生漏电或绝缘破坏时，漏电保护断路器可根据判断结果将主电路接通或断开，它与熔断器、热继电器配合可构成功能完善的低压开关元件。

目前这种形式的漏电保护装置应用最为广泛，市场上的漏电保护断路器根据功能常用的有以下几种类别：

a. 具有漏电保护断电功能，使用时与熔断器、热继电器、过电流继电器等保护元件配合。

b. 同时具有过载保护功能。

c. 同时具有过载、短路保护功能。

d. 同时具有短路保护功能。

e. 同时具有短路、过负荷、漏电、过电压、欠电压保护功能。

②漏电保护继电器。如图 6-1-4(b)所示,漏电保护继电器检测漏电电流,将漏电电流值与基准值相比较,当漏电电流值超过基准值时继电器动作,继电器的动作信号可以输入报警器报警,提醒工作人员排除故障,或输入其他自动控制装置。漏电保护继电器用于特殊需要场所,例如一旦切断电源就可能造成重大经济损失的场所。

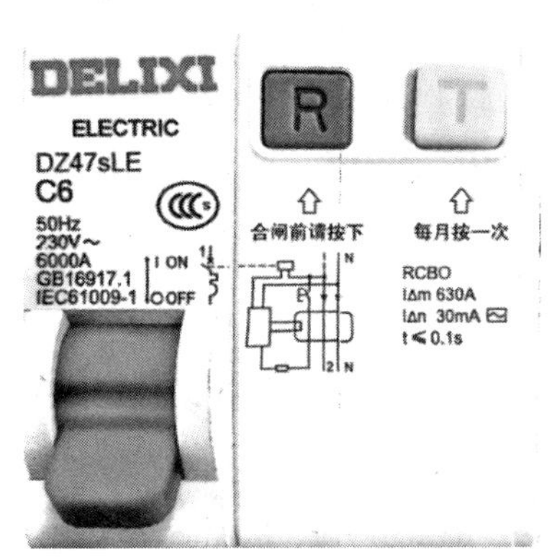

(a)漏电保护断路器

(b)漏电保护继电器

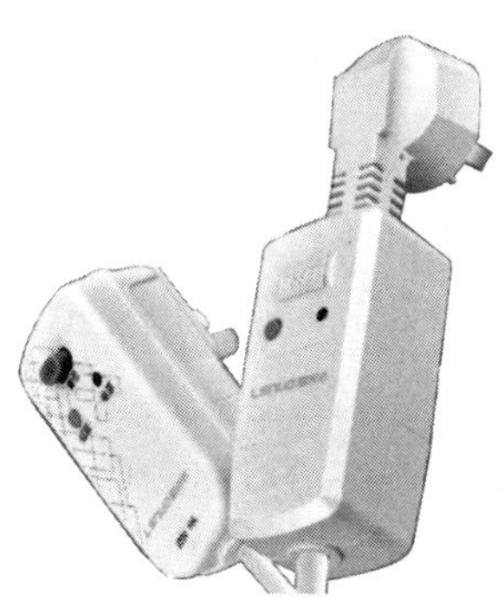

(c)移动式漏电保护器

图 6-1-4 漏电保护器按功能分类的结构

漏电保护继电器由零序互感器、脱扣器和输出信号的辅助接点组成。它常和交流接触器或低压断路器组成漏电保护器,作为低压电网的总保护或主干路的漏电、接地或绝缘监视保护。当主回路有漏电流时,由于辅助接点和主回路开关的分离脱扣器串联成一回路,因此辅助接点接通分离脱扣器而断开空气开关、交流接触器等,使其掉闸,切断主回路。辅助接点也可以接通声、光信号装置,发出漏电报警信号,反映线路的绝缘状况。

③移动式漏电保护器。如图 6-1-4(c)所示,移动式漏电保护器是由插头、漏电保护装置和插座或接线装置组成的电器,它包括漏电保护插头、移动式漏电保护插座、漏电保护插头插座转换器等,用来对移动电器设备提供漏电保护。移动式漏电保护器常用于手持式电动工具和移动式电气设备的保护及家庭、学校等民用场所。

④固定安装的漏电保护插座。固定安装的漏电保护插座是由固定式插座和漏电保护装置组成的电器,具有对漏电电流进行检测、判断和切断回路电源的功能。额定电流一般为 20 A 以下,漏电动作电流为 6 ~ 30 mA,灵敏度较高。

(3)按漏电保护器的使用场合分类

①专业人员使用的漏电保护器。专业人员使用的漏电保护器一般额定电流比较大,作为配电装置中主干线或分支线的保护开关用,发生故障影响范围比较大,要求由专业人员来安装、使用和维护。剩余电流继电器和大电流剩余电流断路器属于这种形式的漏电保护器。

②家用和类似用途的漏电保护器。用于商用、办公楼及城乡居民住宅等建筑物中的漏电

保护器,一般额定电流比较小,作为终端电气线路的漏电保护装置,适合于非专业人员使用。主要是家用剩余电流断路器和移动式漏电保护器。

(4)按漏电保护器的额定电流动作值分类

①高灵敏度漏电保护器。额定漏电动作电流为 30 mA 及以下。既可用作间接触电保护,也可用作直接触电的补充保护。

②中灵敏度漏电保护器。额定漏电动作电流为 30 mA 及以上至 1 000 mA。它只能用作间接触电保护,或用作防止电气火灾事故和接地短路故障保护。

③低灵敏度漏电保护器。额定漏电动作电流为 1 000 mA 以上。它只能用作间接触电保护,或用作防止电气火灾事故和接地短路故障保护。

(5)按漏电保护器的动作时间分类

①瞬时型(又称快速型)漏电保护器。动作时间快速,一般动作超过 0.2 s,主要作为分支线路和终端线路的漏电保护装置。

②延时型漏电保护器。专门设计的对某一剩余动作电流值能达到一个预定的极限不动作时间的漏电保护器。一般规定一个延时级差为 0.2 s。主要作为主干线或分支线的保护装置,可以与终端线路的保护装置配合,达到选择性保护的要求。

③反时限型漏电保护器。漏电保护器的动作时间随着动作增大而在一定的范围内缩短。一般电子式漏电保护器具有一定的反时限特性。

3. 漏电保护器的符号

①漏电保护器的文字符号为 LDB(或 RCD)。

②漏电保护器的图形符号如图 6-1-5 所示。

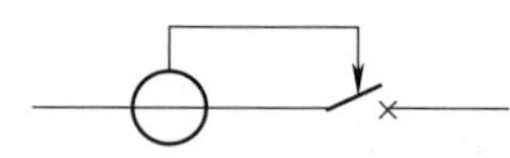

图 6-1-5 漏电保护器的图形符号

二、漏电保护器的原理认知

1. 电磁式漏电保护器的原理

电磁式漏电保护器主要由检测元件(零序电流互感器)、中间环节(电磁脱扣器)、操作执行机构和试验装置四大部分组成。其组成框图如图 6-1-6 所示。

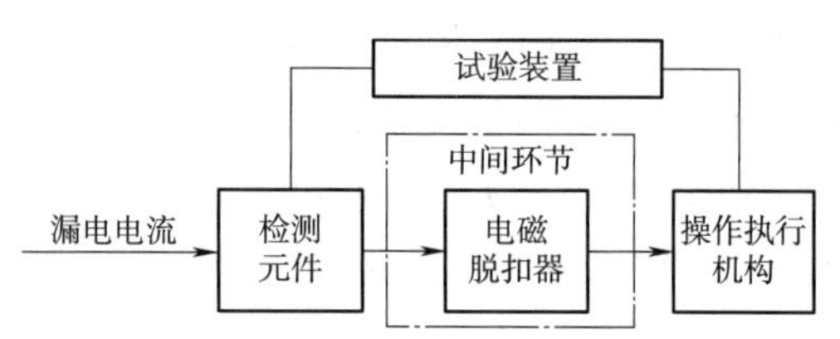

图 6-1-6 电磁式漏电保护器组成框图

正常运行时,通过零序电流互感器一次侧电流的相量和为零,即

$$\dot{I}_{L1}+\dot{I}_{L2}+\dot{I}_{L3}=0$$

因此,各相电流在零序电流互感器环形铁芯中所产生的磁通的相量和也为零,即

$$\dot{\Phi}_{L1}+\dot{\Phi}_{L2}+\dot{\Phi}_{L3}=0$$

所以,零序电流互感器二次侧线圈没有电动势产生,极化电磁铁线圈中也就没有电流流过,电磁脱扣器不动作,系统保持正常供电。

当被保护电路出现漏电故障或有人触电时,通过电流互感器一次侧电流相量和大于零,即零序电流

$$\dot{I}_0 = \dot{I}_{L1} + \dot{I}_{L2} + \dot{I}_{L3} > 0$$

因此,零序电流在互感器二次侧产生的磁通的相量和,即

$$\dot{\Phi}_0 = \dot{\Phi}_{L1} + \dot{\Phi}_{L2} + \dot{\Phi}_{L3} > 0$$

该磁通在极化电磁铁线圈中产生感应电流 $\dot{I}_e$,$\dot{I}_e$又产生交变磁通,这个磁通与永久磁铁的磁通叠加,使电磁铁磁性减小,从而使其对衔铁的吸力减小,于是衔铁被弹簧的作用力拉开,脱扣机构动作,并通过开关装置断开电源。

电磁式漏电保护器的内部原理示意图如图 6-1-7 所示。

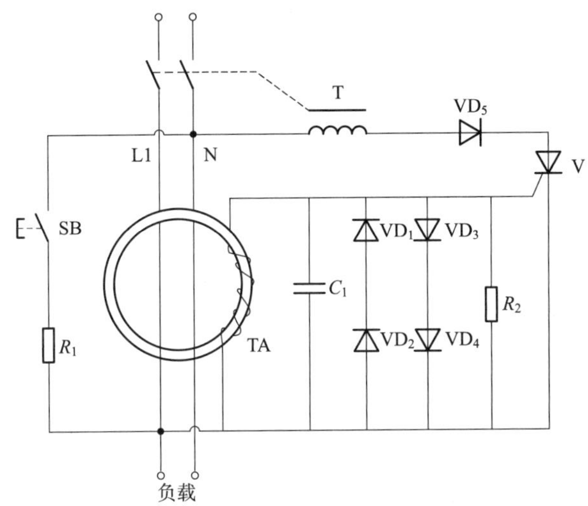

图 6-1-7　电磁式漏电保护器的内部原理示意图

SB—检测按钮;R_1、R_2—检测电阻;TA—零序电流互感器;C_1—滤波电容;

VD_1、VD_2、VD_3、VD_4、VD_5—二极管;V—晶闸管;T—电磁机构;L1—电源相线

零序电流互感器接在主电路中,当线路正常工作时,线圈中无电流流过。当发生漏电事故时,晶闸管 V 两端承受一定的电压,零序电流互感器的二次线圈中流过电流,该电流经过全桥整流电路后给晶闸管以触发信号,晶闸管导通后使得电磁机构 T 的线圈中获得电流,其电磁铁吸合,带动机械机构使断路器跳闸。

电源相线 L1 与检测按钮 SB、试验电阻 R_1、电磁机构 T 构成自测电路,当按下按钮 SB 时,电磁机构线圈得电,电磁铁吸合,带动机械机构使断路器跳闸,此电路用来检测漏电保护器能否正常动作,理论上每月需要人为按一次,确保漏电保护器可以正常工作。

2. 电子式漏电保护器的原理

电子式漏电保护器的组成框图如图 6-1-8 所示。

(1)检测元件

检测元件可以是一个零序电流互感器。被保护的相线、中性线穿过环形铁芯,构成了互感器的一次线圈 N_1,缠绕在环形铁芯上的绕组构成了互感器的二次线圈 N_2,如果没有漏电发生,

这时流过相线、中性线的电流相量和等于零,因此在 N_2 上也不能产生相应的感应电动势。如果发生了漏电,相线、中性线的电流相量和不等于零,就使 N_2 上产生感应电动势,这个信号就会被送到中间环节进行进一步的处理。

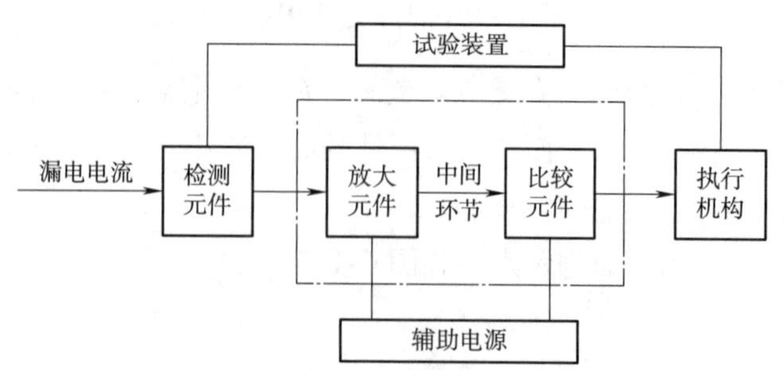

图 6-1-8　电子式漏电保护器的组成框图

(2)中间环节

中间环节的功能主要是对漏电信号进行处理,通常包括放大器、比较器、脱扣器。中间环节的作用就是对来自零序电流互感器的漏电信号进行放大和处理,并输出到执行机构。

(3)执行机构

执行机构为一触头系统,多为带有分励脱扣器的低压断路器或交流接触器。其功能是接收中间环节的指令信号,实施动作,自动切断故障处的电源。

(4)试验装置

由于漏电保护器是一个保护装置,因此应定期检查其本身是否完好、可靠。试验装置就是通过试验按钮和限流电阻的串联,模拟漏电路径,以检查装置能否正常动作。

电子式漏电保护器结构与工作原理示意图如图 6-1-9 所示。

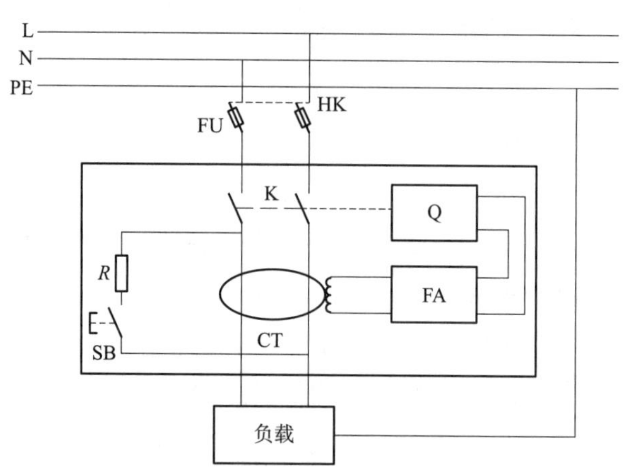

图 6-1-9　电子式漏电保护器结构与工作原理示意图

当负载发生漏电故障时,电流通过大地形成回路,负载侧对大地形成泄漏电流,穿过零序电流互感器 CT 的电流的矢量和不等于零。零序电流互感器 CT 感应出一个零序电流,放大器 FA 将其放大;执行机构(跳闸线圈 Q)收到信号后,线圈 Q 通电产生磁场,当零序电流达到整定值,线圈所产生的磁场力将能够吸动衔铁使开关K断开,使线路及负载失去电源,从而达到保护人身和电气设备安全的目的。

3. 漏电保护器的分级保护

分级保护的目的是缩小事故停电范围,提高供电可靠性,即只切断漏电支路的电源,而不切断上一级的电源。

漏电保护器的分级保护分为两级保护和三级保护。

一般为两级保护:变压器低压侧的总保护和分支电路保护,施工现场总配电箱保护和开关箱保护(又称终端保护)。

前后级需有时间级差和电流级差。第一级的额定漏电动作电流和动作时间应大于第二级。第一级应选择灵敏度较低的和延时型漏电保护器。

三、漏电保护器的参数认知

1. 动作参数

动作参数是漏电保护器最基本的技术参数,具体如下:

(1)额定漏电动作电流($I_{\Delta n}$)

指在规定的条件下,使漏电保护器动作的漏电动作电流值。它反映漏电保护器的灵敏度。我国标准规定电流型漏电保护器的额定漏电动作电流值为6 mA、10 mA、(15 mA)、30 mA、(50 mA)、(75 mA)、100 mA、(200 mA)、300 mA、500 mA、1 000 mA、3 000 mA、5 000 mA、10 000 mA、20 000 mA共15个等级。其中,30 mA及30 mA以下者属于高灵敏度,主要用于防止各种人身触电事故;30 mA以上至1 000 mA者属于中灵敏度,用于防止触电事故和漏电火灾;1 000 mA以上者属低灵敏度,用于防止漏电火灾和监视一相接地事故。

(2)额定漏电不动作电流($I_{\Delta n0}$)

它是指在规定的条件下,漏电保护器必须不动作的漏电不动作电流值。为了避免误动作,漏电保护器的额定不动作电流不得低于额定动作电流的1/2。

(3)漏电动作分断时间

漏电动作分断时间简称漏电动作时间,指从突然施加漏电动作电流开始到被保护电路完全被切断为止的全部时间。为适应人身触电保护和分级保护的需要,漏电保护器有快速型、延时型和反时限型三种。

快速型适用于单级保护,用于直接接触电击防护时必须选用快速型的漏电保护器。延时型漏电保护器人为地设置了延时,主要用于分级保护的首端。反时限型漏电保护器是配合人体安全电流-时间曲线而设计的,其特点是漏电电流越大,则对应的动作时间越短,呈现反时限动作特性。快速型漏电保护器动作时间与动作电流的乘积不应超过30 mA · s。延时型漏电保护器延时时间的优选值为0.2 s、0.4 s、0.8 s、1 s、1.5 s、2 s。采用三级保护者,最上一级动作时间也不宜超过1 s。

漏电保护器的动作时间参考GB/T 13955—2017《剩余电流动作保护装置安装和运行》相关内容。家用不带过电流保护剩余电流动作断路器的分段时间和不驱动时间的标准值,见表6-1-1。

表 6-1-1　家用不带过电流保护剩余电流动作断路器(RCCB)的分断时间和不驱动时间的标准值

型号	I_{Δ}/A	$I_{\Delta n}$/A	剩余电流 I_{Δ} 等于下列值时的分断时间和不驱动时间标准值/s				时间含义
			$I_{\Delta n}$	$2I_{\Delta n}$	$5I_{\Delta n}$	5 A、10 A、20 A、50 A、100 A、200 A、500 A	
一般型	任何值	任何值	0.3	0.15	0.04	0.04	最大分断时间
S 型	≥25	>0.030	0.5	0.2	0.15	0.15	最大分断时间
			0.13	0.06	0.05	0.04	最小不驱动时间
对额定漏电动作电流 $I_{\Delta n}<0.03$ A 的一般型 RCCB 可用 0.25A 代替 $5I_{\Delta n}$。 5 A、10 A、20 A、50 A、100 A、200 A 的试验仅在突然施加剩余电流时测量分断时间							

2. 其他技术参数

漏电保护器的其他技术参数的额定值主要如下:

①额定频率为 50 Hz。

②额定电压为 220 V 或 380 V。

③额定电流为 6 A、10 A、16 A、20 A、25 A、32 A、40 A、50 A、(60 A)、63 A、(80 A)、100 A、(125 A)、160 A、200 A、250 A(带括号值不推荐优先采用)。

3. 接通分断能力

漏电保护器的额定接通分断能力应符合表 6-1-2 的规定。

表 6-1-2　漏电保护器的额定接通分断能力

额定动作电流 $I_{\Delta n}$/mA	接通分断电流/A	额定动作电流 $I_{\Delta n}$/mA	接通分断电流/A
≤10	≥300	$100<I_{\Delta n}\leq 150$	≥1 500
$10<I_{\Delta n}\leq 50$	≥500	$150<I_{\Delta n}\leq 200$	≥2 000
$50<I_{\Delta n}\leq 100$	≥1 000	$200<I_{\Delta n}\leq 250$	≥3 000

任务分组

小组信息表见表 6-1-3。

表 6-1-3　小组信息表

小组信息	班级			日期		
	小组名称			组长		
	分工					
	成员					

任务准备

小组成员沟通讨论工作计划,依照任务导入中“说说在保护接零的电路中,发生漏电时,漏电保护器所起的作用”,查找资料,巩固漏电保护器工作原理,分工协作,准备完成任务。根据任务要求,领取本任务需要用到的相关材料。

任务实施

一、引导问题

(1)漏电保护器的主要作用是________________。

(2)漏电保护器的工作原理是________________。

(3)漏电保护器的图形符号是________________。

(4)漏电保护器在外观上与微型断路器一样吗?________________。

(5)漏电保护器主要技术参数是________________。

二、技能训练

(1)指出图 6-1-10 中低压电器的名称。

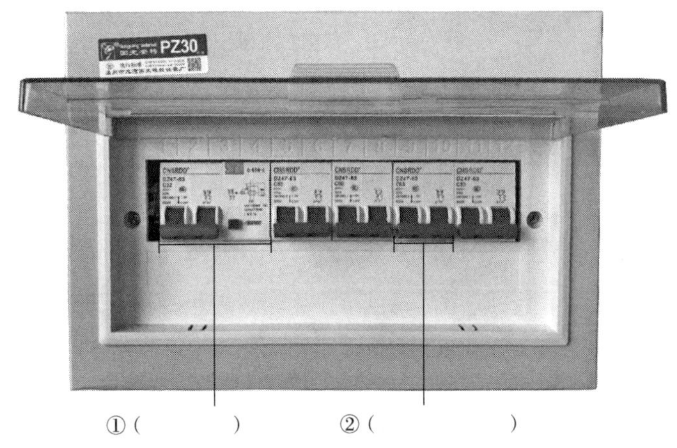

图 6-1-10　家庭配电箱

(2)试对比低压断路器与漏电保护器的主要异同,填写表 6-1-4。

表 6-1-4　低压电器对比表

序号	低压断路器	漏电保护器
图形符号		
结构		
作用		
工作原理		

(3)认真识读图 6-1-11 所示漏电保护器的铭牌,介绍该漏电保护器的主要功能,指出图中圈出的两个按键分别有什么作用,在表 6-1-5 中填写漏电保护器的主要参数及单位。

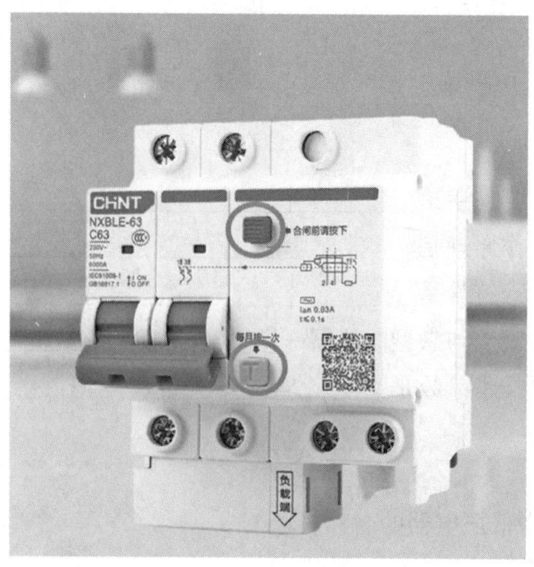

图 6-1-11　漏电保护器

表 6-1-5　漏电保护器的主要参数

序号	参数	额定值
1	额定电压	
2	额定电流	
3	分断能力	
4	动作电流	
5	动作时间	

(4)指出图 6-1-12 所示漏电保护器内部结构的主要结构名称。

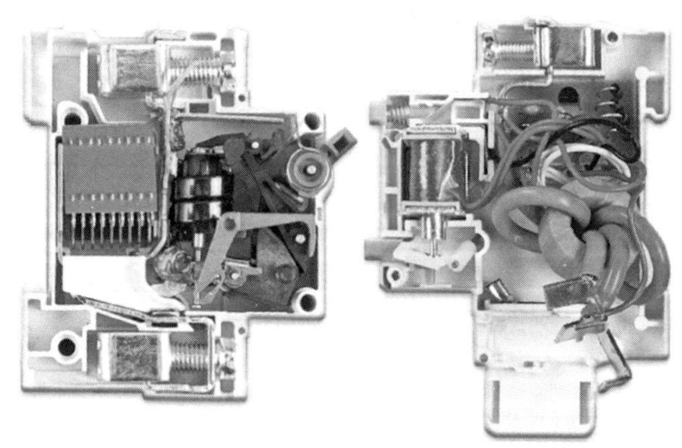

图 6-1-12　漏电保护器内部结构

(5)介绍漏电保护器的工作原理,制作 PPT 或讲解视频。

任务评价

小组成员各自完成自我评价，组长完成小组评价，教师完成教师评价，见表6-1-6。整理实训设备和仪表，做好5S管理工作。

表6-1-6　任务评价表

序号	评价内容	自我评价	小组评价	教师评价	分值分配
1	是否完成各项任务				10
2	能否团队合作				15
3	铭牌参数介绍是否完整				15
4	结构介绍是否完整				15
5	原理分析是否正确				15
6	组内成员整体掌握程度				15
7	参数意义理解是否正确				15
8	合计				100
9	加分+增值评价				
10	总分				

评分说明：

(1)总分=自我评价×20%+小组评价×20%+教师评价×60%+加分。

(2)加分项为奖励在完成任务中正能量突出的同学，如帮助同学、劳动积极等，由教师酌情给分，分值范围在1~10分之间。增值评价是与前一次任务完成情况比较，由组长和教师共同完成，也可由学生自己提出，分值范围在1~5分之间。

课后拓展

中国电器元老——陈荣军

中国在漏电保护器领域有不少杰出的工匠，其中最著名的就是荣军厂的陈荣军先生。他是中国漏电保护器的开创者，在20世纪80年代发明了“荣军牌”漏电保护器，成为中国第一家生产漏电保护器的企业。

陈荣军先生经过多年的研发和探索，成功研制出了这种漏电保护器，并获得了多项国内和国际专利。他的“荣军牌”漏电保护器质量稳定、安全可靠，在国内市场上大受欢迎，成为中国电力设备行业的代名词。陈荣军先生和他的“荣军牌”漏电保护器也被誉为中国电器行业的“爷爷级人物”和“中国电器元老”。

除了陈荣军先生，中国漏电保护器领域还有一些其他的杰出工匠和企业，如中车株洲电力机车研究所、南京金城机电、杭州全柏嘉电气等。他们在漏电保护器的研发和生产方面做出了突出贡献，推动了中国电器设备的发展和进步。

巩固练习

一、填空题

(1)(　　　)是指额定漏电动作电流为(　　　)mA 及以下,既可用作间接触电保护,也可用作直接触电的补充保护。

(2)正常运行时,系统的剩余电流几乎(　　　),故它的动作整定值可以整定为(　　　)。

(3)漏电保护器按原理分可以分为(　　　)和(　　　)。

(4)漏电保护器按功能分可以分为(　　　)、(　　　)、(　　　)和(　　　)。

(5)漏电保护器按额定电流动作值分可以分为(　　　)、(　　　)、(　　　)。

二、选择题

(1)(　　　)(又称快速型)漏电保护器,动作时间快速,一般动作超过 0.2 s,主要作为分支线路和终端线路的漏电保护装置。

A. 反时限型　　B. 延时型　　C. 瞬时型

(2)第一级漏电保护器的额定漏电动作电流和动作时间应(　　　)第二级。

A. 大于　　B. 小于　　C. 等于

(3)第一级漏电保护器应选择灵敏度(　　　)的漏电保护器。

A. 低　　B. 高　　C. 最高

任务二　漏电保护器的工程运用

课件

漏电保护器应用

视频

漏电保护器应用

学习目标

知识目标	技能目标	素质目标
(1)掌握漏电保护器选用原则; (2)了解漏电保护器参数选择; (3)熟悉漏电保护器安装步骤; (4)掌握漏电保护器接线方法; (5)了解漏电保护器维护方法	(1)能根据实际应用场景选择合适的漏电保护器类型; (2)会根据实际需求选择合适的漏电保护器参数; (3)能结合现场需求完成漏电保护器的接线和安装; (4)会对漏电保护器进行日常维护	(1)具有对专业知识学习兴趣和热情; (2)具备认真负责,严谨的思维和细致的学习态度; (3)具有团队协作能力和集体荣誉感; (4)具有职业素养和安全意识,能够遵守学校和实验室的安全规范和标准操作流程

任务导入

随着全球对环境保护的重视和能源危机的持续存在，新能源汽车越来越受人们欢迎，更多人选择购置新能源汽车作为家庭日常出行的主要交通方式，而新能源汽车必须面临安装充电桩的问题，安装充电桩时必须考虑用电安全。通过漏电保护器选用原则等内容的学习，请试着为某家用 32 A 新能源汽车充电桩选择合适的漏电保护器，并画出接线示意图。

知识链接

一、漏电保护器的选用原则

(1)漏电保护器的技术条件

符合 GB/T 6829 的有关规定，并具有国家认证标志。

(2)根据电气设备的供电方式选用漏电保护器

①单相 220 V 电源供电的电气设备，应选用二极二线式或单极二线式漏电保护器。

②三相三线式 380 V 电源供电的电气设备，应选用三极式漏电保护器。

③三相四线式 380 V 电源供电的电气设备，或单相设备与三相设备共用的电路，应选用三极四线式、四极四线式漏电保护器。

(3)根据电气线路的正常泄漏电流，选择漏电保护器的额定漏电动作电流

①选择漏电保护器的额定漏电动作电流值时，应充分考虑到被保护线路和设备可能发生的正常泄漏电流值，必要时可通过实际测量取得被保护线路或设备的泄漏电流值。

②选用的漏电保护器的额定漏电不动作电流，应不小于电气线路和设备的正常泄漏电流的最大值的 2 倍。

(4)根据电气设备的环境要求选用漏电保护器

①漏电保护器的防护等级应与使用环境条件相适应。

②对电源电压偏差较大的电气设备应优先选用电磁式漏电保护器。

③在高温或特低温环境中的电气设备应优先选用电磁式漏电保护器。

④雷电活动频繁地区的电气设备应选用冲击电压不动作型漏电保护器。

⑤安装在易燃、易爆、潮湿或有腐蚀性气体等恶劣环境中的漏电保护器，应根据有关标准选用特殊防护条件的漏电保护器，否则应采取相应的防护措施。

(5)对漏电保护器动作参数的选择

①手持式电动工具、移动电器、家用电器插座回路的设备，应优先选用额定漏电动作电流不大于 30 mA 快速动作的漏电保护器。

②单台电机设备选用额定漏电动作电流 30 mA 及以上，100 mA 以下快速动作漏电保护器。

③有多台设备的总保护，应选用额定漏电动作电流为 100 mA 及以上快速动作的漏电保护器。

(6)根据漏电保护器的功能选择

漏电保护器按功能分：漏电保护专用、漏电保护器和过电流保护兼用及漏电、过电流和短路保护兼用等多种类型。

①对于有过电流保护的一般住宅、小容量配电箱的主开关以及需要在原有的配电电路中增设漏电保护的场所，选择专用漏电保护器。

②对于短路电流比较小的分支电路，选择具有漏电、过电流保护功能的漏电保护器。

③对于低压电网的总保护和较大的分支电路，选择同时具有漏电、过电流和短路保护的漏电保护器。

(7)根据电网特点选择

①对于中性点接地(直接接地或经高阻抗接地或经低阻抗接地)电网，选择漏电电流动作式漏电保护器。

②对于中性点不接地，电网对地电容有变化的供电线路，如矿井挖掘设备的供电电缆，选择可进行电容跟踪补偿的专用漏电保护器。

③对于中性点不接地，电网对地电容相对稳定的供电线路，选择装有对地电容补偿电路的漏电电流动作式漏电保护器。

(8)对特殊负荷和场所应按其特点选用漏电保护器

①医院中的医疗电气设备安装漏电保护器时，应选用额定漏电动作电流为 10 mA、快速动作的漏电保护器。

②安装在潮湿场所的电气设备应选用额定漏电动作电流为 15～30 mA、快速动作的漏电保护器。

③安装于游泳池、喷水池、水上游乐场、浴室的照明线路，应选用额定漏电动作电流为 10 mA、快速动作的漏电保护器。

④在金属物体上工作，操作手持式电动工具或行灯(手提照明电灯)时，应选用额定漏电动作电流为 10 mA、快速动作的漏电保护器。

⑤连接室外架空线路的电气设备，应选用冲击电压不动作型漏电保护器。

⑥带有架空线路的总保护，应选择中、低灵敏度及延时动作的漏电保护器。

【小贴士】

施工现场漏电保护器的选择见表 6-2-1。

表 6-2-1　施工现场漏电保护器的选择

<table>
<tr><td colspan="10">CCC 认证产品、透明外壳、寒带(－25～40 ℃)、热带(－25～40 ℃)</td></tr>
<tr><td>序号</td><td>配电箱</td><td>极数、线型</td><td>灵敏度</td><td>动作电流</td><td>不动电流</td><td>动作时间</td><td>动作限值</td><td>动作类型</td><td>可选型号/mA</td></tr>
<tr><td>1</td><td>总配电箱</td><td rowspan="2">3 极
4 线型</td><td>中灵敏</td><td>>30 mA</td><td>≤15 mA</td><td>>0.2 s</td><td>≤30 mA·s</td><td>延时型</td><td>30、(50)、(75)、100</td></tr>
<tr><td>2</td><td>塔式起重机、外用电梯、搅拌机</td><td rowspan="6">高灵敏</td><td>≤30 mA</td><td rowspan="6">≤15 mA</td><td rowspan="6">≤0.1 s</td><td rowspan="6">≤15 mA·s</td><td rowspan="6">无延时型</td><td rowspan="3">15、30、(50)、(75)、100</td></tr>
<tr><td>3</td><td>振动器、钢筋弯曲机、电锯、水泵、夯土机</td><td>3 极
3 线型</td><td rowspan="2">≤15 mA</td></tr>
<tr><td>4</td><td>电焊机</td><td>2 极
2 线型</td></tr>
<tr><td>5</td><td>手持设备照明</td><td rowspan="2">1 极
2 线型</td><td rowspan="2">16～30 mA</td><td rowspan="2">15、20</td></tr>
<tr><td>6</td><td>潮湿场所</td></tr>
<tr><td>7</td><td>水下金属上</td><td></td><td>10 mA</td><td>6、10、13、(15)</td></tr>
</table>

二、漏电保护器的安装要求

①漏电保护器的安装应符合生产厂产品说明书的要求。

②漏电保护器的安装应充分考虑供电线路、供电方式、供电电压及系统接地形式。

③漏电保护器的额定电压、额定电流、短路分断能力、额定漏电动作电流、分断时间应满足被保护供电线路和电气设备的要求。

④漏电保护器的安装接线应正确，在不同的系统接地形式的单相、三相三线、三相四线供电系统中，漏电保护器的正确接线方式见表 6-2-2。

表 6-2-2　漏电保护器的接线方式

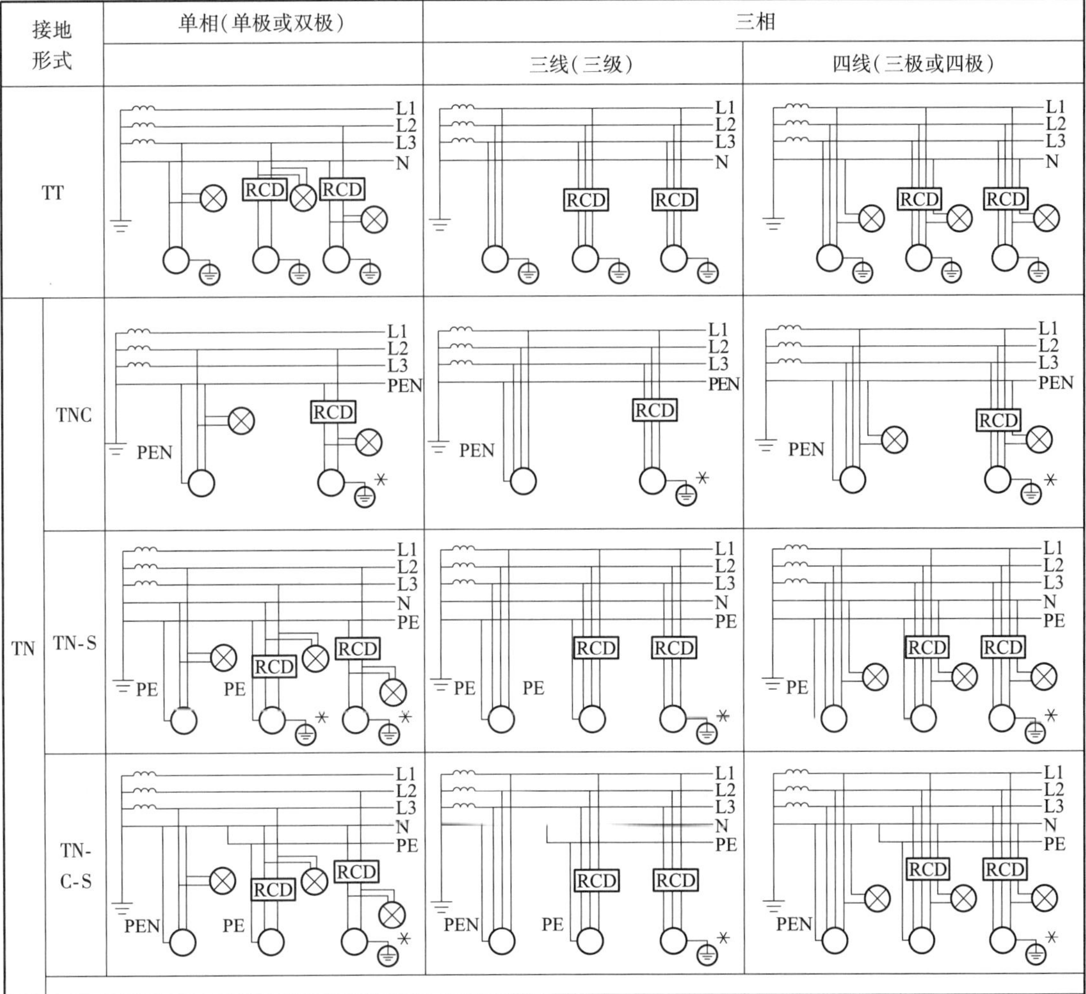

接地形式		单相（单极或双极）	三相：三线（三级）	三相：四线（三极或四极）
TT				
TN	TNC			
TN	TN-S			
TN	TN-C-S			

注：1. L1、L2、L3 为相线；N 为中性线；PE 为保护线；PEN 为中性线和保护线合一；○○为单相或三相电气设备；⊗为相照明设备；RCD 为漏电保护器；⊜为不与系统中性接地点相连的单独接地装置，作保护接地用。

2. 单相负载或三相负载在不同的接地保护系统中的接线方式图中，左侧设备为未装有漏电保护器，中间和右侧为装有漏电保护器的接线图。

3. 在 TN 系统中使用漏电保护器的电气设备，其外露可导电部分的保护线可接在 PEN 线，也可接在单独接地装置上而形成局部 TT 系统，如 TN 系统接线方式图中的右侧设备带 * 的接线方式。

4. 表中 TN-S 及 TN-C-S 接地形式，单相和三相负荷的接线图中的中间和右侧接线图为根据现场情况，可任选其一接地方式。

三、漏电保护器对低压电网的要求

①漏电保护器负载侧的中性线,不得与其他回路共用。

②当电气设备装有高灵敏度的漏电保护器时,电气设备单独接地装置的接地电阻最大可放宽到 500 Ω,但预期接触电压必须限制在允许的范围内。

③装有漏电保护器保护的线路及电气设备,其泄漏电流必须控制在允许范围内,同时漏电保护器的额定漏电不动作电流应不小于电气线路和设备的正常泄漏电流的最大值的 2 倍。当其泄漏电流大于允许值时,必须更换绝缘良好的供电线路。

④安装漏电保护器的电动机及其他设备在正常运行时的绝缘电阻值不小于 0. 5 MΩ。

四、安装漏电保护器的施工要求

①漏电保护器标有负载侧和电源侧时,应按规定安装接线,不得反接。

②安装带有短路保护的漏电保护器,必须保证在电弧喷出方向有足够的飞弧距离。飞弧距离大小按漏电保护器生产厂的规定。

③组合式漏电保护器外部连接的控制回路,应使用铜导线,其截面积不应小于 1. 5 mm^2。

④安装漏电保护器后,不能撤掉低压供电线路和电气设备的接地保护措施,但应按安装要求中的①及对低压电网要求中的②进行检查和调整。

⑤漏电保护器安装后,应操作试验按钮,检验漏电保护器的工作特性,确认能正常动作后才允许投入使用。

⑥漏电保护器安装后的检验项目:

a. 用试验按钮试验三次,应正确动作;

b. 带负荷分合开关三次,均不应有误动作。

⑦安装时,必须严格区分中性线和保护线,三极四线式或四极式漏电保护器的中性线应接入漏电保护器。经过漏电保护器的中性线不得作为保护线,不得重复接地或接设备外露可导电部分。保护线不得接入漏电保护装置。

五、漏电保护器的运行

漏电保护器能否起到保护作用及其使用寿命的长短,除取决于产品本身的质量和技术性能及选择是否正确之外,还与产品的使用与维护有关。

①漏电保护器投入运行后,应建立运行记录台账,并建立相应的管理制度。

②漏电保护器投入运行后,每月须在通电状态下,按动试验按钮,检查漏电保护器动作是否可靠。雷雨季节应增加试验次数。

注意:验证时不可长时间按下试验按钮,而且每两次的操作时间间隔应在 10 s 以上。

③不明原因使漏电保护器动作后应进行检查。

④检验漏电保护器在运行中的动作特性及变化,定期进行动作特性试验。动作特性试验项目有测试漏电动作电流值、测试漏电不动作电流值、测试分断时间。

⑤退出运行的漏电保护器再次使用前,应按上一条要求进行动作特性试验。

⑥漏电保护器进行动作特性试验时,应使用经国家有关部门检测且合格的专用测试仪器,

严禁利用相线直接触碰接地装置的试验方法。

⑦漏电保护器动作后,经检查未发现事故原因时,允许试送电一次,如果再次动作,应查明原因找出故障,必要时对其进行动作特性试验,不得连续强行送电;除经检查确认为漏电保护器本身发生故障外,严禁私自撤除漏电保护器强行送电。

⑧分析漏电保护器的运行情况,及时更换有故障的漏电保护器。

⑨漏电保护器的动作特性由制造厂整定,按产品说明书使用,使用中不得随意变动。

⑩漏电保护器的维修应由专业人员进行,运行中遇有异常现象应找电工处理,以免扩大事故范围。

⑪在漏电保护器的保护范围内发生电击伤亡事故,应检查漏电保护器的动作情况,分析未能起到保护作用的原因,在未调查前应保护好现场,不得拆动漏电保护器。

⑫使用的漏电保护器除按漏电保护特性进行定期试验外,对断路器部分应按低压电器有关要求定期检查维护。

⑬漏电保护器因被保护电路发生过负荷、短路或漏电故障而断开后,若操作手柄还处于中间位置,则应查明原因,排除故障后才能再次闭合。闭合时,应只将手柄扳到"分"位,再进行闭合操作。

⑭若漏电保护器的漏电动作电流可以调整,则需根据气候条件和泄漏电流及时调整漏电动作电流值。切忌不顾环境条件调到最大挡,这将使漏电保护器失去应有的保护作用。

⑮具有过载保护的漏电保护器在动作后需要投入时,应先按复位按钮使脱扣器复位。

六、漏电保护器的维护

①需定期除尘和紧固螺钉,以保证其绝缘良好,紧固且接触良好。

②漏电保护器因执行短路保护而断开后,应打开盖子清除灭弧室内壁和栅片上的金属颗粒和烟灰,清除触头表面的毛刺和颗粒等。当触头磨损到原来厚度的1/3时,则应更换。

③大容量漏电保护器的操作机构操作到次数(约1/4机械寿命)后,其转动的机构部分需加润滑油。

七、漏电保护器故障分析

1. 投入漏电保护器时跳闸

(1)工作电压不符或工作电源接线端子接触不良

检查漏电保护器所接的工作电压是否与漏电保护器进线端子上方所标注的("380 V"或"220 V")一致;检查接触器线圈及接头是否正常。若接错线,则调整接线,并将接线端子螺钉拧紧,以免接触不良。

(2)零序电流互感器穿线错误

查看是否将保护线(PE线)接入零序电流互感器,若保护线接入,则更正之;查看三相四线的工作零线是否与相线穿入零序电流互感器的方向一致,若不一致,则调整之,使其穿入方向一致。

(3)安装漏电保护器与未安装漏电保护器的线路在电气上有连接

查看控制柜(开关柜)或配电板上的照明灯、指示灯、仪表及临时照明灯等用电设备是否跨接在零序电流互感器的两侧,即同一用电设备的相线和工作零线,一根接在零序电流互感器之前,一根接在零序电流互感器之后。若有此情况,则应调整接线,使同用电设备统一接在零序电流互感器之前或之后。

(4)负载出线漏电或相线直接接地

若漏电电流不大,不会造成伤害,则可通过增大漏电保护器的动作电流值来解决;若发生相线直接接地故障,则需用接地故障寻址仪等仪器查找,无仪器的可通过重点(水泵、动力设备等漏电概率较大的设备)查找与分段查找相结合的办法找出故障点,并予以处理。

(5)漏电保护器本身有故障

漏电保护器的电源指示灯、跳闸指示灯均不亮,检查漏电保护器所配电源是否正常,熔丝是否熔断,电源开关、变压器、稳压集成块是否损坏。解决方案:用万用表500 V电压挡测量漏电保护器电源电压,如果无电压或电压很低,则通过检查调整接线解决;如果电压正常,则可用万用表欧姆挡检查熔断器、电源开关、变压器及内部连接线,找到故障加以修理或更换损坏的元器件。

(6)接触器故障

一般为接触处接触不良或线圈烧断等故障。可通过拧紧螺钉、焊接好接头或更换线圈(可用万用表欧姆挡不带电测量或用500 V电压挡带电测量线圈两端头电压来判断线圈是否开路),并检查衔铁有无卡滞现象排除故障。

(7)穿过零序电流互感器的工作零线存在重复接地

改重复接地为直接接地。

2. 漏电保护器误动作

(1)过电压引起

线路中发生操作过电压而使断路器动作。可通过选用延时或冲击电压不动作型漏电断路器,也可通过在触头之间安装阻容元件来抑制过电压,或在线路中投入电压吸收装置。

(2)电磁干扰

若附近有大功率电气设备,则应调整漏电断路器的安装位置,远离大功率电气设备。

(3)环流影响

并联运行的两台变压器有各自的接地,因两台变压器的阻抗不可能完全相等,将会在接地线中产生环流引起断路器跳闸,需拆除接地线;如果同一变压器通过两条并联回路对同一负荷供电,两条回路中的电流也不可能完全相同,就会出现环流,需将两条回路分开运行。

(4)接地不当

工作零线重复接地引起。

(5)过载或短路影响

如果漏电断路器同时具有短路保护、过电流保护时,当过电流保护脱扣器的整定电流大小不合适时会发生误动作,此时可通过调节整定电流值解决。

3. 漏电保护器不动作

(1)漏电保护器动作电流整定值太大

调整动作电流调节钮,将其动作电流值调小。

(2)接地试验装置不良

使用可靠的接地试验装置。

(3)工作零线重复接地

工作零线重复接地等于给漏电保护器的漏电电流检测提供可并联回路,因此,造成漏电保护器灵敏度下降,动作困难。需排除工作零线的重复接地。

(4)接触器故障

查看接触器触头和衔铁,更换烧坏的接触器触头,修理卡滞的衔铁。

(5)漏电保护器内部故障

修理或更换漏电保护器。

4. 漏电保护器其他常见故障及排除方法

漏电保护器其他常见故障及排除方法见表6-2-3。

表6-2-3 漏电保护器其他常见故障及排除方法

序号	故障现象	发生原因	排除方法
1	漏电保护器不能闭合	①储能弹簧变形导致闭合力减小; ②操作机构卡住; ③机构不能复位再扣; ④漏电脱扣器未复位	①更换储能弹簧; ②重新调整操作机构; ③调整脱扣面至规定值; ④调整漏电脱扣器
2	漏电保护器不能带电投入	①过电流脱扣未复位; ②漏电脱扣器未复位; ③漏电脱扣器不能复位; ④漏电脱扣器吸合无法保持	①等待过电流脱扣器自动复位; ②按复位按钮,使脱扣器手动复位; ③有可能是硬件故障或机械卡死,应根据实际情况处理; ④更换漏电脱扣器
3	漏电开关打不开	①触头熔焊; ②操作机构卡住	①修理或更换触头; ②修理受损零件,排除故障
4	一相触头不能闭合	①触头支架断裂; ②金属颗粒将触头与灭弧室卡住	①更换触头支架; ②清除金属颗粒,或更换灭弧室
5	起动电动机时漏电保护器动作	①过电流脱扣器瞬时整定值太小; ②过电流脱扣器动作太快; ③过电流脱扣器额定整定值选择不正确	①调整过电流脱扣器瞬时整定值; ②适当调大整定电流值; ③重新选择
6	漏电保护器工作一段时间后自动断开	①过电流脱扣器长延时整定值太小; ②热元件或油阻尼脱扣元件变质; ③整定电流值选择不正确	①重新调整; ②更换变质元件; ③重新调整整定电流值或重新选用
7	漏电保护器温升过高	①触头压力不够; ②触头表面磨损严重或损坏; ③两导电零件连接处螺钉松动; ④触头超程太小	①调整触头压力或更换触头弹簧; ②清理触头表面或更换触头; ③拧紧螺钉; ④调整触头超程
8	按下漏电保护器试验按钮后漏电保护器不动作	①试验回路不通; ②试验电阻已烧坏; ③试验按钮接触不良; ④操作机构卡住; ⑤漏电脱扣器不能使断路器自由脱扣; ⑥漏电脱扣器不能正常工作	①检查电路,接好连接导线; ②更换试验电阻; ③调整试验按钮; ④调整操作机构; ⑤调整漏电脱扣器; ⑥更换漏电脱扣器

续表

序号	故障现象	发生原因	排除方法
9	触头过度磨损	①三相触头动作不同步; ②负载侧短路	①调整到同步; ②排除短路故障,更换触头
10	相间短路	①灰尘堆积或粘有水汽、油污,使绝缘老化; ②外接线未接好; ③灭弧室损坏	①经常清洁; ②拧紧螺钉,保证外接线相间距离; ③更换灭弧室
11	过电流脱扣器烧坏	①短路时机构卡住,开关无法及时断开; ②过电流脱扣器不能正确动作	①定期检查操作机构,使其操作灵活; ②更换过电流脱扣器

任务分组

小组信息表见表 6-2-4。

表 6-2-4　小组信息表

小组信息	班级			日期		
	小组名称			组长		
	分工					
	成员					

任务准备

小组成员沟通讨论工作计划,本任务是为某新能源汽车选择合适的漏电保护器,根据任务内容分析需要查找的资料有哪些。依照任务信息,查找资料,分工协作,准备完成任务。

任务实施

一、引导问题

(1)单相 220 V 电源供电的电气设备应选用____________漏电保护器。

(2)三相三线制 380 V 电源供电的电气设备应选用____________漏电保护器。

(3)三相四线制 380 V 电源供电的电气设备应选用____________漏电保护器。

(4)漏电保护器的额定漏电动作电流值选用原则是____________。

(5)漏电保护器的额定漏电不动作电流值选用原则是____________。

二、技能训练

(1)根据漏电保护器的保护等级,为以下家庭用电部分匹配合适的漏电保护器动作电流。选项:30 mA;10 mA。

①家用电箱插座支路漏电保护器(　　　)。

②智能马桶漏电保护插座(　　　)。

(2)为某家庭 32 A 新能源汽车充电桩选择合适的漏电保护器选型表见表 6-2-5。

表 6-2-5 漏电保护器参数

规格型号	额定电流	分断能力	极数	壳架电流	漏电动作电流
C 型 1P + N 32 A	32 A	6 kA	1P + N	63 A	0.03 A
C 型 1P + N 40 A	40 A	6 kA	1P + N	63 A	0.03 A
C 型 1P + N 50 A	40 A	6 kA	1P + N	63 A	0.03 A
C 型 2P 32 A	32 A	6 kA	2P	63 A	0.03 A
C 型 2P 40 A	40 A	6 kA	2P	63 A	0.03 A
C 型 2P 50 A	40 A	6 kA	2P	63 A	0.03 A
C 型 3P + N 32 A	32 A	6 kA	3P + N	63 A	0.03 A
C 型 3P + N 40 A	40 A	6 kA	3P + N	63 A	0.03 A
C 型 3P + N 50 A	40 A	6 kA	3P + N	63 A	0.03 A
C 型 4P 32 A	32 A	6 kA	2P	63 A	0.03 A
C 型 4P 40 A	40 A	6 kA	2P	63 A	0.03 A
C 型 4P 50 A	40 A	6 kA	2P	63 A	0.03 A

(3)说说漏电保护器接线时需要考虑哪些问题?

(4)结合所选出的漏电保护器画出家用 32 A 新能源汽车充电桩控制电箱接线示意图。

(5)某家庭用电线路,投入漏电保护器时就跳闸,试分析可能的原因有哪些?

任务评价

小组成员各自完成自我评价,组长完成小组评价,教师完成教师评价,见表 6-2-6。整理实训设备和仪表,做好 5S 管理工作。

表 6-2-6 任务评价表

序号	评价内容	自我评价	小组评价	教师评价	分值分配
1	选型是否正确				10
2	接线示意图是否完整				15
3	接线示意图是否正确				15
4	引导问题完成情况				10
5	查找资料是否完备				10
6	组内成员有无分工合作				10
7	组内成员掌握程度有无差异				10
8	能否积极回答问题				10
9	是否做好 5S 管理工作				10
10	合计				100
11	加分 + 增值评价				
12	总分				

评分说明：

(1)总分=自我评价×20%+小组评价×20%+教师评价×60%+加分。

(2)加分项为奖励在完成任务中正能量突出的同学，如帮助同学、劳动积极等，由教师酌情给分，分值范围在1~10分之间。增值评价是与前一次任务完成情况比较，由组长和教师共同完成，也可由学生自己提出，分值范围在1~5分之间。

课后拓展

给漏电保护开关加“保护”

“这台漏电保护开关的过载电流超过30 mA了，存在触电危险，需要尽快更换！”

“怎么看出来的呢？”

“用这个漏电开关测试仪，对漏电保护开关性能测试既方便又准确。”

3月21日下午，天铁公司动力厂热力区域三锅主控室楼下一个配电箱旁，发电车间安全员任东华用自制的漏电开关测试仪两根线接上漏电开关，发现上级开关跳闸，他果断做出判断。同时，他向车间岗位人员讲解原理和使用方法。

发电车间负责维护厂区内的配电箱，漏电保护装置性能完好是保证配电箱安全工作的前提。维护区域内的400多台配电箱，岗位人员每月都会对漏电保护开关的性能进行测试，对正常动作的贴上“漏电保护器合格证”。

随着设备的更新换代，任东华慢慢发现漏电保护器的种类、型号、厂家都不一样，所处的回路也各不相同。直接按复位按钮检测，有时发现会跳上级开关，甚至不跳闸，这种方式测试有时并不准确。如果漏电保护的作用不能发挥，触电事故的风险就不能彻底消除，达到30 mA不动作，一旦电流达到50 mA会触电伤人！

任东华的想法得到了车间领导的支持和鼓励，经过交流分析，他们决定制作一个测试工具。根据漏电开关的工作原理，模拟真实用电负荷，外接一个负载，按照30 mA的数值计算出电阻值，就能准确测出漏电保护是否真的会在30 mA跳闸。

任东华先绘制漏电测试工具电路图，从淘汰的配电箱中精心挑选出合适的电阻元件，组装完成后用绝缘胶带仔细包裹，留出一根相线和一根中性线。

自制的简易版测试仪得到大家的认可，成为测试的主要工具，不但提高了漏电保护开关测试的准确率，还有效杜绝了触电事故的发生。

安全无小事，细心筑长远。

巩固练习

一、填空题

(1)选择漏电保护器时一般根据电气线路的____________，选择漏电保护器的额定漏电动作电流。

(2)漏电保护器投入运行后，每月须在____________状态下，按动试验按钮，检查漏电保护器动作是否可靠。

(3)检验漏电保护器在运行中的动作特性及其变化,应定期进行____________。

二、选择题

(1)具有过载保护的漏电保护器在动作后需要投入时,应先按(　　　)使脱扣器复位。

A. 自检按钮　　B. 复位按钮

(2)漏电保护器安装时必须严格区分中性线和保护线,三极四线式或四极式漏电保护器的(　　　)应接入漏电保护器。

A. 中性线　　B. 保护线　　C. 中性线和保护线

(3)TNC 接地系统中,三相用电设备可以选择(　　　)漏电保护器。

A. 单极　　B. 双极　　C. 三极

(4)(多选)漏电保护器特性试验项目一般有(　　　)。

A. 测试漏电动作电流值　　B. 测试漏电不动作电流值　　C. 测试分断时间

(5)(多选)漏电保护器的安装应充分考虑(　　　)。

A. 供电线路　　B. 供电方式

C. 供电电压　　D. 系统接地形式

(6)(多选)漏电保护器误动作的可能原因有(　　　)。

A. 过电压引起的　　B. 接地不当　　C. 过载或短路影响

(7)(多选)漏电保护器不动作的可能原因有(　　　)。

A. 动作电流整定值太大　　B. 工作零线重复接地　　C. 漏电保护器内部故障

项目七　电涌保护器

项目描述

电涌保护器通常安装在电气设备的电源线路或信号线路上，用于保护相关设备免受电力线路中的瞬态电压波动或电磁干扰的影响，防止设备损坏或跳闸，以保证系统的正常运行。通过本项目的学习，主要掌握电涌保护器的作用、分类、原理及主要参数。

本项目任务有：

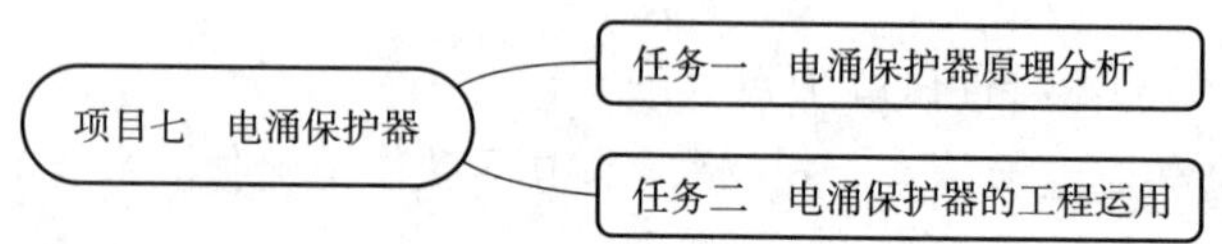

任务一　电涌保护器原理分析

课件

电涌保护器基础知识

视频

电涌保护器基础知识

学习目标

知识目标	技能目标	素质目标
(1)掌握电涌保护器的作用； (2)学习电涌保护器的分类； (3)理解电涌保护器的工作原理； (4)熟悉电涌保护器的图形符号	(1)知道电涌保护器的应用场合； (2)能分清电涌保护器的类型； (3)会分析不同电涌保护器的工作原理； (4)能画出不同类型电涌保护器的图形符号	(1)具备对专业知识的认知和兴趣； (2)具备对专业知识求真务实、严谨细致的学习态度； (3)具备良好的沟通能力和优秀的团队协作精神

任务导入

电涌保护器有什么作用？安装在哪里？大家在实训室的配电柜中见过电涌保护器吗？试着去找找，看看能找出哪些类型的电涌保护器。通过本任务的学习，请试着通过观察外观结构、查看设备铭牌，介绍一下这些电涌保护器。

知识链接

一、电涌保护器的作用

电涌保护器(surge protective device,SPD)又称浪涌保护器,是一种为各种电子设备、仪器仪表、通信线路提供安全防护的电子装置。当电气回路或者通信线路中因为外界的干扰突然产生尖峰电流或者电压时,能在极短的时间内导通分流,从而避免电涌对回路中其他设备的损害。

电涌又称突波,顾名思义就是超出正常工作电压的瞬间过电压。本质上讲,电涌是发生在仅仅几百万分之一秒时间内的一种剧烈脉冲,可能引起电涌的原因有:重型设备、短路、电源切换或大型发动机,含有电涌阻绝装置的产品可以有效地吸收突发的巨大能量,以保护连接设备免于受损。

适用于交流50/60 Hz,额定电压220 V/380 V的供电系统中,对间接雷电和直接雷电影响或其他瞬时过电压的电涌进行保护。适用于家庭住宅、第三产业以及工业领域电涌保护的要求。

二、电涌保护器的类型

1. 按工作原理分类

(1)电压开关型

电压开关型SPD的核心保护元件是各种开关型器件,其伏安特性不连续。当没有瞬时过电压时呈现为高阻抗,但一旦响应雷电瞬时过电压时,其阻抗就突变为低值,允许雷电流通过。例如,放电间隙、气体放电晶闸管、双向三极晶闸管、闸流晶体管等。

(2)电压限制型

核心保护元件为各种非线性电阻性元件,具有连续的伏安特性,当没有瞬时过电压时为高阻抗,但随电涌电流和电压的增加其阻抗会连续减小,电流电压特性为强烈的非线性。例如,金属氧化物非线性电阻片(简称MOV)、抑制二极管、雪崩二极管、瞬态电压抑制器。

(3)复合型

复合型是由电压开关型元件和电压限制型元件组成的SPD。其特性随所加电压的特性可以表现为电压开关型、电压限制型或两者皆有。例如,扼流线圈、高通滤波器、低通滤波器、1/4波长短路器等。

2. 按使用用途分类

(1)电源保护器

防止雷电和其他内部过电压侵入设备造成损坏,采用从室外防雷与线路防雷相结合的综合防雷方案。主要包括电源防雷模块、电源防雷箱、电源防雷插座等。主要用在机房配电箱处、UPS前端等。

(2)信号保护器

主要用于沿各种信号线路侵入设备的雷电防护。主要有网络防雷器、控制信号防雷器、视频信号防雷器、音频信号防雷器、天馈线防雷器等。适用于网络、通信、光缆、广播、电视、监控、视频等。

(3)天馈保护器

主要针对馈线所采用的防雷保护。主要有微带天馈避雷器、同轴天馈避雷器、宽带天馈避雷器、并联式天馈避雷器。主要用于无线通信、移动基站、微波通信、广播电视等同轴天馈信号防雷电涌保护。

三、电涌保护器的原理

电涌保护器是一个非线性电阻性元件,如图 7-1-1 所示。它的工作状态决定于施加在其两端的电压 U 和触发电压 U_d 相比较的结果。对不同产品,U_d 为标准给定值,工作波形如图 7-1-2 所示。

当 $U<U_d$ 时,SPD 的阻抗很高(1 MΩ),只有很小的泄漏电流(<1 mA)通过。

当 $U\geqslant U_d$ 时,SPD 的阻抗减小到只有几欧,瞬间泄放过电流,使电压突降。待 $U<U_d$ 时,SPD 又呈现高阻抗特性。

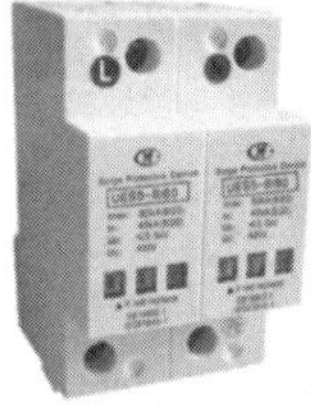

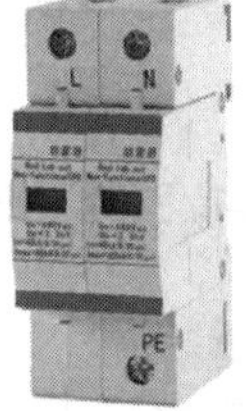

图 7-1-1　电涌保护器

按过电压保护元器件的种类分为放电间隙、气体放电管、压敏电阻、抑制二极管。

1. 放电间隙的原理

放电间隙又称保护间隙,它一般由暴露在空气中的两根相隔一定间隙的金属棒组成,如图 7-1-3 所示。其中一根金属棒与所需保护设备的电源相线 L1 或中性线(N)相连,另一根金属棒与接地线(PE)相连,当瞬时过电压时,间隙被击穿,把一部分过电压的电荷引入大地,避免了被保护设备上的电压升高。这种放电间隙的两金属棒之间的距离可按需要调整,结构较简单,其缺点是灭弧性能差。

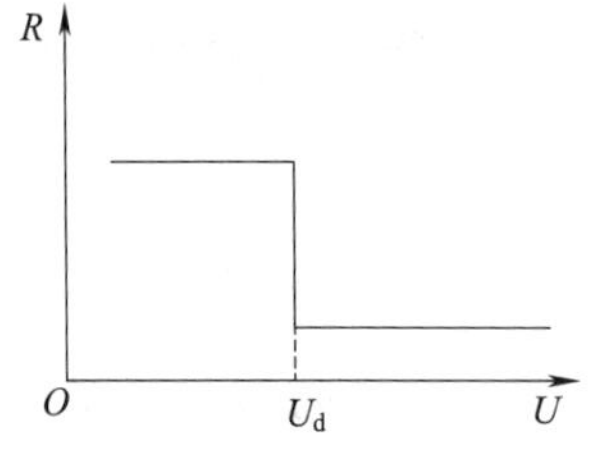

图 7-1-2　电涌保护器的工作波形

图 7-1-3　间隙保护

改进型的放电间隙为角型间隙,如图 7-1-4 所示。它的灭弧功能较前者相对较好,它是靠回路的电动力 F 作用以及热气流的上升作用而使电弧拉长后迅速熄灭。

2. 气体放电管的原理

气体放电管如图 7-1-5 所示。它是由相互离开的一对冷阴板封装在充有一定量的空气或惰性气体(Ar)的玻璃管或陶瓷管内组成的。为了提高放电管的触发概率,在放电管内还有助触发剂。在低电压时,一对电极间隙中的空气或惰性气体起到绝缘体的作用,当电压高于某一值时气体被电离,正、负离子运动碰撞中性原子使之产生辉光放电,随之造成雪崩式击穿,将过电压降到最低,从而达到保护负载的目的。

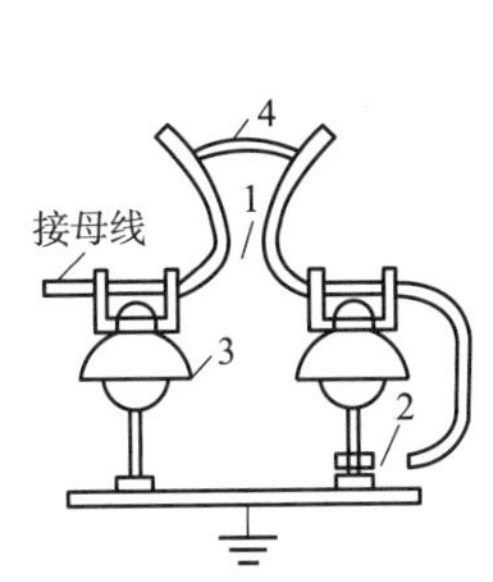

图 7-1-4　角形保护间隙

1—主间隙;2—辅助间隙;3—绝缘子;4—电弧

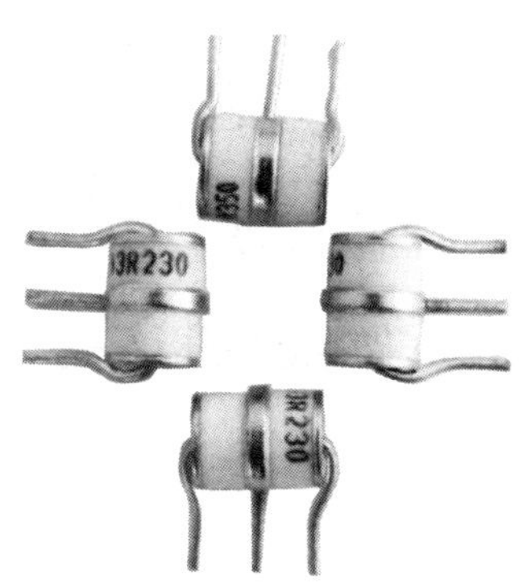

图 7-1-5　气体放电管

优点:放电时只有弧光电压,残压低(几十到几百伏),可承受大的电涌电流,极间电容小,接入高频电路时引起的信号损失小。

缺点:气体电离需要时间,放电响应速度慢,放电开始时电压分散性大,直流、交流和脉冲电压的放电开始电压不相同,有可能发生续流。气体放电管主要可应用在交流电源口相线、中性线的对地保护,直流电源口的工作地和保护地之间的保护,信号口中性线对地的保护,射频信号馈线芯线对屏蔽层的保护。

3. 压敏电阻的原理

压敏电阻是以 ZnO 为主要成分的金属氧化物半导体非线性电阻,如图 7-1-6 所示。当作用在其两端的电压达到一定数值后,电阻对电压十分敏感。正常工作电压加到压敏电阻上时,压敏电阻呈现高阻抗状态。当所加的电压超过介质的击穿电压时,会由高阻状态变为低阻导通状态,即将过电压转变为大电流流过压敏电阻,从而降低了与之并联的负载电压值,起到了保护作用。

图 7-1-6　压敏电阻

优点:漏电流小,限制电压低,响应速度快,吸收电涌电流能力强,对电涌电流的耐受能力强,温度特性好。

缺点:固有电容量比较大,接入高频电路时引起的信号损失大,不宜用于高频电路。压敏电阻主要用于直流电源、交流电源、低频信号线路。

4. 抑制二极管的原理

抑制二极管如图 7-1-7 所示,它是利用二极管的反向击穿原理制成的。在二极管两端加反向电压,超出某个值后会出现反向击穿现象。抑制二极管工作在反向击穿区,具有钳位限压功能。

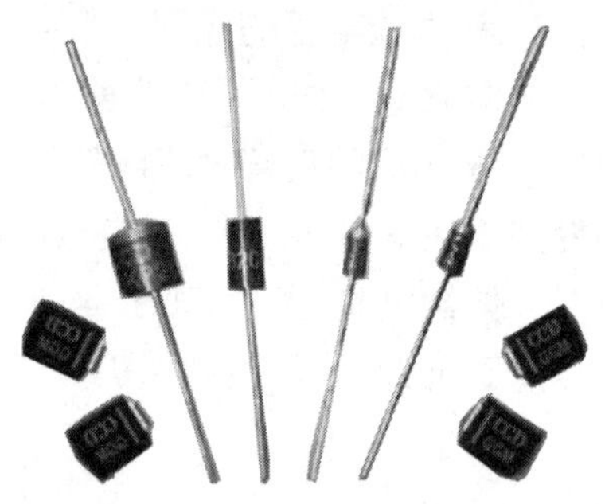

图 7-1-7　抑制二极管

优点:可以把剩余电压限制到非常小的范围,响应速度快,响应时间可达微秒级。特别适合用作多级保护电路中的最末几级保护元件。

缺点:吸收能量的能力太小,难以制成高电压的抑制器。

广泛应用于计算机系统、通信设备、交直流电源、汽车、电子镇流器、家用电器、仪器仪表(电能表)、I/O、数字照相机的保护,电机电磁波干扰抑制,声频视频输入、传感器、变速器、工控回路、继电器、接触器噪声的抑制等各个领域。

四、电涌保护器的图形符号

常用的电涌保护器在电路中的图形符号如图 7-1-8 所示。

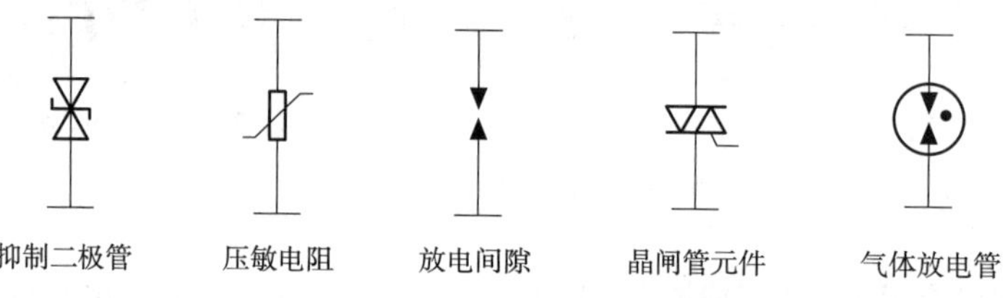

图 7-1-8　常用电涌保护器的图形符号

任务分组

小组信息表见表 7-1-1。

表 7-1-1　小组信息表

<table>
<tr><td rowspan="4">小组信息</td><td>班级</td><td colspan="2"></td><td>日期</td><td colspan="2"></td></tr>
<tr><td>小组名称</td><td colspan="2"></td><td>组长</td><td colspan="2"></td></tr>
<tr><td>分工</td><td></td><td></td><td></td><td></td><td></td></tr>
<tr><td>成员</td><td></td><td></td><td></td><td></td><td></td></tr>
</table>

任务准备

本任务为在配电柜中认识电涌保护器。首先查找资料,依据所学知识判断、讨论电涌保护器可能安装在哪些位置,记录讨论结果,然后分组实地查看。

任务实施

一、引导问题

(1)电涌保护器的主要作用是____。

(2)电涌保护器主要应用在____。

(3)电涌保护器的工作原理是____。

二、技能训练

(1)指出图 7-1-9 中的电涌保护器。

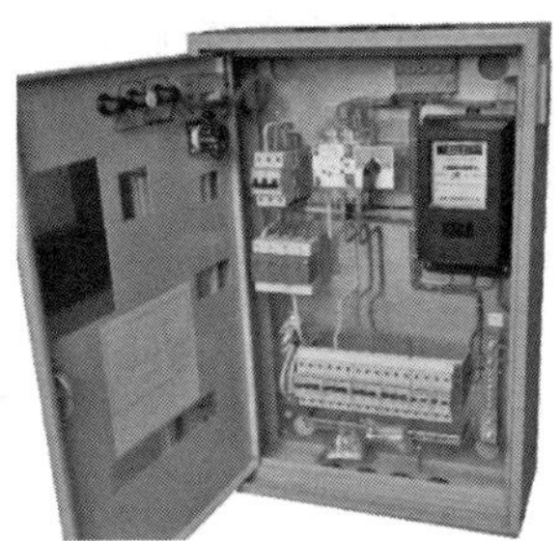

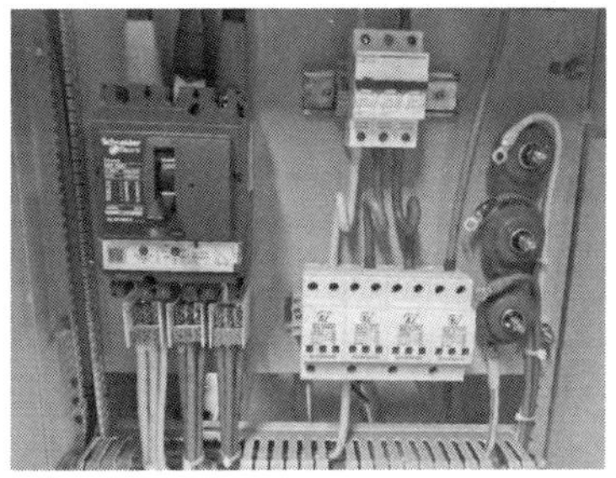

图 7-1-9　配电箱内部图

(2)观察图 7-1-10 中电涌保护器的铭牌,简要介绍该电涌保护器。

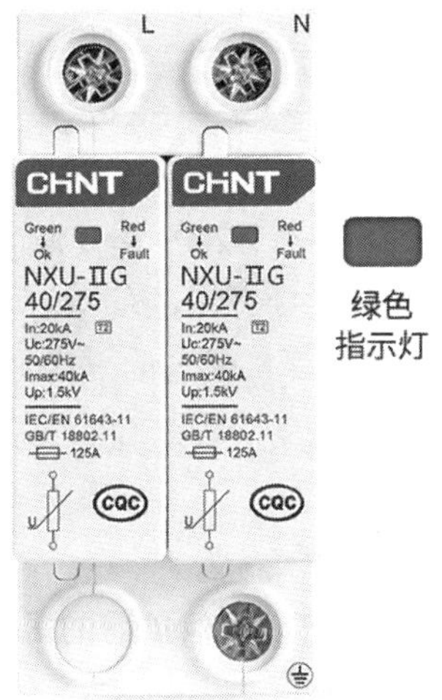

图 7-1-10　电涌保护器的铭牌

(3)写出图 7-1-11 中电涌保护器的名称。

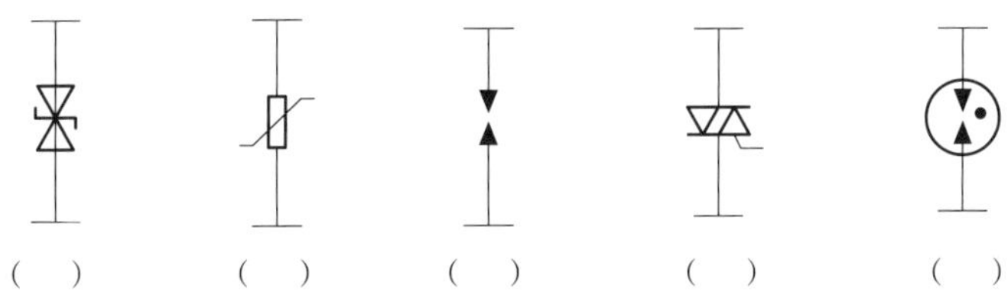

图 7-1-11　电涌保护器

(4)介绍实训室配电柜中的电涌保护器。

任务评价

小组成员各自完成自我评价，组长完成小组评价，教师完成教师评价，见表7-1-2。整理实训设备和仪表，做好5S管理工作。

表7-1-2 任务评价表

序号	评价内容	自我评价	小组评价	教师评价	分值分配
1	能否认识配电柜中的电涌保护器				15
2	能识读电涌保护器的铭牌				15
3	是否理解电涌保护器参数的含义				15
4	能否认识电涌保护器图形符号				10
5	能否画出电涌保护器图形符号				10
6	是否认识电涌保护器文字符号				10
7	能否介绍电涌保护器				15
8	能否组内互助，共同进步				10
9	合计				100
10	加分+增值评价				
11	总分				

评分说明：

(1)总分=自我评价×20%+小组评价×20%+教师评价×60%+加分。

(2)加分项为奖励在完成任务中正能量突出的同学，如帮助同学、劳动积极等，由教师酌情给分，分值范围在1~10分之间。增值评价是与前一次任务完成情况比较，由组长和教师共同完成，也可由学生自己提出，分值范围在1~5分之间。

课后拓展

避雷器与电涌保护器的区别

电涌保护器和避雷器都是用来限制瞬态雷击过电压的防雷装置，二者作为电气设备中常用的元件都有防止过电压，特别是防止雷电过电压的功能，但两者在应用上还是有许多区别。

避雷器：用于保护电气设备免受雷击时高瞬态过电压危害，并限制续流时间，也常限制续流赋值的一种电器。避雷器有时也称为过电压保护器、过电压限制器。

避雷器的主要类型有管型避雷器、阀型避雷器和氧化锌避雷器等。每种类型避雷器的主要工作原理是不同的，但是它们的工作实质是相同的。

电涌保护器：是一种为各种电子设备、仪器仪表、通信电路提供安全防护的电子装置。当电气回路或者通信线路中因为外界的干扰突然产生尖峰电流或者电压时，电涌保护器能在极短的时间内导通分流，从而避免电涌对回路中其他设备的损害。按工作原理分类，SPD可以分为电压开关型、限压型及组合型。

(1)电压等级不同

避雷器有多个电压等级，从0.38 kV低压到500 kV特高压均有。

电涌保护器有交流 1 000 V 以下和直流 1 500 V 以下的多个电压等级。

(2)保护对象不同

避雷器多安装在一次系统上,防止雷电波的直接侵入,保护一次设备;电涌保护器安装在二次系统上,一般用于保护二次信号回路、电子仪器仪表等。

(3)绝缘水平或耐压水平不同

一次设备与二次回路、电子设备的耐压水平不在一个数量级上,过电压保护装置的残压应与保护对象的耐压水平匹配,因此避雷器和电涌保护器的绝缘水平或耐压水平不同。

(4)使用范围及安装位置不同

避雷器多安装在进线处。交流无间隙金属氧化物避雷器用于保护交流输变电设备的绝缘,免受雷电过电压和操作过电压损害。主要用在电站、线路、配电站、发电、电容器、电机、变压电器、铁路等。

电涌保护器是在避雷器消除了雷电波的直接侵入后,或避雷器没有将雷电波消除干净时的补充措施。多安装于末端出线或信号回路处,如安装在变压器后的低压配电柜中。

(5)通流容量不同

避雷器因为主要作用是防止雷电过电压,所以其相对通流容量较大;而对于电子设备,其绝缘水平远小于一般意义上的电气设备,故需要 SPD 对雷电过电压和操作过电压进行防护,但其通流容量一般不大。(SPD 一般在末端,不会直接与架空线路连接,经过上一级的限流作用,雷电流已经被限制到较低值,这样通流容量不大的 SPD 完全可以起到保护作用,通流值不重要,重要的是残压。)

(6)材质不同

避雷器主材质多为氧化锌(金属氧化物变阻器中的一种),而电涌保护器主材质根据抗电涌等级、分级防护(IEC 61312)的不同是不一样的,而且在设计上比普通防雷器精密得多。

巩固练习

一、填空题

电涌保护器在瞬时过电压下,其阻抗值很(　　　)。

二、选择题

(1)电涌是(　　　)。

A. 超出正常工作电压的瞬时过电压　　B. 故障电流

C. 系统允许出现的最大过电压

(2)关于电涌保护器以下不正确的是(　　　)。

A. 能极短时间内导通分流　　B. 与被保护设备并联　　C. 与被保护设备串联

(3)关于开关型电涌保护器和限压型电涌保护器以下说法正确的是(　　　)。

A. 都是间隙放电型器件

B. 都是压敏电阻器件

C. 开关型电涌保护器是间隙放电型器件

D. 限电压型电涌保护器是压敏电阻器件

(4)正常工作电压下，电涌保护器处于(　　)。

A. 高阻态　　B. 低阻态　　C. 导通状态

(5)电涌保护器按使用用途分(　　)。

A. 电源保护器　　B. 信号保护器　　C. 天馈保护器

(6)放电间隙的缺点是(　　)。

A. 灭弧性能差　　B. 结构简单　　C. 距离可按需调整

(7)(多选)电涌保护器的作用有(　　)。

A. 保护电气设备　　B. 提高安全性能　　C. 降低维护成本

(8)(多选)电涌保护器按工作原理分可以分为(　　)。

A. 电压开关型　　B. 电压限制型　　C. 复合型

任务二　电涌保护器的工程运用

课件

电涌保护器应用

视频

电涌保护器应用

学习目标

知识目标	技能目标	素质目标
(1)掌握电涌保护器的参数； (2)学习电涌保护器的工程运用； (3)熟悉电涌保护器安装步骤； (4)学习电涌保护器接线方法； (5)学习电涌保护器维护方法	(1)知道电涌保护器的选用原则； (2)会进行电涌保护器参数选择； (3)能完成电涌保护器的安装； (4)会正确进行电涌保护器的接线； (5)会对电涌保护器进行日常维护	(1)具备对专业知识的认知和兴趣； (2)具备对专业知识求真务实、严谨细致的学习态度； (3)具备良好的沟通能力和团队协作精神

任务导入

在前面的学习中已经认识了很多低压电器，这些低压电器在电路中起着电能分配、控制和保护的作用，已经知道各种低压电器及用电设备要正常运行必须在额定电压下才能正常工作，如果系统中出现过电压时，这些电器和用电设备的安全就会受到威胁。通过本任务的学习，请为某低压配电系统选择合适的电涌保护器，并说说在安装接线时应注意的事项。

知识链接

一、电涌保护器的参数认知

电涌保护器必须能承受预期通过的雷电流，并应能对线路上的过电压峰值进行限幅，且应能熄灭雷电流通过后的工频续流。表征其性能的主要技术参数有：

(1)标称放电电流 I_n

指电涌保护器能 20 次通过 8/20 μs 电流波的电流峰值，对Ⅰ级试验 $I_n \geq 15$ kA，对Ⅱ级试验 $I_n \geq 5$ kA。

(2)最大放电电流 I_{max}

指电涌保护器只能通过 2 次具有 8/20 μs 电流波的峰值电流。

(3)冲击电流 I_{imp}

由电流幅值 I_{peak}、电荷 Q 和单位能量 W/R 所限定。一般用于 SPD 的Ⅰ级分类动作负载试验参数。Ⅰ级试验 SPD 的主要参数是 I_{imp}；Ⅱ级试验的 SPD 的主要参数是 I_{max} 和 I_n。

(4)导通时间 t

电涌保护器的导通时间是一个很重要的参数，它决定了所释放的能量值(电荷量)：$Q = it$，导通时间越长，可释放越多的能量。由于电涌保护器承受高能量会导致组件的老化，因此要求电涌电压到来时，电涌保护器能迅速响应，以便尽快把能量泄放到大地中。

(5)残余电压 U_r

当电涌保护器导通时，其两端的电压称为残余电压。其值决定于保护器的电阻下降时，在其上通过的电流的大小。如果系统的过电压只是瞬时的，短时的电流通过可以吸收过电压及减小通过的波幅，这称为过电压被保护器“斩断”，此时在保护器上的电压即为残余电压。

(6)开断能力

所有的过电压保护元件都有可承受的最大电流，在这个电流下不会被损坏，这就是电涌保护器的开断能力。

(7)电压保护水平 U_p

指在标称放电电流 I_n 作用期间测量的电涌保护器两端的最大电压，共有 2.5、2、1.8、1.5、1.2、1.0 六级，单位为 kV。

(8)最大持续运行电压 U_c

指能持续加在 SPD 上且不引起 SPD 特性变化和激活 SPD 的最大电压。

(9)泄漏电流 I_c

指 SPD 在未导通下的泄漏电流，$I_c < 1$ mA。

(10) U_{smax}

低压配电网络的最高运行电压。

(11) U_{choe}

电气设备的冲击耐受电压。

(12)试验级别

Ⅰ级试验：电气系统中采用Ⅰ级试验的电涌保护器要用标称放电电流 I_n、1.2/50 μs 冲击电压和最大冲击电流 I_{imp} 做试验。Ⅰ级试验也可用 T_1 外加方框表示。

Ⅱ级试验：电气系统中采用Ⅱ级试验的电涌保护器要用标称放电电流 I_n、1.2/50 μs 冲击电压和 8/20 μs 电流波最大放电电流 I_{max} 做试验。Ⅱ级试验也可用 T_2 外加方框表示。

Ⅲ级试验：电气系统中采用Ⅲ级试验的电涌保护器要用组合波做试验。组合波定义为由 2 Ω 组合波发生器产生 1.2/50 μs 开路电压 U_{oc} 和 8/20 μs 短路电流 I_{sc}。Ⅲ级试验也可用 T_3 外加方框表示。

B 级 SPD:包含Ⅰ级试验的 SPD 及Ⅱ级试验 I_{max}≥60 kA 的 SPD。

C 级 SPD:指的是Ⅱ级试验 I_{max}≥40 kA 的 SPD。

D 级 SPD:指的是Ⅱ级试验 I_{max}≥20 kA 的 SPD。

Ⅰ级试验 SPD 的主要参数是 I_{imp};Ⅱ级试验 SPD 的主要参数是 I_{max}和 I_n。

二、电涌保护器的安装及选择

当前随着科技发展,电子产品种类越来越多,应用领域也越来越广泛。但是这些电子产品耐受电压水平一般都低于低压配电装置,因此它们很容易受到电压波动,即电涌电压的损害,比如在雷电天气中,雷电脉冲可能会在电路中产生电压波动。220 V 电路系统中会产生持续瞬间可达 5 000 V 或 10 000 V 的电压波动,也就是电涌或瞬态过电压。我国的雷电区较多,而雷电又作为在线路中产生电涌电压的一个重要因素,因此加强在低压配电系统中的防雷电保护就显得十分必要。

1. 电涌保护器的安装位置

电涌保护器的安装位置与被保护设备间的距离要合适,如果电涌保护器放置得离被保护设备太远了那就不能确保被保护设备得到有效保护;如果太近了,被保护设备和电涌保护器中间会产生振荡波,这样即使设备认为是被保护的,也会在被保护设备上产生巨大的过电压。

安装电涌保护器时,首先确保它被放置在被保护设备的入口处;其次要正确安装电涌保护器的接地线;再次连接电涌保护器的电缆要尽可能短,一般连接电缆的电感一般是 1 μH/m。

开关型电涌保护器为间隙放电型器件,其雷电能量泄放能力大,在线路上使用的主要作用是泄放雷电能量;限压型电涌保护器为氧化锌压敏电阻器件,其雷电能量泄放能力小,但其过电压抑制能力好,在线路上使用的主要作用是限制过电压。

因此,一般在建筑物入口处选用开关型电涌保护器来泄放雷电能量,在后级电路使用限压型电涌保护器来限制因前级雷电能量泄放后,在后级线路产生的高过电压。两种电涌保护器需配合使用,方能保证配电线路中设备的安全。

三级配合的电涌保护器如图 7-2-1 所示。

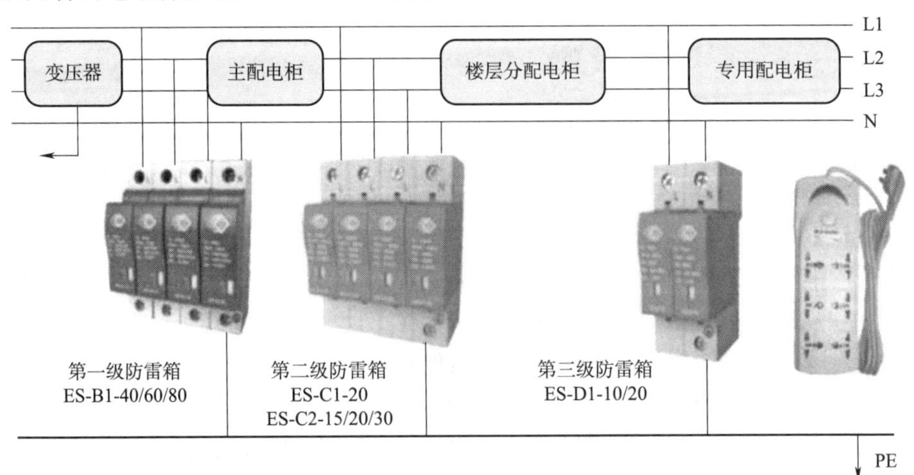

图 7-2-1　三级配合的电涌保护器

2. 不同接地制式时电涌保护器的选择

低压配电系统的制式有 IT、TT、TN-S、TN-C-S 四种形式，因此 SPD 要根据低压配电系统的不同的接地制式而选择不同的接线大样图。例如，当采用 TN 交流配电系统供电时，从建筑物内总配电箱引出的配电线路就需要采用 TN-S 的接地制式。电涌保护器在不同制式中的接线方式如图 7-2-2、图 7-2-3、图 7-2-4 所示。

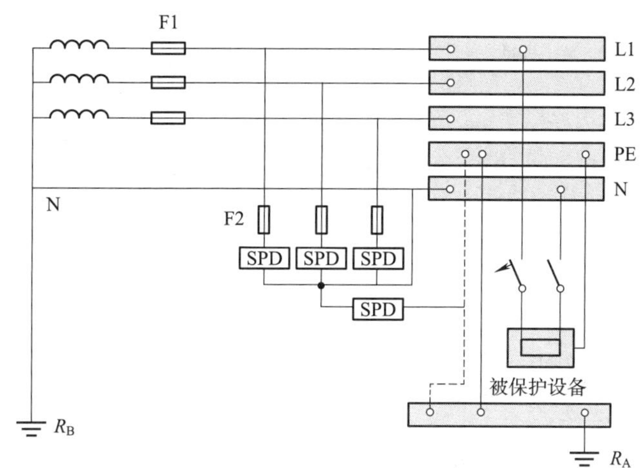

（a）低压TT系统“3+1”保护模式的SPD接线方式

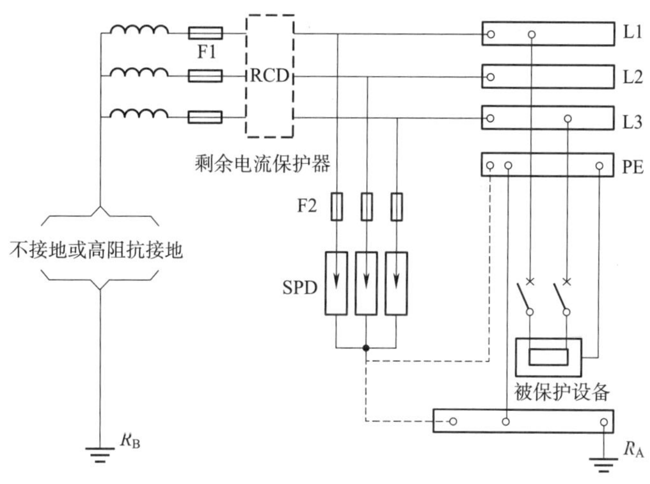

（b）SPD在IT系统的安装

图 7-2-2　电涌保护器的系统接入图

注：图中加底纹表示二级配电线路。

在 TN 制式中，通常电涌保护器只需作共模接法，即接于相线、中性线与保护地线之间。

在 TN-S 制式的起始位置，中性线与保护地线之间无须接入电涌保护器。只有对 A 级防雷等级中的第三、四级和 B 级防雷等级中的第三级上的特别重要设备的电源端口，才需做差模接入，即增加接于相线与中性线之间的电涌保护器。

在 TT 制式中，当第一级电涌保护器位于漏电保护器之后，可做上述共模接法。当第一级电涌保护器位于漏电保护器之前，且高压系统为中性点接地系统，电涌保护器作“3＋1”接法，即三根相线对中性线各接一个电涌保护器，中性线对保护地线再接一个电涌保护器。

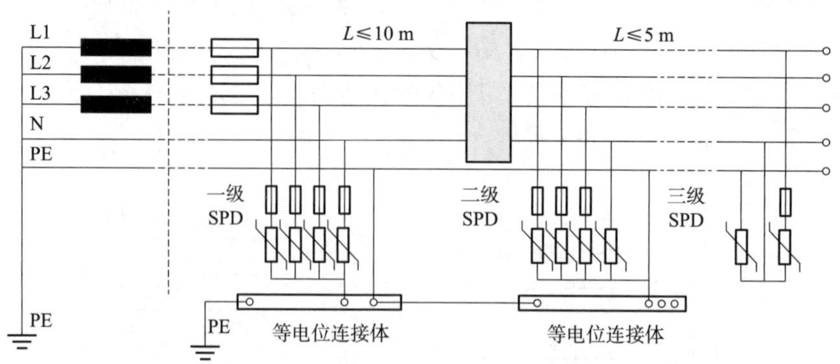

图 7-2-3　电涌保护器在 TN-S 供电系统的安装示意图

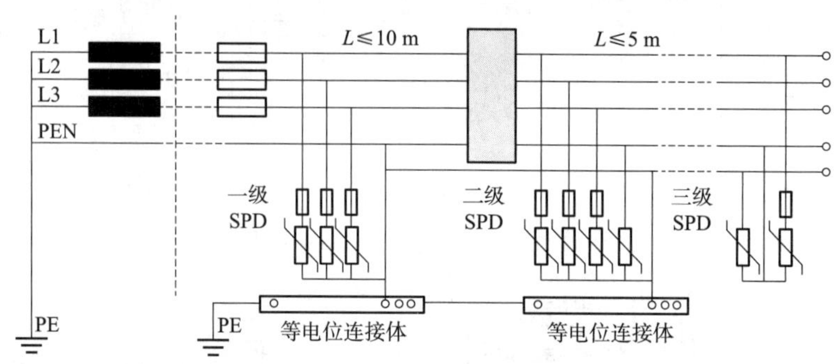

图 7-2-4　电涌保护器在 TN-C-S 供电系统的安装示意图

3. 电涌保护器选择配合的原则

（1）基本原则

U_{smax}（低压配电网络的最高运行电压）$< U_p < U_{choe}$（电气设备的冲击耐受电压）。

（2）U_p过高原则

如果进线端电涌保护器 P_1 的 U_p 比被保护负荷的冲击耐压高，或者进线保护电涌保护器的 I_{max} 为 65 kA 或 40 kA，则需要在负荷处附加 I_{max} 为 8 kA 或 10 kA 的二级电涌保护器 P_2。

（3）15 m 原则

当被保护的敏感电子设备与进线端的电涌保护器 P_1 之间的距离大于 15 m 时，应在离被保护设备尽可能近的地方安装二级电涌保护器 P_2。

（4）10 m 原则

电涌保护器 P_2 安装在 P_1 的下游，通常 P_2 的各项参数指标（I_{max}、I_n 等）都比 P_1 小，如果它与 P_1 安装得过近，P_2 有可能比 P_1 更早动作，从而要承受本应由 P_1 承受的高能量。因为高频波在电缆中产生的感应电压与电缆长度成正比，P_2 两端的电压等于 P_1 两端的电压减去电缆上的感应电压，所以为了降低 P_2 两端的过电压，以使尽可能多的能量被 P_1 释放，通过增加 P_1 和 P_2 之间的接线长度加大 P_1 和 P_2 间的高频阻抗来达到目的。上、下级电涌保护器 P_1、P_2 间的线缆长度要求大于 10 m。

(5)接线尽可能短原则(50 cm 原则)

因为接线越长,高频感应干扰电压越大。为了使高频雷电流在电涌保护器两端引线上引起的感应干扰电压最小,电涌保护器并联在带电相线(L1、L2、L3、N)和 PE 地线间的长度要尽可能短,不超过 50 cm。

4. 选择电涌保护器要遵循的步骤

①根据当地雷暴日天数、建筑物类型、建筑物有否接闪器和对供电连续性要求的高低确定电涌保护器所需达到的最大放电电流 I_{max}。对有接闪器的建筑物,其雷电冲击电流形成的辐射电磁场可在闭合回路中产生过电压,此时应在进线处安装 $I_{max}=60$ kA (10/350 μs)的 PRF1 电涌保护器。

②根据被保护设备的 U_{choe} 确定电涌保护器的 U_p。

③确定被保护回路类型(1P、1P+N、3P、3P+N)及其接地系统类型(TT、TN-S、TN-C、IT)确定配电网络的 U_{smax} 和电涌保护器的 U_c。

④根据基本原则 $U_{smax}<U_p<U_{choe}$ 对照电涌保护器的参数表选定电涌保护器。

5. 电涌保护器中 3P、3P+N 与 4P 的选择

①4P 的 SPD 响应时间快,残压低。

②3P+N 实现了差模保护,对地绝缘电阻大,漏电流小,供电系统故障时,电涌保护器仍安全。

③对于 TN-C 系统,可采用 3P;对 TN-S 系统,可采用 4P/3P+N;对于 TT 系统,采用 3P+N 为宜。

6. 电涌保护器与断路器的配合原则

(1)配置断路器的原因

当通过电涌保护器的涌流大于其 I_{max},电涌保护器将被击穿而造成回路的短路故障,为切断短路故障并且不影响回路供电,需要加装此断路器;每次发生雷击,都会引起电涌保护器的老化,加上漏电流的原因,电涌保护器可能过热老化而寿命终止;断路器的热保护系统在电涌保护器达到最大可承受热量前动作,断开电涌保护器。

(2)对所配断路器的要求

在标称放电电流下施加 20 个标准的 8/20 μs 和 1.2/50 μs 测试脉冲时,断路器不脱扣。电涌保护器故障后造成接地短路时断路器要能够可靠动作。

(3)断路器的选型

每极都必须设置保护,例如 1P+N 的电涌保护器必须用 2P 的断路器保护;断路器的分断能力必须大于该处的最大短路电流。可参照表 7-2-1 选型。

表 7-2-1 断路器选型表

电涌保护器最大放电电流 I_{max} 或最大冲击电流 I_{imp}	断路器		
	额定电流	脱扣曲线	型号
8~20 kA(8/20 μs)	10 A	C	C65
40 kA(8/20 μs)	20 A	C	C65
65 kA(8/20 μs)	50 A	C	C65、C120
120 kA(8/20 μs)	80 A	C	C120H
12.5 kA(10/350 μs)	80 A	C	C120H

选择断路器作为电涌保护器的后备保护，断路器的磁脱扣线圈为电抗，所以残压比熔断器的高，但是这个残压不足以造成设备的损坏，在设备的承受电压范围之内。而且，断路器操作灵活，可以保证4P一起分断，不会造成缺相运行，且断点可视。如果选择熔断器作为电涌保护器的后备保护，建议选择有指示的熔断器。

任务分组

小组信息表见表 7-2-2。

表 7-2-2　小组信息表

小组信息	班级			日期		
	小组名称			组长		
	分工					
	成员					

任务准备

本任务是为某低压配电系统选择合适的电涌保护器，并画出接线示意图，小组成员沟通讨论工作计划，依照任务信息，查找资料，分工协作，准备完成任务。

任务实施

一、引导问题

（1）电涌保护器的标称放电电流 I_n 是指________________________________。

（2）电涌保护器的Ⅰ级试验指________________________________。

（3）电涌保护器的Ⅱ级试验指________________________________。

（4）电涌保护器的Ⅲ级试验指________________________________。

（5）电涌保护器配合选用的基本原则是________________________________。

二、技能训练

（1）电涌保护器的功能是什么？试分析哪些情况下需要使用电涌保护器？

____。

（2）查资料，讨论分析过电压分为几类？是否都可以用电涌保护器来进行保护？

____。

（3）电涌保护器中的一级测试、二级测试是如何界定的？电涌保护器可以承受多少次 I_n 和 I_{max} 电流的冲击？

____。

（4）参考表 7-2-3 及图 7-2-5，为某低压配电系统选择合适的电涌保护器。该低压配电系统采用 TN-S 接线，变压器低压侧采用星形接线并引出中性线，额定相电压 U_0 为 220 V，通过计算为该低压系统不同设备选择合适的电涌保护器，将产品代号填写在对应的位置。

表 7-2-3 电涌保护器参数

代号	规格型号	最大持续工作电压	最大放电电流 I_{max}(8/20 μs)	标称放电电流 I_n(8/20 μs)	极数	电压保护水平
①	SDXDG42	AC 350 V	—	—	4P	1.5 kV
②	SDX DG53	AC 420 V	160 kA	80 kA	4P	2.5 kV
③	SDX DG54	AC 420 V	120 kA	60 kA	4P	2.4 kV
④	SDX DG55	AC 420 V	80 kA	40 kA	4P	2.4 kV
⑤	SDX D56	AC 420 V	60 kA	30 kA	4P	2.2 kV
⑥	SDX D47	AC 420 V	40 kA	20 kA	4P	1.8 kV
⑦	SDX D48	AC 420 V	20 kA	10 kA	4P	1.6 kV

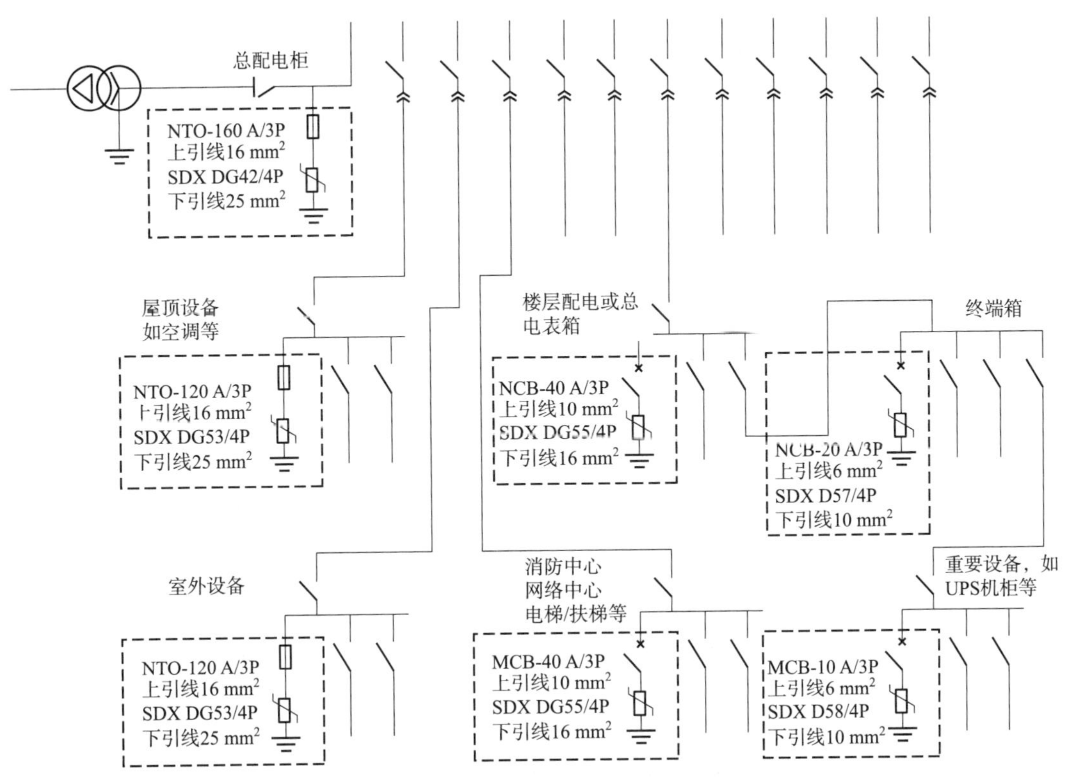

图 7-2-5 低压配电系统电涌保护器配置方案

任务评价

小组成员各自完成自我评价，组长完成小组评价，教师完成教师评价，见表7-2-4。整理实训设备和仪表，做好5S管理工作。

表7-2-4 任务评价表

序号	评价内容	自我评价	小组评价	教师评价	分值分配
1	选型是否正确				10
2	接线示意图是否完整				15
3	接线示意图是否正确				15
4	技能训练问题讨论完成情况				10
5	查找资料是否完备				10
6	组内成员有无分工合作				10
7	组内成员掌握程度有无差异				10
8	能否积极回答问题				10
9	是否做好5S管理工作				10
10	合计				100
11	加分+增值评价				
12	总分				

评分说明：

(1)总分=自我评价×20%+小组评价×20%+教师评价×60%+加分。

(2)加分项为奖励在完成任务中正能量突出的同学，如帮助同学、劳动积极等，由教师酌情给分，分值范围在1~10分之间。增值评价是与前一次任务完成情况比较，由组长和教师共同完成，也可由学生自己提出，分值范围在1~5分之间。

课后拓展

智能防雷在铁路系统应用的必要性

随着物联网、云计算等技术的快速发展，智能防雷系统也在不断升级和完善。智能防雷系统涵盖预、防、管三体系，即雷电预警、综合防护及防雷装置的在线监测与管理，真正为各行业客户解决问题，有效降低雷击隐患。铁路系统由于设备多、线路长等因素，采用智能防雷是非常有必要的。

一是精准找出故障点，实现定点维修，降低人力物力投入。智能防雷系统能够准确地测定雷击的时间、位置，雷击电流的大小及各防雷装置的运行参数，一旦发生故障，就会实时报警，提醒维修人员对故障点进行检查，不仅解决了出动大批巡线人员沿线逐杆查找故障点的问题，而且还能提高工作效率，降低人员的劳动强度和人力物力的投入。

二是利用科学数据，准确判定雷击隐患。铁路系统以往的运行经验中，往往将发生在雷雨天气又未能查找到明确故障点的线路跳闸原因认定为雷击故障，这就影响了运行单位对真正事故原因的查找，且留下了再次发生事故的隐患。应用智能防雷系统可以确定线路跳闸由雷击造成的可能性大小，如果确定不是由雷击造成线路跳闸的可能性很大，可以根据实际情况继续寻找故障闪络点并分析事故的真正原因，消除事故隐患。

三是保证列车在雷雨季节安全运行。通过系统接收到的雷电信息，列车调度值班主任可以判断雷电发生的准确地点、雷电强度及走向趋势等信息。同时发布信息给值班调度员，可以及时修正和改变列车的运行线路，避免运行中的列车遭受雷击所导致的不必要经济损失和安全事故。如果在不能改变列车运行的情况下，调度值班人员可及时做好相关防雷击措施及事故预案，力争将雷击损失减少到最低程度。

铁路线路较长，且火车站及沿线都装配了大量电气和电子设备，智能防雷系统可以在雷电预警、雷电防护及防雷装置监测管理等各个方面保证铁路的防雷安全。

巩固练习

一、填空题

(1)(　　　)所有的过电压保护元件都有可承受的最大电流，在这个电流下不会被损坏，这就是电涌保护器的开断能力。

(2)(　　　)指在标称放电电流 I_n 作用期间测量的电涌保护器两端的最大电压。

(3)(　　　)指 SPD 在未导通下的泄漏电流。

(4)(　　　)电涌保护器的导通时间是一个很重要的参数，它决定了所释放的能量值(电荷量)。

(5)完善电涌保护器选择安装流程，如图 7-2-6 所示。

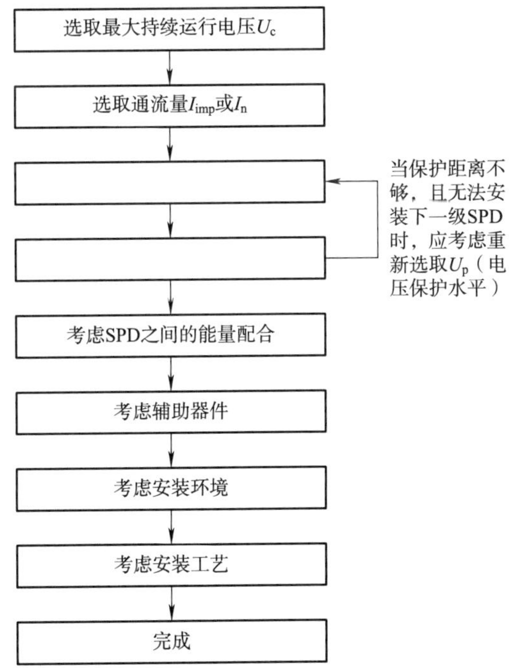

图 7-2-6　电涌保护器选择安装流程

二、选择题

(　　)值决定于保护器的电阻下降时,在其上通过的电流的大小。

A. 残余电压 U_r　　B. 标称放电电流 I_n　　C. 最大放电电流 I_{max}

项目八 继 电 器

项目描述

继电器是利用小的电流去控制大电流动作的一种“自动开关”,在电路中起着自动调节、安全保护、转换电路等作用。通过本项目的学习,掌握各种不同继电器的结构、工作原理、作用、符号,掌握各种继电器的结构测试以及实际应用。

本项目任务有:

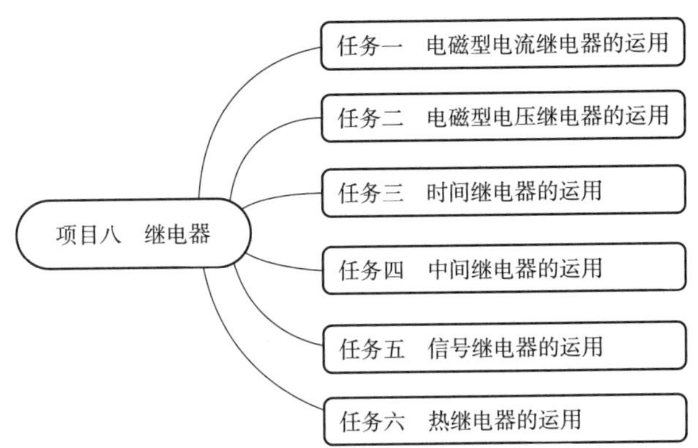

任务一 电磁型电流继电器的运用

课件

电磁型电流继电器

视频

电磁型电流继电器的结构、工作原理及符号

视频

电磁型电流继电器的作用

视频

电磁型电流继电器的线圈连接

视频

电流继电器动作测试

学习目标

知识目标	技能目标	素质目标
(1)掌握电磁型电流继电器的结构; (2)掌握电磁型电流继电器的工作原理及特性; (3)掌握电磁型电流继电器的动作电流、返回电流及返回系数的整定方法	(1)能正确识别电磁型电流继电器各部分结构; (2)会分析电磁型电流继电器的工作特性; (3)能用万用表检测电磁型电流继电器好坏	(1)具备对专业知识的认知和兴趣; (2)具备爱岗敬业、求真务实的态度; (3)培养学生干一行爱一行、热爱劳动的优良品质

任务导入

“叮铃铃”上课啦！大家知道我们平时上课的铃声是怎么发出来的吗？图 8-1-1 所示为电铃发声电路，通过本任务的学习，了解它的工作原理。电铃的发声离不开继电器，通过对继电器的学习，完成电磁型电流继电器特性测试。

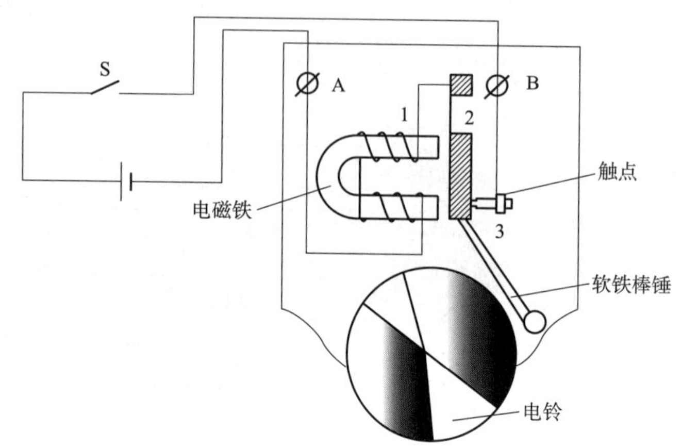

图 8-1-1　电铃发声电路

知识链接

一、继电器概述

继电器是一种自动电器，广泛用于电动机或线路的保护以及生产过程自动化的控制，是所有继电保护装置中的基本组成元件。所谓继电器，指具有“继电特性”的电气元件。当输入量的变化达到规定要求时，在电气输出电路中使被控量发生预定的阶跃变化的一种电器。

1. 继电器的分类

继电器的种类很多，按照工作原理分为电磁型继电器、感应型继电器、电动型继电器、整流型继电器、静态型继电器、热继电器和电子型继电器；按照输入信号的性质可分为电流继电器、电压继电器、时间继电器、功率继电器、速度继电器、压力继电器和电热与温度继电器；按照用途分为控制继电器和保护继电器。

电磁型继电器是发展最早、应用最广，且至今为止仍应用在各种继电保护和自动化装置中，工作原理和机构都较简单，是保护用的继电器。

2. 电磁型继电器的继电特性

电磁型继电器的继电特性是指继电器的输入/输出之间的关系特性，该特性是一个矩形曲线，如图 8-1-2 所示。

通常将继电器开始动作，并顺利吸合的输入量（电量或其他物理量）称为动作值，记作 X_i；使继电器开始释放并顺利分开的输入量称为“释放值”，记作 X_r。把动合触点闭合后继电器的

输出量记作 Y_0，触点断开后的输出量记作 Y_0'。将 X 与 Y 的关系画出来，即为继电器的"继电特性"。图 8-1-2 中 X_W 为正常工作时的输入值，且 $X_W > X_i$，以免输入量发生波动时引起继电器误动作。X_r/X_i 称为返回系数，它是反映电磁机构中吸力特性与反力特性配合紧密程度的一个参数。

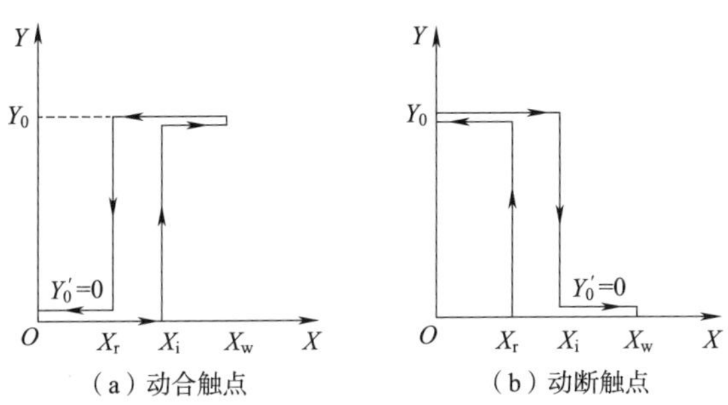

图 8-1-2　电磁型继电器的继电特性

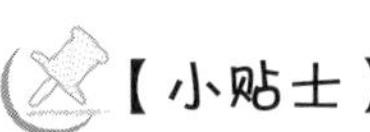

【小贴士】

从继电器的输入/输出特性图中可以看出，当继电器获得一个输入信号时，不论信号幅值有多大，只要尚未达到动作值 X_i，继电器就不动作，输出信号 Y 保持原状态。当输入信号 X 达到动作值 X_i 时，继电器立即动作，输出信号 Y 的状态发生了改变。在这以后，即使继电器继续增大输入信号，输出信号仍将保持不变。继电器动作以后，如果输入信号减弱，工作点并不沿原路变化，即在 X 略小于动作值 X_i 时，继电器继续保持动作状态，只有当 X 减小到继电器的释放值 X_r 时，继电器的状态才发生改变，恢复到未动作时的状态。由以上分析可以得出，对于图 8-1-2 所示电磁型继电器的继电特性，其动作值 $X_i >$ 释放值 X_r，因此该种性质的继电器的返回系数总小于 1。

3. 电磁型继电器的工作原理

电磁型继电器是利用电磁力使其可动的机械部分动作，并通过它的接点接通或断开来实现输出信号的改变（接通或断开电路）。通常设计如图 8-1-3 所示的三种类型：螺管线圈式、吸引衔铁式和转动舌片式。不论哪种类型的继电器，它都是由铁芯 3、可动衔铁 2、线圈 1、动触点 5 及反作用弹簧 6 等五部分组成。

当继电器的线圈接入电流 I_J 时，电磁铁的铁芯中就会产生磁通 Φ 和电磁力 F_{em}。如果电磁力数值大于弹簧的反力，则可动衔铁被吸引，并带动继电器的接点闭合。当线圈断电后，电磁铁的吸力也随之消失，衔铁就会在弹簧的反作用下返回原来的位置，这样就完成了电路的转换、控制功能。

4. 电磁型继电器基本概念

当电磁力矩增加到一定值时，可动衔铁被吸引，继电器的接点切换（闭合或断开），这种情况称为继电器动作。

继电器动作后，再减小电磁力矩，当电磁力矩减小到一定值时，可动衔铁在反作用弹簧的反力矩的作用下返回到它的起始位置，这种情况称为继电器返回。当继电器返回时，反作用弹簧的反力矩，必须能够克服电磁力矩和可动衔铁返回时受到的摩擦力矩。

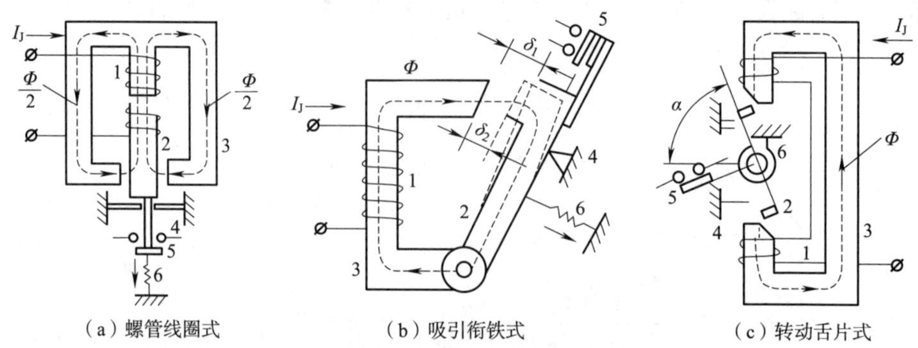

（a）螺管线圈式　（b）吸引衔铁式　（c）转动舌片式

图 8-1-3　电磁型继电器电磁系统结构图

1—线圈；2—可动衔铁；3—铁芯；4—止挡；5—动触点；6—反作用弹簧

【小贴士】

> 线圈中存在电感，故线圈中的电流和磁路中磁通的变化都是缓变的。因此，继电器由线圈通电开始，至获得其动作所需的电磁力矩需要一定的时间，而且衔铁运动也需要一定的时间。通常把由线圈通电至接点切换完毕所需要的时间，称为继电器的动作时间。为了提高保护装置的速动性，应尽量减少继电器的动作时间。但在某些情况下，也利用继电器本身的动作时间获得保护装置所需要的延时。

二、电磁型电流继电器

1. 电磁型电流继电器结构

电流继电器按流过线圈电流的种类分为交流电流继电器和直流电流继电器；按工作方式分为过电流继电器和欠电流继电器。不管是哪种电流继电器，其线圈均分成两部分，这样可以进行串接或并接。

电磁型电流继电器的电磁机构通常采用转动舌片式，其结构图如图 8-1-4 所示。

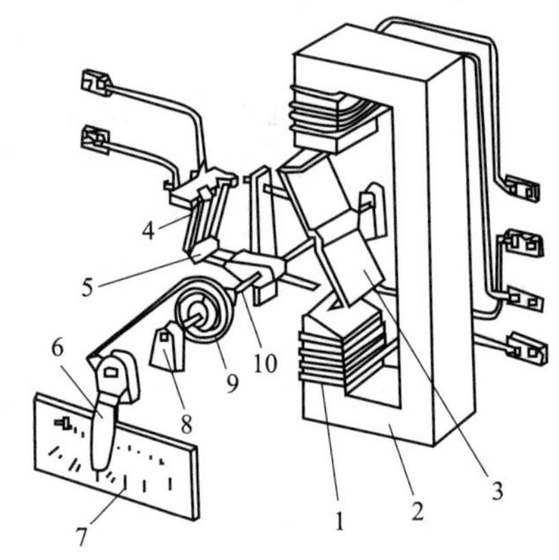

图 8-1-4　电磁型电流继电器结构图

1—继电器线圈；2—电磁铁；3—Z 形衔铁；4—静触点；5—动触点；6—整定值调整把手；7—整定值刻度盘；8—轴端；9—螺旋弹簧；10—轴

2. 电磁型电流继电器工作原理

电磁型电流继电器的线圈被串接在被测电路中（直接串接或通过电流互感器串接），作为电流保护的起动元件，用来判断被保护对象的运行状态。

在图 8-1-4 中，当继电器线圈 1 通过电流时，电磁铁 2 中产生磁通，力图使 Z 形衔铁 3 向凸出磁极偏转。与此同时，轴 10 上的螺旋弹簧 9 又力图阻止 Z 形衔铁偏转。当继电器线圈中电流增大到使Z形衔铁所受的转矩大于弹簧的反作用力矩时，Z形衔铁便被吸近磁极，使动合触点闭合，动断触点断开。在继电器动作后，减小线圈中的电流到一定值，Z形衔铁在弹簧作用下返回起始位置。

与电磁型电流继电器相关的参数有：

(1)动作电流

能使继电器动作的最小电流，称为继电器的动作电流，用I_{op}表示。继电器的动作电流可以根据需要进行调节(即所谓整定)：一是改变继电器线圈的串、并联方式，来改变线圈的匝数；二是转动调整把手，来改变螺旋弹簧的反力矩。

(2)返回电流

继电器动作后，当减小线圈电流到一定值时，继电器返回。能使继电器返回的最大电流称为继电器的返回电流，用I_{re}表示。

(3)返回系数

继电器的返回电流与动作电流之比，称为继电器的返回系数，用K_{re}表示，即

$$K_{re}=\frac{I_{re}}{I_{op}} \tag{8-1-1}$$

显然，$K_{re}<1$。

【小贴士】

返回系数是继电器的重要质量指标，也是影响保护装置性能的重要因素。不同用途的继电器要求具有不同的返回系数。作为保护装置起动元件的电流继电器，要求返回系数在0.85~0.90之间。返回系数越大，继电器动作越灵敏。但继电器动触点与静触点之间的压力减小，即继电器动作不可靠。在实际中，当继电器使用时间较长，而又缺乏适当的维修时，常常会出现返回系数下降的现象，其原因就是摩擦力矩增大的缘故。

3. 电磁型电流继电器表示方法

电磁型电流继电器外形图、背面图和图形符号分别如图8-1-5、图8-1-6、图8-1-7所示，文字符号常用KA表示。

图8-1-5 电磁型电流继电器外形图

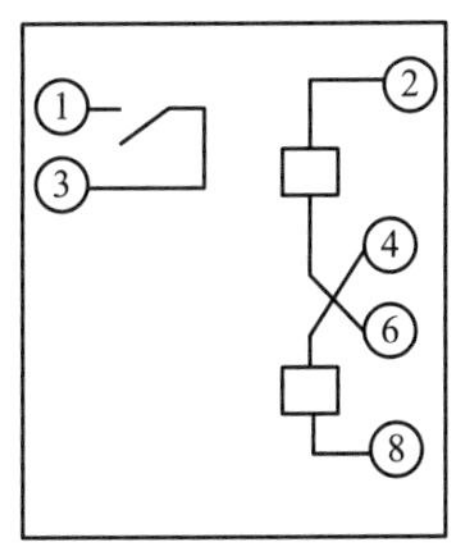

图8-1-6 电磁型电流继电器背面图

4. 电磁型电流继电器铭牌

DL-10 系列电磁型电流继电器的型号含义如图 8-1-8 所示。

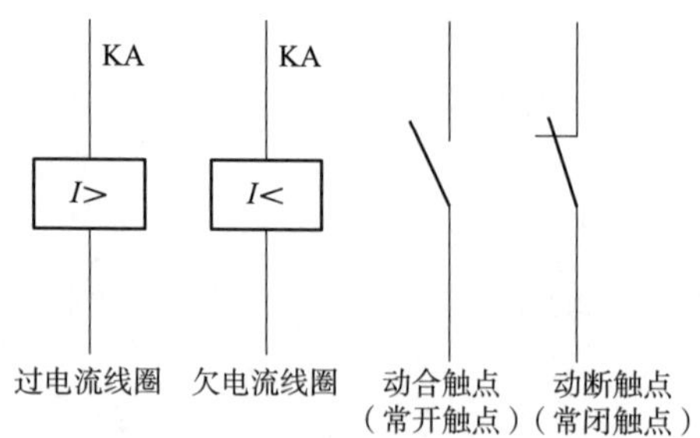

过电流线圈　欠电流线圈　动合触点（常开触点）　动断触点（常闭触点）

图 8-1-7　电磁型电流继电器的图形符号

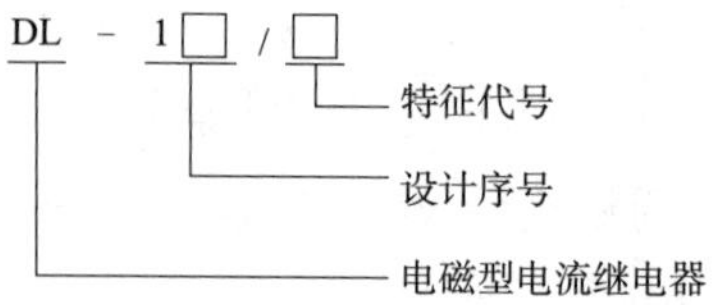

DL - 1□ / □

特征代号
设计序号
电磁型电流继电器

图 8-1-8　DL-10 系列电磁型电流继电器的型号含义

DL-10 系列电磁型电流继电器的技术数据见表 8-1-1。

表 8-1-1　DL-10 系列电磁型电流继电器的技术数据

<table>
<tr><th rowspan="2">型号</th><th rowspan="2">最大整定电流/A</th><th colspan="2">触点类型</th><th rowspan="2">触点容量</th></tr>
<tr><th>动合</th><th>动断</th></tr>
<tr><td>DL-11</td><td rowspan="3">0.01、0.04、0.05、0.20、0.6、2、6、10、20、50、100、200</td><td>1</td><td>0</td><td rowspan="3">在电压不大于 250 V,电流不大于 2 A 时的直流电路中,断开容量为 50 W;在交流电路中为 250 V·A</td></tr>
<tr><td>DL-12</td><td>0</td><td>1</td></tr>
<tr><td>DL-13</td><td>1</td><td>1</td></tr>
</table>

常用的交直流电流继电器有 JL14、JL15、JL18 等系列;交流过电流继电器有 JT4、JT17 等系列;直流电磁型电流继电器有 JT3、JT18 等系列,作欠电流继电器用。

JL18 系列电流继电器的型号含义如图 8-1-9 所示。

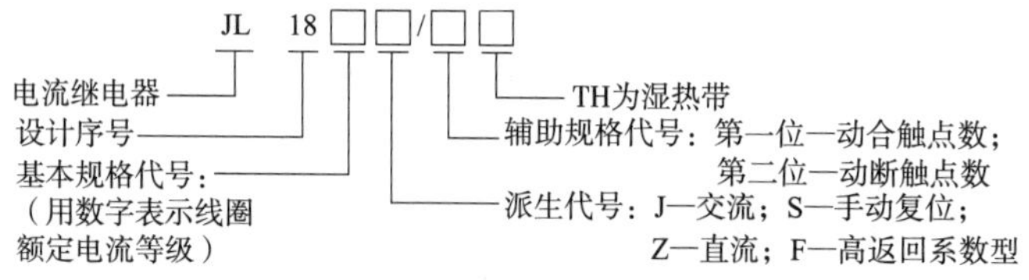

图 8-1-9　JL18 系列电流继电器的型号含义

表 8-1-2、表 8-1-3 分别是交流过电流继电器 JT17、交直流电流继电器 JL18 系列的主要技术数据。

表 8-1-2　JL17 系列交流过电流继电器主要技术数据

型号	吸引线圈额定电流 I_N/A	吸合电流调整范围	触点组合形式	触点额定电流/A
JT17-11J	1.5、2.5、5、15、20、30、40、60、80、100、150、300、400、600、1 200	(110% ~ 350%) I_N	一动合、一动断	5

表 8-1-3　JL18 系列交直流电流继电器主要技术数据

额定工作电压 U_N/V	交流 380，直流 220
线圈额定工作电流 I_N/A	1.0、1.6、2.5、4.0、6.3、10、16、40、63、100、160、250、400、630
触点主要额定参数	约定发热电流：10 A。 额定工作电流：交流 2.6 A；直流 0.27 A。 额定控制容量：交流 1 000 V · A，直流 60 W
调整范围	交流：吸合动作电流值为(110%～350%)I_N； 直流：吸合动作电流值为(70%～300%)I_N
动作与整定误差	±10%
返回系数	高返回系数大于 0.65，普通类型不做规定
操作频率/(次/h)	1 200
复位方式	自动或手动
触点对数	一对动合触点，一对动断触点

5. 电磁型电流继电器特点

①电磁型过电流继电器特点。在正常工作时衔铁不动作，当电流超过某一整定值时，衔铁动作，于是动合触点闭合，动断触点断开。

②电磁型欠电流继电器特点。当电流降低到某一整定值时，继电器释放，所以，欠电流继电器在电路正常工作时，衔铁处在吸合状态。动作电流为线圈额定电流 30%～65%，返回电流为额定电流 10%～20%。

③阻抗特点。为了使串入电流继电器后不影响电路的正常工作，电流继电器的线圈具有匝数少、阻抗小、导线粗的特点。

④线圈特点。电流继电器通常具有两个线圈，可根据实际需要将两者串联或并联。

【小贴士】

电流继电器两线圈串联连接时，将端子 4 和 6 短接（见图 8-1-6），继电器的动作电流为刻度盘的指示值；若两线圈需要并联连接，将端子 2 和 4 短接，6 和 8 短接，此时继电器的动作电流为刻度盘指示值的两倍。

⑤返回系数的特点。由于采用的是可旋转的 Z 形钢舌片，其转动惯量小，因而不仅动作功率小，而且由于衔铁极薄，易于饱和，动作后磁通的增加不会太大，故返回电流较大，返回系数较大。

任务分组

小组信息表见表 8-1-4。

表 8-1-4　小组信息表

小组信息	班级			日期		
	小组名称			组长		
	分工					
	成员					

任务准备

小组成员沟通讨论工作计划，依照任务导入，查找资料，分工协作，准备完成任务。根据任务要求，领取本任务需要用到的电气设备及相关材料、仪表。

任务实施

一、引导问题

（1）继电器的继电特性是______________________________。

（2）能够使继电器动作的________电流值称为动作电流，用 I_{op} 表示。

（3）能够使继电器返回的最________电流值称为返回电流，用 I_{re} 表示。

（4）______和________之比称为电流继电器的返回系数，用 K_{re} 表示。

（5）电流继电器线圈具有匝数______、阻抗______、导线______的特点，________联于被测电路中。

（6）DL-21/5 表示______________________________。

（7）电磁型电流继电器的主要作用是______________________________。

二、技能训练

（1）根据实物，对照图 8-1-10 所示信息，观察电磁型电流继电器结构。

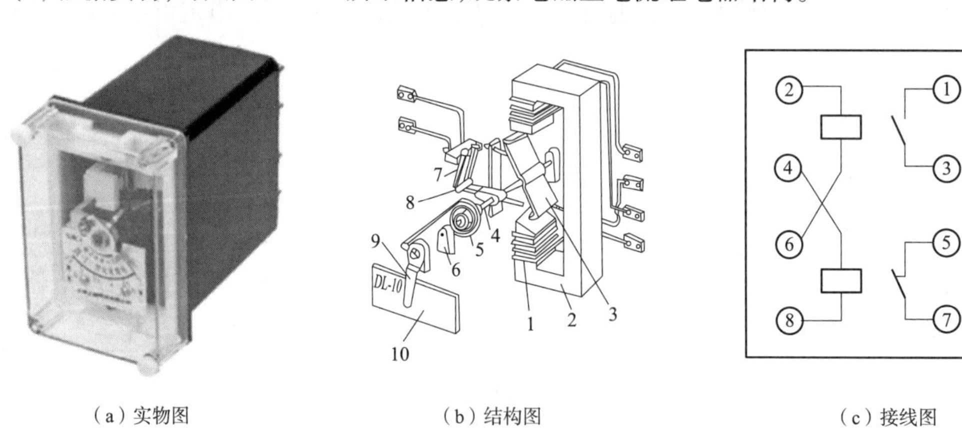

（a）实物图　（b）结构图　（c）接线图

图 8-1-10　电磁型电流继电器

（2）检查万用表，确认万用表的完好性。检测电磁型电流继电器各部分组成及完好性，完成表 8-1-5 内容填写，并描述电磁型电流继电器的工作原理。

表 8-1-5　电磁型电流继电器结构组成检测

序号	结构图中标号	结构名称	完好性	型号	工作原理	图形符号
1						
2						
3						

续表

序号	结构图中标号	结构名称	完好性	型号	工作原理	图形符号
4						
5						
6						
7						
8						
9						
10						

(3)方框中完成电磁型过电流继电器特性测试电路设计。

(4)根据设计的测试电路,在表 8-1-6 中列出所需实验设备清单。

表 8-1-6 实验设备清单

序号	名称	型号	数量
1			
2			
3			
4			
5			

(5)根据设计的测试电路,连接实验电路,观察实验现象并记录数据结果,见表 8-1-7。

表 8-1-7 测试电路记录表

测试序号	动作值 I_{op}	返回值 I_{re}
1		
2		
3		
平均值		
整定值		
返回系数		

任务评价

小组成员各自完成自我评价,组长完成小组评价,教师完成教师评价,见表 8-1-8。整理实训设备和仪表,做好5S管理工作。

表8-1-8　任务评价表

序号	评价内容	自我评价	小组评价	教师评价	分值分配
1	是否遵守安全操作规范				10
2	态度是否端正,工作是否认真				10
3	知识链接内容是否完全掌握				10
4	是否完成任务导入				10
5	查找资料是否完备				5
6	是否完成任务				25
7	能否与他人团结协作				10
8	能否积极回答问题				10
9	是否做好5S管理工作				10
10	合计				100
11	加分+增值评价				
12	总分				

评分说明:

(1)总分=自我评价×20%+小组评价×20%+教师评价×60%+加分。

(2)加分项为奖励在完成任务中正能量突出的同学,如帮助同学、劳动积极等,由教师酌情给分,分值范围在1~10分之间。增值评价是与前一次任务完成情况比较,由组长和教师共同完成,也可由学生自己提出,分值范围在1~5分之间。

课后拓展

"中国梦 劳动美,弘扬工匠精神"
——37年如一日 一心只为干好变电检修工作

王蒲民,高级技师,"西安工匠"获得者。从参加工作起他就对供电检修行业有着独特的兴趣,加上家人对他的支持和鼓励,主动放弃了进入管理岗位的机会,毅然选择自己坚守的专业,而这一守就又是8年。8年间,经他之手处理的故障达1300多起,检修过的设备从未出现过端子松动导致不能送电的情况,每年为公司挽回上百万的损失,更是避免了数十起因供电设备故障引起的列车延误。

"甘于寂寞,乐于奉献!"这是王蒲民时常勉励自己的一句话。"干技术工作相对而言是枯燥的、寂寞的,年轻人想要立功建树必须沉下心来苦钻研、勤思考,经得起考验,耐得住寂寞,这是我们的必由之路,这是做一名匠人的前提"。"企业兴衰,我之责任"这八个字是他长期以来坚守的信念;始终不放弃在小事上成就大事的机会,不放弃在平凡中达成非凡的追求是他们的价值理念。

在王蒲民的带领下,王蒲民技能大师工作室秉承以"服务一线、推动生产"为精神,以师徒带教、技能攻关、技艺传承、技能推广等方面提升人才整体素质和技能为核心。数年来，供电专业600余人均接受过他的培训指导，他带出的60余名徒弟中，其中技术助理8人、技术主管4人、高级工20人、中级工30人，均成为了公司地铁线路中设施设备维护的中流砥柱。

巩固练习

一、填空题

(1)过电流继电器的返回系数一般(　　　)。

(2)电流继电器的两线圈接为并联连接。若此时整定刻度盘指针为2 A，则该电流继电器的整定电流为(　　　)A。

二、判断题

(1)过电流继电器的返回系数不能过大，也不能太小。(　　　)

(2)过电流继电器的返回电流比动作电流大。(　　　)

任务二　电磁型电压继电器的运用

课件

电压继电器

视频

电压继电器的结构、工作原理

视频

电压继电器线圈的连接

视频

电磁型电压继电器的作用

视频

电压继电器的动作测试

学习目标

知识目标	技能目标	素质目标
(1)掌握电磁型电压继电器的结构； (2)掌握电磁型电压继电器的工作原理及特性； (3)掌握电磁型欠电压继电器动作电压、返回电压及返回系数的整定方法	(1)能正确识别电磁型电压继电器各部分结构； (2)能用万用表检测电磁型电压继电器好坏； (3)会分析电磁型欠电压继电器的工作原理及特性	(1)具备对专业知识的认知和兴趣； (2)具备对专业知识求真务实、严谨细致的学习态度； (3)具备良好的独立思考、解决问题的能力

任务导入

继电器是一种电控制器件，是当输入量(激励量)达到规定值时，使被控制量发生预定阶跃变化或使被控电路通、断状态发生变化的自动器件。如图8-2-1所示电路，利用所学继电器有关知识分析一下这个电路实现了什么功能，并完成电磁型欠电压继电器特性测试。

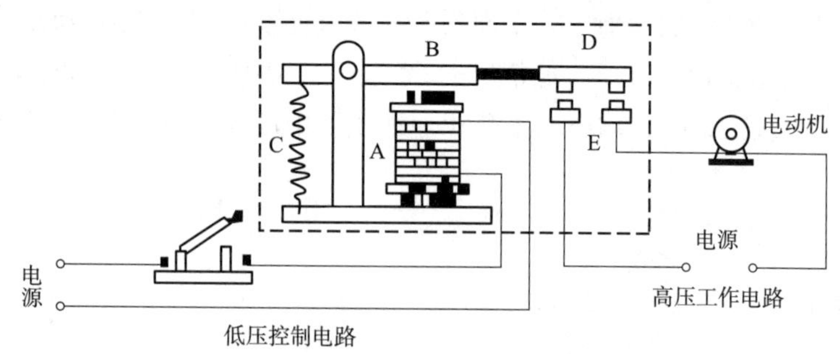

图 8-2-1　电磁型电压继电器工作电路

知识链接

一、电磁型电压继电器结构

电压继电器按线圈电压的种类分为交流电压继电器和直流电压继电器;按工作方式可分为过电压继电器和欠电压继电器。电压继电器的线圈被并联连接在被测电路中(直接或通过电压互感器并联),以反映电路电压的变化,作为电压保护的起动元件。

电磁型电压继电器主要由线圈、电磁铁、Z 形衔铁、静触点、动触点、整定值调整把手、整定值刻度盘、轴端、螺旋弹簧和轴等组成。与电流继电器相比较,电磁系统采用转动舌片式,也有两个线圈,可以串联或并联,但电压继电器的线圈细、阻抗大。

二、电磁型电压继电器工作原理

电磁型电压继电器的输入信号为电压,根据电路中电压的大小来控制电路的接通或断开,常用于电路的过电压或欠电压保护。其工作原理与电磁型电流继电器相同。

1. 电磁型过电压继电器

过电压继电器在电压超过整定值(一般为额定电压的 105% ~ 120%)时才动作,其工作原理与过电流继电器类似。过电压继电器在正常工作时,线圈电压为额定电压,继电器不动作,即衔铁不吸合。只有当线圈电压达到整定值时,继电器动作,衔铁吸合,同时带动触点动作,动触点闭合,静触点断开。交流过电压继电器在电路中起过电压保护的作用。

直流电路中一般不会出现波动较大的过电压,故产品中没有直流过电压继电器。

返回系数等于返回电压与动作电压之比,即

$$K_{re}=\frac{U_{re}}{U_{op}} \tag{8-2-1}$$

其值一般为 0. 85 左右。在继电保护装置中,过电压继电器应用较少。

2. 电磁型欠电压继电器

欠电压继电器在电压为额定电压的 40% ~ 70% 时动作,原理与欠电流继电器类似。欠电压继电器的动作值、返回值的定义和过电压继电器相反。当欠电压继电器线圈电压达到某一定值(返回值)时,电磁力增大,衔铁被吸合,称为欠电压继电器返回;当线圈电压低于某一定值(动作值)时,电磁力减小使衔铁立即释放,称为欠电压继电器动作。显然返回电压高于动

作电压，故返回系数为

$$K_{re}=\frac{U_{re}}{U_{op}}>1 \tag{8-2-2}$$

K_{re}一般不大于 1.2，K_{re}越小，继电器越灵敏。在继电保护装置中，欠电压继电器的应用较多。

欠电压继电器按流过的电流类型可分为直流欠电压继电器和交流欠电压继电器，在电路中用于欠电压保护。

三、电磁型电压继电器外形及符号

电磁型电压继电器的外形和图形符号如图 8-2-2 所示，文字符号用 KV 表示。

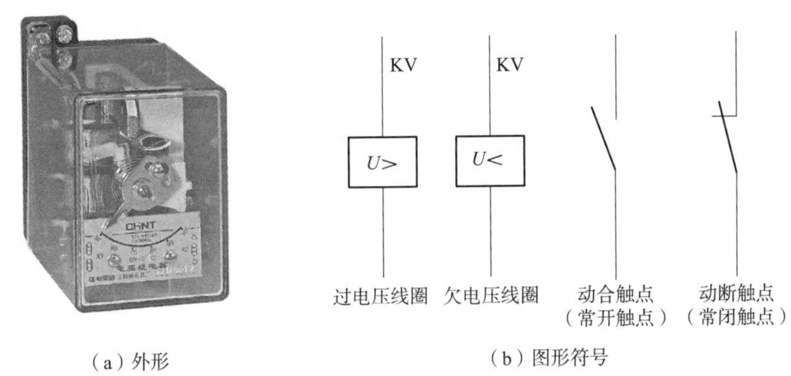

（a）外形　（b）图形符号

图 8-2-2　电磁型电压继电器的外形和图形符号

四、电磁型电压继电器特点

①阻抗特点。电压继电器接在电压源上，其线圈匝数多而导线细，故线圈阻抗大。

②线圈特点。电压继电器也有两个线圈，可根据实际需要将两者串联或并联。

【小贴士】

当两线圈串联连接时，继电器的动作电压为刻度盘指示值的两倍；当两线圈并联连接时，继电器的动作电压为刻度盘指示值。

任务分组

小组信息表见表 8-2-1。

表 8-2-1　小组信息表

<table>
<tr><td rowspan="4">小组信息</td><td>班级</td><td colspan="2"></td><td>日期</td><td colspan="2"></td></tr>
<tr><td>小组名称</td><td colspan="2"></td><td>组长</td><td colspan="2"></td></tr>
<tr><td>分工</td><td></td><td></td><td></td><td></td><td></td></tr>
<tr><td>成员</td><td></td><td></td><td></td><td></td><td></td></tr>
</table>

任务准备

小组成员沟通讨论工作计划，依照任务发布和任务导入，查找资料，分工协作，准备完成任务。根据任务要求，领取本任务需要用到的电气设备及相关材料、仪表。

任务实施

一、引导问题

(1)继电器一般由____________________组成。

(2)电压继电器的可动衔铁是________________形式的。

(3)欠电压继电器是指____________________________________。

(4)过电压继电器是指____________________________________。

(5)能够使欠电压继电器动作的______电压值称为动作电压，用 U_{op} 表示。

(6)能够使欠电压继电器返回的______电压值称为返回电压，用 U_{re} 表示。

二、技能训练

(1)根据实物，对照图 8-2-3，观察电磁型电压继电器结构。

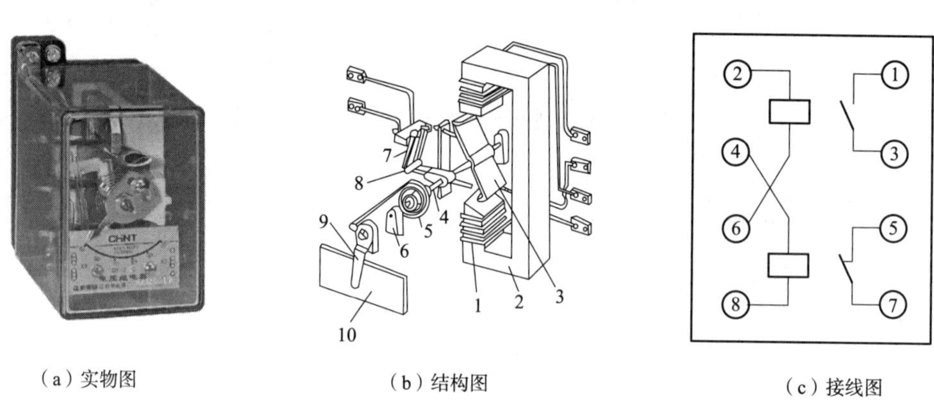

(a)实物图　(b)结构图　(c)接线图

图 8-2-3　电磁型电压继电器

(2)检查万用表，确认万用表的完好性。检测电磁型电压继电器各部分组成及完好性，完成表 8-2-2 内容填写，并描述电磁型电压继电器的工作原理。

表 8-2-2　电磁型电压继电器结构组成检测

序号	结构图中标号	结构名称	完好性	型号	工作原理	电气符号
1						
2						
3						
4						
5						

续表

序号	结构图中标号	结构名称	完好性	型号	工作原理	电气符号
6						
7						
8						
9						
10						

(3)在方框中完成电磁型欠电压继电器特性测试电路设计。

(4)根据设计的测试电路,列出所需实验设备清单,并填写在表 8-2-3 中。

表 8-2-3 实验设备清单

序号	名称	型号	数量
1			
2			
3			
4			
5			

(5)根据设计的测试电路,连接实验电路,观察实验现象并记录数据结果,见表 8-2-4。

表 8-2-4 测试电路记录表

测试序号	动作值 U_{op}	返回值 U_{re}
1		
2		
3		
平均值		
整定值		
返回系数		

任务评价

小组成员各自完成自我评价,组长完成小组评价,教师完成教师评价,见表 8-2-5。整理实训设备和仪表,做好 5S 管理工作。

表 8-2-5　任务评价表

序号	评价内容	自我评价	小组评价	教师评价	分值分配
1	是否遵守安全操作规范				10
2	态度是否端正,工作是否认真				10
3	知识链接内容是否完全掌握				10
4	是否完成任务导入				10
5	查找资料是否完备				5
6	是否完成任务				25
7	能否与他人团结协作				10
8	能否积极回答问题				10
9	是否做好 5S 管理工作				10
10	合计				100
11	加分 + 增值评价				
12	总分				

评分说明:

(1)总分 = 自我评价 ×20% + 小组评价 ×20% + 教师评价 ×60% + 加分。

(2)加分项为奖励在完成任务中正能量突出的同学,如帮助同学、劳动积极等,由教师酌情给分,分值范围在 1 ~10 分之间。增值评价是与前一次任务完成情况比较,由组长和教师共同完成,也可由学生自己提出,分值范围在 1 ~5 分之间。

课后拓展

十余年如一日躬耕毫厘之间,时代需要这样的“大城工匠”

武汉地铁运营有限公司线路维修技师张圆圆师傅被同事们誉为“地铁校尺”。在十余年的线路维修工作中,他始终以精益求精的态度躬耕于轨道线路上的毫厘之间,每天跟毫米级误差“锱铢必较”,守护着万千乘客的平安舒适出行。钢轨轨面的几毫米的误差,他用肉眼就能一眼看出。

不是机器,一双肉眼的精度却可同机器媲美……张圆圆被称为“地铁校尺”的背后,并非一日之功。据报道,张圆圆入职武汉地铁 12 年里,他在深夜里步行巡检 1.3 万公里、目测钢轨 2 万次,弯腰 4 万次、拧紧螺栓 52 万根、记录数据 10 万余组……

地铁的检修工作往往在深夜,发生在市民的睡梦之时。在我们看来,每天地铁列车准点呼啸而来,满载乘客又快速离开,这是一件何其稀松平常的事。哪里知晓,后面竟然有这样的“地铁校尺”来守护呢?

人们常说,失之毫厘,谬以千里,讲的就是这个道理。哪怕有再精密的机器,但机器的背后还是人,人的敬业精神、责任感,是任何机器所无法替代的。

精密机器的运转,需要工匠精神来守护,需要张圆圆师傅这样,用精湛的技艺查找“病害”、及时处置,保障地铁安全运行。世界级地铁城市的安全,需要张圆圆这样的“大城工匠”,从紧螺栓、测轨距等一件一件小事做起,追求极致。

巩固练习

填空题

（1）欠电压继电器的返回系数（　　　　）。

（2）电压继电器的线圈具有匝数（　　　　）、阻抗（　　　　）、导线（　　　　）的特点。

（3）电压继电器的线圈被（　　　　）（串/并）接在被测电路中。

（4）电压继电器的两线圈接为串联连接。若此时整定刻度盘指针为 3 V，则该电压继电器的整定电压为（　　　　）V。

任务三　时间继电器的运用

学习目标

知识目标	技能目标	素质目标
（1）掌握时间继电器的结构、型号； （2）掌握时间继电器的工作原理及特性； （3）掌握测量时间继电器动作电压值、返回电压值以及动作时间的方法	（1）能正确识别时间继电器各部分结构、型号； （2）会对时间继电器工作特性进行分析； （3）会对时间继电器的动作时间进行正确的调整	（1）具备对专业知识的认知和兴趣； （2）具备对专业知识大胆尝试、勇于开拓的精神； （3）具备良好的独立思考、解决问题的能力； （4）培养良好的沟通能力和团队协作精神

任务导入

时间继电器是电气控制系统中一个非常重要的元器件，在许多控制系统中，需要使用时间继电器来实现延时控制，它是一种利用电磁原理或机械动作原理来延迟触点闭合或分断的自动控制电器。照明节电线路可以减少能源损耗，保护环境。利用所学继电器的知识设计楼房走廊照明节电线路。要求：当人走进楼道走廊时，按下按钮，照明灯点亮，待人走到室内后，延时一段时间后走廊的灯自动熄灭，并完成时间继电器特性测试。

知识链接

时间继电器是一种辅助继电器，在继电保护装置中作为时限元件，用来建立保护装置动作所需要的时限,实现保护的选择性。

时间继电器的承受部分在感受外界信号后,经过一段时间才能使执行部分动作。其种类很多,常用的有电磁式、空气阻尼式、电动式和电子式等。

一、直流电磁式时间继电器

1. 直流电磁式时间继电器结构和工作原理

直流电磁式时间继电器利用阻尼的方法来延缓磁通变化的速度,以达到延时的目的,如图 8-3-1 所示。它是在直流电磁式继电器的铁芯上附加一个短路线圈 3(又称阻尼套筒)而制成的。当线圈从电源上断开后,主磁通就逐渐减小,由于磁通变化,在短路线圈中产生感应电流。由楞次定律可知,感应电流所产生的磁通是阻碍主磁通变化的,因而使主磁通的衰减速度放慢,延长了衔铁的释放时间。

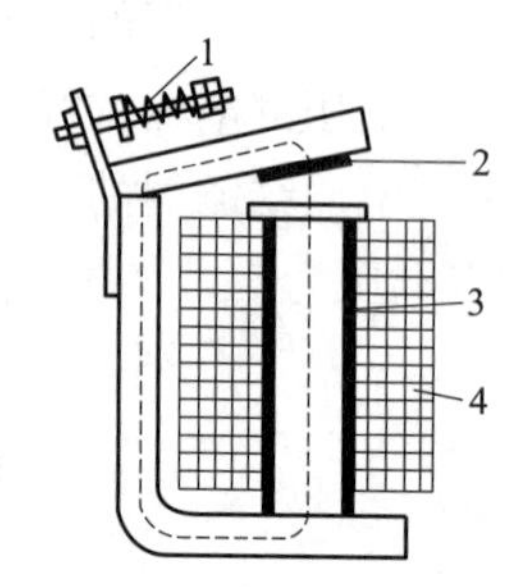

图 8-3-1　直流电磁式时间继电器的结构

1—调整弹簧;2—非磁性垫片;3—短路线圈;4—工作线圈

同理,当工作线圈 4 接通电源后,短路线圈产生的感应电流阻止主磁通的增加,使衔铁吸合的时间延长。但由于线圈通电前的衔铁是释放状态,磁路气隙很大,线圈的电感很小,电磁惯性小,故不能得到较长的延时。一般通电延时仅为 0.1 ~0.5 s,断电延时为 0.2 ~10 s。

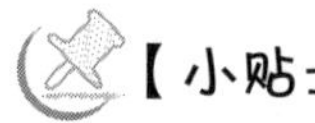

【小贴士】

> 直流电磁式时间继电器主要用于断电延时。

2. JT 系列直流电磁式时间继电器型号及技术数据

直流电磁式时间继电器的延时精度和稳定性不是很高,常用的有 JT3、JT18 系列。

JT 系列直流电磁式时间继电器型号含义如图 8-3-2 所示。

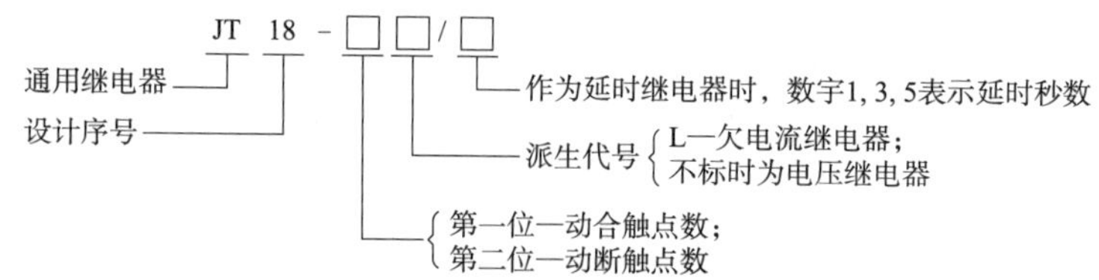

图 8-3-2　JT 系列直流电磁式时间继电器型号含义

JT18 系列直流电磁式通用继电器的主要技术数据见表 8-3-1。

表 8-3-1　JT18 系列直流电磁式通用继电器的主要技术数据表

额定工作电压 U_N/V	24、48、110、220、440(电压、时间继电器)
线圈额定工作电流 I_N/A	1.6、2.5、4.0、6.0、10、16、25、40、63、100、160、250、400、630(欠电流继电器)
延时等级 t/s	1、3、5(时间继电器)

续表

额定操作频率/(次/h)	1 200(时间继电器除外)额定通电持续率为40%	
动作特性	电压继电器	冷态线圈:吸引电压30%~50% U_N(可调) 释放电压:7%~20% U_N(可调)
	时间继电器	断时延时0.3~0.9 s 0.8~3 s 2.5~5 s
	欠电流继电器	吸引电流:30%~65% I_N(可调)
触点参数	约定发热电流/A	10
	额定工作电压	交流380 V,直流220 V

3. DS 系列直流电磁式时间继电器

直流电磁式时间继电器还有DS-110和DS-120系列,如图8-3-3所示。当继电器线圈24通电时,可动铁芯22被吸入,钟表机构被起动,同时切换瞬时触点。在拉引弹簧8的作用下,经过整定的时间,使主触点闭合。继电器的延时,可借改变主静触点的位置(即它与主动触点的相对位置)来调整。调整的时间范围在标度盘9上标出。当继电器的线圈断电时,继电器在返回弹簧21的作用下返回起始位置。

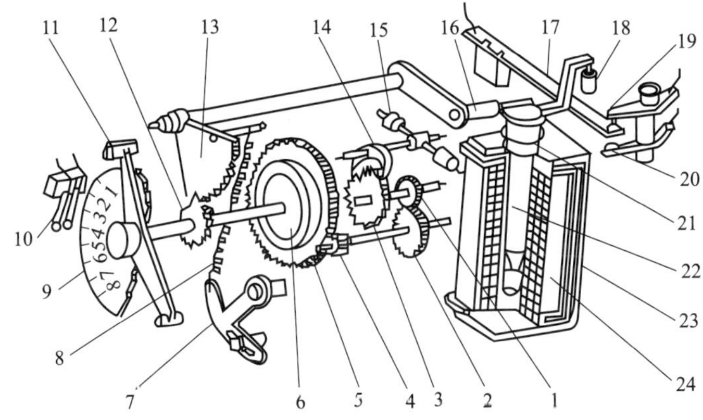

图8-3-3 DS-110、DS-120系列时间继电器的内部结构

1、2 钟表机构传动齿轮;3—掣轮;4—小齿轮;5—主齿轮;6—摩擦离合器;7—弹簧拉力调节器;8—拉引弹簧;9—标度盘;10—主静触点;11—主动触点;12—传动齿轮;13—扇形齿轮;14—摆动卡板;15—平衡锤;16—压杆;17—瞬时动触点;18—绝缘件;19、20—瞬时静触点;21—返回弹簧;22—可动铁芯;23—电磁铁;24—线圈

【小贴士】

为了缩小继电器的尺寸和节约材料,时间继电器的线圈通常不按长期接上额定电压来设计,因此凡需长期接上电压的时间继电器,应在动作后利用其瞬时转换触点,使其线圈串入电阻,以限制线圈的电流。DS-111C、DS-112C、DS-113C等型号时间继电器就具有这种功能。

表 8-3-2 是 DS-110、DS-120 系列电磁式时间继电器的技术数据。

表 8-3-2　DS-110、DS-120 系列电磁式时间继电器的技术数据

型号	额定电压/V	延时整定范围/s	触点规范
DS-111C	直流 24、48、110、220	0.1～1.3	DS-115、DS-116、DS-125、DS-126 增加 1 副延时滑动触点外，其他都为延时动合和瞬时转换触点各 1 副
DS-112C		0.25～3.5	
DS-113C		0.5～9.0	
DS-111 DS-114		0.1～1.3	
DS-112 DS-115		0.25～3.5	
DS-113 DS-116		0.5～9.0	
DS-121 DS-124	交流 100、110、127、220、380	0.13～1.3	
DS-122 DS-125		0.25～3.5	
DS-123 DS-126		0.5～9.0	

4. 电磁式时间继电器的特点

电磁式时间继电器具有结构简单、运行可靠、寿命长、允许通电次数多等优点，但也存在着下列缺点：

①仅适用于直流电路，若用于交流电路，需加整流装置。

②仅能在断电时获得延时，这就限制了它的使用。

③延时时间短，精度不高。

④体积较大，消耗金属材料多。

为了扩大延时，提高延时精度，满足交流电路控制要求，往往采用交流时间继电器。一般是在电磁系统上加装延时装置来获得延时的（例如 DS-120 系列）。

二、空气阻尼式时间继电器

1. 空气阻尼式时间继电器结构和工作原理

空气阻尼式时间继电器又称气囊式时间继电器，它是利用空气阻尼的原理制成的，其结构如图 8-3-4 所示。空气阻尼式时间继电器由电磁机构、工作触头和气室三部分组成，它的延时是靠空气的阻尼作用来实现的。

当通电延时型时间继电器的电磁线圈 1 通电后，将衔铁吸下，于是顶杆 6 与衔铁间出现一个空隙，当与顶杆相连的活塞在弹簧 7 的作用下由上向下移动时，在橡皮膜上面形成空气稀薄的空间（气室），空气由进气孔逐渐进入气室，活塞因受到空气的阻力，不能迅速下降，在降到一定位置时，杠杆 15 使触头 14 动作（常开触点闭合，常闭触点断开）。线圈断电时，弹簧使衔铁和活塞等复位，空气经橡皮膜与顶杆 6 之间推开的气隙迅速排出，触点瞬时复位。

断电延时型时间继电器与通电延时型时间继电器的原理与结构均相同，只是将其电磁机构翻转 180°安装，即为断电延时型。

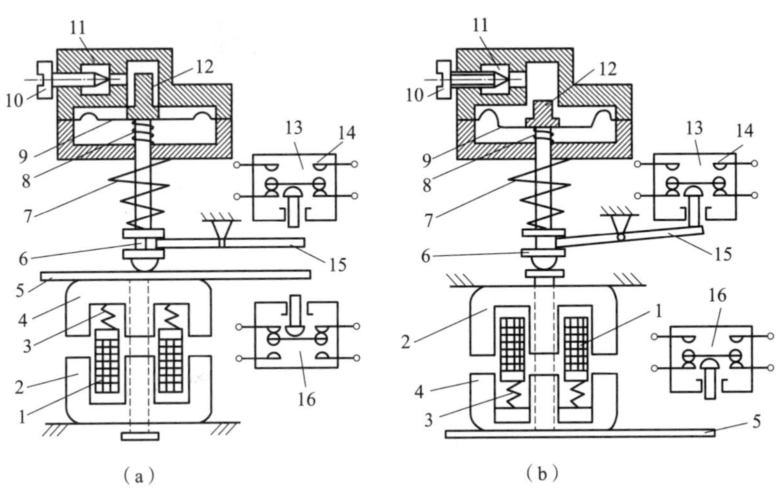

图 8-3-4　空气阻尼式时间继电器的延时原理

1—线圈；2—静铁芯；3、7、8—弹簧；4—衔铁；5—推板；6—顶杆；9—橡皮膜；10—螺钉；11—进气孔；12—活塞；13、16—微动开关；14—延时触头；15—杠杆

空气阻尼式时间继电器结构简单、易构成通电延时和断时延时、调整简便、价格较低等优点，广泛使用于电动机控制线路中。但其延时精度较低，只用在对延时要求不高的场合。

2. 空气阻尼式时间继电器型号及技术数据

表 8-3-3 列出了 JS23 系列空气阻尼式时间继电器技术数据。

表 8-3-3　JS23 系列空气阻尼式时间继电器技术数据

额定工作电压 U_N		交流 380 V，直流 220 V					
额定工作电流 I_N		交流 380 V 时：0.79 A；直流 220 V 时：瞬时 0.27 A					
触点对数及组合	型号	延时动作触点数量				瞬时动作触点数量	
		通电延时		断电延时			
		动合	动断	动合	动断	动合	动断
	JS23-1□/□	1	1	—	—	4	0
	JS23-1□/□	1	1	—	—	3	1
	JS23-1□/□	1	1	—	—	2	2
	JS23-1□/□	—	—	1	1	4	0
	JS23-1□/□	—	—	1	1	3	1
	JS23-1□/□	—	—	1	1	2	2
延时范围		0.2～30 s，10～30 s					
线圈额定电压 U_N/V		交流 110、220、380					
电寿命		瞬时触点：100 万次（交、直流） 延时触点：交流 100 万次，直流 50 万次					
操作频率/（次/h）		1 200					
安装方式		卡轨安装式、螺钉安装式					

空气阻尼式时间继电器型号含义如图 8-3-5。

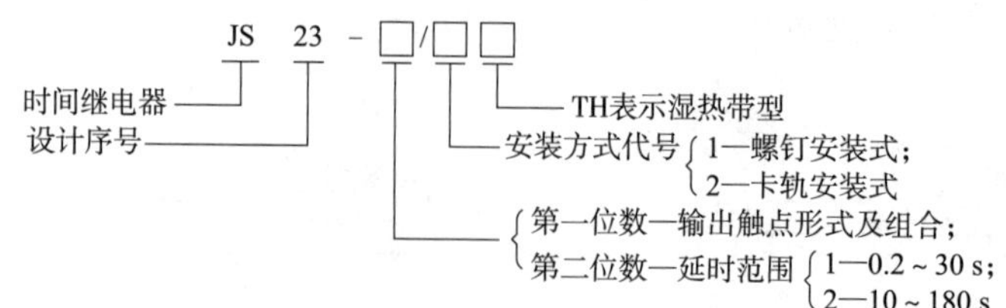

图 8-3-5 空气阻尼式时间继电器型号含义

三、电动式时间继电器

1. 电动式时间继电器结构及工作原理

电动式时间继电器是由微型同步电动机拖动减速齿轮以获得延时的时间继电器。电动式时间继电器由带减速器 3 的同步电动机、离合电磁铁 2 和能带动触点的凸轮 1 三部分组成，其结构如图 8-3-6 所示。

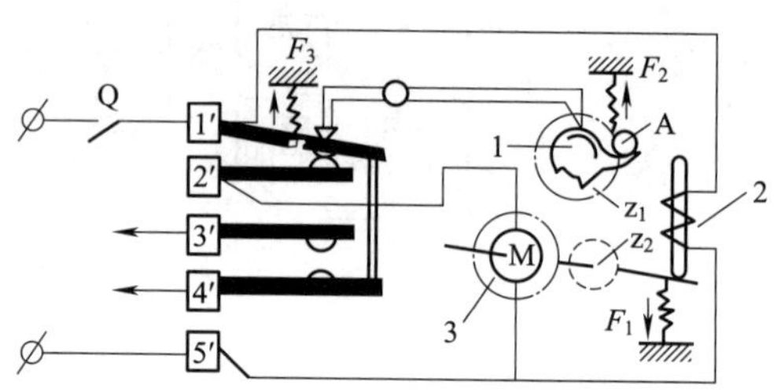

图 8-3-6 电动式时间继电器示意图

当开关 Q 闭合后，离合电磁铁使齿轮 z_1 与 z_2 啮合，由于同步电动机 M 转动，在 z_1 轴上装着的凸轮就按图中的箭头方向转动，当转动到凸轮盘的低凹部位时，杠杆在弹簧力 F_3 的作用下转动，于是触点 1′、2′断开，电动机 M 便停止转动。在开关 Q 打开之前，凸轮将一直保持在这个位置。触点 3′、4′闭合后，被控电路被接通。

若打开开关 Q，离合电磁铁释放，在反作用弹簧力 F_1 的作用下，z_1 与 z_2 脱离啮合。凸轮在弹簧力 F_2 的作用下回到挡柱 A 的位置，继电器又恢复到原来的状态。

继电器的延时是从开关 Q 闭合时起，到杠杆转动触点位置发生变化为止的一段时间。调节挡柱 A 的位置，即可改变时间继电器延时时间的长短。

2. 电动式时间继电器的特点

电动式时间继电器具有下列优点：延时值不受电压波动及环境温度变化的影响，重复精度高；延时范围宽，可长达数十小时，延时过程能通过指针直观地表示出来。主要缺点是：结构复杂、成本高、寿命短，不适于频繁操作，延时误差受电源频率的影响。

四、电子式时间继电器

电子式时间继电器按构成原理可分为阻容式时间继电器和数字式时间继电器。

1. 阻容式时间继电器

图 8-3-7 所示为阻容式时间继电器外形图。阻容式时间继电器分为通电延时型、断电延时型、带瞬动触点的通电延时型等。适用于延时时间为 0.05 s～1 h 的场合。

图 8-3-7 阻容式时间继电器外形图

阻容式时间继电器是利用 *RC* 电路充放电原理构成延时。图 8-3-8 为单结晶体管组成的通电延时型时间继电器原理图。

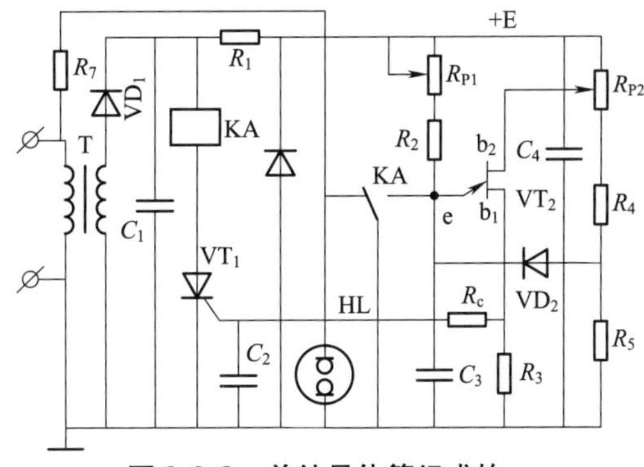

图 8-3-8 单结晶体管组成的通电延时型时间继电器原理图

对于通电延时型时间继电器，当线圈通电时，通电延时型触点经延时时间后动作（常闭触点断开、常开触点闭合），线圈断电后，该触点马上恢复常态；对于断电延时型时间继电器，当线圈通电时，断电延时型触点马上动作（常闭触点断开、常开触点闭合），线圈断电后，该触点需要经延时时间后才会恢复到常态。

当电源接通后，经二极管 VD_1 整流、电容 C_1 滤波及稳压器稳压后的直流电压经电位器 RP_1 和电阻 R_2 向 C_3 充电，C_3 两端的电压按指数规律上升。当该电压大于单结晶体管 VT_2 的峰点电压时，VT_2 导通，输出脉冲使晶闸管 VT_1 导通，继电器线圈得电，触点动作。

2. 数字式时间继电器

数字式时间继电器采用数字脉冲计数电路，延时范围广，其延时方法可达 10 多种，包括延时闭合、延时断开、间隔计时、通电循环延时、通电延时闭合、再延时断开、状态指示等，还可显示延时过程，指示无激励、延时和响应三种状态等，适用于需要精确延时和延时时间较长的场合。按标准时基电路构成原理可分为电源分频型、*RC* 振荡型、晶体振荡分频型。

五、时间继电器的图形符号

时间继电器的图形符号如图 8-3-9 所示。

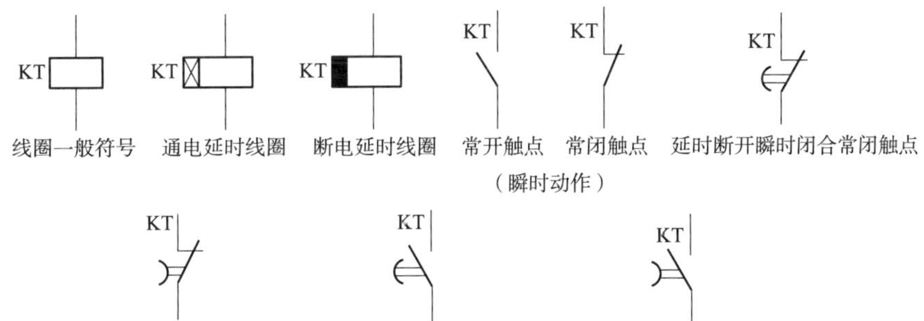

图 8-3-9 时间继电器的图形符号

任务分组

小组信息表见表 8-3-4。

表 8-3-4 小组信息表

<table>
<tr><td rowspan="4">小组信息</td><td>班级</td><td colspan="2"></td><td>日期</td><td colspan="2"></td></tr>
<tr><td>小组名称</td><td colspan="2"></td><td>组长</td><td colspan="2"></td></tr>
<tr><td>分工</td><td></td><td></td><td></td><td></td><td></td></tr>
<tr><td>成员</td><td></td><td></td><td></td><td></td><td></td></tr>
</table>

任务准备

小组成员沟通讨论工作计划，依照任务发布和任务导入，查找资料，分工协作，准备完成任务。根据任务要求，领取本任务需要用到的电气设备及相关材料、仪表。

任务实施

一、引导问题

(1)时间继电器的作用是________________________________。

(2)时间继电器按工作原理可分为________________________________。

(3)时间继电器按延时方式可分为________________________________。

二、技能训练

(1)根据实物，对照图 8-3-10，观察时间继电器结构。

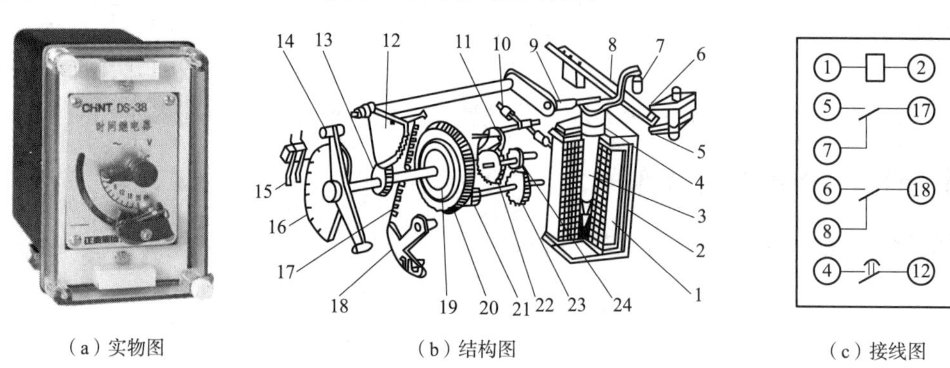

(a) 实物图　　(b) 结构图　　(c) 接线图

图 8-3-10　时间继电器

(2)检查万用表，确认万用表的完好性。检测时间继电器各部分组成及完好性，完成表 8-3-5 内容填写，并描述时间继电器的工作原理。

表 8-3-5　时间继电器结构组成检测

序号	结构图中标号	结构名称	完好性	型号	工作原理	电气符号
1						
2						
3						
4						
5						
6						
7						
8						
9						
10						

续表

序号	结构图中标号	结构名称	完好性	型号	工作原理	电气符号
11						
12						
13						
14						
15						
16						
17						
18						
19						
20						
21						
22						
23						
24						

(3)完成时间继电器特性测试电路设计。

(4)根据设计的测试电路,列出所需实验设备清单,并填写在表8-3-6中。

表8-3-6 实验设备清单

序号	名称	型号	数量
1			
2			
3			
4			
5			

(5)根据设计的测试电路,连接实验电路,观察实验现象并记录数据结果,完成表8-3-7。

表8-3-7 测试电路记录表

项目	整定时间 t/s	动作电压/V	为额定电压的%	返回电压/V	为额定电压的%
第一次测试结果					
第二次测试结果					
第三次测试结果					

任务评价

小组成员各自完成自我评价，组长完成小组评价，教师完成教师评价，见表8-3-8。整理实训设备和仪表，做好5S管理工作。

表8-3-8　任务评价表

序号	评价内容	自我评价	小组评价	教师评价	分值分配
1	是否遵守安全操作规范				10
2	态度是否端正，工作是否认真				10
3	知识链接内容是否完全掌握				10
4	是否完成任务导入				10
5	查找资料是否完备				5
6	是否完成任务				25
7	能否与他人团结协作				10
8	能否积极回答问题				10
9	是否做好5S管理工作				10
10	合计				100
11	加分+增值评价				
12	总分				

评分说明：

(1)总分=自我评价×20%+小组评价×20%+教师评价×60%+加分。

(2)加分项为奖励在完成任务中正能量突出的同学，如帮助同学、劳动积极等，由教师酌情给分，分值范围在1~10分之间。增值评价是与前一次任务完成情况比较，由组长和教师共同完成，也可由学生自己提出，分值范围在1~5分之间。

课后拓展

西安地铁“钢铁侠”——周辉

在西安地铁的队伍中，周辉有很多志同道合的同事，他们在工作中脑子活，爱动手，用自己的专业技能和工作智慧，承担起故障件的维修工作，并且做到了低成本、高效率，为地铁的运营提供了保障，同时大大节省了维修费用。

他们经常搞发明创造，比如开发了共内部员工使用的APP，提供各系统维修件实时状态查询、技能培训考试、企业文化学习等功能，受到了广泛好评。在周辉的带领下，他们成立了专门的电器维修间。周辉和同事们的工作得到了领导的大力支持，2014年底，西安市建设交通工会将周辉和整个检修团队命名为“周辉创新工作室”，负责电客车相关系统的创新活动、员工培训以及故障件的维修等工作。

周辉创新工作室已经成功研发并申请了地铁客室车门故障装置、地铁车载多媒体通故障检测装置、地铁电客车车门测试装置、地铁司机控制器测试装置等9项国家实用新型专利，每年为地铁公司节约维修成本一百万元左右。

像周辉这样的青年人才已经成为西安发展的中坚力量，是决定着城市未来的核心群体，他认为，青年人是家庭、企业和城市的未来，每个人都担负着各自的使命。作为西安青年，唯有踏实、做好自己的本职工作，才能助力城市发展，绝不能眼高手低。

巩固练习

填空题

(1)通电延时型与断电延时型时间继电器在使用功能上的不同之处：

①通电延时型：

②断电延时型：

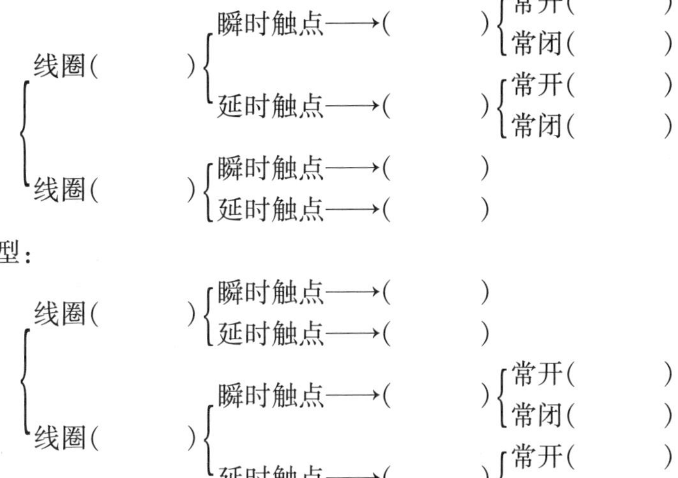

(2)直流电磁式时间继电器利用(　　　)方法来延缓磁通变化的速度，以达到延时目的。它是在直流电磁式继电器的铁芯上附加一个(　　　)又称(　　　)而制成的。

(3)空气阻尼式时间继电器又称(　　　)，它是利用(　　　　)的原理制成的。

(4)通电延时继电器，当线圈得电时，其延时常开触点(　　　)闭合，延时常闭触点(　　　)断开。当线圈失电时，其延时常开触点(　　　)断开，延时常闭触点(　　　)闭合。

(5)断电延时继电器，当线圈得电时，其延时常开触点(　　　)闭合，延时常闭触点(　　　)断开。当线圈失电时，其延时常开触点(　　　)断开，延时常闭触点(　　　)闭合。

任务四　中间继电器的运用

课件

中间继电器

视频

中间继电器的作用和工作原理

视频

中间继电器的接线方式及符号

学习目标

知识目标	技能目标	素质目标
(1)掌握中间继电器的结构; (2)掌握中间继电器的工作原理及作用; (3)掌握中间继电器的型号及图形符号	(1)能正确识别中间继电器的各部分结构; (2)能够正确安装与使用中间继电器	(1)激发学生探索未知专业知识的兴趣和积极性; (2)具备对专业知识求真务实、严谨细致的学习态度; (3)具备良好的独立思考、解决问题的能力

任务导入

应用电磁继电器可实现低电压控制高电压、远距离控制、自动控制。在继电保护与自动控制系统中,当需要增加触点的数量和容量,或在控制中需要传递中间信号时,就要用到中间继电器。如图 8-4-1 所示,分析其工作过程,并完成中间继电器的测试。

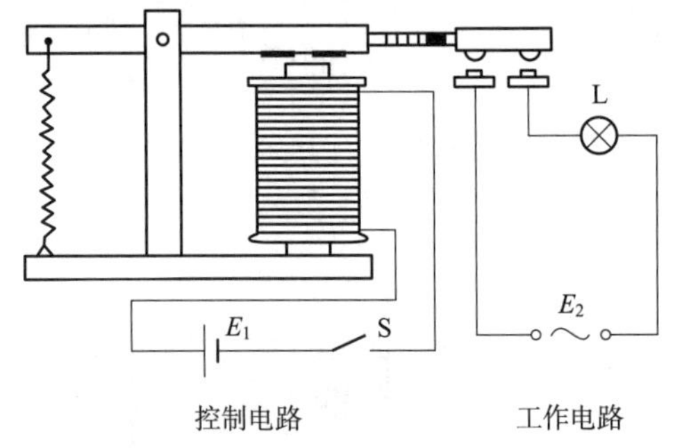

图 8-4-1　继电器控制电路

知识链接

中间继电器在继电保护装置中起中间桥梁作用,即当需要同时闭合或断开几条独立回路时,或者要求比较大的触点容量去闭合或断开大电流回路时,经常采用中间继电器,具有增加控制回路或放大信号作用。

电磁式中间继电器实质上是一个电压线圈继电器,具有触点多(六对甚至更多)、触点电流大(额定电流为 5 ~ 10 A)、动作灵敏(动作时间小于 0.05 s)等特点。

一、中间继电器结构

中间继电器大致上有两个系列:一是 JZ 系列,适用于交流 50 Hz 或 60 Hz,电压至 500 V 及直流电压至 220 V 的控制电路中,用来控制各种电磁线圈,使信号放大,或将信号同时传递给数个有关的控制元件。另一类中间继电器为 DZ 系列,该系列中间继电器主要用于各种继电保护线路中,用以增加主保护继电器的触点数量或容量。

JZ7 的结构和小容量直动式交流接触器相同,称为接触器式继电器。如图 8-4-2 所示,继电器采用立体布置,衔铁和铁芯用 E 形硅钢片叠装而成,线圈置于铁芯中柱,组成双 E 直动式磁系统。触点采用桥式双断点结构,上、下两层各有 4 对触点,下层触点只能是动合触点,故触点系统可按 8 动合、6 动合 2 动断及 4 动合 4 动断组合。

二、中间继电器工作原理

DZ 型中间继电器其电磁机构多为吸引衔铁式。当线圈上接入一定的直流电压时，衔铁被吸向铁芯，这时装在衔铁上的动触点与固定触点接通，当线圈失电后，继电器在弹簧的作用下，立即返回起始位置。按动作时间分为瞬时动作、延时动作和延时返回等几种。

延时动作和延时返回的中间继电器，其铁芯上装有若干个短路环（称为阻尼环）或阻尼线圈，这样当断开或接通继电器线圈的电源回路时，在阻尼环或阻尼线圈中将有涡流产生，此涡流所产生的磁通阻止线圈中电流的变化，从而使继电器的动作具有一定的延时。改变阻尼线圈的连接方式，可以改变时间继电器的延时时间。

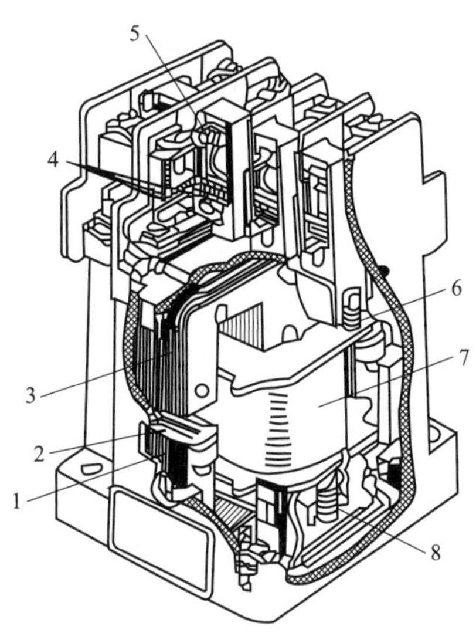

图 8-4-2　JZ7 系列中间继电器外形结构

1—静铁芯；2—短路环；3—衔铁；
4—动合触点；5—动断触点；
6—反作用弹簧；7—线圈；8—缓冲弹簧

三、中间继电器外形及符号

中间继电器的外形和图形符号如图 8-4-3 所示，文字符号用 KC 表示。

（a）外形图

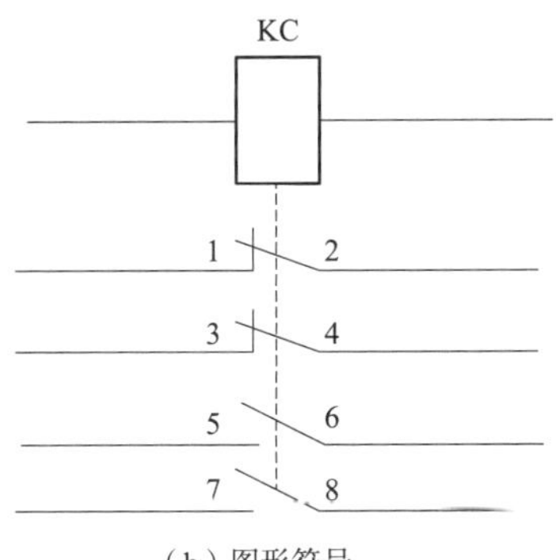

（b）图形符号

图 8-4-3　中间继电器的外形和图形符号

四、中间继电器铭牌

JZ 系列电磁式中间继电器型号含义如图 8-4-4 所示。

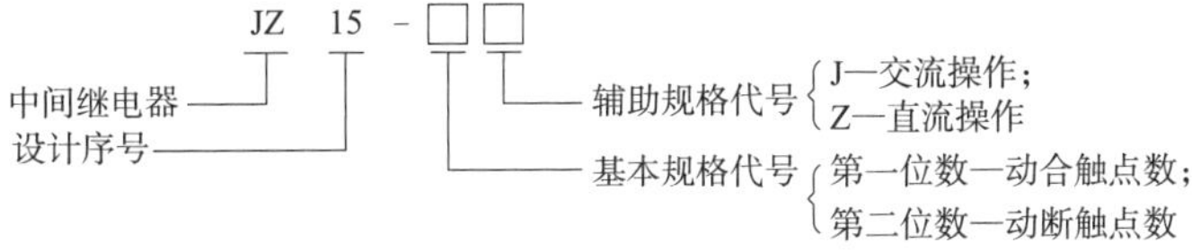

图 8-4-4　JZ 系列电磁式中间继电器型号含义

例如：JZ15-44Z 表示的是直流电源中间继电器，具有 4 动合触点 4 动断触点配置。

DZB 系列中间继电器型号含义如图 8-4-5 所示。

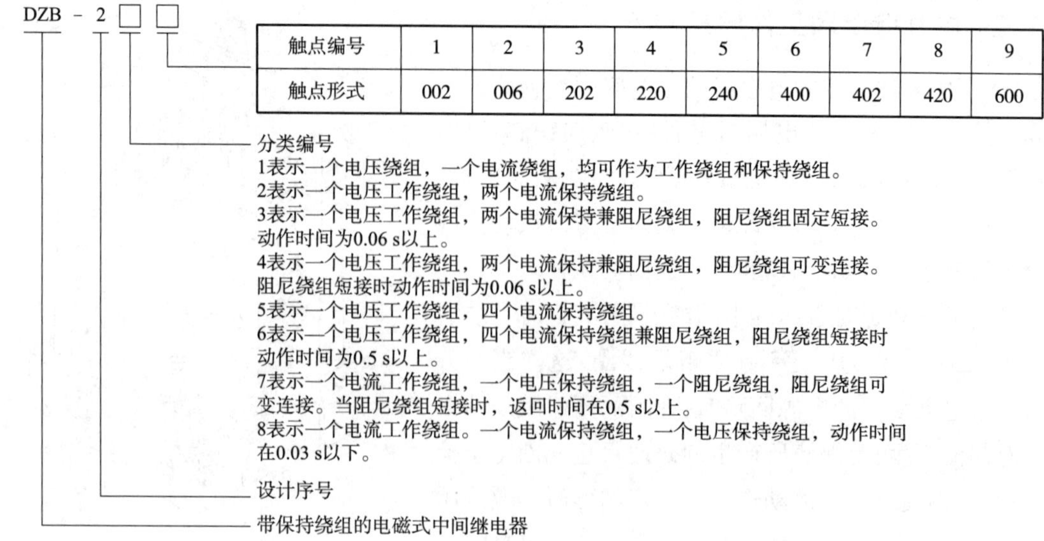

图 8-4-5　DZB 系列中间继电器型号含义

例如:DZB-513 表示的是有 1 个电压绕组和 1 个电流绕组,均可视为工作绕组和保持绕组,2 动合触点、2 转换触点配置。

任务分组

小组信息表见表 8-4-1。

表 8-4-1　小组信息表

小组信息	班级			日期		
	小组名称			组长		
	分工					
	成员					

任务准备

小组成员沟通讨论工作计划,依照任务发布和任务导入,查找资料,分工协作,准备完成任务。根据任务要求,领取本任务需要用到的电气设备及相关材料、仪表。

任务实施

一、引导问题

(1)中间继电器是____________________继电器。

(2)中间继电器的作用是____________________。

(3)中间继电器的工作原理是____________________。

(4)中间继电器的图形符号是____________________。

(5)中间继电器的电磁系统是____。

二、技能训练

(1)根据实物(型号为 DZ31B),对照图 8-4-6,观察中间继电器结构。

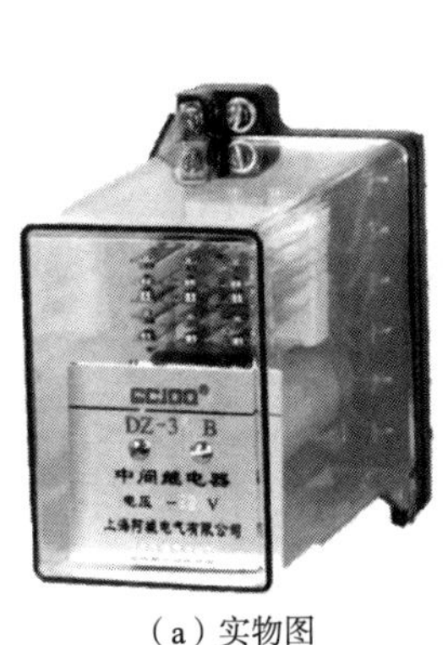

(a)实物图

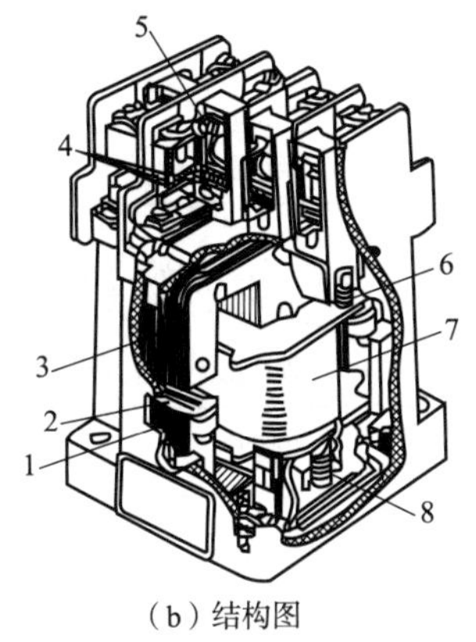

(b)结构图

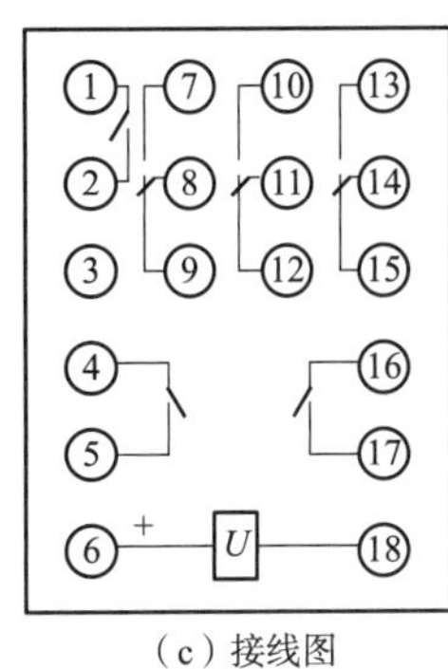

(c)接线图

图 8-4-6 中间继电器

(2)检查万用表,确认万用表的完好性。检测中间继电器各部分组成及完好性,完成表 8-4-2 的内容填写,并描述中间继电器的工作原理。

表 8-4-2 中间继电器结构组成检测

序号	结构图中的标号	结构名称	完好性	型号	工作原理	图形符号
1						
2						
3						
4						
5						
6						
7						
8						

(3)完成中间继电器特性测试电路设计。

(4)根据设计的测试电路,列出所需实验设备清单,并填写在表 8-4-3 中。

表 8-4-3　实验设备清单

序号	名称	型号	数量
1			
2			
3			
4			
5			

(5)根据设计的测试电路,连接实验电路,观察实验现象并记录数据结果,完成表 8-4-4。

表 8-4-4　测试电路记录表

测试序号	动作电压	返回电压	动作时间	返回时间
1				
2				
3				
平均值				

任务评价

小组成员各自完成自我评价,组长完成小组评价,教师完成教师评价,见表 8-4-5。整理实训设备和仪表,做好 5S 管理工作。

表 8-4-5　任务评价表

序号	评价内容	自我评价	小组评价	教师评价	分值分配
1	是否遵守安全操作规范				10
2	态度是否端正,工作是否认真				10
3	知识链接内容是否完全掌握				10
4	是否完成任务导入				10
5	查找资料是否完备				5
6	是否完成任务				25
7	能否与他人团结协作				10
8	能否积极回答问题				10
9	是否做好 5S 管理工作				10
10	合计				100
11	加分 + 增值评价				
12	总分				

评分说明:

(1)总分 = 自我评价 ×20% + 小组评价 ×20% + 教师评价 ×60% + 加分。

(2)加分项为奖励在完成任务中正能量突出的同学，如帮助同学、劳动积极等，由教师酌情给分，分值范围在1~10分之间。增值评价是与前一次任务完成情况比较，由组长和教师共同完成，也可由学生自己提出，分值范围在1~5分之间。

课后拓展

穿山越岭、勘察设计高难度铁路的工程师——孟祥连

12月28日，西安地铁5号线、6号线一期、9号线三线齐发！而如果要问在西安修建地铁有多难，孟祥连一定是那个最有发言权的人。当我们乘坐着西安地铁享受出行便利时，有谁知道在建设西安地铁之初，作为西安地铁二号线总体勘察负责人，孟祥连成天都在琢磨，地铁能不能从钟楼和城墙下奔驰而过？能不能穿过湿陷性黄土、地裂缝和文物保护这三大世界性技术难题？

西安地铁2号线的开通运营，标志着西安进入地铁时代，这个勘察项目，拿到了国际杰出项目奖，这是全球首个荣获这一奖项的地铁项目。

不仅在西安地铁2号线上挥洒激情，孟祥连以地质人的百折不挠，以设计师的心怀万物，以科学家的攻坚克难，彰显中国劳动者的实力，汇聚中国劳动精神的澎湃动力。

巩固练习

一、填空题

中间触点的额定电流(　　　)(大于/小于)线圈的额定电流，故还可用来放大信号。

二、简答题

(1)中间继电器在实际应用中都有哪些作用？

____。

(2)中间继电器和接触器有何异同？在什么条件下可以用继电器来代替接触器起动电动机？

____。

任务五　信号继电器的运用

课件

信号继电器

视频

信号继电器的作用

视频

信号继电器的类型

学习目标

知识目标	技能目标	素质目标
(1)掌握信号继电器的结构; (2)掌握信号继电器的工作原理及特性	(1)能正确识别信号继电器的各部分结构; (2)会对信号继电器工作原理进行特性分析	(1)具备对专业知识的认知和兴趣; (2)具备对专业知识求真务实、严谨细致的学习态度; (3)具备良好的独立思考、解决问题的能力

任务导入

图 8-5-1 所示为带金属触丝的水银温度计和电磁继电器组装成的自动报警器电路。正常情况下绿灯亮,当温控箱内温度升高到一定温度时,红灯亮,绿灯熄灭,请按此要求连接电路(红、绿灯的额定电压相同),并完成信号继电器的特性测试。

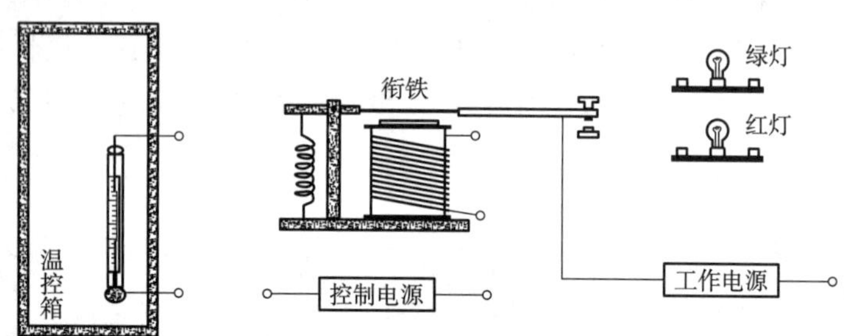

图 8-5-1　自动报警器电路

知识链接

信号继电器是一种瞬时动作的电磁型辅助继电器,一般是吸引衔铁式结构。当保护装置动作时,明显指示继电保护装置的动作状态,以便分析保护动作行为和电力系统故障性质。

信号继电器动作时,一方面本身有机械指示,另一方面它的自保持触点接通有关灯光或音响报警回路,只能由运行值班人员手动复位或电动复位。

一、信号继电器结构及工作原理

图 8-5-2 为 DX-10 系列信号继电器的结构图。

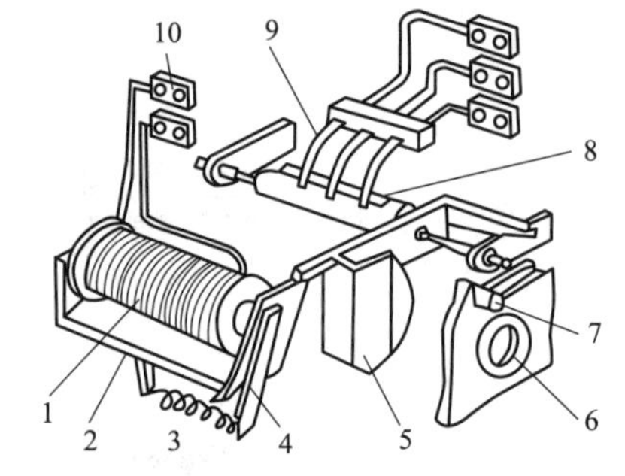

图 8-5-2　DX-10 系列信号继电器的结构图

1—线圈;2—铁芯;3—弹簧;4—衔铁;5—信号牌;6—玻璃窗口;7—复位旋钮;8—动触点;9—静触点;10—接线端子

当线圈 1 未通电时,衔铁 4 受弹簧 3 的作用而离开铁芯 2,衔铁托住信号牌 5,不发出信号。当线圈通电吸动衔铁时,信号牌由于失去支持而下落(掉牌),同时固定在转轴上的动触点 8 与静触点 9 相互接触闭合,从而接通灯光或音响报警回路。只有当运行值班人员手动转动复位旋钮时才能将信号牌重新恢复到原始位置，由衔铁4支持，为下一次动作做好准备。

二、信号继电器符号

信号继电器有电流型信号继电器和电压型信号继电器两种。

电流型信号继电器的线圈为电流线圈，阻抗较小，串联在二次回路中，不影响其他二次元件的动作。电压型信号继电器的线圈为电压线圈，阻抗大，在二次回路中应该并联使用。

信号继电器的图形符号如图8-5-3所示，文字符号用KS表示。

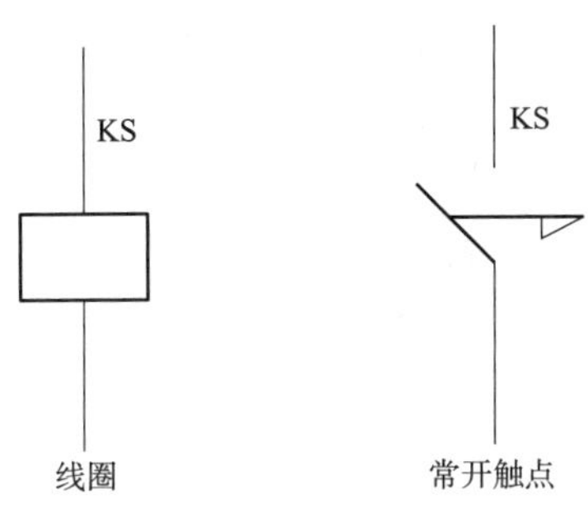

图8-5-3 信号继电器的电气符号

任务分组

小组信息表见表8-5-1。

表8-5-1 小组信息表

小组信息	班级			日期		
	小组名称			组长		
	分工					
	成员					

任务准备

小组成员沟通讨论工作计划，依照任务发布和任务导入，查找资料，分工协作，准备完成任务。根据任务要求，领取本任务需要用到的电气设备及相关材料、仪表。

任务实施

一、引导问题

(1)信号继电器是____________________继电器。

(2)信号继电器分为____________________。

(3)信号继电器的主要作用是____________________。

(4)信号继电器的图形符号是____________________。

(5)信号继电器的电磁系统是____________________。

二、技能训练

(1)根据实物(型号为DX-8)，对照图8-5-4，观察信号继电器结构。

(2)检查万用表，确认万用表的完好性。检测信号继电器各部分组成及完好性，完成表8-5-2的内容填写，并描述信号继电器工作原理。

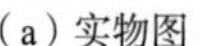
（a）实物图

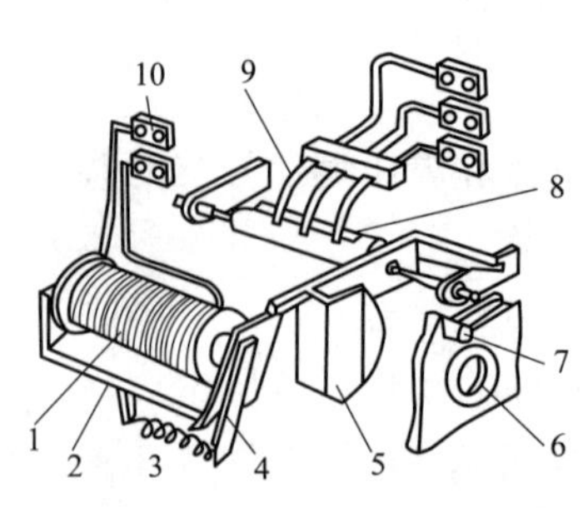

（b）结构图

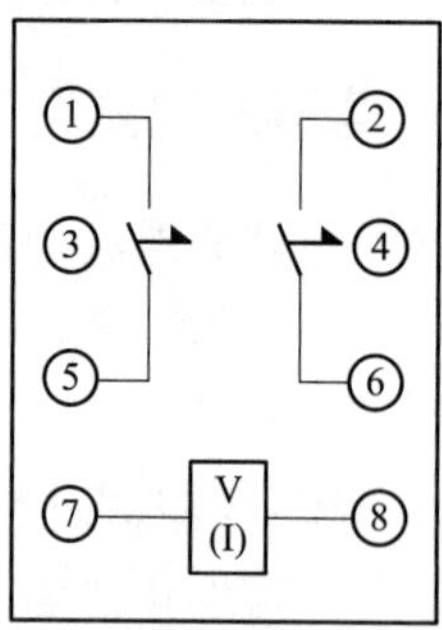

（c）接线图

图 8-5-4　信号继电器

表 8-5-2　信号继电器结构组成检测

序号	结构图中的标号	结构名称	完好性	型号	工作原理	图形符号
1						
2						
3						
4						
5						
6						
7						
8						
9						
10						

（3）完成信号继电器特性测试电路设计。

（4）根据设计的测试电路，列出所需实验设备清单，并填写在表 8-5-3 中。

表 8-5-3　实验设备清单

序号	名称	型号	数量
1			
2			
3			
4			
5			

(5)根据设计的测试电路连接实验电路,观察实验现象并记录数据结果,完成表8-5-4。

表8-5-4　测试电路记录表

测试序号	动作电流 I_{op}	动作电压 U_{op}
1		
2		
3		
平均值		

任务评价

小组成员各自完成自我评价,组长完成小组评价,教师完成教师评价,见表8-5-5。整理实训设备和仪表,做好5S管理工作。

表8-5-5　任务评价表

序号	评价内容	自我评价	小组评价	教师评价	分值分配
1	是否遵守安全操作规范				10
2	态度是否端正,工作是否认真				10
3	知识链接内容是否完全掌握				10
4	是否完成任务导入				10
5	查找资料是否完备				5
6	是否完成任务				25
7	能否与他人团结协作				10
8	能否积极回答问题				10
9	是否做好5S管理工作				10
10	合计				100
11	加分+增值评价				
12	总分				

评分说明:

(1)总分=自我评价×20%+小组评价×20%+教师评价×60%+加分。

(2)加分项为奖励在完成任务中正能量突出的同学,如帮助同学、劳动积极等,由教师酌情给分,分值范围在1~10分之间。增值评价是与前一次任务完成情况比较,由组长和教师共同完成,也可由学生自己提出,分值范围在1~5分之间。

课后拓展

"毫牛姐"和继电器

mN,力学单位,用来表示力的大小,中文名称"毫牛"。1 mN的力量有多大?相当于轻触一片羽毛的力量。福州电务段厦门继电器检修工区的叶金凤,是福建省第一名铁路继电器检修的高级女技师,她23年如一日,在继电器检修岗位上,练就"一掐准"的过硬本领,被大家称为"毫牛姐"。

继电器是铁路信号中的核心部件之一,其内部的铁芯、线圈、衔铁、触电簧片等,通过电磁力吸引的作用,连接不同的铁路信号电路,给列车正确的径路指令。一台继电器还没有一本16开的书本大,但检修工序却是个烦琐的精细活。每次检修必须要经过检查、清理、测量、调试、登记等至少63道程序,单单是检修工具就多达35种。每一道检修程序,都是精细的检测调整过程。调整弹片压力以毫牛来计、调整衔铁间隙以毫米来计。

叶金凤调整弹片压力非常简单、轻松。分两步:第一步用压力计确认压力值,第二步用尖嘴钳夹住弹片灵巧地一别一掐,基本上"毫牛"不差,速度之快、力量拿捏之准让人赞叹,难怪同事们称她为"毫牛姐""一掐准"。

福建铁路在用的继电器达20万台,共有48种,每一种的检测标准又各自不同。在检修作业前,大家要把标准书拿来翻一翻,确定一下技术标准。叶金凤却不用,所有的技术参数和标准,她都烂熟于心、张嘴就来。大家都说她是"移动的作业指导书"。

巩固练习

一、填空题

(1)电流型信号继电器的线圈为电流线圈,阻抗较(　　　)(大/小),(　　　)(串联/并联)在二次回路中。

(2)电压型信号继电器的线圈为电压线圈,阻抗较(　　　)(大/小),(　　　)(串联/并联)在二次回路中。

二、简答题

信号继电器为什么要有自锁结构?

____。

任务六　热继电器的运用

课件

热继电器基础知识

视频

热继电器基础知识

课件

热继电器应用

视频

热继电器应用

学习目标

知识目标	技能目标	素质目标
(1)掌握热继电器的结构； (2)掌握热继电器的工作原理及作用； (3)掌握热继电器的符号	(1)能正确识别热继电器的各部分结构； (2)会分析热继电器的工作原理	(1)具备对专业知识的认知和兴趣； (2)培养严于律己、求真务实的学习态度

任务导入

图 8-6-1 所示为电动机连续运转控制电路，试分析电动机连续运转控制电路工作过程中采取了哪些保护措施？并完成具有短路和过载保护的电动机正反转电路的设计。

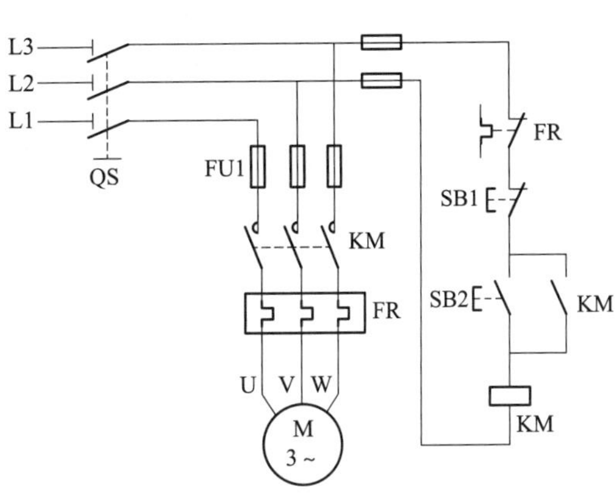

图 8-6-1 电动机连续运转控制电路

知识链接

热继电器是依靠电流通过发热元件时所产生的热，使双金属片受热弯曲而推动机构动作的一种电器。主要用于电动机的过载保护、断相及三相电流不平衡运行的保护及其他电气设备发热状态的控制。

一、热继电器结构

热继电器具有结构简单、体积小、成本低等特点，选择适当的发热元件可得到良好的反时限特性。所谓反时限特性，是指热继电器动作时间随电流的增大而减小的性能。热继电器的结构主要由以下儿部分组成。

1. 加热元件

热继电器的加热元件有直接加热式、复合加热式、间接加热式和电流互感器加热式四种方式，如图 8-6-2 所示。其中电流互感器加热式主要用于大容量的热继电器以及重载起动的热继电器。

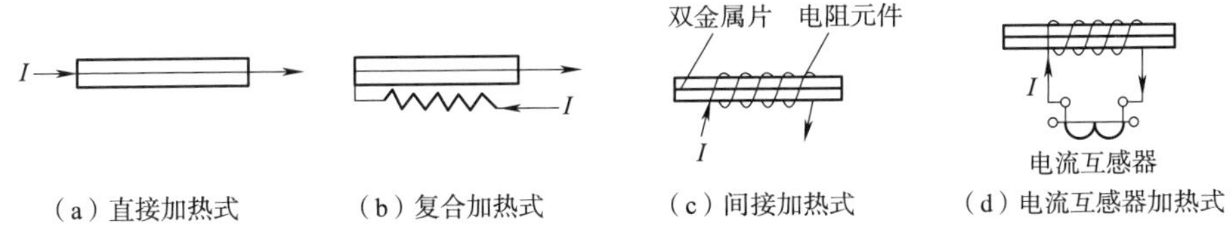

图 8-6-2 热继电器热元件的加热方式

2. 控制触点和动作系统

控制触点和动作系统称为动作机构，大多采用弓簧式、压簧式或拉簧跳跃式机构。动作系统常设有温度补偿装置,保证在一定的温度范围内,热继电器的动作特性基本不变。

3. 复位机构

复位机构有手动复位及自动复位两种类型,可根据使用要求自由调整。典型的热继电器结构图如图 8-6-3 所示。

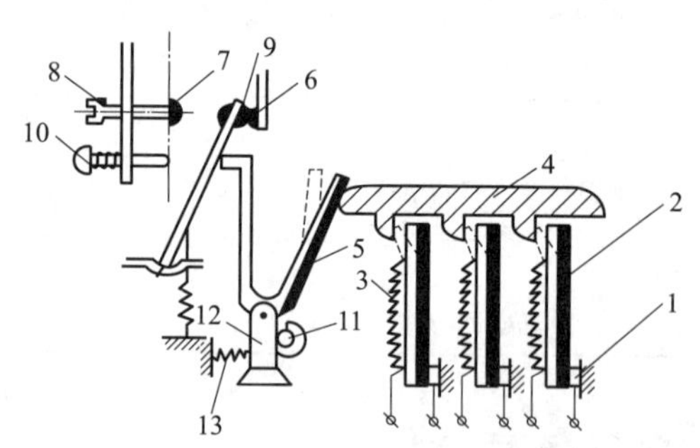

图 8-6-3　典型的热继电器结构图

1—接线端子;2—主双金属片;3—加热元件;4—导板;5—补偿双金属片;6—常闭触点;7—常开触点;8—复位调节螺钉;9—动触点;10—复位按钮;11—偏心轮;12—支撑件;13—弹簧

二、热继电器工作原理

主双金属片 2 与加热元件 3 串接在接触器负载端(电动机电源端)的主回路中,当电动机过载时,主双金属片受热弯曲推动导板 4,并通过补偿双金属片 5 与推杆将动触点 9(即串接在接触器线圈回路的热继电器动断触点)分开,以切断电路保护电动机。复位调节螺钉 8 是一个偏心轮,改变它的半径即可改变补偿双金属片 5 与导板 4 的接触距离,从而达到调节整定动作电流值的目的。此外,靠调节复位按钮 10 来改变常开触点 7 的位置使热继电器能工作在自动复位或手动复位两种状态。调成手动复位时,在排除故障后要按下复位按钮 10 才能使常开触点 7 恢复与常闭触点 6 相接触的位置。

【小贴士】

热继电器的常闭触点常串入控制回路,常开触点可接入信号回路。

主双金属片是热继电器的核心元件,它是一种热双金属元件,由两种或多种金属组成的复层材料,一般制成片材或带材。

各组合层的热膨胀系数不同。当温度变化时,复层材料的曲率将发生变化。将两种相同尺寸但热膨胀系数不同的金属片牢固地复合在一起,温度上升时,块状的热双金属片会弯成拱壳状,因为热膨胀系数高的主动层在所有方向都比热膨胀系数低的被动层伸展得厉害;而窄的热双金属片受热后便会以一定的半径弯成弧形,因为横向的弯曲实际上被抑制了。要使横向变形不大,双金属元件的长度一般不能小于宽度的 3 倍,或者宽度不大于厚度的 20 倍。

【小贴士】

热双金属被用来作为各种与温度有关的控制或测量元件。

三、热继电器外形和符号

热继电器的外形和图形符号如图 8-6-4、图 8-6-5 所示。文字符号用 FR 表示。

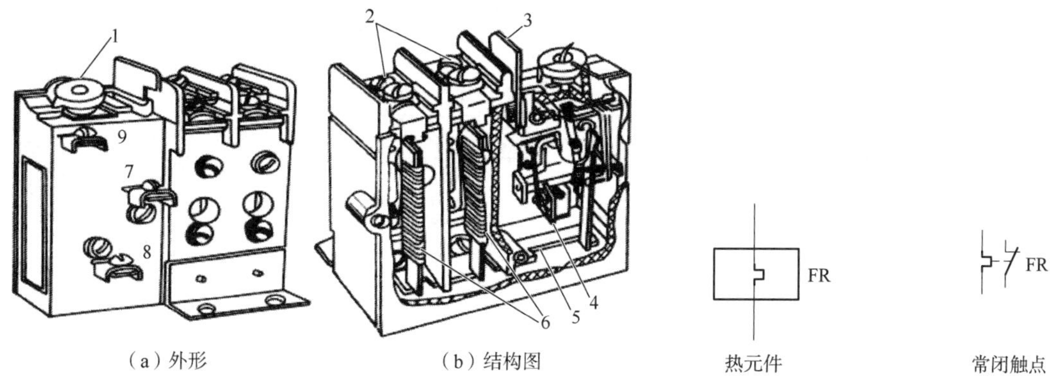

（a）外形　（b）结构图

图 8-6-4　热继电器外形图

1—电流整定装置；2—主电路接线柱；3—复位按钮；4—常闭触点；
5—动作机构；6—热元件；7—常闭触点接线柱；8—公共动触点接线柱；
9—常开触点接线柱

图 8-6-5　热继电器的图形符号

四、热继电器铭牌

常用热继电器有 JB20、JRS1、JR16 等系列。JRS1 和 JR20 系列具有断相保护、温度补偿、整定电流可调、能手动脱扣、手动断开动断触点、手动复位、动作信号指示等特点。

在安装方式上除保留传统的分立式结构外，还增加了组合式结构，可以通过导电杆和挂钩直接插接并将电气连接在接触器上（JRS1 可与 CJX1、CJX 相接，JR20 可与 CJ20 相接）。

T 系列热继电器主要用于交流 50 Hz 或 60 Hz、电压 660 V 以下、电流 500 A 以下的电力线路中。一般用作三相感应电动机的过载保护，常与 B 系列交流接触器配合使用。

常用的 JRS1 系列和 JR20 系列热继电器型号含义如图 8-6-6 所示。

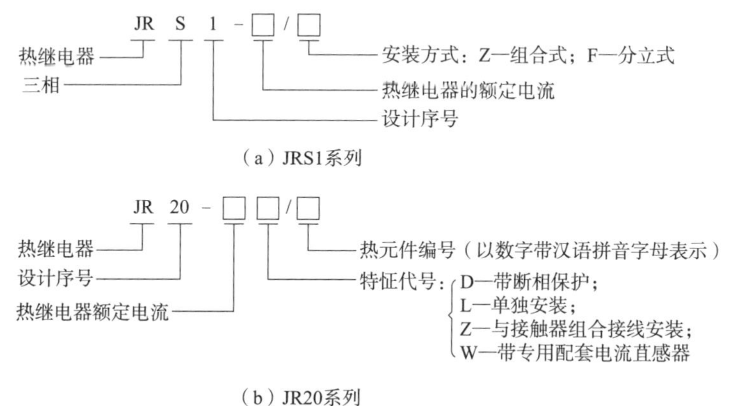

（a）JRS1系列

（b）JR20系列

图 8-6-6　热继电器型号含义

常用的 JR16、JR20、JRS1、T 系列热继电器的技术参数见表 8-6-1。

表 8-6-1　常用热继电器的技术参数

型号	额定电压/V	额定电流/A	相数	热元件		断相保护	温度补偿	触点数量
				最小规格/A	最大规格/A			
JR16	380	20	3	0.25～0.35	14～22	有	有	1 动合,1 动断
		60		14～22	40～63			
		150		40～63	100～160			
JR20	660	6.3	3	0.1～0.15	5～7.4	无	有	1 动合,1 动断
		16		3.5～5.3	14～18	有		
		32		8～12	28～36			
		63		16～24	55～71			
		160		33～47	144～176			
		250		83～125	167～250			
		400		130～195	267～400			
		630		200～300	420～630			
JRS1	380	12	3	0.11～0.15	9～12.5	有	有	1 动合,1 动断
		25		9～12.5	18～25			
T	660	16	3	0.11～0.16	12～17.6	有	有	1 动合,1 动断
		25		0.17～0.25	26～32			
		45		0.28～0.40	30～45			1 动合或 1 动合,1 动断
		85		6～10	60～100			
		105		27～42	80～115			1 动合,1 动断
		170		90～130	140～220			
		250		100～160	250～400			
		370		100～160	310～500			

任务分组

小组信息表见表 8-6-2。

表 8-6-2　小组信息表

小组信息	班级			日期	
	小组名称			组长	
	分工					
	成员					

任务准备

小组成员沟通讨论工作计划,依照任务发布和任务导入,查找资料,分工协作,准备完成任务。

任务实施

一、引导问题

(1)热继电器是________________________电器。

(2)热继电器的结构主要由________________________组成。

(3)热继电器的图形符号是________________________。

(4)热继电器的工作原理是________________________。

(5)热继电器具有________________________作用。

二、技能训练

(1)根据实物,对照图 8-6-7,观察热继电器结构。

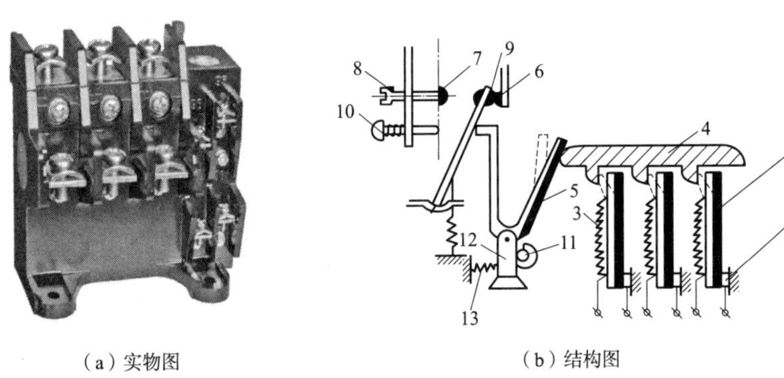

(a)实物图　　(b)结构图

图 8-6-7　热继电器

(2)检查万用表,确认万用表的完好性。检测热继电器各部分组成及完好性,完成表 8-6-3 的内容填写,并描述热继电器的工作原理。

表 8-6-3　热继电器结构组成检测

序号	结构图中的标号	结构名称	完好性	型号	工作原理	电气符号
1						
2						
3						
4						
5						
6						
7						
8						
9						
10						
11						
12						
13						

(3)完成热继电器过载保护电动机正反转控制电路设计。

(4)根据设计的控制电路列出所需实验设备清单,并填写在表 8-6-4 中。

表 8-6-4　实验设备清单

序号	名称	型号	数量
1			
2			
3			
4			
5			
6			
7			
8			
9			
10			

(5)根据设计电路完成接线。

任务评价

小组成员各自完成自我评价,组长完成小组评价,教师完成教师评价,见表 8-6-5。整理实训设备和仪表,做好 5S 管理工作。

表 8-6-5　任务评价表

序号	评价内容	自我评价	小组评价	教师评价	分值分配
1	是否遵守安全操作规范				10
2	态度是否端正,工作是否认真				10
3	知识链接内容是否完全掌握				10
4	是否完成任务导入				10
5	查找资料是否完备				5
6	是否完成任务				25
7	能否与他人团结协作				10
8	能否积极回答问题				10
9	是否做好 5S 管理工作				10
10	合计				100
11	加分 + 增值评价				
12	总分				

评分说明：

(1)总分 = 自我评价 ×20% + 小组评价 ×20% + 教师评价 ×60% + 加分。

(2)加分项为奖励在完成任务中正能量突出的同学，如帮助同学、劳动积极等，由教师酌情给分，分值范围在 1 ~ 10 分之间。增值评价是与前一次任务完成情况比较，由组长和教师共同完成，也可由学生自己提出，分值范围在 1 ~ 5 分之间。

课后拓展

其他继电器

(1)速度继电器

速度继电器是一种当转速达到规定值时而产生动作的继电器，在使用时通常与电动机的转轴连接在一起，速度继电器的结构如图 8-6-8 所示。

速度继电器由转子、定子、摆锤和触点组成。转子由永久磁铁制成，定子内圆表面嵌有线圈(定子绕组)。在使用时，将速度继电器转轴与电动机的转轴连接在一起，电动机运转时带动继电器的磁铁转子旋转，继电器的定子绕组上会感应出电动势，从而产生感应电流。此电流产生的磁场与磁铁的磁场相互作用，使定子转动一个角度，定子转向与转速分别由磁铁转子的转向与转速决定。当转子转速达到一定值时，定子会偏转到一定角度，与定子联动的摆锤也偏转到一定的角度，会碰压动触点使常闭触点断开、常开触点闭合。当电动机速度很慢或为零时，摆锤偏转角很小或为零，动触点自动复位，常闭触点闭合、常开触点断开。

(2)压力继电器

压力继电器能根据压力的大小来决定触点的接通和断开，常用于机械设备的液压或气压控制系统中，对设备提供保护或控制。压力继电器的结构如图 8-6-9 所示。

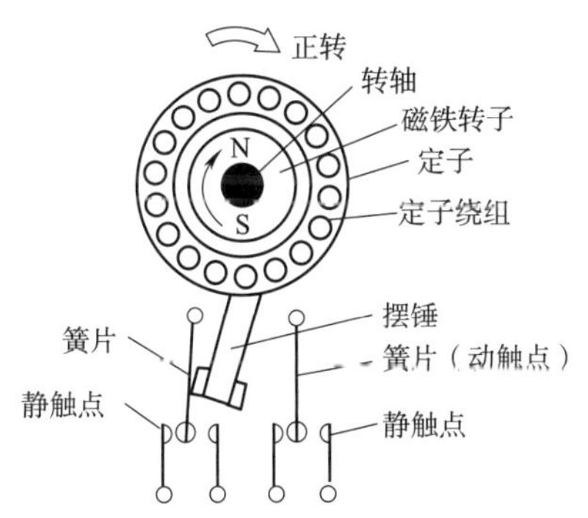

图 8-6-8　速度继电器的结构

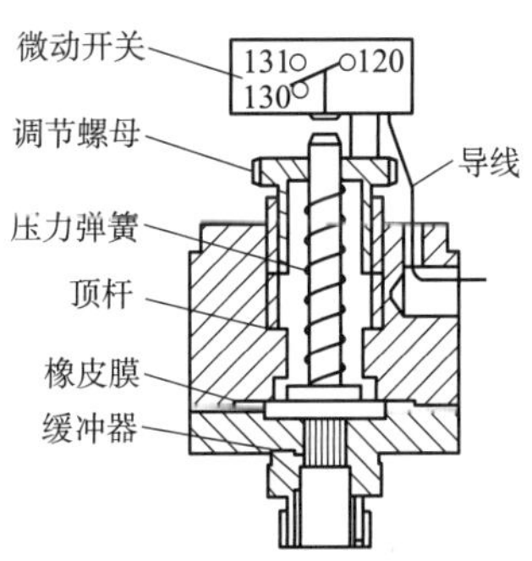

图 8-6-9　压力继电器的结构

压力继电器由缓冲器、橡皮膜、顶杆、压力弹簧、调节螺母和微动开关组成。使用时，压力继电器装在油路(或气路、水路)的分支管路中，当管路中的油压超过规定值时，压力油通过缓冲器、橡皮膜推动顶杆，顶杆克服弹簧的压力碰压微动开关，使微动开关的常闭触点断开、常开触点闭合。当油路压力减小到一定值时，依靠压力弹簧的作用，顶杆复位，微动开关的常闭触点接通、常开触点断开。调节螺母可以调节压力继电器的动作压力。

(3)干簧继电器

干簧继电器由干式舌簧片与励磁线圈组成。干式舌簧片(触点)是密封的,由铁镍合金制成,干式舌簧片的接触部分通常镀有贵重金属(如金、铑、钯等),接触良好,具有优良导电性能。触点密封在充有氮气等惰性气体的玻璃管中,因而有效地防止了尘埃的污染,减少了触点的腐蚀,提高了工作可靠性。其结构如图 8-6-10 所示。

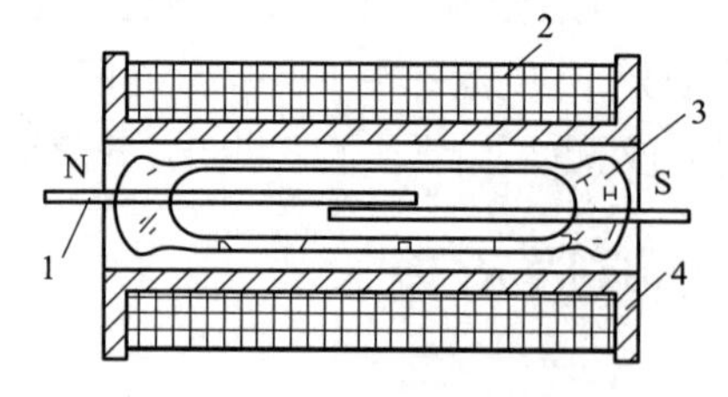

图 8-6-10　干簧继电器结构原理图

1—干式舌簧片;2—线圈;3—玻璃管;4—骨架

当线圈通电后,管中两干式舌簧片的自由端分别被磁化成 N 极和 S 极而相互吸引,因而接通被控电路。线圈断电后,干式舌簧片在本身的弹力作用下分开,将线路切断。

(4)可编程逻辑控制继电器

可编程逻辑控制继电器是一种可编程序、通用、智能化的控制继电器,将一些典型的继电逻辑控制程序预先存储在内部存储器中,通过用户程序组合、调用,以实现一些较简单的逻辑控制和顺序控制功能。

用户程序通过面板采用梯形图或功能图语言编程,形象直观,简单易懂,由按钮、开关等输入开关量信号,通过顺序执行程序,可对输入信号进行算术运算、逻辑运算、模拟量运算、定时、加/减计数、频率测量等,还有显示参数、通信、仿真运行等功能,其集成的内部软件功能和编程软件可替代传统的继电逻辑电路,其硬件是标准化的,要改变控制功能只需改变程序即可。

巩固练习

一、填空题

(1)在电动机的正反转控制电路中,热继电器的功能是实现(　　　　)。

(2)热继电器的常闭触点(　　　　)(串/并)于控制回路,常开触点可(　　　　)接入主回路。

二、简答题

如何正确选用热继电器?

____。

模块四
电气控制

项目九 电气控制电路

项目描述

低压电器是一种根据外界的信号和要求,手动或自动地接通、断开电路,以实现对电路或非电对象的切换、控制、保护、检测、变换和调节的元件或设备,在电路中进行电气线路安装时,电源和负载(如电动机)之间用低压电器通过导线连接起来,可以实现负载的接通、切断、保护等控制功能。通过本项目的学习,掌握各种低压电器在电气控制电路中的应用中。

本项目任务有:

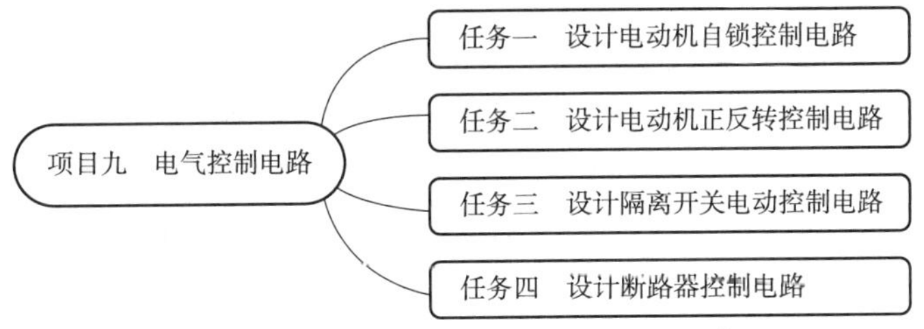

任务一 设计电动机自锁控制电路

学习目标

知识目标	技能目标	素质目标
(1)掌握接触器的结构及工作原理; (2)掌握交流接触器、主令电器和保护电器的应用方法	(1)能熟练完成控制电路的设计; (2)能按工艺要求和设计图正确接线; (3)提高理论联系实际的能力; (4)提高分析问题和解决问题的能力	(1)具备对专业知识的认知和兴趣; (2)具备对专业知识求真务实、严谨细致的学习态度; (3)具备良好的创新能力和实践精神

任务导入

交流接触器是控制型的低压电器,利用不同的控制接线方法可以控制电动机的起停、正反转,并可利用控制电缆的长短实现远程控制。通过学习,请采用刀开关、按钮开关、交流接触器、熔断器设计并连接电路,实现对三相异步电动机的自锁控制。

知识链接

一、点动控制电路

如图 9-1-1 所示是单向点动控制电路。这是一种比较简单的控制线路图,常用在快速行程以及有调整功能的机床控制中。

电路的工作过程:按下按钮 SB,接触器 KM 通电,主触点吸合电动机运转;松开按钮 SB,KM 断电释放,电动机停止运转。

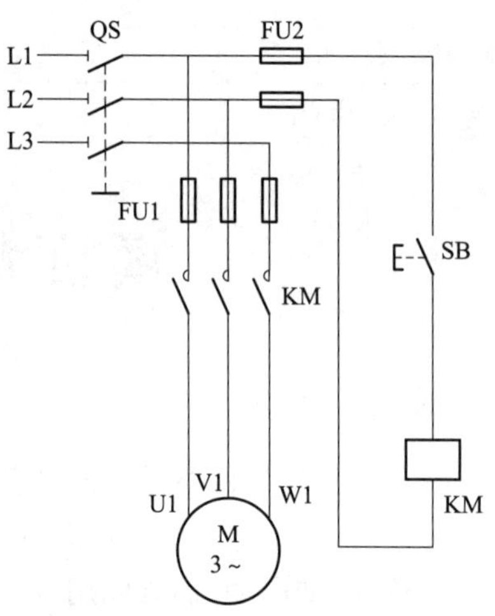

图 9-1-1　单向点动控制电路

二、连续控制电路(自锁)

在点动控制的电路中,要使电动机转动,就必须按住按钮不放,而在实际生产中,有些电动机需要长时间连续运行,使用点动控制是不现实的,这就需要具有接触器自锁的控制电路。

相对于点动控制的自锁触点必须是常开辅助触点且与起动按钮并联。因电动机是连续工作,必须加装热继电器以实现过载保护。具有过载保护的自锁控制电路如图 9-1-2 所示,它与点动控制电路的不同之处在于控制电路中增加了一个停止按钮 SB1,在起动按钮的两端并联了一对接触器的常开辅助触点,增加了过载保护装置(热继电器 FR1)。

电路的工作过程:当按下起动按钮 SB4 时,接触器 KM1 线圈通电,主触头闭合,电动机 M 起动旋转,当松开按钮 SB4 时,电动机不会停转,因为这时接触器 KM1 线圈可以通过辅助触点继续维持通电,保证主触头 KM1 仍处在接通状态,电动机 M 就不会失电停转。这种松开按钮仍然自行保持线圈通电的控制电路称为具有自锁(或自保)的接触器控制电路,简称自锁控制电路。与 SB4 并联的接触器常开触点称为自锁触点。

(1)欠电压保护

“欠电压”是指电路电压低于电动机应加的额定电压。这样的后果就是电动机转矩要降低,转速随之下降,会影响电动机的正常运行。欠电压严重时会损坏电动机,发生事故。在具有接触器自锁的控制电路中,当电动机运转时,电源电压降低到一定值时(一般低到 85% 额定电压以下),由于接触器线圈磁通减弱,电磁吸力克服不了反作用弹簧的压力,动铁芯因而释放,从而使接触器主触头分开,自动切断主电路,电动机停转,达到欠电压保护的作用。

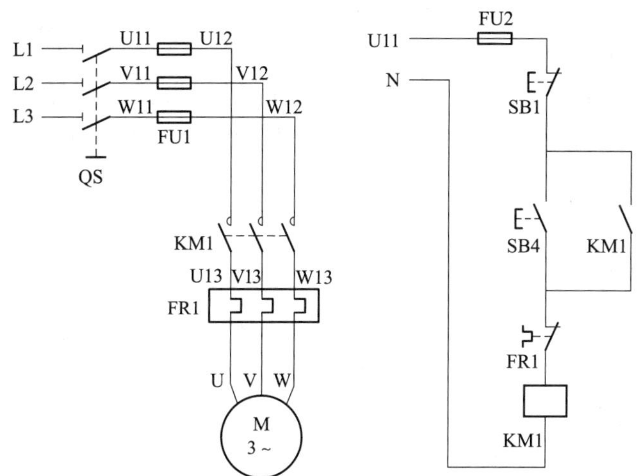

图 9-1-2 自锁控制电路

(2)失电压保护

当生产设备运行时,由于其他设备发生故障,引起瞬时断电,而使生产机械停转。当故障排除后,恢复供电时,由于电动机的重新起动,很可能引起设备与人身事故的发生。采用具有接触器自锁的控制电路时,即使电源恢复供电,由于自锁触点仍然保持断开,接触器线圈不会通电,所以电动机不会自行起动,从而避免了可能出现的事故。这种保护称为失电压保护或零电压保护。

(3)过载保护

具有自锁的控制电路虽然有短路保护、欠电压保护和失电压保护的作用,但实际使用中还不够完善。因为电动机在运行过程中,若长期负载过大或操作频繁,或三相电路断掉一相运行等原因,都可能使电动机的电流超过它的额定值,有时熔断器在这种情况下不会熔断,这将会引起电动机绕组过热,损坏电动机绝缘,因此,应对电动机设置过载保护,通常由三相热继电器来完成过载保护。

三、接线工艺

①接线柱绝缘台无损伤、接线柱螺纹无损伤、无放电痕迹、绝缘台完整无裂纹。

②接线无毛刺,指芯线前端接部分无突出的导线。

③接线无歪脖,布线转弯弧度要自然平滑,避免急弯、直角弯。

④接线无压胶皮,指在线芯处接线端子的垫圈(板)不压线芯绝缘。

⑤导线裸露不超长,线芯绝缘与接线端子压接部分之间的芯线长度不大于 5 mm。

⑥一相绝缘不触及另一相导体,一相绝缘不与另一相接线柱相触。

⑦接线无交叉布线。

⑧接线剥头齐整,即每一相线芯前端的线头整齐切断,无长短不齐现象。

⑨接线余头不超长,线芯最前端距接线端子压接部分的长度不大于 2 mm。

⑩接线柱弹垫压平,芯线不窜动。

⑪电缆护套割口整齐,割口无马蹄、无锯齿。
⑫接线腔内清洁无杂物。
⑬同一部分螺栓、螺母规格一致,主要指同一部位螺栓头、螺母大小和厚度一致。
⑭按钮线色压接正确,采用红、绿为起动按钮,黑或花为停止按钮。

任务分组

小组信息表见表9-1-1。

表9-1-1　小组信息表

<table>
<tr><td rowspan="4">小组信息</td><td>班级</td><td colspan="2"></td><td>日期</td><td colspan="2"></td></tr>
<tr><td>小组名称</td><td colspan="2"></td><td>组长</td><td colspan="2"></td></tr>
<tr><td>分工</td><td></td><td></td><td></td><td></td><td></td></tr>
<tr><td>成员</td><td></td><td></td><td></td><td></td><td></td></tr>
</table>

任务准备

小组成员沟通讨论工作计划,依照任务发布和任务导入,查找资料,分工协作,准备完成任务。

任务实施

一、引导问题

(1)刀开关作用是________________________________。
(2)刀开关的图形符号是________________________________。
(3)熔断器的图形符号是________________________________。
(4)熔断器的作用是________________________________。
(5)接触器的图形符号是________________________________。
(6)接触器的作用是________________________________。
(7)起动按钮用________触点;停止按钮用________触点。

二、技能训练

(1)在方框内绘制三相异步电动机自锁控制的接线图。

(2)讲解三相异步电动机自锁控制接线图的设计原理并录制视频。

(3)电路设计完毕后,请在图 9-1-3 中选择合适的低压电器产品。

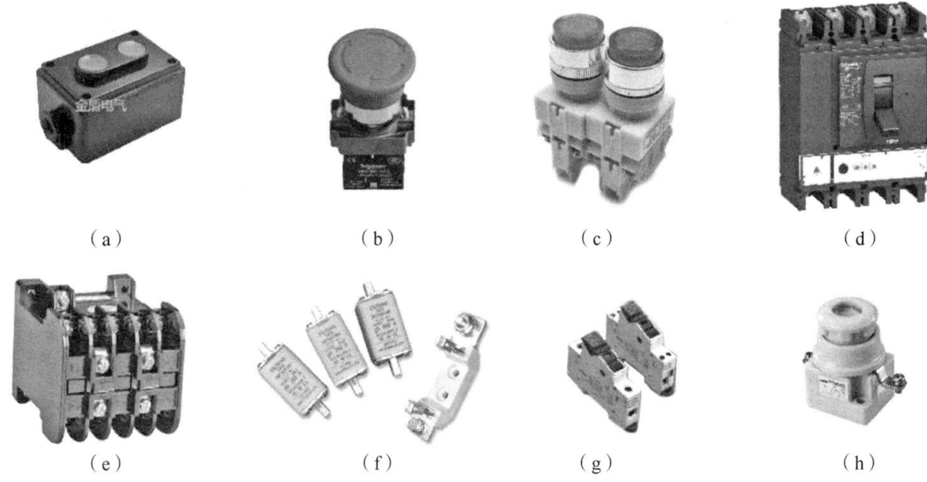

图 9-1-3 低压电器产品

选择的低压电器产品的代号是(　　　　　　　　　　　　　　　　　　　　)。

选择的原因是(　　　　　　　　　　　　　　　　　　　　　　　　)。

(4)接线前,用万用表检查器件的状态,并填写在表 9-1-2 中。

表 9-1-2 各器件状态检验

序号	名称	型号	外观	导通情况
1				
2				
3				
4				
5				
6				

(5)按照接线图完成接线,上传操作过程。

任务评价

小组成员各自完成自我评价,组长完成小组评价,教师完成教师评价,见表 9-1-3,整理实训设备和仪表,做好 5S 管理工作。

表 9-1-3 任务评价表

序号	评价内容	自我评价	小组评价	教师评价	分值分配
1	是否遵守安全操作规范				10
2	态度是否端正,工作是否认真				10
3	知识链接内容是否完全掌握				10

续表

序号	评价内容	自我评价	小组评价	教师评价	分值分配
4	是否完成任务引入				10
5	查找资料是否完备				5
6	是否完成任务				25
7	能否与他人团结协作				10
8	能否积极回答问题				10
9	是否做好5S管理工作				10
10	合计				100
11	加分+增值评价				
12	总分				

评分说明：

(1)总分=自我评价×20%+小组评价×20%+教师评价×60%+加分。

(2)加分项为奖励在完成任务中正能量突出的同学，如帮助同学、劳动积极等，由教师酌情给分，分值范围在1~10分之间。增值评价是与前一次任务完成情况比较，由组长和教师共同完成，也可由学生自己提出，分值范围在1~5分之间。

课后拓展

中国高铁接触网导线领军人物：十年只为一根“线”

10年前，他研发的铜镁合金高铁接触网导线打破了国外企业的垄断，导电性甚至比国外产品提高10%、抗疲劳度提高50%以上，为中国高铁自主化做出重要贡献。10年后，他的第二代铜镁合金接触网导线又研发成功。

他是中国铁建电气化局康远公司总工程师李学斌，中国高铁接触网导线领域的领军人物。

现在，他们最新的成果已经研发成功，能再把导线导电性提高5%到10%。这意味着，如果一列8辆编组的高速列车以时速300公里运行，每跑1公里就能比原先节约1度电。

巩固练习

一、填空题

(1)螺旋式熔断器使用时与底座相连的接线端应接(　　　　)；与金属螺纹壳相连的上接线端应接(　　　　)。

(2)接触器的自锁一般是利用自身的(　　　　　　　)触头保证线圈继续通电。

(3)接触器选用时，其主触头的额定工作电压应(　　　　)或(　　　　)负载电路的电压，主触头的额定工作电流应(　　　　)或(　　　　)负载电路的电流，吸引线圈的额定电压应与控制回路(　　　　)。

二、判断题

(1)熔断器是安全保护用的一种电器,当电动机发生负荷过载或短路时能自动切断电路。(　　)

(2)现有四个按钮,欲使它们都能控制接触器 KM 通电,则它们的动合触点应该串接到 KM 的线圈电路中。(　　)

三、选择题

(1)关于接触器的辅助触点,下列叙述正确的是(　　)。

A. 不常使用　　B. 经常接在电动机控制回路中

C. 经常接在电动机主回路中　　D. 可以接在电动机主回路中

(2)下列(　　)品牌不属于交流接触器的常见品牌。

A. ABB　　B. 正泰　　C. 德力西　　D. 飞雕

(3)不同颜色赋予按钮不同的含义,红色表示(　　)。

A. 停止　　B. 异常　　C. 安全　　D. 强制性

(4)用来表明电机、电器实际位置的图是(　　)

A. 电气原理图　　B. 电器布置图　　C. 功能图　　D. 电气系统图

(5)在控制线路中,如果两个动合触点并联,则它们是(　　)。

A. 与逻辑关系　　B. 或逻辑关系　　C. 非逻辑关系　　D. 与非逻辑关系

任务二　设计电动机正反转控制电路

学习目标

知识目标	技能目标	素质目标
(1)进一步掌握接触器的结构及工作原理; (2)进一步掌握交流接触器、主令电器和保护电器的应用方法	(1)能熟练完成控制电路的设计; (2)能按工艺要求和设计图正确接线; (3)提高理论联系实际的能力; (4)提高分析问题和解决问题的能力	(1)具备对专业知识的认知和兴趣; (2)具备对专业知识求真务实、严谨细致的学习态度; (3)具备良好的创新能力和实践精神

任务导入

交流接触器是控制型的低压电器,利用不同的控制接线方法可以控制电动机的起停、正反转,并可利用控制电缆的长短实现远程控制。请采用刀开关、转换开关、按钮开关、交流接触器、熔断器、热继电器、端子排等设计电路,实现对三相异步电动机的正反转控制。

知识链接

一、电动机正反转原理

在生产机械中,往往需要工作机械能够实现可逆运行。机床工作台的前进和后退,主轴的正转和反转,起重机的提升与下降等。这就要求拖动电动机可以正转和反转。

改变电动机的转向只需改变接到异步电动机定子绕组上的电源的引入相序,即将接电源的任意两根线对调一下,就可以使电动机反转。接触器联锁的正反转控制电路如图 9-2-1 所示。

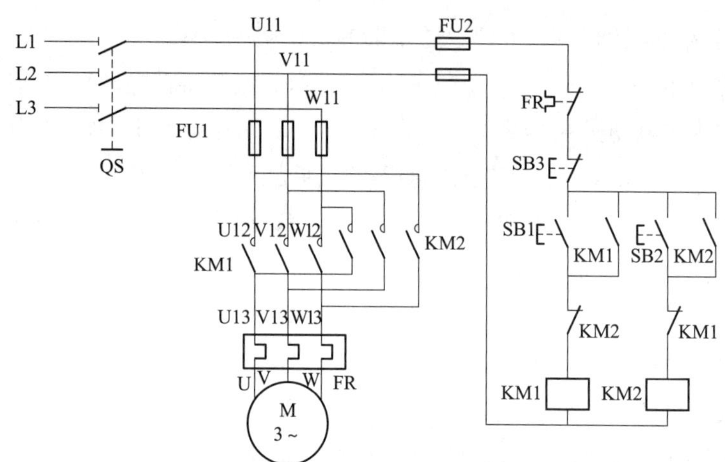

图 9-2-1　接触器联锁的正反转控制电路

图中主回路采用两个交流接触器,即正转接触器 KM1 和反转接触器 KM2。当接触器 KM1 的三对主触头接通时,三相电源的相序按 U—V—W 接入电动机;当接触器 KM1 的三对主触头断开,接触器 KM2 的三对主触头接通时,三相电源的相序按 W—V—U 接入电动机,电动机就向相反方向转动。电路要求接触器 KM1 和接触器 KM2 不能同时接通电源,否则它们的主触头将同时闭合,造成 U、W 两相电源短路。为此,在 KM1 和 KM2 线圈各自支路中相互串联对方的一对辅助常闭触点,以保证接触器 KM1 和 KM2 不会同时接通电源,KM1 和 KM2 的这两对辅助常闭触点在线路中所起的作用称为联锁或互锁作用,这两对辅助常闭触点称为联锁或互锁触点。

二、电路的工作过程

(1)正向起动过程

按下起动按钮 SB1,接触器 KM1 线圈通电,与 SB1 并联的 KM1 的辅助常开触点闭合,以保证 KM1 线圈持续通电,串联在电动机回路中的 KM1 的主触点持续闭合,电动机连续正向运转。

(2)停止过程

按下停止按钮 SB3,接触器 KM1 线圈断电,与 SB1 并联的 KM1 的辅助触点断开,以保证 KM1 线圈持续失电,串联在电动机回路中的 KM1 的主触点持续断开,切断电动机定子电源,电动机停转。

(3)反向起动过程

按下起动按钮SB2,接触器KM2线圈通电,与SB2并联的KM2的辅助常开触点闭合,以保证KM2线圈持续通电,串联在电动机回路中的KM2的主触点持续闭合,电动机连续反向运转。

对于这种控制电路,当要改变电动机的转向时,就必须先按停止按钮SB3,再按反转按钮SB2,才能使电动机反转。如果不先按SB3,而是直接按SB2,电动机是不会反转的。

任务分组

小组信息表见表9-2-1。

表9-2-1 小组信息表

小组信息	班级			日期		
	小组名称			组长		
	分工					
	成员					

任务准备

小组成员沟通讨论工作计划,依照任务信息,查找资料,分工协作,准备完成任务。

任务实施

一、引导问题

(1)电动机正转的接线应该是____________________。

(2)电动机反转的接线应该是____________________。

(3)接触器联锁的正反转控制电路按钮应该选用________________个。

(4)热继电器的作用是____________________。

(5)热继电器的图形符号是____________________。

二、技能训练

(1)在方框内绘制三相异步电动机正反转控制的接线图。

(2)讲解三相异步电动机正反转控制接线图的设计原理并录制视频。

(3)接线前,用万用表检查器件的状态,并填写在表 9-2-2 中。

表 9-2-2　各器件状态检验

序号	名称	型号	外观	导通情况
1				
2				
3				
4				
5				
6				

(4)按照接线图完成接线,上传操作过程。

任务评价

小组成员各自完成自我评价,组长完成小组评价,教师完成教师评价,见表 9-2-3,整理实训设备和仪表,做好 5S 管理工作。

表 9-2-3　任务评价表

序号	评价内容	自我评价	小组评价	教师评价	分值分配
1	是否遵守安全操作规范				10
2	态度是否端正,工作是否认真				10
3	知识链接内容是否完全掌握				10
4	是否完成任务导入				10
5	查找资料是否完备				5
6	是否完成任务				25
7	能否与他人团结协作				10
8	能否积极回答问题				10
9	是否做好 5S 管理工作				10
10	合计				100
11	加分+增值评价				
12	总分				

评分说明:

(1)总分=自我评价×20%+小组评价×20%+教师评价×60%+加分。

(2)加分项为奖励在完成任务中正能量突出的同学,如帮助同学、劳动积极等,由教师酌情给分,分值范围在 1~10 分之间。增值评价是与前一次任务完成情况比较,由组长和教师共同完成,也可由学生自己提出,分值范围在 1~5 分之间。

课后拓展

中国第七大沙漠深处的供电“铁军”：他们的青春在接触网上绽放

在高约5米的铁梯四周，4名青年小伙子，每人守护一角，用力维持平衡。高空作业开始后，另两名青年人奋力攀登至距接触网约1米的高度，然后猫腰，系好安全带。

紧接着，这两名青年小伙子掏出随身携带的1根铜线，用台虎钳等开始高空作业，3分钟后，他们将间距不到50厘米的两根特高压电线通过铜线进行连接。整个操作过程行云流水，如同一场杂技表演。他们此刻从事的是一项为电气化铁路提供电能的接触网工作。

杜赫和他的同事们对这份工作充满敬意，因为他们车间担负着内蒙古煤炭运输的重要通道——包西线黄河大桥至汗台川北站间牵引供电设备的维护检修任务。

2012年7月，当时包西线遭遇特大洪灾，台川北站供电设备受到重创。那条曾经走过无数次的干涸河道变成了湍急的河流，河水卷着黄沙、裹着树枝杂草打着滚地往下游冲去。就在大家一筹莫展、急得团团转时，杜赫站出来大喊：“当过兵的、会游泳的，咱们上！”

抢修现场，杜赫与同事们爬高坡、清淤泥、扛沙袋、立支柱、架电缆、调参数，肩膀磨破了皮，伤口被洪水雨水蜇得生疼，仍然连续奋战9小时，直到设备正常运行才在泥泊中“眯”了一会。

这次经历不仅使得杜赫在圈内人尽皆知，他还被授予全国铁路青年五四奖章。谈及过去10年在沙漠上的感受，该单位100多名供电“铁军”常说的是，“只有荒凉的沙漠，没有荒凉的人生。”因为他们认定自己的青春正在接触网上尽情绽放。

巩固练习

一、判断题

热继电器的双金属片弯曲的速度与电流大小有关，电流越大，速度越快，这种特性称为正比例时限特性。(　　)

二、选择题

(1)低压熔断器广泛应用于低压供配电系统和控制系统中，主要用于(　　)保护，有时也可用于过载保护。

A. 短路　　B. 速断　　C. 过电流

(2)在电路中，开关应控制(　　)。

A. 中性线　　B. 相线　　C. 地线

(3)属于配电电器的有(　　)。

A. 接触器　　B. 熔断器　　C. 电阻器

(4)三相交流电路中，A相用(　　)标记。

A. 红色　　B. 黄色　　C. 绿色

(5)按下按钮，动断触点先(　　)，动合触点后(　　)；松开时，触点(　　)。

A. 断开　　B. 闭合　　C. 复位

(6)停止和急停按钮一般应为(　　)色。

A. 绿　　B. 黄　　C. 红

(7)主令控制器的控制对象是(　　)电路。

A. 一次　　B. 二次　　C. 主

(8)交流接触器的主触头只能接在(　　)中。

A. 主回路　　B. 控制回路　　C. 主回路和控制回路

(9)交流接触器的辅助触点只能接在(　　)中。

A. 主回路　　B. 控制回路　　C. 主回路和控制回路

任务三　隔离开关电动控制电路分析

学习目标

知识目标	技能目标	素质目标
(1)掌握直流电机的正反转工作原理; (2)掌握直流电机、直流接触器和按钮等低压电器的应用方法; (3)了解隔离开关	(1)能认识各种电气符号; (2)学会控制电路图看图方法; (3)能初步看懂隔离开关电动控制图	(1)具备对专业知识的认知和兴趣; (2)具备对专业知识求真务实、严谨细致的学习态度

任务导入

隔离开关是一种没有灭弧装置的开关电器,可以手动和电动控制隔离开关的闭合和断开,在轨道交通供电系统中得到了广泛的应用。通过本任务学习,利用所学低压电器的有关知识,完成隔离开关电动控制电路的识图。

知识链接

一、隔离开关的作用

隔离开关是高压开关电器中使用最多的一种电器,在电路中起隔离作用。它本身的工作原理和结构比较简单,但是由于使用量大,工作可靠性要求高,对变电所的设计、建立和安全运行的影响较大。隔离开关的主要特点是无灭弧能力,只能在没有负荷电流的情况下分、合电路,不能用来切断负荷电流和电路电流。

二、隔离开关的结构

图 9-3-1 所示为隔离开关的基本结构。主要由触头、接线端、绝缘子、传动机构和操动机构组成。

三、隔离开关的控制电路

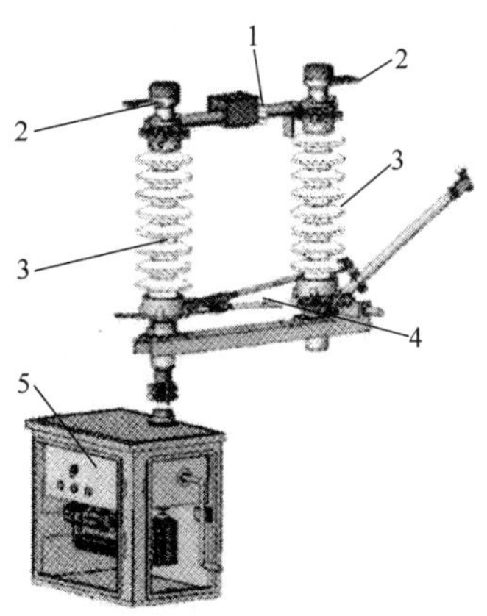

图 9-3-1　隔离开关的基本结构

1—触头;2—接线端;3—绝缘子;4—传动机构;5—操动机构

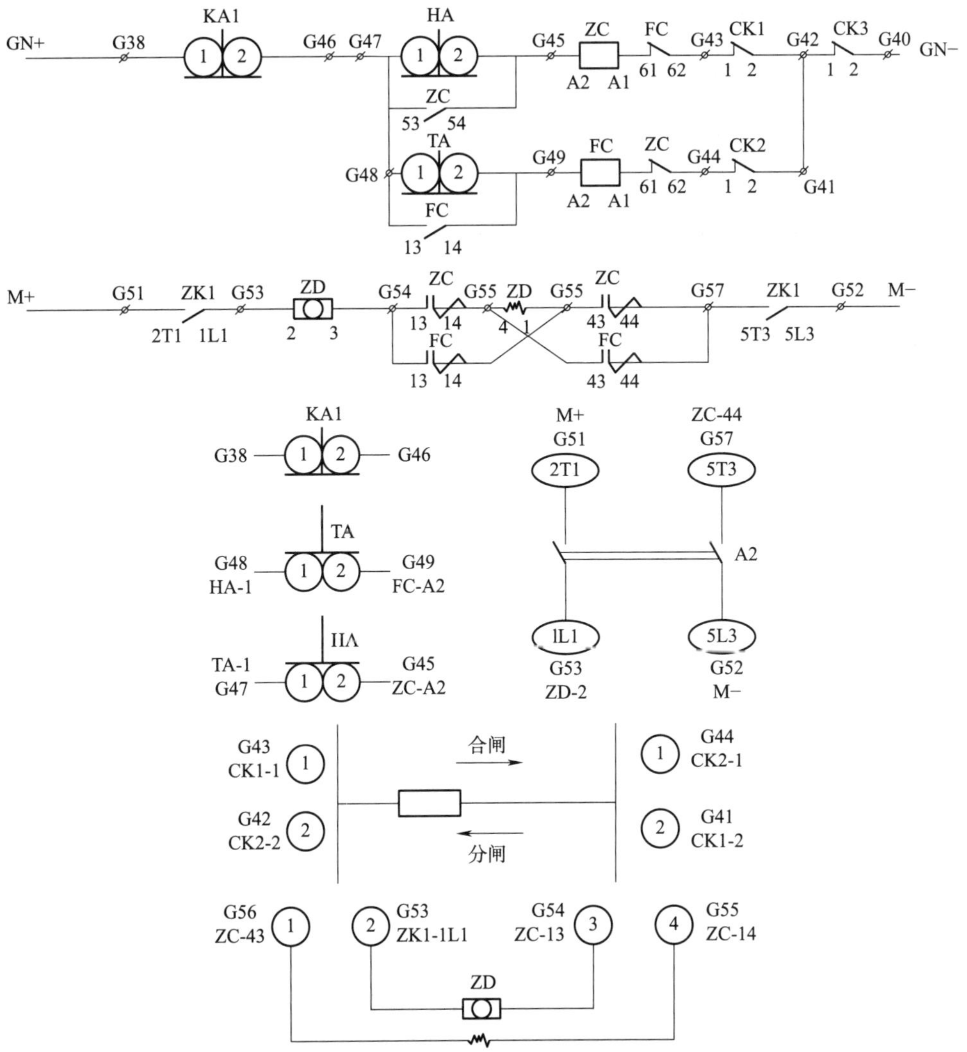

隔离开关实行距离控制时,它的合、分闸操作通过电动操作机构实现。图 9-3-2 所示为隔离开关控制电路展开图。

其中,ZD 表示电动机;ZK1 表示自动空气开关;ZC 表示合闸接触器(电动机正转控制接触器);FC 表示分闸接触器(电动机反转控制接触器);CK1、CK2 表示隔离开关行程开关;CK3 表示电动/手动切换开关;HA 表示合闸按钮;TA 表示分闸按钮;KA 表示停止按键;G 表示端子排。

图 9-3-2　隔离开关控制电路展开图

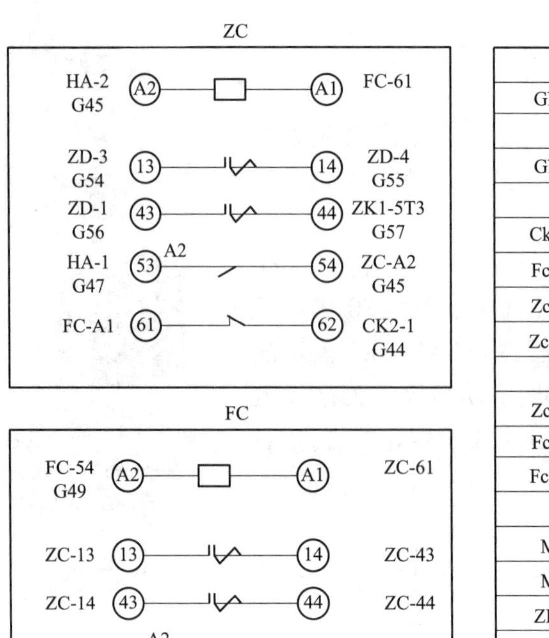

G

	37	
GN+	38	KA1-1
	39	
GN−	40	C3-2K
	41	CK2-2
Ck1-2	42	CK3-1
Fc-62	43	CK1-1
Zc-62	44	CK2-1
Zc-A2	45	HA-2
	46	KA1-2
Zc-53	47	HA-1
Fc-53	48	TA-1
Fc-A2	49	TA-2
	50	
M+	51	ZK1-2T1
M−	52	ZK1-5L3
ZD-2	53	ZK1-1L1
ZD-13	54	ZD-3
ZC-14	55	ZD-4
ZC-43	56	ZD-1
ZC-44	57	ZK1-5T3

图 9-3-2　隔离开关控制电路展开图(续)

任务分组

小组信息表见表 9-3-1。

表 9-3-1　小组信息表

小组信息	班级			日期		
	小组名称			组长		
	分工					
	成员					

任务准备

小组成员沟通讨论工作计划,依照任务发布和任务导入,查找资料,分工协作,准备完成任务。

任务实施

一、引导问题

(1)写出以下文字符号分别表示的电器名称。

ZD:__________________________________;

ZK1:____;

ZC:____;

FC:____;

CK1、CK2:____;

CK3:____;

HA:____;

TA:____;

KA:____;

G:____;

(2)写出以下低压电器的文字符号。

电动机:__________;自动空气开关:______________;合闸接触器:____________;

分闸接触器:________;隔离开关行程开关:________;电动/手动切换开关:______;合闸按钮:______________;端子排:______________;合闸按钮:__________

二、技能训练

(1)分析隔离开关操动机构分闸工作原理,画出电路。

(2)分析隔离开关操动机构合闸工作原理。

(3)分析隔离开关操动机构分合闸急停工作原理。

任务评价

小组成员各自完成自我评价,组长完成小组评价,教师完成教师评价,见表9-3-2,整理实训设备和图纸,做好5S管理工作。

表9-3-2　任务评价表

序号	评价内容	自我评价	小组评价	教师评价	分值分配
1	态度是否端正,工作是否认真				10
2	知识链接内容是否完全掌握				10
3	是否完成任务				40
4	能否与他人团结协作				10
5	能否虚心请教同学				5
6	能否积极回答问题				15
7	是否做好5S管理工作				10

续表

序号	评价内容	自我评价	小组评价	教师评价	分值分配
8	合计				100
9	加分 + 增值评价				
10	总分				

评分说明：

(1)总分 = 自我评价 ×20% + 小组评价 ×20% + 教师评价 ×60% + 加分。

(2)加分项为奖励在完成任务中正能量突出的同学，如帮助同学、劳动积极等，由教师酌情给分，分值范围在 1 ~ 10 分之间。增值评价是与前一次任务完成情况比较，由组长和教师共同完成，也可由学生自己提出，分值范围在 1 ~ 5 分之间。

课后拓展

电气传承钱清泉教授：兴趣，让我能一辈子只做一件事

钱清泉，出生于 1936 年 5 月 7 日，江苏省丹阳市人，中国工程院院士，全国“五一”劳动奖章获得者、全国优秀科技工作者。我国著名的铁道电气化与自动化专家，曾任国家轨道交通电气化与自动化工程技术研究中心主任、轨道交通国家实验室（筹）技术委员会副主任、高速铁路系统试验国家工程实验室技术委员会副主任及深圳中国工程院院士活动基地主任等职。

钱清泉院士在国家重点学科和国家重点实验室中长期从事铁道牵引电气化与自动化领域的理论研究、科技开发和教学工作，取得了重大成就。开拓了“铁道微机监控与综合自动化”的研究方向，位居电气化铁道监控技术研究领域的前沿，解决了工程科技中的一系列重大技术难题，研究成果丰硕；作为国家重点学科的带头人，为铁道电气化与自动化学科的发展做出了杰出贡献。

巩固练习

简答题

简述 ZC 和 FC 在电路中的作用。

____。

任务四　断路器电动控制电路分析

学习目标

知识目标	技能目标	素质目标
(1)掌握交直流电动机的工作原理； (2)掌握交直流电动机、交直流接触器和按钮等低压电器的应用方法； (3)了解断路器	(1)能认识各种图形符号； (2)学会控制电路图看图方法； (3)能初步看懂断路器电动控制图	(1)具备对专业知识的认知和兴趣； (2)具备对专业知识求真务实、严谨细致的学习态度

任务导入

断路器是电气设备中最重要的开关电器,是一次系统中控制和保护电路的关键设备。断路器在正常运行时,用来接通或断开电路的负荷电流;当系统故障时,在继电保护装置的作用下,能迅速断开短路电流,切除故障电路,以保障系统中非故障部分的正常工作。根据指令电器与操动机构的远近,断路器的控制分为远动控制、距离控制、就地控制以及手动控制。通过本任务学习,利用所学低压电器的有关知识,完成断路器电动控制电路的识图。

知识链接

一、断路器的操动机构

操动机构是用来驱使开关电器进行分合闸,并使开关电器合闸后维持在合闸状态的电气设备,简称机构。根据操动机构的作用,一般由六部分组成。

(1)能量转换装置

其作用是把其他形式的能量转换成机械能,使操动机构按规定目的发生机械运动。例如电磁铁、电动机、弹簧等。该装置提供足够的操动功,保证开关电器的分合闸速度。

(2)传动机构

它是操动机构的执行元件,用来改变操动功的大小、方向、位置,使开关电器改变工作状态。多由连杆机构、拐臂、拉杆等元件组成。

(3)保持与脱扣机构

它既可使开关电器可靠地保持在合闸位置,又可迅速解除合闸位置,使开关电器进入自由分闸状态。

(4)控制系统

控制系统有电控、气控、油控等类型,用于实现对开关电器的远距离控制、保持或释放操动功。

(5)缓冲装置

缓冲装置用于吸收做功元件完成分合闸操动功后剩余的操动功,使机构免受机械冲击。缓冲装置应有较短的复位时间,以便为下次动作做好准备,如弹簧缓冲器、橡皮缓冲器、油缓冲器等。

(6)闭锁装置

其作用在于防止开关电器的误操作和误动作。如位置闭锁(弹簧储能不合要求时机构拒动)等。

二、弹簧储能操动机构

弹簧储能操动机构的工作原理是利用电动机对合闸弹簧储能,并由合闸挈子保持。当断路器合闸时,利用合闸弹簧释放的能量操作断路器合闸,与此同时对分闸弹簧储能,并由分闸挈子保持,断路器分闸时利用分闸弹簧释放能量操作断路器分闸。

弹簧储能操动机构一般由储能系统、电磁系统和机械系统组成。图 9-4-1 为 VG1-30L-

25B 型弹簧储能操动机构结构示意图，它由储能电动机、合闸弹簧、分闸弹簧、主传动轴系统、棘爪、棘轮、凸轮系统、分闸系统和合闸系统组成等。

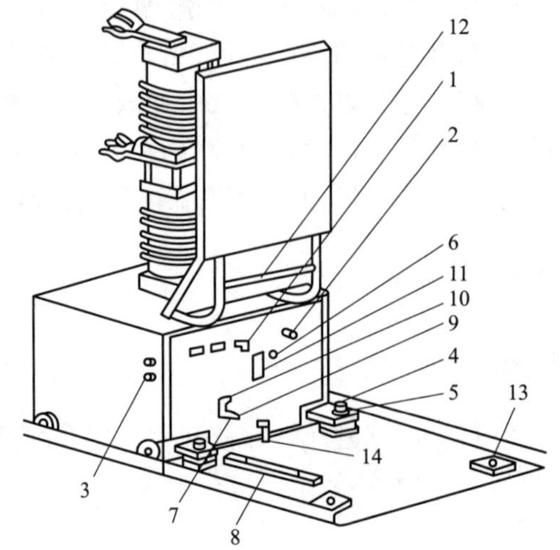

（a）机构箱外部结构示意图

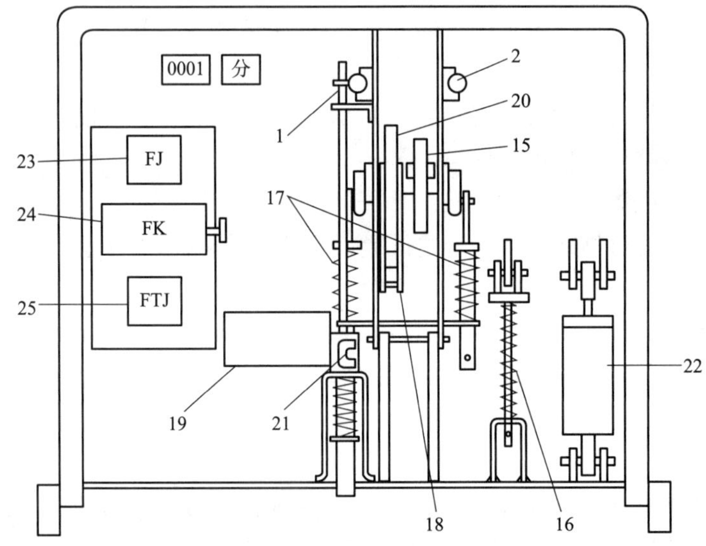

（b）机构箱内部结构示意图

图 9-4-1　VG1-30L-25B 型弹簧储能操动机构结构图

1—手动分闸钮；2—手动合闸钮；3—二次接线插头座；4—固定螺栓；5—辅助固定螺栓；6—储能指示窗；7—闭锁手柄；8—限位条；9—解锁位置；10—闭锁位置；11—手动储能窗；12—手把；13—底板螺母；14—小车连挂板；15—凸轮；16—分闸弹簧；17—合闸弹簧；18—手动储能板；19—储能电动机；20—棘轮；21—机械连锁手柄；22—油缓冲器；23—辅助继电器；24—辅助开关；25—联锁继电器

弹簧储能操动机构的额定操作顺序为：

①断路器处于分闸位，分合闸弹簧均未储能。

②起动电动机（约 7 s）或手动对合闸弹簧储能。

③按合闸按钮使合闸弹簧释放能量，驱使断路器合闸（<0.08 s），并通过机械传动装置对

分闸弹簧储能。

④断路器合闸后自动起动电动机对合闸弹簧储能。

⑤按分闸按钮使分闸弹簧释放能量驱使断路器分闸(<0.04 s)。此后,操动机构按③④⑤③的动作顺序循环动作。

三、弹簧储能操动机构的断路器控制信号回路

图 9-4-2 是变电所中常用的弹簧储能操动机构的断路器控制信号回路图。

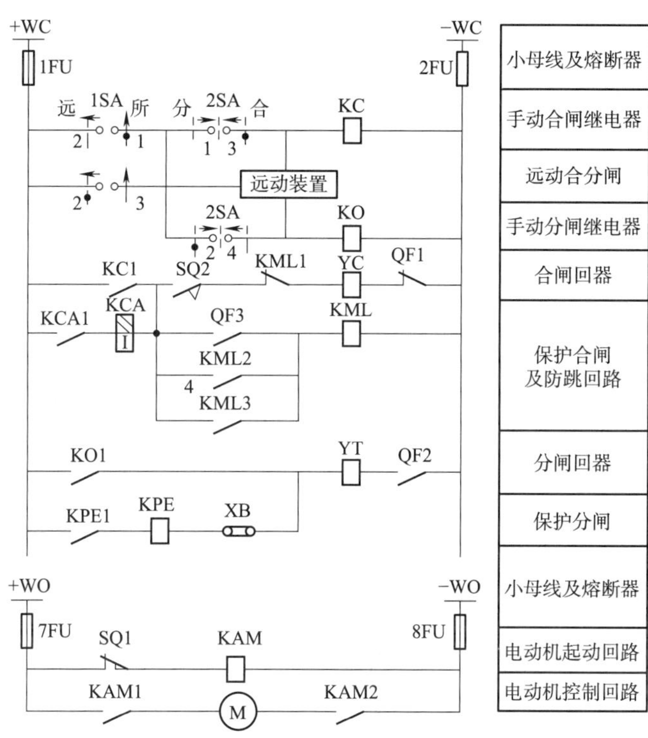

图 9-4-2　ZN_T-1 弹簧储能操作机构的断路器控制信号回路图

ZN_T-1 型断路器的操动机构正常工作时,分、合闸弹簧都处于压缩储能状态,限位开关 SQ2 闭合。而限位开关 SQ1 处于断开位置,中间继电器 KAM 不得电,其常开触点 KAM1、KAM2 断开,储能电动机不得电运转。断路器合闸操作时,合闸弹簧释放能量,断路器合闸到位后,限位开关 SQ1 闭合,中间继电器 KAM 线圈得电,其常开触点闭合,储能电动机得电运转,当合闸弹簧储能到位后,SQ1 断开,储能电动机停转。

储能回路与合闸回路之间经限位开关 SQ2 及中间继电器 KAM 实现电气闭锁。当合闸弹簧未储能时,限位开关 SQ2 断开,合闸线圈 YC 不能得电,断路器不能进行合闸操作。

若储能电动机正在运转储能(即未储能到位)时,中间继电器的常开触点 KAM3 闭合。此时,若人工合闸,合闸继电器的常开触点闭合,使 +WC—1FU—KC1—KAM3—KML 线圈—2FU— −WC 电路接通。

防跳继电器 KML 得电动作,常开触点 KML2 闭合,对 KML 进行电源自保持。常闭触点 KML1 断开,闭锁合闸回路,断路器不能进行合闸操作。

断路器合闸操作完成后，其辅助联动触点 QF3 闭合，若 KC1 或 KCA1 仍在接通状态，使 +WC—1FU—KC1—QF3—KML—2FU— -WC 电路接通。

防跳继电器 KML 得电动作，常开触点 KML2 闭合，防跳继电器自保持在动作状态。其常闭触点 KML1 断开，切断合闸回路，避免了断路器再次合闸，从而起到防止断路器跳跃的作用。只有当合闸脉冲消除后（如 KC1 接点断开），防跳继电器线圈断电返回，电路才恢复合闸功能。

任务分组

小组信息表见表 9-4-1。

表 9-4-1 小组信息表

小组信息	班级			日期		
	小组名称			组长		
	分工					
	成员					

任务准备

小组成员沟通讨论工作计划，依照任务发布和任务导入，查找资料，分工协作，准备完成任务。

任务实施

一、引导问题

（1）写出以下文字符号分别表示的电器名称。

1SA：________；2SA：________；SQ1：________；SQ2：________；

KC：________；KO：________；KML：________；KAM：________；

1FU：________；YC：________；YT：________；QF：________。

（2）写出以下低压电器的文字符号。

转换开关：________；限位开关：________；合闸继电器线圈：________；合闸继电器常开触点：______；中间继电器线圈：______；中间继电器常开触点：____；防跳继电器线圈：____；防跳继电器常开触点______；防跳继电器常闭触点：______；合闸线圈：______；分闸线圈：______；断路器：______；连接片：________。

二、技能训练

（1）分析断路器手动合闸工作原理，画出电路。

(2)分析断路器手动分闸工作原理,画出电路。

(3)分析断路器事故跳闸工作原理,画出电路。

(4)分析断路器电动机储能动作原理,画出电路。

任务评价

小组成员各自完成自我评价,组长完成小组评价,教师完成教师评价,见表 9-4-2,整理实训设备和图纸,做好 5S 管理工作。

表 9-4-2 任务评价表

序号	评价内容	自我评价	小组评价	教师评价	分值分配
1	态度是否端正,工作是否认真				10
2	知识链接内容是否完全掌握				10
3	是否完成任务				40
4	能否与他人团结协作				10
5	能否虚心请教同学				5
6	能否积极回答问题				15
7	是否做好 5S 管理工作				10
8	合计				100
9	加分 + 增值评价				
10	总分				

评分说明:

(1)总分 = 自我评价 ×20% + 小组评价 ×20% + 教师评价 ×60% + 加分。

(2)加分项为奖励在完成任务中正能量突出的同学,如帮助同学、劳动积极等,由教师酌情给分,分值范围在 1 ~10 分之间。增值评价是与前一次任务完成情况比较,由组长和教师共同完成,也可由学生自己提出,分值范围在 1 ~5 分之间。

课后拓展

以“匠心”守护“初心”——曹军明

曹军明,中国铁路西安局集团有限公司宝鸡供电段检测车间接触网工,曾获陕西省杰出能工巧匠、全国技术能手、全国五一劳动奖章等荣誉，享受国务院政府特殊津贴。

头发花白的曹军明现就职于宝鸡供电段检测车间。扎根生产一线 26 年来，他 35 次破解技术难题，19 次参与铁路供电电力设备重大科研活动，以“匠心”守护着确保铁路供电安全的“初心”。

巩固练习

选择题

(1) 断路器的辅助常开触点是(　　)。

A. QF1　　B. QF2　　C. KML1　　D. KML2

(2) KAM 线圈在(　　)条件下得电。

A. KAM1 触点闭合　　B. KAM2 触点闭合　　C. SQ1 触点闭合　　D. SQ2 触点闭合

(3) YC 线圈得电与(　　)有关。

A. QF1　　B. KC1　　C. KML1　　D. SQ2

参 考 文 献

[1] 方彦. 城市轨道交通继电保护[M]. 成都:西南交通大学出版社,2021.
[2] 朱平. 电器:低压、高压、电子[M]. 北京:机械工业出版社,2000.
[3] 方彦. 牵引变电所[M]. 北京:中国铁道出版社有限公司,2022.
[4] 孙克军. 图解低压电器选用与维护[M]. 北京:化学工业出版社,2016
[5] 汪永华. 建筑电气[M]. 北京:机械工业出版社,2015.
[6] 李良洪,郭振东. 电工安全用电[M]. 北京:电子工业出版社,2015.
[7] 王仁祥. 常用低压电器原理及其控制技术[M]. 北京:机械工业出版社,2008.
[8] 李英姿. 低压电器应用技术[M]. 北京:机械工业出版社,2009.
[9] 陆俭国. 中国电气工程大典[M]. 北京:中国电力出版社,2009.
[10] 黄永红,张新华. 低压电器[M]. 北京:化学工业出版社,2007.
[11] 孙旭东,王善铭. 电机学[M]. 北京:清华大学出版社,2006.
[12] 孙旭东,杨乐梅. 电机学习题精解[M]. 3 版. 北京:科学出版社,2014.
[13] 李学武. 城市轨道交通供变电技术[M]. 2 版. 成都:西南交通大学出版社,2021.
[14] 徐翏. 电机与电气控制技术[M]. 3 版. 北京:机械工业出版社,2019.
[15] 赵承荻,王玺珍,袁媛. 电机与电气控制技术[M]. 5 版. 北京:高等教育出版社,2019.
[16] 戈宝军,梁艳萍,陶大军. 电机学[M]. 北京:高等教育出版社,2020.
[17] 陈世元. 电机学[M]. 2 版. 北京:中国电力出版社,2019.
[18] 李光中,周定颐. 电机及电力拖动[M]. 4 版. 北京:机械工业出版社,2018.